“十三五”国家重点出版物出版规划项目

持久性有机污染物
POPs研究系列专著

极地与高山地区持久性有机污染物的赋存与环境行为

李英明　张蓬　王璞　傅建捷　张庆华/著

科学出版社
北京

内 容 简 介

持久性有机污染物(POPs)引起的环境污染及健康问题近年来受到人们普遍关注。地球的南极、北极以及世界“第三极”青藏高原地区远离人类聚集区，是世界上最洁净的几个地区。但是极地之远、珠峰之高并不能阻挡POPs的迁移传输，在大气长距离传输等作用下，POPs最终能够到达极地与高山地区，并对当地较脆弱的生态系统产生潜在危害。本书系统地介绍了典型POPs在南北极及青藏高原地区的污染现状、分布规律和生物富集等方面的最新研究进展。

本书可为环境科学、环境分析与监测、环境管理及相关领域的科研和技术人员提供参考，也可作为相关学科高年级本科生及研究生的学习参考书。

图书在版编目(CIP)数据

极地与高山地区持久性有机污染物的赋存与环境行为 / 李英明等著. —北京：科学出版社，2018.12

(持久性有机污染物(POPs)研究系列专著)

“十三五”国家重点出版物出版规划项目 国家出版基金项目

ISBN 978-7-03-060075-2

Ⅰ. ①极… Ⅱ. ①李… Ⅲ. ①极地－持久性－有机污染物－污染物分析 ②青藏高原－持久性－有机污染物－污染物分析 Ⅳ. ①X132

中国版本图书馆CIP数据核字(2018)第290942号

责任编辑：朱 丽 宁 倩 / 责任校对：韩 杨

责任印制：肖 兴 / 封面设计：黄华斌

科学出版社 出版

北京东黄城根北街16号

邮政编码: 100717

http://www.sciencep.com

北京通州皇家印刷厂 印刷

科学出版社发行 各地新华书店经销

*

2018年12月第 一 版 开本：720 × 1000 1/16

2018年12月第一次印刷 印张：18 插页：2

字数：360 000

定价：138.00元

(如有印装质量问题，我社负责调换)

《持久性有机污染物（POPs）研究系列专著》丛书编委会

丛 书 序

持久性有机污染物（persistent organic pollutants，POPs）是指在环境中难降解（滞留时间长）、高脂溶性（水溶性很低），可以在食物链中累积放大，能够通过蒸发–冷凝、大气和水等的输送而影响到区域和全球环境的一类半挥发性且毒性极大的污染物。POPs 所引起的污染问题是影响全球与人类健康的重大环境问题，其科学研究的难度与深度，以及污染的严重性、复杂性和长期性远远超过常规污染物。POPs 的分析方法、环境行为、生态风险、毒理与健康效应、控制与削减技术的研究是最近 20 年来环境科学领域持续关注的一个最重要的热点问题。

近代工业污染催生了环境科学的发展。1962 年，*Silent Spring* 的出版，引起学术界对滴滴涕（DDT）等造成的野生生物发育损伤的高度关注，POPs 研究随之成为全球关注的热点领域。1996 年，*Our Stolen Future* 的出版，再次引发国际学术界对 POPs 类环境内分泌干扰物的环境健康影响的关注，开启了环境保护研究的新历程。事实上，国际上环境保护经历了从常规大气污染物（如 SO_2、粉尘等）、水体常规污染物［如化学需氧量（COD）、生化需氧量（BOD）等］治理和重金属污染控制发展到痕量持久性有机污染物削减的循序渐进过程。针对全球范围内 POPs 污染日趋严重的现实，世界许多国家和国际环境保护组织启动了若干重大研究计划，涉及 POPs 的分析方法、生态毒理、健康危害、环境风险理论和先进控制技术。研究重点包括：①POPs 污染源解析、长距离迁移传输机制及模型研究；②POPs 的毒性机制及健康效应评价；③POPs 的迁移、转化机理以及多介质复合污染机制研究；④POPs 的污染削减技术以及高风险区域修复技术；⑤新型污染物的检测方法、环境行为及毒性机制研究。

20 世纪国际上发生过一系列由于 POPs 污染而引发的环境灾难事件（如意大利 Seveso 化学污染事件、美国拉布卡纳尔镇污染事件、日本和中国台湾米糠油事件等），这些事件给我们敲响了 POPs 影响环境安全与健康的警钟。1999 年，比利时鸡饲料二噁英类污染波及全球，造成 14 亿欧元的直接损失，导致该国政局不稳。

国际范围内针对 POPs 的研究，主要包括经典 POPs（如二噁英、多氯联苯、含氯杀虫剂等）的分析方法、环境行为及风险评估等研究。如美国 1991～2001 年的二噁英类化合物风险再评估项目，欧盟、美国环境保护署（EPA）和日本环境厅先后启动了环境内分泌干扰物筛选计划。20 世纪 90 年代提出的蒸馏理论和蚂蚱跳效应较好地解释了工业发达地区 POPs 通过水、土壤和大气之间的界面交换而长距离迁移到南北极等极地地区的现象，而之后提出的山区冷捕集效应则更加系统地解释了高山地区随着海拔的增加其环境介质中 POPs 浓度不断增加的迁移机理，从而为 POPs 的全球传输提供了重要的依据和科学支持。

2001 年 5 月，全球 100 多个国家和地区的政府组织共同签署了《关于持久性有机污染物的斯德哥尔摩公约》(简称《斯德哥尔摩公约》)。目前已有包括我国在内的 179 个国家和地区加入了该公约。从缔约方的数量上不仅能看出公约的国际影响力，也能看出世界各国对 POPs 污染问题的重视程度，同时也标志着在世界范围内对 POPs 污染控制的行动从被动应对到主动防御的转变。

进入 21 世纪之后，随着《斯德哥尔摩公约》进一步致力于关注和讨论其他同样具 POPs 性质和环境生物行为的有机污染物的管理和控制工作，除了经典 POPs，对于一些新型 POPs 的分析方法、环境行为及界面迁移、生物富集及放大，生态风险及环境健康也越来越成为环境科学研究的热点。这些新型 POPs 的共有特点包括：目前为正在大量生产使用的化合物、环境存量较高、生态风险和健康风险的数据积累尚不能满足风险管理等。其中两类典型的化合物是以多溴二苯醚为代表的溴系阻燃剂和以全氟辛基磺酸盐（PFOS）为代表的全氟化合物，对于它们的研究论文在过去 15 年呈现指数增长趋势。如有关 PFOS 的研究在 Web of Science 上搜索结果为从 2000 年的 8 篇增加到 2013 年的 323 篇。随着这些新增 POPs 的生产和使用逐步被禁止或限制使用，其替代品的风险评估、管理和控制也越来越受到环境科学研究的关注。而对于传统的生态风险标准的进一步扩展，使得大量的商业有机化学品的安全评估体系需要重新调整。如传统的以鱼类为生物指示物的研究认为污染物在生物体中的富集能力主要受控于化合物的脂–水分配，而最近的研究证明某些低正辛醇–水分配系数、高正辛醇–空气分配系数的污染物(如 HCHs)在一些食物链特别是在陆生生物链中也表现出很高的生物放大效应，这就向如何修订污染物的生态风险标准提出了新的挑战。

作为一个开放式的公约，任何一个缔约方都可以向公约秘书处提交意在将某一化合物纳入公约受控的草案。相应的是，2013 年 5 月在瑞士日内瓦举行的缔约方大会第六次会议之后，已在原先的包括二噁英等在内的 12 类经典 POPs 基础上，新增 13 种包括多溴二苯醚、全氟辛基磺酸盐等新型 POPs 成为公约受控名单。目前正在进行公约审查的候选物质包括短链氯化石蜡（SCCPs）、多氯萘（PCNs）、六氯丁二烯（HCBD）及五氯苯酚（PCP）等化合物，而这些新型有机污染物在我国均有一定规模的生产和使用。

中国作为经济快速增长的发展中国家，目前正面临比工业发达国家更加复杂的环境问题。在前两类污染物尚未完全得到有效控制的同时，POPs 污染控制已成为我国迫切需要解决的重大环境问题。作为化工产品大国，我国新型 POPs 所引起的环境污染和健康风险问题比其他国家更为严重，也可能存在国外不受关注但在我国环境介质中广泛存在的新型污染物。对于这部分化合物所开展的研究工作不但能够为相应的化学品管理提供科学依据，同时也可为我国履行《斯德哥尔摩公约》提供重要的数据支持。另外，随着经济快速发展所产生的污染所致健康问题在我国的集中显现，新型 POPs 污染的毒性与健康危害机制已成为近年来相关研究的热点问题。

随着 2004 年 5 月《斯德哥尔摩公约》正式生效，我国在国家层面上启动了对 POPs 污染源的研究，加强了 POPs 研究的监测能力建设，建立了几十个高水平专业实验室。科研机构、环境监测部门和卫生部门都先后开展了环境和食品中 POPs 的监测和控制措施研究。特别是最近几年，在新型 POPs 的分析方法学、环境行为、生态毒理与环境风险，以及新污染物发现等方面进行了卓有成效的研究，并获得了显著的研究成果。如在电子垃圾拆解地，积累了大量有关多溴二苯醚（PBDEs）、二噁英、溴代二噁英等 POPs 的环境转化、生物富集/放大、生态风险、人体赋存、母婴传递乃至人体健康影响等重要的数据，为相应的管理部门提供了重要的科学支撑。我国科学家开辟了发现新 POPs 的研究方向，并连续在环境中发现了系列新型有机污染物。这些新 POPs 的发现标志着我国 POPs 研究已由全面跟踪国外提出的目标物，向发现并主动引领新 POPs 研究方向发展。在机理研究方面，率先在珠穆朗玛峰、南极和北极地区“三极”建立了长期采样观测系统，开展了 POPs 长距离迁移机制的深入研究。通过大量实验数据证明了 POPs 的冷捕集效应，在新的源汇关系方面也有所发现，为优化 POPs 远距离迁移模型及认识 POPs 的环境归宿做出了贡献。在污染物控制方面，系统地摸清了二噁英类污染物的排放源，获得了我国二噁英类排放因子，相关成果被联合国环境规划署《全球二噁英类污染源识别与定量技术导则》引用，以六种语言形式全球发布，为全球范围内评估二噁英类污染来源提供了重要技术参数。以上有关 POPs 的相关研究是解决我国国家环境安全问题的重大需求、履行国际公约的重要基础和我国在国际贸易中取得有利地位的重要保证。

我国 POPs 研究凝聚了一代代科学家的努力。1982 年，中国科学院生态环境研究中心发表了我国二噁英研究的第一篇中文论文。1995 年，中国科学院武汉水生生物研究所建成了我国第一个装备高分辨色谱/质谱仪的标准二噁英分析实验室。进入 21 世纪，我国 POPs 研究得到快速发展。在能力建设方面，目前已经建成数十个符合国际标准的高水平二噁英实验室。中国科学院生态环境研究中心的二噁英实验室被联合国环境规划署命名为“Pilot Laboratory”。

2001 年，我国环境内分泌干扰物研究的第一个“863”项目“环境内分泌干扰物的筛选与监控技术”正式立项启动。随后经过 10 年 4 期“863”项目的连续资助，形成了活体与离体筛选技术相结合，体外和体内测试结果相互印证的分析内分泌干扰物研究方法体系，建立了有中国特色的环境内分泌污染物的筛选与研究规范。

2003 年，我国 POPs 领域第一个“973”项目“持久性有机污染物的环境安全、演变趋势与控制原理”启动实施。该项目集中了我国 POPs 领域研究的优势队伍，围绕 POPs 在多介质环境的界面过程动力学、复合生态毒理效应和焚烧等处理过程中 POPs 的形成与削减原理三个关键科学问题，从复杂介质中超痕量 POPs 的检测和表征方法学；我国典型区域 POPs 污染特征、演变历史及趋势；典型 POPs 的排放模式和运移规律；典型 POPs 的界面过程、多介质环境行为；POPs 污染物的复合生态毒理效应；POPs 的削减与控制原理以及 POPs 生态风险评价模式和预警方法体系七个方面开展了富有成效的研究。该项目以我国 POPs 污染的演变趋势为主，基本摸清了我国 POPs 特别是二噁英排放的行业分布与污染现状，为我国履行《斯德哥尔摩公约》做出了突出贡献。2009 年，POPs 项目得到延续资助，研究内容发展到以 POPs 的界面过程和毒性健康效应的微观机理为主要目标。2014 年，项目再次得到延续，研究内容立足前沿，与时俱进，发展到了新型持久性有机污染物。这 3 期“973”项目的立项和圆满完成，大大推动了我国 POPs 研究为国家目标服务的能力，培养了大批优秀人才，提高了学科的凝聚力，扩大了我国 POPs 研究的国际影响力。

2008 年开始的“十一五”国家科技支撑计划重点项目“持久性有机污染物控制与削减的关键技术与对策”，针对我国持久性有机物污染物控制关键技术的科学问题，以识别我国 POPs 环境污染现状的背景水平及制订优先控制 POPs 国家名录，我国人群 POPs 暴露水平及环境与健康效应评价技术，POPs 污染控制新技术与新材料开发，焚烧、冶金、造纸过程二噁英类减排技术，POPs 污染场地修复，废弃 POPs 的无害化处理，适合中国国情的 POPs 控制战略研究为主要内容，在废弃物焚烧和冶金过程烟气减排二噁英类、微生物或植物修复 POPs 污染场地、废弃 POPs 降解的科研与实践方面，立足自主创新和集成创新。项目从整体上提升了我国 POPs 控制的技术水平。

目前我国 POPs 研究在国际 SCI 收录期刊发表论文的数量、质量和引用率均进入国际第一方阵前列，部分工作在开辟新的研究方向、引领国际研究方面发挥了重要作用。2002 年以来，我国 POPs 相关领域的研究多次获得国家自然科学奖励。2013 年，中国科学院生态环境研究中心 POPs 研究团队荣获“中国科学院杰出科技成就奖”。

我国 POPs 研究开展了积极的全方位的国际合作，一批中青年科学家开始在国际学术界崭露头角。2009 年 8 月，第 29 届国际二噁英大会首次在中国举行，来自世界上 44 个国家和地区的近 1100 名代表参加了大会。国际二噁英大会自 1980 年召开以来，至今已连续举办了 38 届，是国际上有关持久性有机污染物（POPs）研究领域影响最大的学术会议，会议所交流的论文反映了当时国际 POPs 相关领域的最新进展，也体现了国际社会在控制 POPs 方面的技术与政策走向。第 29 届国际二噁英大会在我国的成功召开，对提高我国持久性有机污染物研究水平、加速国际化进程、推进国际合作和培养优秀人才等方面起到了积极作用。近年来，我国科学家多次应邀在国际二噁英大会上作大会报告和大会总结报告，一些高水平研究工作产生了重要的学术影响。与此同时，我国科学家自己发起的 POPs 研究的国内外学术会议也产生了重要影响。2004 年开始的“International Symposium on Persistent Toxic Substances”系列国际会议至今已连续举行 14 届，近几届分别在美国、加拿大、中国香港、德国、日本等国家和地区召开，产生了重要学术影响。每年 5 月 17～18 日定期举行的“持久性有机污染物论坛”已经连续 12 届，在促进我国 POPs 领域学术交流、促进官产学研结合方面做出了重要贡献。

本丛书《持久性有机污染物（POPs）研究系列专著》的编撰，集聚了我国 POPs 研究优秀科学家群体的智慧，系统总结了 20 多年来我国 POPs 研究的历史进程，从理论到实践全面记载了我国 POPs 研究的发展足迹。根据研究方向的不同，本丛书将系统地对 POPs 的分析方法、演变趋势、转化规律、生物累积/放大、毒性效应、健康风险、控制技术以及典型区域 POPs 研究等工作加以总结和理论概括，可供广大科技人员、大专院校的研究生和环境管理人员学习参考，也期待它能在 POPs 环保宣教、科学普及、推动相关学科发展方面发挥积极作用。

我国的 POPs 研究方兴未艾，人才辈出，影响国际，自树其帜。然而，“行百里者半九十”，未来事业任重道远，对于科学问题的认识总是在研究的不断深入和不断学习中提高。学术的发展是永无止境的，人们对 POPs 造成的环境问题科学规律的认识也是不断发展和提高的。受作者学术和认知水平限制，本丛书可能存在不同形式的缺憾、疏漏甚至学术观点的偏颇，敬请读者批评指正。本丛书若能对读者了解并把握 POPs 研究的热点和前沿领域起到抛砖引玉作用，激发广大读者的研究兴趣，或讨论或争论其学术精髓，都是作者深感欣慰和至为期盼之处。

江桂斌

2015 年 1 月于北京

前　言

持久性有机物污染物(persistent organic pollutants, POPs)所引起的环境污染与健康问题是近年来环境科学的研究热点和重点。这类污染物具有致畸、致癌、致突变的“三致”效应，同时在环境中具有环境持久性以及生物蓄积性等特点。由于 POPs 具有半挥发性质，在环境大气、海洋洋流、生物体等的传输作用下，POPs 能够远距离迁移，成为全球性的环境污染物。因此 POPs 污染的严重性和复杂性远超过常规污染物。

人们对环境中 POPs 危害性的关注可以追溯到 20 世纪 60 年代出版的《寂静的春天》一书。该书首次系统阐述了 DDT 等有机氯农药的大量使用对环境和人体健康造成的严重危害。自此以后，POPs 的生产和使用产生的环境污染问题越来越受到人们的重视。2001 年 5 月，包括中国在内的 100 多个国家和地区的政府组织共同签署了《关于持久性有机污染物的斯德哥尔摩公约》。该公约是人类社会旨在消除 POPs 危害最重要的一项国际环境公约。

地球的南极、北极以及世界“第三极”青藏高原地区远离人类聚集区及工业污染源，是目前世界上最为洁净的地区。但是极地之远、珠峰之高并不能阻挡 POPs 的迁移传输，在大气长距离传输以及“全球蒸馏效应”等的作用下，POPs 最终能够到达极地与高山地区，对当地较脆弱的生态系统产生潜在危害。由于极地与高山地区的特殊性，针对极地与高山地区 POPs 的研究一直是环境科学的研究热点。本书较系统地介绍了有机氯农药(OCPs)、多氯联苯(PCBs)等“传统”POPs 以及多溴二苯醚(PBDEs)、得克隆(DPs)、新型有机阻燃剂、全氟化合物(PFCs)、短链氯化石蜡(SCCPs)等新型 POPs 在南北极及青藏高原地区的污染现状、分布规律和生物富集等方面的研究进展。相关研究内容可以为环境科学、环境分析与监测、环境管理和其他领域有关科研及管理人员提供参考。

本书共分为 7 章。第 1 章概述了典型 POPs 的物理化学性质及工业生产使用情况，重点介绍了极地与高山地区 POPs 的主要来源、传输途径及我国南北极科学考察的历史和极地 POPs 研究的重要意义。第 2 章阐述了雪龙船南极和北极航线 OCPs 的调查结果，比较了 OCPs 的年际变化，详述了南极中山站、长城站以及北极黄河站站基附近地区不同环境介质中 OCPs 的残留状况、组成特征及变化趋势。第 3 章阐述了南北极多环境介质中 PCBs 的赋存、分布特征及在食物链中的生物富集、生物放大效应。第 4 章概述了典型有机阻燃剂包括多溴二苯醚、六溴环十二烷、得克隆、新型溴代阻燃剂、有机磷阻燃剂等新型 POPs 的物理化学性质及工业生产使用情况。集中阐述了新型卤代阻燃剂、有机磷阻燃剂等新型 POPs 在南北极地区大气、土壤、植被以及动物体内的污染特征及分布规律。第 5 章阐述了羟基和甲氧基多溴二苯醚的分析方法，其在环境中的来源、毒性、赋存水平及在极地环境介质中的污染特征与分布规律。第 6 章阐述了全氟化合物和短链氯化石蜡在南北极多环境介质中的赋存、污染特征、生物富集效应及变化趋势，并对污染来源及传输途径进行了解析。第 7 章阐述了近年来青藏高原典型环境介质中 POPs 的浓度水平和空间分布特征，介绍了湖芯沉积物和冰芯在污染物时间变化趋势方面的应用，从大气-地表分配过程、高山冷凝效应和森林过滤效应等方面重点归纳了青藏高原 POPs 的大气传输过程和环境归趋行为。

本书第 1 章由李英明、张蓬、王璞、傅建捷撰写，第 2 章由张蓬撰写，第 3 章由李英明、张庆华撰写，第 4 章由王璞撰写，第 5 章由孙慧中撰写，第 6 章由傅建捷撰写，第 7 章由杨瑞强撰写。全书由李英明完成统稿。科学出版社朱丽等编辑对本书进行了耐心细致的编校工作，在此表示衷心的感谢。本书撰写过程中参考了大量的国内外相关文献，在此对文献作者及出版机构一并致谢。

本书涉及的若干研究内容是在国家海洋局极地科学考察项目、科技部“973”计划项目(2015CB453101)和国家自然科学基金委员会众多基金项目的资助下完成的。后续的写作工作还得到了国家自然科学基金面上项目(21477155)和国家出版基金项目(2016R-045)的资助。在此表示感谢！

由于作者水平有限，书中的缺点和不足之处在所难免，敬请读者批评指正。

作　者

2018 年 3 月

目　录

第 1 章　极地与高山地区持久性有机污染物研究背景

本章导读

- 持久性有机污染物的环境特征，以及不同时期《斯德哥尔摩公约》对于持久性有机污染物名单的规定与更新
- 有机氯农药、多氯联苯、多溴二苯醚、全氟化合物、短链氯化石蜡等典型持久性有机污染物的物理化学性质及工业生产使用情况
- 南北极及世界“第三极”青藏高原地区的环境特征，我国极地科学考察的历史及极地持久性有机污染物研究的重要意义
- 持久性有机污染物到达极地与高山的主要来源及传输途径

持久性有机污染物(persistent organic pollutants, POPs)，是指一类具有高毒性、在环境中难降解、具有长距离传输特性和生物蓄积性的化合物(UNEP，2017)。由于 POPs 具有半挥发性，在环境大气、洋流、生物体等的传输作用下，POPs 能够远距离迁移，成为全球性的污染物。目前在遥远的南极、北极和世界“第三极”青藏高原地区的多种环境介质中都有 POPs 的检出。POPs 对生态环境和人体健康都会造成严重危害，近些年来成为环境科学的研究热点。

对环境中 POPs 危害性的关注可以追溯到 20 世纪 60 年代出版的《寂静的春天》(*Silent Spring*)一书。该书首次系统阐述了 DDT 等有机氯农药的大量使用对环境和人体健康造成的严重危害。自此以后，POPs 的生产和使用产生的环境危害问题越来越受到人们的重视。2001 年 5 月，包括中国在内的 100 多个国家和地区的政府组织共同签署了《关于持久性有机污染物的斯德哥尔摩公约》(简称《斯德哥尔摩公约》)。该公约是国际政府间组织鉴于 POPs 可能对自然环境和人类社会产生的严重影响，以削减和限制特定 POPs 的生产和使用为目的的一项国际环境公约。

《斯德哥尔摩公约》中规定了首批 12 种 POPs 名单，这些 POPs 又被称为“肮脏的一打”(dirty dozen)，具体包括 8 种有机氯杀虫剂(艾氏剂、狄氏剂、异狄氏剂、滴滴涕、氯丹、灭蚁灵、毒杀芬、七氯)、2 种工业化学品(六氯苯、多氯联苯)和人类生产生活中无意排放的多氯代二苯并二噁英和多氯代二苯并呋喃。2009 年 5 月，在瑞士日内瓦举行的《斯德哥尔摩公约》第四次缔约方会议将 α-六氯环已烷、β-六

氯环已烷、十氯酮(开篷)、六溴联苯、林丹、五氯苯、全氟辛基磺酸及其盐类和全氟辛基磺酰氟、商用五溴二苯醚和商用八溴二苯醚共9种化学物质新增列入《斯德哥尔摩公约》附件A、B或C的受控范围。2011年5月，硫丹被新增列入《斯德哥尔摩公约》附件A。2013年，六溴环十二烷被新增列入《斯德哥尔摩公约》附件A。2015年5月，六氯丁二烯、五氯酚及其盐/酯、多氯萘被新增列入《斯德哥尔摩公约》附件A和C。2017年5月，短链氯化石蜡、十溴二苯醚被新增列入《斯德哥尔摩公约》附件A(表1-1)。

表1-1　列入《斯德哥尔摩公约》的持久性有机污染物名单

列入公约时间	中文名称	英文名称
2001年	滴滴涕	DDTs
	艾氏剂	aldrin
	狄氏剂	dieldrin
	异狄氏剂	endrin
	氯丹	chlordane
	灭蚁灵	mirex
	毒杀芬	toxaphene
	七氯	heptachlor
	六氯苯	hexachlorobenzene (HCB)
	多氯联苯	polychlorinated biphenyls (PCBs)
	多氯代二苯并二噁英和多氯代二苯并呋喃	polychlorinated dibenzo-*p*-dioxins (PCDDs) and dibenzofurans (PCDFs)
2009年	*α*-六氯环已烷	*α*-hexachlorocyclohexane (*α*-HCH)
	β-六氯环已烷	*β*-hexachlorocyclohexane (*β*-HCH)
	十氯酮(开篷)	chlordecone
	六溴联苯	hexabromobiphenyl
	林丹	lindane
	五氯苯	pentachlorobenzene
	全氟辛基磺酸及其盐类和全氟辛基磺酰氟	perfluorooctane sulfonic acid, its salts and perfluorooctane sulfonyl fluoride
	商用五溴二苯醚	commercial pentabromodiphenyl ether
	商用八溴二苯醚	commercial octabromodiphenyl ether
2011年	硫丹	endosulfan
2013年	六溴环十二烷	hexabromocyclododecane (HBCD)
2015年	六氯丁二烯	hexachlorobutadiene
	五氯酚及其盐/酯	pentachlorophenol, its salts and esters
	多氯萘	polychlorinated naphthalenes (PCNs)
2017年	十溴二苯醚	decabromodiphenyl ether
	短链氯化石蜡	short-chain chlorinated paraffins (SCCPs)

1.1　典型 POPs 的物理化学性质及使用状况

1.1.1　六六六

六六六的化学名称是六氯环己烷(1,2,3,4,5,6-hexachlorocyclohexanes，HCHs)，也称六氯化苯(benzene hexachlorides，HCHs)，分子式为 $C_6H_6Cl_6$。HCHs 是一类作用于昆虫神经的广谱杀虫剂，可用于杀虫，种子、木材保护以及家禽家畜处理等，因其具有生产工艺简单和造价低廉的显著优势，在世界范围内被广泛使用。六元环上 C—Cl 键具有不同的平伏-直立组合(图 1-1)，因此这种物质具有多种异构体，目前确定的异构体有 8 种。其中 *α*-HCH 具有两种光学异构体，可通过手性分析进行确定(刘丽艳，2007)。工业 HCHs 通常含有 60%～70%的 *α*-HCH，5%～12%的 *β*-HCH，6%～10%的 *δ*-HCH，10%～12%的 *γ*-HCH 和 1%～4%的 *ε*-HCH，其中有效成分为 *γ*-HCH。纯度为 99.9%的 *γ*-HCH，称为林丹(lindane)，是一种常用的有机氯农药(organochlorine pesticides，OCPs)，林丹的使用可间接造成 HCHs 的污染。

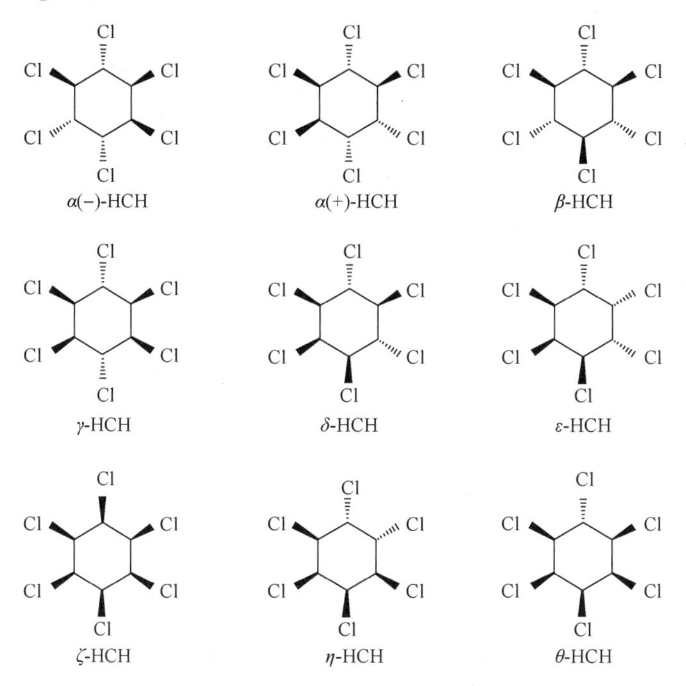

图 1-1　HCHs 的化学结构式

1.1.2　滴滴涕

滴滴涕(dichlorodiphenyltrichoroethanes，DDTs)的分子式为 $C_{14}H_9Cl_5$，化学名

称为 2,2-双(对-氯苯基)-l,1,1-三氯乙烷。工业 DDTs 含有 65%～80%的 *p,p′*-DDT 和 15%～21%的 *o,p′*-DDT 及杂质。其中 *p,p′*-DDT 是有效成分，*o,p′*-DDT 的杀虫活性较弱。*p,p′*-DDT 在环境中的降解产物是 *p,p′*-DDE 和 *p,p′*-DDD，*o,p′*-DDT 降解产物主要是 *o,p′*-DDE 和 *o,p′*-DDD。其中 DDD 除了来自 DDT 的降解外，*p,p′*-DDD 也是一种农药，但并未被普遍使用；*o,p′*-DDD 也有生产，主要用于治疗胰腺癌，而未在农业或者卫生防疫领域使用；DDE 主要是降解产物。因此环境中这些污染物都是直接或者间接来自工业 DDTs(刘丽艳，2007)。DDTs 成分的化学结构式见图 1-2。

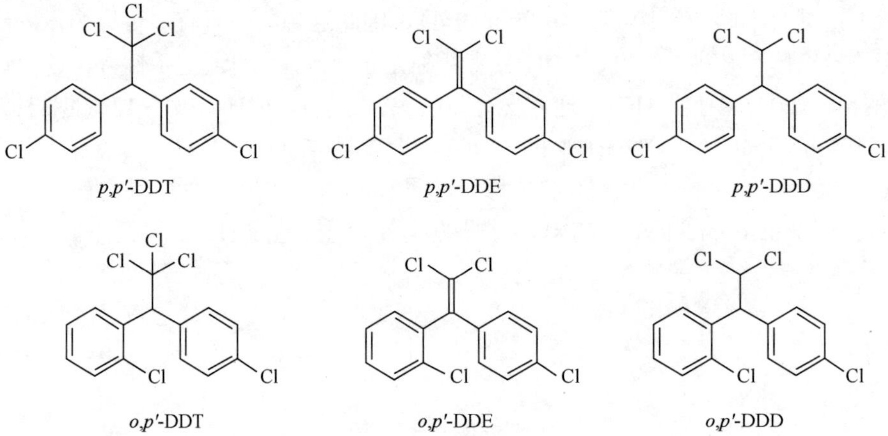

p,p′-DDT　*p,p′*-DDE　*p,p′*-DDD

o,p′-DDT　*o,p′*-DDE　*o,p′*-DDD

图 1-2　DDTs 各种成分的化学结构式

1.1.3　艾氏剂

艾氏剂(aldrin，六氯-六氢-二甲撑萘)，分子式为 $C_{12}H_8Cl_6$(图 1-3)，将其施于土壤中，可清除白蚁、蚱蜢、南瓜十二星叶甲和其他昆虫。艾氏剂于 1949 年开始生产，已被 72 个国家禁止，10 个国家限制，我国未形成生产规模。艾氏剂在环境中容易被氧化为狄氏剂。

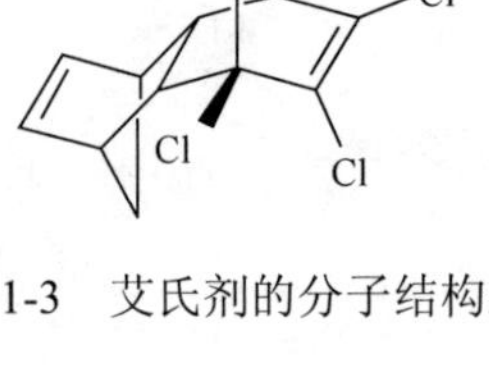

图 1-3　艾氏剂的分子结构式

1.1.4　狄氏剂

狄氏剂(dieldrin，六氯-环氧八氢-二甲撑萘)，分子式为 $C_{12}H_8Cl_6O$(图 1-4)，用来控制白蚁、纺织品害虫，防治热带蚊蝇传播疾病，部分用于农业，生产于 1948 年，已被 67 个国家禁止，9 个国家限制，我国未形成生产规模。

Cl Cl Cl Cl O Cl Cl

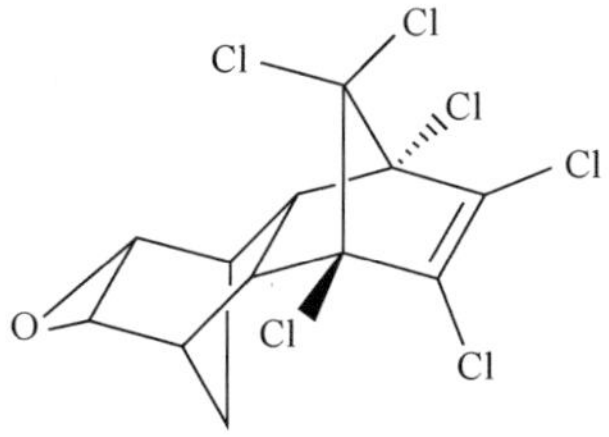

图 1-4　狄氏剂的化学结构式

艾氏剂和狄氏剂是具有相似结构的人工合成的有机氯杀虫剂，它们起初来自合成塑料的废弃品。自 20 世纪 50 年代起，艾氏剂和狄氏剂被广泛地用作农业杀虫剂、畜牧用药、杀白蚁和病媒控制药剂。艾氏剂在环境或生物体内能够较快地降解为狄氏剂，而狄氏剂在环境中持久存在，并能在生物体内累积，随着食物链传递富集，逐级放大，对人及动物健康造成严重危害(黄林，2007)。

1.1.5　异狄氏剂

异狄氏剂(endrin，1,2,3,4,10,10-六氯-6,7-环氧-1,4,4a,5,6,7,8,8a-八氢-1,4-挂-5,8-挂-二甲撑萘)，分子式为 $C_{12}H_8Cl_6O$。异狄氏剂是狄氏剂的异构体，白色晶体，不溶于水，其主要作用是杀死棉花和谷物等作物叶片的害虫，也用于控制啮齿动物，于 1951 年开始生产，已被 67 个国家禁止，9 个国家限制，我国未形成生产规模。

1.1.6　氯丹

氯丹(chlordane，1,2,4,5,6,7,8,8-八氯-2,3,3a,4,7,7a-六氢化-4,7-亚甲茚，或简称八氯化甲桥茚)。工业氯丹是由 140 种不同结构的物质组成的混合物，而其中主要成分是顺式氯丹和反式氯丹(图 1-5)。氯丹对昆虫具有触杀、胃毒和熏蒸作用，曾用作控制白蚁和火蚁的广谱杀虫剂，用于各种作物和居民区草坪中(闫研，2008)。氯丹从 1945 年开始生产，已被 57 个国家禁止，17 个国家限制。我国 1977～1978 年累计生产 3000 余吨原粉，用于灭白蚁和地下害虫，1979 年停产。

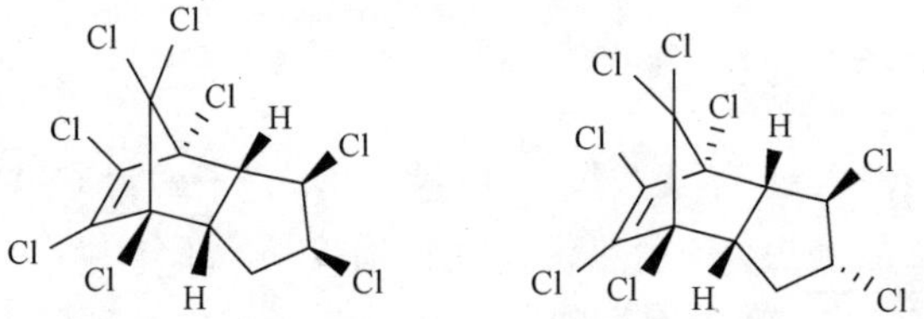

顺式氯丹(*cis*-chlordane,*α*-氯丹)　　反式氯丹(*trans*-chlordane,*β*-氯丹)

图 1-5　氯丹的化学结构式

1.1.7　七氯

七氯(heptachlor，1,4,5,6,7,8,8-七氯-3a,4,7,7a-四氢-4,7-甲撑茚)，分子式为 $C_{10}H_5Cl_7$(图 1-6)。七氯是一种非内吸性触杀、胃毒性杀虫剂，具有一定熏蒸作用，用来杀灭火蚁、白蚁、蚱蜢、作物病虫以及传播疾病的蚊蝇等带菌媒介。七氯从 1948 年开始生产，已被 59 个国家禁止，11 个国家限制。我国 1967～1969 年累计生产 17t 原粉，用于灭白蚁和地下害虫，之后停产(李冬梅，2008)。七氯在水中比较容易水解，水解产物为 1-羟基六氯；在太阳光照射下会发生直接光解作用，而且对光敏化反应也比较敏感，光解的产物主要是酮类，在光敏化存在的情况下，明显有七氯环氧化物的光异构体生成(臧振亚，2014)。

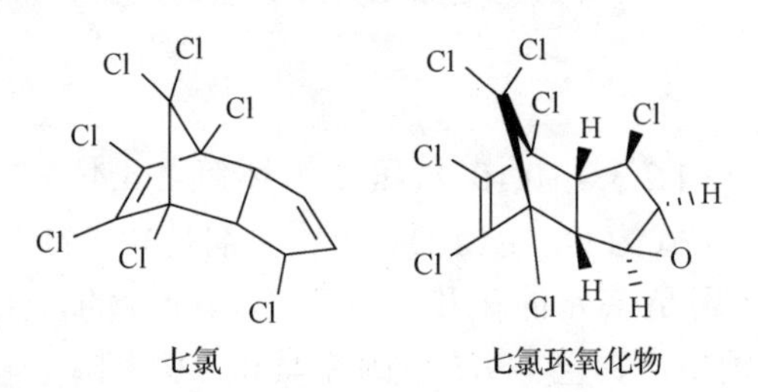

图 1-6　七氯和七氯环氧化物的化学结构式

1.1.8　硫丹

硫丹(endosulfan，1,2,3,4,7,7-六氯双环[2.2.1]庚-2-烯-5,6-双羟甲基亚硫酸酯)，分子式为 $C_9H_6Cl_6O_3S$(图 1-7)。工业硫丹主要是由硫丹-Ⅰ(*α*-硫丹)和硫丹-Ⅱ(*β*-硫丹)两种同分异构体组成，其质量比为 2∶1 或者 7∶3。硫丹是目前世界各国广泛使用的具广谱杀虫活性的氯代环戊二烯类杀虫剂，但由于其巨毒性、生物蓄积性和内分泌干扰作用，已经在包括欧盟、一些亚洲和西非国家等 50 多个国家和地区禁止使用。

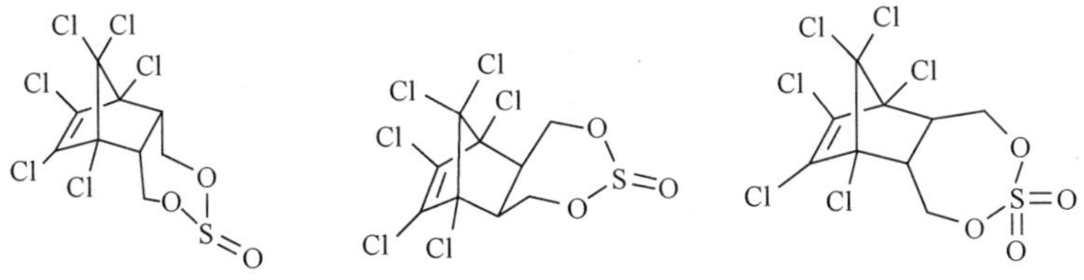

硫丹-Ⅰ(α-硫丹)　　硫丹-Ⅱ(β-硫丹)　　硫丹硫酸盐

图 1-7　硫丹的化学结构式

硫丹在世界各地各种环境媒介中普遍存在，其丰富度排序为硫丹-Ⅰ＞硫丹-Ⅱ＞硫丹硫酸盐。硫丹是全球被动大气监测网的一部分，最近，在智利的横切纬度方向的被动空气采样(passive air sampler，PAS)表明：硫丹-Ⅰ和硫丹-Ⅱ在空气中的浓度变化范围是 4～101pg/m^3，并且观察到最高的浓度出现在北部地区。气团轨迹分析结果表明北部地区可能是智利其他地区的硫丹源。硫丹不仅是智利目前使用的农药(current use pesticides，CUPs)，也被中美洲和北美洲的其他地方使，并且在南极洲西部的大气采样中检测出硫丹-Ⅱ(李璐，2012)。表 1-2 给出了几种有机氯农药的毒性以及生产和限制使用情况。

表 1-2　几种有机氯农药的毒性以及生产、限制使用情况

化合物	毒性及持久性	各国限制使用情况
滴滴涕	表皮吸收时对人类和动物有毒；土壤中残留 10～15 年	全球累积消费 30 万 t，65 个国家禁用，26 个国家限制生产和使用
艾氏剂	有致癌作用，致命量为 5g；在生物体或环境介质中缓慢降解生成狄氏剂	全球累积消费约 24 万 t，72 个国家禁用，10 个国家限制生产和使用
氯丹	影响神经系统，损害免疫系统；半衰期达 1 年	全球累积消费约 7 万 t，57 个国家禁用，17 个国家限制生产和使用
狄氏剂	对鱼类及水生动物有很大毒性；半衰期为 5 年	全球累积消费量 24 万 t，67 个国家禁用，9 个国家限制生产和使用
异狄氏剂	对鱼类、水生无脊椎动物和植物有剧毒；土壤中持续存在，半衰期为 12 年	67 个国家禁用，9 个国家限制生产和使用
七氯	损害生殖系统，可能的致癌物质；土壤中持续存在 2 年	59 个国家禁用，11 个国家限制生产和使用
灭蚁灵	可能的致癌物质；半衰期达 10 年	52 个国家禁用，10 个国家限制生产和使用
毒杀芬	可引起甲状腺肿瘤和其他癌症；土壤中持续存在 12 年	全球累积消费约 133 万 t，57 个国家禁用，12 个国家限制生产和使用
六氯苯	损害免疫和生殖系统；土壤半衰期为 2.7～2.9 年	全球累积消费 100 万～200 万 t，59 个国家禁用，9 个国家限制生产和使用
六六六	α-HCH 和 γ-HCH 的氢解半衰期分别为 26 年和 42 年；α-HCH 的水解半衰期为 64 年，β-HCH 的水解半衰期远大于前者。γ-HCH 在空气中的半衰期为 2.3～13 天，在水中的半衰期为 30～300 天，沉积物中半衰期为 50 天，在土壤中半衰期为 2 年	1945～1992 年间全球共使用 HCHs 约 140 万 t，20 世纪 80 年代以后，大部分发达国家包括一些发展中国家相继禁止生产和使用工业 HCHs

注：数据来源(林海涛，2007)。

1.1.9 多氯联苯

多氯联苯(polychlorinated biphenyls，PCBs)是联苯苯环上的氢原子被氯原子取代的化合物的总称，其化学结构式如图 1-8 所示。根据氯原子取代位置和个数的不同，多氯联苯共有 10 组 209 种同系物，其命名一般采用国际纯粹与应用化学联合会(International Union of Pure and Applied Chemistry，IUPAC)命名法。多氯联苯是一种无色或浅黄色的油状物质，有稳定的物理化学性质，属半挥发或不挥发物质，具有较强的腐蚀性，难溶于水，但是易溶于脂肪和其他有机溶剂中。多氯联苯具有良好的阻燃性、低电导率、良好的抗热解能力、良好的化学稳定性，抗多种氧化剂(荆治严等，1992)。

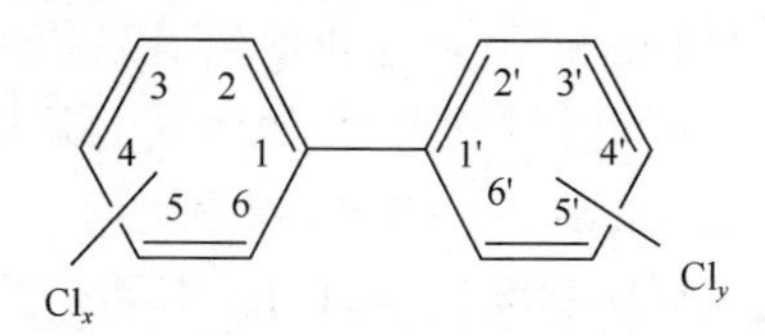

图 1-8 多氯联苯的化学结构式

多氯联苯历史上曾被大量生产并用作热交换剂、润滑剂、变压器和电容器内的绝缘介质、增塑剂、石蜡扩充剂、黏合剂、有机稀释剂等重要的化工产品，广泛应用于电力工业、塑料加工业、化工和印刷等行业。多氯联苯的商业化生产始于 1930 年，1977 年后各国陆续停止生产。至 1980 年世界各国生产的多氯联苯总量约为 100 万 t。中国多氯联苯的生产年限为 1965～1974 年，估计历年累计产量近万吨，从 20 世纪 50 年代到 70 年代，在未被告知的情况下，曾由一些发达国家进口部分含有多氯联苯的电力电容器和动力变压器等(金军等，1996；毕新惠和徐晓白，2000；吴明媛，2005)。多氯联苯的环境污染主要来自含多氯联苯产品的泄漏。另外城市固体废弃物和危险废弃物的焚烧过程也会产生一定量的多氯联苯(Alcock et al., 1998)。近年来的研究表明黄色有机颜料生产特别是双偶氮类颜料的生产和使用过程是环境中 PCB-11 的重要污染来源(Shang et al., 2014; Li et al., 2012; Du et al., 2008)。

多氯联苯的毒性主要表现为致癌性，国际癌症研究机构已将多氯联苯列为人体致癌物质：①生殖毒性，多氯联苯能导致人类精子数量减少、精子畸形、女性不孕、动物生育能力减弱；②神经毒性，多氯联苯能对人体造成脑损伤、抑制脑细胞合成、发育迟缓、智商降低；③内分泌系统干扰毒性(van den Berg et al., 1998)。另外，具有共平面结构(co-planar)的多氯联苯异构体，包括四氯代以上的非邻位和单邻位多氯联苯，具有与二噁英相似的结构和毒性效应，因此称为二噁英类多氯联苯(dioxin-like PCBs)。

1.1.10　多溴二苯醚

多溴二苯醚(polybrominated diphenyl ethers，PBDEs)由氧原子连接两个苯环及取代溴原子组成，其化学结构见图 1-9。PBDEs 有 209 种同系物，遵循和 PCBs 一致的 IUPAC 编号命名规则。PBDEs 的沸点在 310～425℃之间，具有蒸气压低、热稳定性好的特点，在环境中比较难以降解。PBDEs 有较高的辛醇-水分配系数(K_{ow})，表现出较强的亲脂疏水性，极易在生物脂肪中富集并通过食物链进行放大，因此可能具有较高的生物暴露风险(Hites, 2004)。

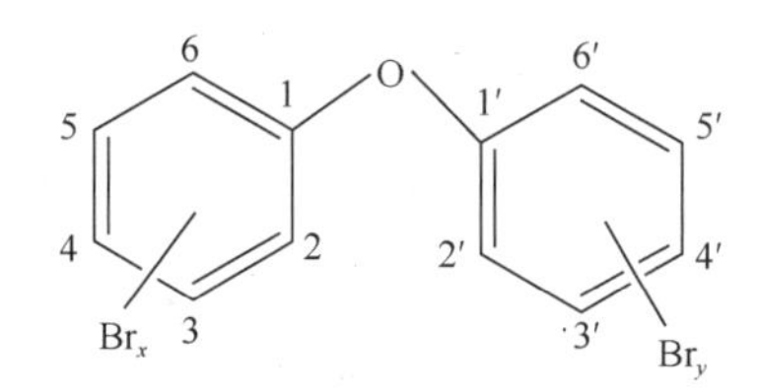

图 1-9　PBDEs 化学结构式

PBDEs 具有良好的热稳定性和阻燃效率，因此被广泛应用于纺织、家具、建材和电子等产品中(刘汉霞等，2005)。作为一种典型的添加型阻燃剂，PBDEs 能够从其应用产品(如电子产品)中向周围环境释放。商用 PBDEs 产品主要包括五溴二苯醚(penta-BDEs)、八溴二苯醚(octa-BDEs)和十溴二苯醚(deca-BDEs)。penta-BDEs 作为纺织品、聚氨酯泡沫的添加阻燃剂，应用于家具、床垫、地毯填料、汽车坐垫等行业。octa-BDEs 产品常被用作聚碳酸酯、热固树脂、ABS 工程塑料的阻燃剂并应用于电子产品领域。deca-BDEs 作为大多数合成材料的阻燃剂常被应用于印刷电路板、纺织品等领域。penta-BDEs 和 octa-BDEs 是由多种 PBDEs 同系物组成的混合物，其组成成分随生产商的不同而有所变化。penta-BDEs 的组成主要包括 2,2′,4,4′-tetra-BDE(BDE-47)、2,2′,4,4′,5-penta-BDE(BDE-99)、2,2′,4,4′,6-penta-BDE(BDE-100)、2,2′,4,4′,5,5′-hexa-BDE(BDE-153)、2,2′,4,4′,5,6′-hexa-BDE(BDE-154)，其质量比约为 9∶12∶2∶1∶1。octa-BDEs 商品的组成主要包括 hepta-BDE(BDE-183)、octa-BDE(BDE-196, -197, -203)，还包括少量的 hexa-BDEs 和 nona-BDEs。deca-BDEs 商品主要由 BDE-209 组成，并包括少量的 nona-BDEs(Guardia et al., 2006)。PBDEs 自 20 世纪 60 年代开始生产使用，1999 年产量达 67 125 t。2001 年全球总需求量为 67 440 t，其中包括 7500 t penta-BDEs 产品、3790 t octa-BDEs 产品和 56 150 t deca-BDEs 产品(de Wit, 2002)。尽管 penta-BDEs 和 octa-BDEs 在 2009 年被列入《斯德哥尔摩公约》，而 deca-BDEs 直到 2017 年才被列入公约。

PBDEs 与 PCBs、多氯代二苯并二噁英/呋喃(polychlorinated dibenzo-*p*-dioxins/dibenzofurans，PCDD/Fs)具有相似的化学结构。毒性方面，PBDEs 也可

与芳香烃受体相结合，因此具有类似于 PCDD/Fs 的致毒机理(Chen et al., 2001)。PBDEs 被认为具有神经毒性和生殖毒性。3 种主要的 PBDEs 产品中，penta-BDEs 的毒性最强，主要影响神经系统的发育，导致记忆衰退和自发性运动活性的损伤；octa-BDEs 次之，主要表现为胚胎毒性和致畸性；deca-BDEs 毒性最弱，具有肝毒性、甲状腺毒性和潜在的致癌性等(Ven et al., 2008)。此外，PBDEs 能够影响生物体内的荷尔蒙分泌及调节，因此被称为环境内分泌干扰物(Turyk et al., 2008)。

1.1.11 全氟及多氯类化合物

全氟及多氟类化合物(perfluoroalkyl and polyfluoroalkyl substances, PFASs)一般由碳链和尾部官能团两部分组成，其碳链上的氢原子全部或部分被氟原子取代。C—F 键能为 484～531 kJ/mol，因此，PFASs 具有良好的热稳定性和化学稳定性，大量氟原子的存在也使得 PFASs 具有很低的表面张力，同时具有疏水疏油特性。PFASs 化学通式可表示为 $F(CF_2)_xR$，根据碳链末端的取代基团不同，主要有全氟羧酸(PFCAs)和全氟磺酸(PFSAs)、全氟膦酸(PFPAs)、全氟磺酰化合物(POSF)以及全氟磷酸酯(PAPs)等(表 1-3)。R 基团有时候包括 CH_2 基团，当 x=6，R=$(CH_2)_nOH$ 时，该化合物可表示为 6：n FTOH，由于从整体上看，这类化合物的碳链骨架上的 H 并没有完全被氟取代，也称为多氟化合物，环境科学中所提及的 PFASs 一般不包括高分子全氟聚合物。PFASs 家族庞大，截至 2011 年，共有 853 种不同的 PFASs 投入生产使用(Stahl et al., 2011)。

表 1-3 常见 PFASs 分类、名称及分子式

化合物(英文名)	简写	中文名称	分子结构式
perfluorinated carboxylic acids	PFCAs	全氟羧酸	
perfluorobutanoic acid	PFBA	全氟丁酸	
perfluoropentanoic acid	PFPeA	全氟戊酸	
perfluorohexanoic acid	PFHxA	全氟己酸	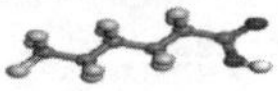
perfluoroheptanoic acid	PFHpA	全氟庚酸	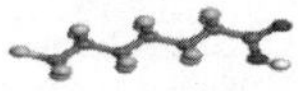
perfluorooctanoic acid	PFOA	全氟辛酸	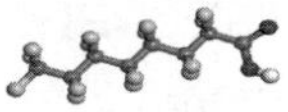
perfluorononanoic acid	PFNA	全氟壬酸	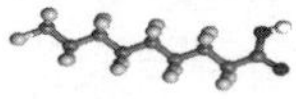
perfluorodecanoic acid	PFDA	全氟癸酸	
perfluoroundecanoic acid	PFUdA	全氟十一酸	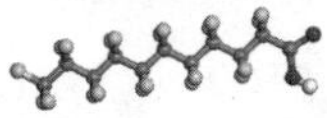
perfluorododecanoic acid	PFDoA	全氟十二酸	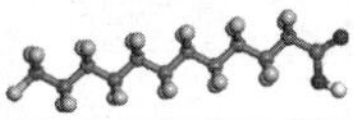

续表

化合物(英文名)	简写	中文名称	分子结构式
perfluorotridecanoic acid	PFTrA	全氟十三酸	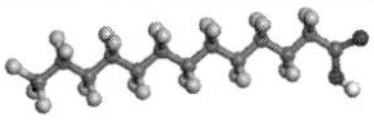
perfluorotetradecanoic acid	PFTA	全氟十四酸	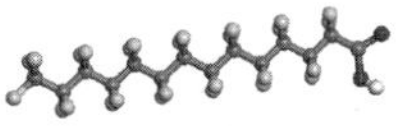
perfluoropentadecanoic acid	PFPA	全氟十五酸	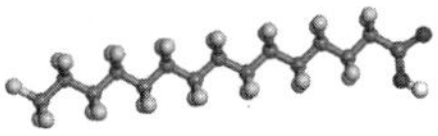
perfluorinated sulfonate acids	PFSAs	全氟磺酸	
perfluorobutane sulfonate	PFBS	全氟丁基磺酸	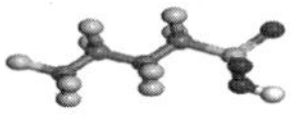
perfluorohexane sulfonate	PFHxS	全氟己基磺酸	
perfluoroheptane sulfonate	PFHpS	全氟庚基磺酸	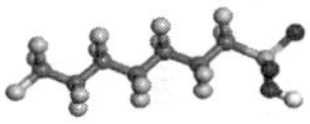
perfluorooctane sulfonate	PFOS	全氟辛基磺酸	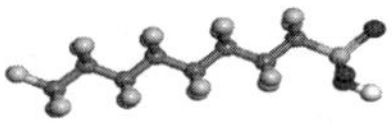
perfluorononane sulfonate	PFNS	全氟壬基磺酸	
perfluorodecane sulfonate	PFDS	全氟癸基磺酸	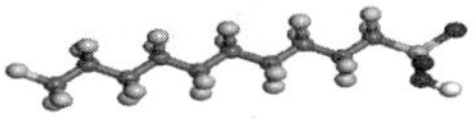
fluorotelomer alcohols	FTOHs	氟调聚醇	
1*H*,1*H*,2*H*,2*H*-perfluoroocthanol	6∶2 FTOH	6∶2 氟调醇	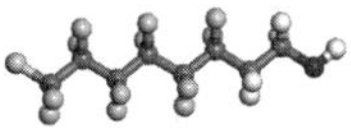
1*H*,1*H*,2*H*,2*H*-perfluorodecanol	8∶2 FTOH	8∶2 氟调醇	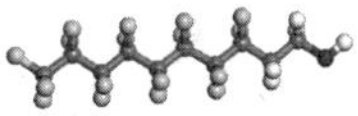
1*H*,1*H*,2*H*,2*H*-perfluorododecanol	10∶2 FTOH	10∶2 氟调醇	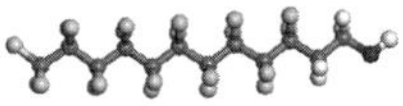
perfluo sulfonamides and sulfonamide ethanols	FASA/FASE	全氟磺酰胺/全氟磺酰胺基乙醇	
N-ethyl perfluorooctane sulfonamide	*N*-Et-FOSA	*N*-乙基全氟辛基磺酰胺	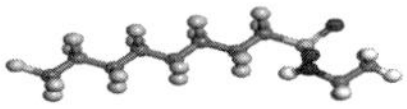
N-ethyl perfluorobutane sulfonamide	*N*-Et-FBSA	*N*-乙基全氟丁基磺酰胺	
perfluorooctane sulfonamide	FOSA	全氟辛基磺酰胺	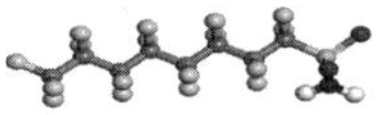
perfluorobutane sulfon amide	FBSA	全氟丁基磺酰胺	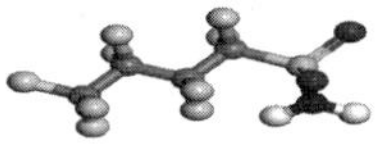
perfluorooctane sulfonamidoethanol	FOSE	全氟辛基磺酰胺乙醇	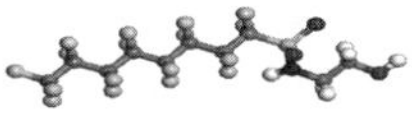
perfluorobutane sulfonamidoethanol	FBSE	全氟丁基磺酰胺乙醇	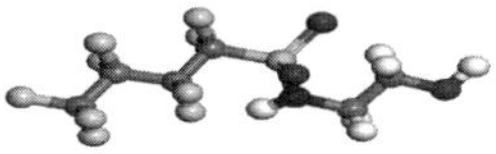

PFASs 中 R 基团是其物化性质的主要变量，不同 R 基团的 PFASs 物化性质差别较大，相同 R 基团的 PFASs 性质较为接近，且随着氟化碳链长度的变化，具有一定的规律(Ding and Peijnenbur, 2013)。R 基团的不同也导致 PFASs 在环境中存在形式的差异，根据其在环境中是否能离子化的标准，可分为中性全氟化合物(neutral PFASs，如 FTOH、POSF 等)和离子型全氟化合物(ionic PFASs，如 PFSAs、PFCAs 等)两大类。ionic PFASs 在水中的溶解度在 mg/L 水平，甚至能达到 g/L 的水平(Stock et al., 2010)，而 neutral PFASs 几乎不溶于水，其在水中的溶解度在 ng/L 水平(Liu and Lee, 2005)，但其却具有一定的挥发性。此外，neutral PFASs 在自然环境或生物代谢过程中，最终有可能降解成 PFCAs 或 PFSAs(ionic PFASs)(Dinglasan et al., 2004; Benskin et al., 2013)。PFASs 之间物化特性的巨大差异导致其不同于传统 POPs 较为单一的传输途径，理论上 PFASs 可以通过水圈和大气圈进行迁移，而 PFASs 之间可能存在的转化，使其在环境中的迁移转化比传统 POPs 更为复杂。

PFASs 的氟化碳链端具有疏水疏油特性，在极端环境中热稳定性强，为其在生产生活中的广泛应用奠定了基础。PFASs 主要应用于地毯(14%～48%)、户外装备(43%～48%)、食品包装纸(15%～28%)、灭火泡沫(6%～16%)等领域(Krafft and Riess 1998; Schultz et al., 2003; Paul et al., 2008)。

PFASs 最主要的生产方式有电化学氟化法(electro-chemical fluorination, ECF)和调聚合成法(telomerization)两种。ECF 是利用有机物 C—H 键上的 H 被 HF 中的 F 原子取代而合成 PFASs，其生产过程能生成众多除目标 PFASs 以外的同分异构体，如 PFOS 和 PFOA，根据其碳链结构不同，理论上具有 89 个和 39 个直链/支链异构体。PFASs 主要生产厂商 3M 公司采用 ECF 所生产的 PFASs 包括约 70%的直链及约 30%具有支链的异构体及不同碳链长度(4～9 个)的混合物，且组成相对稳定(Benskin et al.,2010; 3M Company,1997)。调聚合成法是利用调聚剂与不饱和主链物发生聚合反应，通过 $CF_2{=\!=}CF_2$ 单元延长全氟烃基部分，所合成的 PFASs 直链的比例在 98%以上(Buck et al., 2011)。3M 公司从 20 世纪 50 年代就开始通过 ECF 大量生产 PFASs，并应用于纺织品防水防油剂中(Renner, 2006)，是全球最早生产 PFASs 的企业，一度也是全球最大的 PFASs 生产商。从 20 世纪 50 年代至 2000 年，3M 公司的 PFASs 产量逐步上升，其中以碳链长度为 8 个碳原子的全氟辛基磺酸盐(PFOS)与全氟辛基羧酸(PFOA)产量最大。20 世纪 90 年代全氟辛基磺酰氟(POSF)的最高年产量达到 4.65×10^6 kg，1970～2002 年，POSF 全球总产量达 96 000 t，这些 PFASs 最终有 45 250 t 通过各种途径排放进入环境(Paul et al.,2008)。3M 公司停止生产 POSF 等产品后，以杜邦公司为代表的相关生产商通过调聚合成法大量生产以 FTOHs(氟调聚醇，$(F(CF_2)_xCH_2CH_2OH, x=4,6,8,10)$ 即 4∶2 FTOH、6∶2 FTOH、8∶2 FTOH 和 10∶2 FTOH)为代表的 PFASs，FTOHs 的产量在 2000

年为 6500 t 左右，2004 年高达 12 000 t(Prevedouros et al., 2006)。

PFASs 在环境中具有极强持久性，可在工厂生产过程中被释放进入周边环境，也可随着含 PFASs 产品的使用及废弃过程，通过多种途径进入空气、水和土壤等环境。碳链长度为 8 个碳原子的 PFOS 与 PFOA 由于历史产量巨大，环境中分布最广泛，也是环境科学研究中受到广泛关注的全氟化合物。随着对 PFASs 环境效应研究的深入，其表现出来污染持久性、生物富集能力及一定的毒性(Lau et al., 2007)。PFASs 的生产使用也逐渐受到了限制：2000 年 5 月，PFOS 相关化合物的大型制造商 3M 公司与美国环境保护局(United States Environmental Protectian Agency, USEPA)合作，自愿淘汰 PFOS 和 PFOSF 相关产品。2002 年，世界经济合作与发展组织(OECD)指出，PFOS 属于具有持久性和生物累积性的有毒物质(persistent bioaccumulative toxic，PBT)，建议将其列入《斯德哥尔摩公约》POPs 名单(Conference of the Parties of the Stockholm Convention on Persistent Organic Pollutants Fourth Meeting, 2009)。2004 年，美国疾病控制与预防中心(CDC)将 PFOS 和 PFOA 列入健康和营养调查表。2005 年，USEPA 将 PFOS 和 PFOA 列入优先污染物控制名单。2006 年，欧洲议会发布法令限制 PFOS 的销售和使用。2009 年，《斯德哥尔摩公约》第四次缔约方会议将 PFOS 及其盐，以及 PFOSF 列入新 POPs 名单(Blum et al., 2015)。2015 年，PFOA 及其前驱体相继被列入《斯德哥尔摩公约》，在全球范围内限制使用。然而，到目前为止，PFASs 的替代物基本仍为其短链同系物，或者醚基取代物，有不少领域甚至还无法摆脱长链 PFASs 的使用，对于 PFASs 的替代品研究任重道远。

1.1.12 短链氯化石蜡

1. 背景介绍

氯化石蜡(chlorinated paraffins, CPs)，又称多氯代烷烃(polychlorinated *n*-alkanes, PCAs)，其碳链长度一般为 10～30 个碳原子，氯原子取代数 1～13 个不等(氯质量分数 30%～75%)，是正构烷烃经氯化衍生而成的工业产品(Bayen et al., 2006)，目前没有 CPs 自然来源的报道。CPs 可根据碳链的长度分为短链氯化石蜡(碳链长度为 10～13, short-chain chlorinated paraffins, SCCPs)、中链氯化石蜡(碳链长度为 14～17, medium-chain chlorinated paraffins, MCCPs)和长链氯化石蜡(碳链长度为 18～30, long-chain chlorinated paraffins, LCCPs) (Feo et al., 2009)。SCCPs 是环境中最复杂的一类有机氯代污染物(图 1-10)，理论上仅碳链长度为 10 个碳原子的 SCCPs 单体就有 42 720 种，按照其在环境中实际存在的形态，每个碳原子上氯代数目不超过 1 个，其单体也有 527 种。SCCPs 组分的复杂性导致其分析定量研究受到极大限制，目前的仪器分析手段尚无法准确对产品及环境介质中的 SCCPs 进行精确定性定量，相对于传统 POPs(如多氯联苯、有机氯农药等)，目前国际上对 SCCPs 的研究仍十分有限。

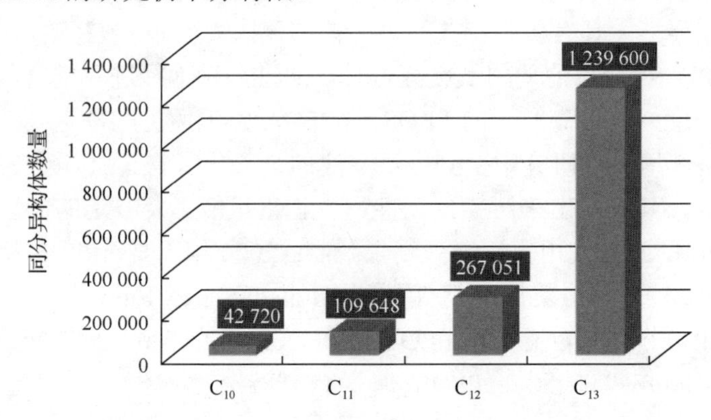

图 1-10　不同碳链长度 SCCPs 同分异构体数量

2. 物化特性

化合物的物理化学性质决定其环境行为。SCCPs 的组成成分复杂，异构体、同系物、对映异构体及非对映异构体种类繁多，其工业应用也均以其混合物为基础，单体数据缺乏，导致现有 SCCPs 物理化学性质方面的信息非常有限，且所有的实验数据均建立在同类混合物的基础上。Drouillard 等(1998)报道 SCCPs 的亨利常数在 0.34～16.7Pa · m^3/mol 之间，不同链长同类物之间差别不大，蒸气压(VPs)在 3.2×10^{-4}～0.066Pa 之间。SCCPs 的亨利常数和蒸气压与 PCBs 及有机氯农药等能在大气中进行长距离传输的化合物类似(Feo et al., 2009)。

Drouillard 等测得的 $C_{10\sim12}$ 的 SCCPs 溶解度介于 400～960μg/L 之间，预测 C_{10} 和 C_{13} 混合物的溶解度范围在 6.4～2370μg/L 之间，其中 Cl 的个数对于其水溶性有很明显的影响，氯取代个数大于 5 时，SCCPs 的水溶性随着氯取代个数的增加而降低。但是在 5 个氯原子以内，随氯原子的个数增多，SCCPs 水溶性增强(Drouillard et al., 1998)，与氯代芳香族化合物趋势刚好相反。

Sijm 和 Sinnige(1995)对 SCCPs 的 K_{ow} 进行了测定，不同碳链长度 SCCPs 的 $\lg K_{ow}$ 介于 5.85～7.14 之间。SCCPs 的 $\lg K_{ow}$ 与其碳链长度及氯化度有关，他们发现 $\lg K_{ow}$ 先随着碳氯原子总个数(N_{tot})的增加而增加，而当 N_{tot} 超过 23 后这种趋势刚好相反。Hilger 等(2011)通过反相色谱法估算不同氯含量的 SCCPs 的 $\lg K_{ow}$ 范围在 4.95～6.74 之间，且同碳链长度的 SCCPs，K_{ow} 随氯化度增加而增加。目前数据表明，SCCPs 的 $\lg K_{ow}$ 基本在 5 以上，如使用经验 K_{ow} 与生物富集因子(BAF)模型，并假定无代谢发生，则 SCCPs 在鱼类中的 BAF 值超过 5000，具有较大的潜在生物富集能力。SCCPs 的正辛醇/空气分配系数的对数($\lg K_{oa}$)目前没有直接测量数据，已有的数据是通过 K_{ow} 和 K_{aw} 估算得出的，但是这种方法只适用于对应同类物，可能并不适于混合物。氯化度为 50%～60%的 SCCPs 的 $\lg K_{oa}$ 范围为 8.2～9.8，这一结果与五氯到七氯取代的 PCBs(9.0～10.8)相似(Feo et al., 2009)，这说明 SCCPs 较难通过呼吸作用从生物体排除。SCCPs 的有机碳分配系数(organic carbon partition coefficient, K_{oc})也相对较高，Fisk 等报道了碳链长度为 12，氯含量为 69%的 SCCPs 产品和碳链长度为 16，氯含量为 35%和 70%的 CPs 产品的 $\lg K_{oc}$ 分别为 4.7、5.0 和 5.2(Fisk et al., 1998)，表明这类化合物在水环境中可以分配到颗粒有机物和溶解于有机碳中。通过与传统 POPs 物化性质比较，SCCPs 可能在自然环境中与传统 POPs 有类似环境行为：可以从大气中沉降到土壤、底泥或水体中，又可以从土壤、底泥或水中再挥发到空气中，并且有可能在生态系统中富集放大。

SCCPs 化学性质稳定，没有特定的吸色基团，在波长大于 290nm 的光照下不会光解(Paraffins, 1996)。世界卫生组织(WHO)的一份报告指出，短链氯化石蜡($C_{10\sim12}$，含氯量 58%)在有氧和无氧环境下经过 28 天和 51 天的降解实验都不能被活性淤泥所降解。含氯量低于 50%的短链氯化石蜡在 25 天生化需氧量(biochemical oxygen demand, BOD)研究中降解较为迅速彻底。Thompson 和 Noble(2007)通过 ^{14}C 标记的 SCCPs(C_{13}，氯含量 65%)研究了 SCCPs 在需氧条件下的平均半衰期，预测 SCCPs 半衰期在淡水沉积物中达 1630 天，在海洋沉积物中也达 450 天，进一步的研究表明即使是含氯量低的 SCCPs 在自然环境中也不易降解(Tomy et al., 1999; Iozza et al., 2008)。Zeng 等(2013)在不同区域的沉积物柱芯的研究中发现 20 世纪 40～60 年代的沉积物中还能检测出 SCCPs，说明在自然环境中，SCCPs 在沉积物中的持久性也超过 50 年。

3. 生产使用

国外从 20 世纪 30 年代起就开始工业化生产 CPs，产量不断增加，主要生产国包括美国、中国、英国、德国、法国、日本等国。联合国欧洲经济委员会(UNECE, 2007)对 SCCPs 在欧洲、加拿大以及美国的生产和使用进行统计调查，截止到 2005 年，SCCPs 的主要生产厂家为 Ineos Chlor Ltd., UK(商品名称：CEREC LOR)和 Caffaro Chimica S. R. L., Italy(商品名称：Cloparin)。目前，我国从事 CPs 生产的厂商数量超过 140 家，估计年总产能力约 40 万 t，年总产量已达 25 万 t，是 CPs 的第一生产大国，但我国目前没有纯粹生产 SCCPs 的记录。随着 SCCPs 在各类环境介质及偏远地区生物中不断被检出，SCCPs 污染引起了世界环境保护工作者和 WHO 的关注。从 20 世纪 90 年代起，很多欧盟国家签订了旨在保护东北大西洋的《奥斯陆-巴黎保护东北大西洋海洋环境公约》，从 1994 年到 1997 年，SCCPs 使用量减少了 70%，而到 2000 年左右，每年生产量和使用量仅约为 15 000t。2002 年开始，欧盟开始限制所有 SCCPs 作为金属加工和皮革加脂剂的使用(Persistent Organic Pollutants Review Committee, 2010)。

1.2 极地与高山地区环境特征

极地一般指南极和北极地区，而青藏高原地区属于典型的高山地区，又被称为世界“第三极”。按照国际上通行的概念，60°S 以南的地区称为南极。南极被人们称为第七大陆，是地球上最后一个被发现，唯一没有人员定居的大陆。南极大陆 95%以上的面积被冰雪覆盖，四周被太平洋、大西洋、印度洋包围，处于完全封闭的状态。南极洲的气候特点是酷寒、风大、干燥。恶劣的自然条件使陆生生物非常稀少。南极是企鹅的王国，也是盛产海豹的地区。

南极大陆是唯一没有土著居民的大陆，只有一些科考人员和捕鲸队等临时居住。目前已有 28 个国家在南极建立了 50 多个长期科学考察站(科考站)，中国第一个科考站——中国南极长城站(图 1-11)于 1985 年建成，位于西南极南设得兰群岛(South Shetland Islands)的乔治王岛(King George Islands)西部的菲尔德斯半岛(Fildes Peninsula)上，地理位置为：62°12′59″S，58°57′52″W。乔治王岛有 9 个科考站，是南极科考站最密集的区域。长城站所处位置具有南极洲海洋性气候的特点，年平均气温–2.8℃，降水量为 550mm，平均风速 7.2m/s。长城站附近的苔藓、地衣、藻类植物生长茂盛，沿海滩涂是大量企鹅、海鸟和海豹的栖息和繁衍场所，动物资源丰富(图 1-12)，被称为南极洲的绿洲。中山站建立于 1989 年，位于东南极大陆伊丽莎白公主地拉斯曼丘陵的维斯托登半岛上，其地理坐标为 69°22′24″S、76°22′40″E。中山站位于南极大陆沿海，气象要素的变化与长城站差别较大，比长城站寒冷干燥。昆仑站于 2009 年 1 月建成，位于 80°25′01″S，77°06′58″E，海拔 4087m，是南极内陆冰盖最高点上的科考站。中国南极泰山站于 2014 年 2 月正式建成开站。这是中国在南极建设的第 4 个科考站，位于中山站与昆仑站之间的伊丽莎白公主地。

图 1-11 中国南极长城站远瞰图

图 1-12　南极长城站所在地区主要动物种类(自上而下由左至右分别是金图企鹅、海豹、贼鸥、海星、南极蛤、南极鱼、藻类、端足、帽贝)

北极是指 66°34′N(北极圈)以北的广大区域，也称为北极地区。北极地区包括极区北冰洋、边缘陆地海岸带及岛屿、北极苔原和最外侧的泰加林带。中国北极黄河站，位于 78°55′N、11°56′E 的挪威斯匹次卑尔根群岛的新奥尔松(Ny-Alesund)，是中国首个北极科考站，成立于 2004 年 7 月 28 日。中国北极黄河站是中国继南极长城站、中山站两站后的第三座极地科考站。北极科学考察主要针对北极这一特殊区域开展。目前，与黄河站为邻的有挪威、德国、法国、英国、意大利、日本、韩国的科考站。黄河站落成后，成为北极地区的第 8 座国家级科学考察站。黄河站所在的新奥尔松地区拥有丰富的地衣、苔藓和多种开花的植物资源(图 1-13)。常见的北极植物包括极地罂粟(*Papaver polare*)、北极棉(*Eriophorum scheuchzeri* Hoppe)、四棱岩须(*Cassiope tetragona*(L.) D. Don)、簇状虎耳草(*Saxifraga cespitosa* L.)、仙女木(*Dryas octopetala* L.)、北极柳(*Salix arctica*)、高山发草(*Deschampsia alpine*(L.) Roem. Sch.)、苔草(*Carex misandra* R. Br.)、无茎蝇子草(*Silene acaulis*(L.) Jacq)等。

图 1-13 北极黄河站所在地区常见植物(自上而下由左至右分别是无茎蝇子草、仙女木、簇状虎耳草、北极棉、苔草、四棱岩须)

青藏高原平均海拔在 4000 m 以上，是世界上海拔最高、面积最大的高原，被喻为“第三极”。地理位置上青藏高原介于 26°～39°N，73°～104°E 之间，西起帕米尔高原，东至横断山，北界为昆仑山、阿尔金山和祁连山，南抵喜马拉雅山，东西长约 2800 km，南北宽 300～1500 km，总面积约 250 万 km^2，包括中国西藏全部和青海、新疆、甘肃、四川、云南的部分，以及不丹、尼泊尔、印度、巴基斯坦、阿富汗、塔吉克斯坦、吉尔吉斯斯坦的部分或全部。地形上可分为藏北高原、藏南谷地、柴达木盆地、祁连山地、青海高原和川藏高山峡谷区 6 个部分，总体上青藏高原地势呈西高东低的特点。青藏高原一般海拔在 3000～5000 m 之间，为东亚、东南亚和南亚许多大河流发源地；高原上湖泊众多，有纳木错、青海湖等。青藏高原拥有丰富的动植物资源，由于其高海拔和生态系统的脆弱性，近年来青藏高原的环境保护问题越来越受到人们的重视。

1.3 极地与高山 POPs 来源途径

POPs 是一类非常典型的环境污染物质，可以通过“全球蒸馏效应”和“蚂蚱跳效应”从低纬度地区逐渐向高纬度地区迁移(Goldberg, 1975; Wania and Mackay, 1996; Wania and Mackay, 1993)，并在南北极形成两个“汇”。污染物进入极地生态环境中有四种可能的途径：大气传输与沉降、洋流输入和沿极地河流输入(北极)、海冰融化，以及季节性生物的迁移等，每种路径的重要性取决于化合物的物理化学性质及来源区域类型(Lohmann et al., 2007)。

1.3.1 大气传输与沉降

许多研究与模型都已经证明，长距离大气迁移是POPs进行全球迁移的最主要途径之一，其程度取决于目标物质的大气分压。在北半球的冬季，主要有三条路径——从挪威海南部到北极、欧亚大陆/西伯利亚到北极以及白令海到北极——使得大气从南向北进入北极地区，而这三条路径经过的地区占到了POPs源区域的80%，因此，即使是冬季，也会使POPs通过大气环流的途径进入北极地区。夏季气象条件与冬季完全不同，极地大气气压较高，使得中低纬度地区的大气环流很难侵入极地地区，据估计，夏季进入北极大气环境中POPs的量只占到全年进入量的20%左右(Macdonald et al., 2005)。

气团运动轨迹表明，所有的气团起始于东亚和俄罗斯陆地，表明北极的OCPs由大气运动从使用源头地迁移而来(Ding et al., 2009)。根据“雪龙”号破冰船(以下简称雪龙船)北极调查结果，航线大气中DDTs的水平分布从我国渤海，经过东亚、北太平洋到北冰洋，平均含量下降。北极地区大气中硫丹-Ⅰ的水平和季节变化也表明其很有可能是被源自欧亚大陆和俄罗斯附近北冰洋的气团携带进入北极环境中(Su et al., 2008)。南极呈现相似的规律，23°～36°S区域的大气中DDTs的分布趋势显示出陆源特征，与大气气团从非洲陆地大西洋运动的轨迹相吻合(Montone et al., 2005)。

季节的变化是大气中OCPs残留水平和组成变化的重要影响因素。在80°N以北的地区极夜时间持续较长，从10月一直到来年的3月，然后转入极昼。这种特别的光照条件的变化对一些POPs的环境归趋有着明显的影响，特别是对一些POPs的光化学性质和降解过程的影响明显。而极昼时间段内，24 h不间断的光照加速了一些对光降解较敏感的物质与·OH或紫外线光敏化的程度。例如，在北极新奥尔松地区和加拿大阿尔特地区就观测到了易于光降解的反式氯丹这种呈明显季节性的浓度变化规律(Su et al., 2008)。在南半球，温暖的12月到来年3月是农事活动旺盛的季节，硫丹等农药被施用于土壤中，较高的温度导致大气-土壤间硫丹的分配活动增加，从而导致南极大气中硫丹含量的增加(Pozo et al., 2006)。

1. POPs湿沉降输入

湿沉降过程是大气污染物输入的一个重要路径，由于温度较低，雪是极地湿沉降的主要形式。雪或者冰对POPs的环境归趋与海气交换的影响已有较多研究。Wania(2003)指出，降雪可以有效去除大气中气态和颗粒态的POPs，如对低氯代的PCBs和二环、三环的PAHs的去除非常显著。Kang等(2012)分析东南极半岛积雪样品中OCPs水平，发现α-HCH和γ-HCH的含量随纬度的增加略有增加；气团轨迹模拟表明，气团主要是从印度洋和大西洋运动到南极大陆，因此，南极积雪中的OCPs主要通过在大气中的长距离传输沉降到积雪表层。

在低温条件下，水-气交换系数及冰-气吸附系数也明显增加，强化了大气中POPs进入水体的程度。因此，在低温条件下，大气中POPs更易于通过湿沉降进入海水或陆地，但对极地相对较为干燥的气候来说，雨雪等湿沉降过程的重要性则大大降低。例如，北冰洋的平均湿沉降率是25.2 cm/a，而挥发速率则是13.6 cm/a，其重要性远低于中纬度地区的湿沉降过程。

2. POPs的海气交换

海气交换是OCPs在大气与海洋之间进行物质迁移的最主要途径，逸度比值(fugacity/fugacity, F/F)是一个用来表明有机物在两个环境相中迁移和分配的重要参数。Su等(2006)测定了北极六个采样点HCHs和六氯苯(HCB)在大气和海水中的浓度，计算大气和海水相中HCHs和HCB的逸度比值，发现HCB从大气迁移至海水，然而α-HCH在环北极地区的环境中迁移方向是变化的。通过测定大气和海水中PCBs和毒杀芬的逸度，发现这两种物质的迁移趋势是从大气向水中迁移，而对α-HCH的逸度的计算表明，α-HCH的迁移趋势是从海水中向大气中扩散。对HCHs这类手性化合物的对映体比例(enantio ratio, ER)的研究发现，其在表层海水和上层大气中的ER值相似，推论出大气中α-HCH受到了水柱中生物降解过程的影响，并从表层海水中挥发进入上层大气，因此可推论出α-HCH的来源是表层海水。该结果也进一步表明，目前POPs的海气交换过程不再是单向地从大气向海水中迁移，对某些特定的化合物来说，海水正在变成源，其可以从海水中挥发进入大气(Macdonald et al., 2000)。

1.3.2 洋流输入和极地河流输入

洋流是海洋中物质与能量的最重要的传递方式之一，污染物也可以通过洋流进行长距离传输，进入极地环境中。但是，通过洋流的物质传递过程可能是一个漫长的过程，甚至需要数年的时间。有研究表明，英国Sellafield核电站泄漏的放射性同位素经5～8年向北经过挪威南部到达北极斯瓦尔巴的斯匹次卑尔根地区(Orre et al., 2007)。

北极海域，尤其是北冰洋，河流输入被认为是污染物进入的重要途径之一。在俄罗斯广袤国土之上有众多河流最终进入北冰洋，如叶尼塞河、鄂毕河、勒拿河、伯朝拉河等，在夏季冰雪融化期，北乌拉尔和西西伯利亚地区产生的污染物质通过这些河流进入北冰洋。伴随着不同的物理和化学作用，这些污染物进入北冰洋的海冰中并逐渐沉积于沿岸底泥环境中，成为POPs进入北极地区的主要迁移途径之一。据估计，每年从叶尼塞河排放进入喀拉海的PBDEs约为1.92 kg，从鄂毕河排放入海的约为1.84 kg(de Wit et al., 2010)。Pućko等(2013)估计1986～1993年，北极混合层和波伏特海通过洋流输运接收了大量的α-HCH，其中12%进入北极混合层的

α-HCH 是在大气-海水交换和河流输入的联合作用下输入的。Alexeeva 等(2001)和 Macdonald 等(2000)统计了俄罗斯河流对北极海域 OCPs 载荷量的贡献，如表 1-4 所示。Ma 等(2015)分析了北极新奥尔松地区孔斯峡湾和附近开放海域表层沉积物中 OCPs 的残留状况，发现湾外站位沉积物中 α-HCH、β-HCH 和氯丹的含量高于湾内，表明可能是温暖的北大西洋洋流的斯匹次卑尔根暖流发挥了重要作用。

表 1-4　俄罗斯河流几种 OCPs 的载荷量

有机氯农药	载荷量(t/a)	北冰洋输入预算(%)
α-HCH	25	13
β-HCH	44	51
∑DDTs	18	

注：数据来源(Macdonald et al., 2000; Alexeeva et al., 2001)。

1.3.3　海冰融化

全球变暖导致冰川融化，也导致多年前已沉积在冰川和冰雪表层的 POPs 随冰雪融水而再次进入极地的陆地或海洋生态系统中。Khairy 等(2016)发现西南极半岛的冰河上积雪样品中的 DDTs 含量远高于其他的区域，说明融化的冰河可能是其二次来源。通过对阿加西斯冰盖中 20 世纪 60～90 年代间冰雪中 OCPs 的浓度的测定，估计融化的冰雪带入陆地或海洋生态系统的 PCBs 约为 2.8kg，DDTs 约为 384kg(表 1-5)。与北冰洋中目标物质的总载荷相比，阿加西斯冰盖融水再释放进入环境的 OCPs 的量非常小，与加拿大北极群岛冰川融水中目标物的流量相比也很小。但就 DDTs 而言，由于历史使用较多，冰川融水表现出较大的贡献率(Macdonald et al., 2005)。

表 1-5　阿加西斯冰盖冰川融水中典型 OCPs 的潜在输出量

目标物	浓度(pg/L)	总的冰川输入(kg)	加拿大北极群岛冰川融水中目标物的流量(kg/a)
α-HCH	256	205	195 000
γ-HCH	115	92	27 900
∑DDTs	480	384	161
氯丹	35	28	96
HCB	65	52	810
PCBs	3.5	2.8	2 700

注：数据来源(Macdonald et al., 2005)。

较老的极地冰川中有机污染物的含量极低或者为零，这些冰川的融水实际上起到了稀释污染物的作用。但一些较小的冰盖和较新的冰雪，则会含有一定量的 OCPs。因此，冰川融水对极地 POPs 的影响主要涵盖像 DDTs 等一类几十年前被大量使用而现在已禁止生产和使用的 OCPs，且产生的影响也有可能是短期的或区域性的(Macdonald et al., 2005)。

1.3.4 生物迁移

迁徙动物的长距离传输也是 POPs 进入极地生态系统的主要路径之一。一些生物通常可以迁徙很长的距离，穿过国际边界与人类生产生活密集的工业区/农业区到达极地地区。这些动物包括海鸟、鲸类、鳍脚类动物、大马哈鱼和鳕鱼等。与通过大气和洋流输入相比，通过生物携带而迁移进入极地的 POPs 更易于进入极地的生态系统之中。Ewald 等(1998)对阿拉斯加淡水生态系统的研究发现，一些季节性迁徙而来的大马哈鱼、鱼卵与尸体则会被捕食者如秃鹫、熊和鲑鱼等直接食用，从而将其体内的 POPs 以一种更直接和更有效率的方式带入上一级的食物链。在有大马哈鱼产卵和死亡的湖内的鳟鱼体内，PCBs 和 DDTs 的浓度是没有大马哈鱼出现的湖中的鳟鱼体内浓度的 2 倍，由此推论，大马哈鱼在迁徙进入阿拉斯加 Copper 河死亡后，其体内的 PCBs 和 DDTs 会进入该流域内的鳟鱼体内。

海鸟的迁徙活动为栖息地环境引入污染物。Wania(2003)指出根据迁徙的每类海鸟的数量不同，每年从加拿大极地地区到大西洋西北部海域的海鸟迁徙会引入从数克到数千克数量不等的 POPs 污染物，同时，海鸟也会在极地留下大量的鸟粪，其中也会含有数量不容忽视的 POPs 物质。Evenset 等(2004)研究证明在 Ellasjøen 湖，大量的海鸟粪导致了该湖中的鱼类和沉积物中的 PCBs 和 DDTs 类浓度明显增加，沉积物中 PCBs 和 DDTs 的含量分别是背景值的 14 倍和 9 倍，浮游动物体内含量均为背景值的 7 倍，北极鲟鱼脂肪内的含量均为背景值的 14 倍。海鸟粪还可促进陆地植物的生长及湖泊浮游植物的繁育。在加拿大北极湖泊群(Cape Vera, Devon Island, Nunavut, Canada)的海鸟聚居区发育的苔藓体内的 PCBs 和 DDTs 远超过背景值，另一个受到鸟粪影响的湖泊表层沉积物中 PCBs 的含量是背景值的 30～100 倍(Blais et al., 2005; Michelutti et al., 2009; Choy et.al., 2010; 袁林喜和祁士华, 2011)。在北极地区一些湖泊沉积物中检测到了远高于温带湖泊沉积物中 PBDEs 的浓度，其可能的原因就是这些湖泊周围有季节性迁徙而来的海鸟，这些海鸟的鸟粪大量进入湖泊沉积物中，从而导致了该地湖泊沉积物中 PBDEs 的浓度增高(de Wit et al., 2010)。Corsolini 等(2011)研究了南极地区未孵出鸟蛋中 DDTs、HCHs 及 HCBs 的残留水平，发现南极低纬度地区 OCPs 的污染状况可能是由海鸟向北迁徙造成的。

鲸鱼也是一种典型的携带 POPs 的季节性迁徙生物。在夏季，生活在东太平洋海域的灰鲸进入白令海和楚科奇海域，而冬季则又回到墨西哥和加利福尼亚沿海。Wania(2003)估计随着灰鲸的季节性迁徙而带入北极海域的 PCBs 和 DDTs 的数量分别在 20～150 kg 和 1～40 kg 之间。考虑到所有迁徙性的鲸鱼，估计每年随着这些鲸鱼进出极地的 PCBs 和 DDTs 的数量可达数十吨之多，这个数量非常惊人。特别是 DDTs，据估计随生物体迁徙进入极地的数量几乎可与通过大气和洋流进入极地的量相提并论。

对一些不易于通过长距离大气迁移和洋流迁移的 POPs(极低的挥发性或水溶性、极易光降解而又不易于生物降解的物质)，生物迁移反而会成为其进入极地生态系统的最主要的途径(Ewald et al., 1998)。但是，对于更易溶于水、更易挥发和更难以生物富集的 HCHs 来说，随生物迁徙进入极地的量则远小于随大气和洋流而进入的量，其相对的比例则主要取决于目标物质的物理化学性质与环境行为参数，很明显，通过生物途径进行长距离传输的 POPs 的数量随着其挥发性和水溶性的增加而降低，随生物富集性的增加而增加。

1.3.5　长距离传输模型与分布

POPs 成为全球都在关注的问题，不仅因为其在生产生活各个方面的广泛使用，更主要的原因是其具有长距离传输性(long-range atmospheric transport, LRAT)。POPs 的持久性，为进行长距离传输提供了基础，对 POPs 的环境归宿而言，迁移过程要比转化过程重要得多。研究 POPs 在某一地区或全球范围的迁移规律对于 POPs 在环境中的产生、转化及环境归宿都至关重要。POPs 的理化性质、气流、海流、POPs 源、温度等综合因素导致 POPs 从内陆长距离传输至极地区域，研究者结合各种因素对 POPs 的分布进行了模型分析和假设，以便预测和解释 POPs 的分布和迁移。

1. 长距离传输途径

大部分 POPs 极性较弱，既不易溶于水，也不容易挥发进入大气，这使得 POPs 不专属于某一环境介质，而是分布于各个环境介质中，如水体、土壤、空气及生物体内，所以 POPs 是一种多介质的环境污染物。由于不同的 POPs 在不同环境介质间的分配行为不尽相同，就出现了一种“全球蒸馏”的现象。对于易挥发，即具有较大过冷液体饱和蒸气压的 POPs，更易于以气态的形式进入大气迁移并直接迁移到沉降区域，如低氯代的 PCBs 及氯苯等。而对于半挥发性的 POPs 而言，如 γ-HCH 和氯丹，以及一些高氯代 PCBs(CBs 101～153)，则会根据不同的环境条件在气相和大气颗粒相间进行分配，并可能会通过湿沉降过程暂时进入海水或土壤中，或者从气相中被植物、土壤和水体所吸收(附)，并会随着环境条件(主要是温度)的变化而重新进入大气再次进行长距离的大气迁移，这种过程也俗称“蚂蚱跳效应”。“全球蒸馏效应”或“蚂蚱跳效应”主要适用于中性的和具有持久性的有机污染物的大气传输，而对具有极性和水溶性较好的物质的预测能力较差(Macdonald et al., 2000)。

不易挥发的物质就会在离点源较近的地方浓度高，而在更远的地方浓度较低，同样道理，易于挥发的污染物就会迁移得更远。作为“全球蒸馏效应”的结果，一些易挥发的 POPs，如 HCHs 和 HCBs，在极地环境介质中的浓度则可能会比源附近的环境介质中的浓度还要高。一般来说，可以发生多级跳迁移的污染物要比发生单级跳和无跳跃的污染物迁移更远的距离，例如，一些 PCBs 同类物、DDTs、硫丹、短链氯化石蜡、较轻的二噁英等都可以发生较远距离的迁移，而像较重的 PBDEs 和二噁英迁移的距离相对较近(Macdonald et al., 2000)。

至于某一种 POPs 主要以何种途径迁移取决于该污染物的物化性质。根据 POPs 的水溶性和挥发能力可以将其分为三类(表 1-6)。该分类没有严格的标准，事实上许多 POPs 是多种物质的混合体，可能属于两种类型，如 HCHs，既可以通过水体直接发生长距离传输，同时也会发生单级跳型的迁移。如果污染物易于挥发，那么它就不会吸附在颗粒物上，而是一直存在于大气中，直到被降解(如·OH、光照等)，所以像苯、萘等污染物就不会出现在高纬度地区。而饱和蒸气压很低的 POPs 不易于进行长距离传输，所以这些污染物也很难到达极地地区，而是更多出现在中纬度地区。饱和蒸气压处于两者之间，又不易在环境中被降解的 POPs，就会长距离传输到极地地区而沉积下来。

表 1-6　POPs 长距离传输途径

类型	特征	例子
多级跳型	随着环境温度和凝聚相(土壤、植物、水体)的变化，倾向于在气相和凝聚相间转移，在多次转移过程中实现长距离传输	PCBs、较轻的 PCDD/Fs、HCB、毒杀芬、狄氏剂、氯丹、硫丹
单级跳型	既不易于挥发，又不溶于水，只附着在空气或水体的悬浮颗粒物上迁移	较重的 PCDD/Fs、超过 5 个环的 PAHs、PBDEs、灭蚁灵、十氯酚
无跳跃型	可以溶于水体中并随水流迁移	HCHs、PCP、阿特拉津、酞酸酯、PFOS

注：数据来源(Macdonald et al., 2000)。

污染物长距离传输能力的大小与其危害并不相关，所以并不能根据其 LRAT 能力来判断该污染物对环境和人类的危害。例如，某一污染物不易于长距离传输，那么在点源附近该污染物的浓度毫无疑问要高得多，其对环境和人类健康的危害就会更大，而关注有机污染物的长距离传输性主要是因为：如果某一个污染物可以进行长距离传输，就意味着该污染物会危害到更大范围的生态系统，甚至全球范围；即使某一地区不生产或不使用该物质，由于长距离传输的结果，该地区仍会受到该污染物的危害。污染物的长距离传输涉及环境公平问题，可能在一些并不生产和使用某些污染物，却分布在传输路径附近的地区的人类和动物被动地暴露于污染物，会比使用该污染物的地区的人和动物受到更大的危害，例如，北极地区的人群及生物，其体内某些污染物的浓度就非常高；LRAT 是全球都需要面对的问题，而不是某一国家和地区面对的问题。

2. 气候变化对 POPs 长距离传输的影响

POPs 迁移的方向主要取决于气象条件，如大气环流和洋流等，对于多级跳迁移，污染物倾向于从温暖地区向寒冷地区迁移，其程度取决于天气及其他地理因素。一些环境因素(如强烈的日光、较高的温度和活跃的微生物活动)会使污染物在迁移过程中更易于被降解，另外，低温、高沉降率、悬浮颗粒物含量高、颗粒物表面易于吸附(吸收)污染物等因素也会降低污染物进行长距离传输的能力。

大气温度的变化会对 POPs 的长距离传输产生不可忽视的直接影响，特别是半挥发性、水溶性和吸附性等参数对温度变化敏感的 POPs。大气温度升高将增强这些 POPs 的长距离大气迁移的能力，而之前已经沉降于其他环境媒介的 POPs 也将会重新挥发而进入大气。另外，如果极地和温带之间的温差减小，那么全球的热力学发生变化，将使得极地作为 POPs 的最终蓄积库的潜力减弱，从而最终影响 POPs 的全球迁移与分布行为(Macdonald et al., 2005)。

此外，逐渐升高的温度也将强化大气中的化学反应，加速大气中 POPs 的削减速度。极地上空臭氧层的消耗会使紫外线不断变强，也将强化大气中 POPs 的光化学反应的速度与强度，同样造成 POPs 的加速削减过程(Dubowski and Hoffmann, 2000)。温度升高强化大气化学反应更重要的是，高温将加速水生系统中 POPs 的微生物降解效(速)率。以 α-HCH 为例，计算结果表明，当温度升高后，在北冰洋表层水体中 α-HCH 的半衰期将显著减少，目前已有预测模型来评价温度升高后 HCB 的生态风险与健康风险的变化趋势与规律。HCB 之所以能够引起生态风险与健康风险，主要是由于其在水生食物链中的生物放大效应，并最终进入人体。预测结果表明温度升高将会导致暴露量减少，从而降低海水中 HCB 的生态风险，其原因是温度升高加速了生物降解，并促使 HCB 从水中挥发进入大气，降低了 HCB 在水中的浓度，从而降低了其生态风险。因此，气候变化对于全球 POPs 的削减或许会产生有利的影响。

3. 极地 POPs 的再释放

环境基质的表面(如海洋和土壤)成为已经禁止使用 POPs 的第二个来源。源自南部的 POPs 随大气运动迁移至北极，可能会沉降到地面，由于“冷阱效应”，该区域 POPs 的含量得到放大。当北极海面上的冰层融化后，累积在低温层的 POPs 可能会通过冰/雪融化释放到环境中，而海水中的 POPs 则可能会挥发到大气中。目前，Hudson 湾和波伏特海的 α-HCH 为该观点提供证据，北极 Atlantic 冰层边缘大气中 PCBs 含量增加也证明了这点(Herbert et al., 2005; Hung et al., 2010)。

Ma 等(2011)分析了 Zepplin 和 Alert 站位大气中 POPs 含量的时间序列，查找区域暖化导致 POPs 再挥发的明确证据。他们首先除去了气候变化之外的所有因素的影响以揭示可能与北极变暖相关的潜在变化。1993～2009 年时间段内标准化的 α-HCH、p,p'-DDT 和 *cis*-chlordane 的每周空气-浓度时间序列表明三者在大气中的含量呈现增加趋势，且与平均表层气温(surface air temperature，SAT)的增加和海冰覆盖的减少有良好的相关性。其中，α-HCH 的浓度与平均 SAT 的正相关性显示从东西伯利亚海到波伏特海，α-HCH 的浓度随着 SAT 的升高而升高，在此区域，α-HCH 浓度与冰层覆盖具有显著负相关性。格陵兰岛地区大气中 α-HCH 的浓度与平均 SAT 显著正相关，而与冰层覆盖负相关。这种相关性表明，在北极变暖的情况下，POPs 可能从水、积雪、冰盖和陆地等次要释放源/汇挥发出来。他们采用扰动模型评估气候变化对封闭大气-水和大气-土壤系统中 POPs 含量变化的影响程度。研究表明扰动的 α-HCH 的浓度增加然后保持在较高的水平，直到 2037 年之后由于降解而下降。PCB28、PCB52 和 PCB101 呈现相似的趋势，不同之处在于疏水性较强的 PCB153 和水溶性较强的 γ-HCH 在整个 21 世纪浓度增加，可能是由于它们更倾向于能够在环境汇里(如沉积物/土壤和水)停留更长的时间。假设 α-HCH 在北极大气中的水平分布均匀，模型估算的扰动浓度可与夏天去趋势化的大气浓度相比较。结果表明扰动浓度和去趋势化的时间序列(1994～2009 年)有相关性(r=0.72，p=0.001)，相同的趋势在大气-积雪体系中发现，显示北极中的 α-HCH 的暴露和归趋主要由北极的海洋挥发及北极暖化的冰/雪融化释放决定，而 1993～2009 年夏天去趋势化和模型模拟的 p,p'-DDT 的扰动浓度平均值依赖于大气-水体系的温度。模拟得到的 p,p'-DDT 扰动浓度与去趋势化的时间序列(2000～2009 年)显著线性相关(r=0.79，p=0.007)。

综上所述，北极暖化影响北极环境中 POPs 的归趋。在环境汇(如水体、积雪/冰层和土壤)中，由于 POPs 的持久性特征，随着北极暖化，POPs 会挥发进入大气中，使得 POPs 在环境中继续得以循环。

1.4 我国极地科学考察的简要历史回顾

人类超限量使用有机氯农药等 POPs 对地球的影响已经达到了全球尺度，北极地区已成为大气和洋流物质传输的汇集源。北极是大陆包围中的海洋，虽然海域范围有限，但其外围是加拿大、美国、俄罗斯、丹麦、瑞典、挪威等国的部分领土，因此北极自然生态环境与人类社会相互作用十分密切，这决定了北极在全球环境变化研究中处于特殊地位。

我国目前已经拥有了南极长城站、中山站、昆仑站及泰山站 4 个考察站，并已完成了 31 个航次的调查。我国自 20 世纪后期开始关注南极地区的生态环境问题，历次考察中，站基及其周围生态环境的监测与研究都是重要课题，其中对长城站长城湾、阿德雷湾及站基附近的 20 个湖泊，中山站的普里兹湾及站基附近的莫愁湖、团结湖、大明湖、劳基地湖、进步湖、玉珍湖、米尔湖等 8～10 个湖泊开展了较多研究。虽然以中国极地研究中心为代表的国内研究机构及大学在这些领域做了大量基础性工作，但就整体而言，各项工作较为零星，未系统化和常规化，一直缺乏大规模统一的基础性调查数据，尚不能够准确评价极地生态环境现状，更不利于深入研究极地生态系统、开发极地生物资源和推进生态环境保护，也对大气环流与生物地球化学循环等领域的深入研究产生严重的影响。以极地站基为依托，开展站基及其周围海湾等生物生态调查，对于开发极地生物资源和推进生态环境保护及深入研究大气环流与生物地球化学循环等都具有重要意义，同时也为合理开发利用和保护极地生物资源提供了科学依据，并且能为极地生态系统演变及其对全球气候环境变化的响应提供基础资料。

因为建有机场、高密度的科考站及野外屋，长城站所在的菲尔德斯半岛已经成为乔治王岛(南设得兰群岛)的后勤中心及面向整个北南极半岛区域的后勤中枢。由于科学研究、动植物保护、地质及历史价值保护、考察站运行、交通后勤及旅游业等不同利害关系的严重重叠，对这一区域开展环境调查与评估的需要尤显迫切。通过利用我国已经取得的专项调查、取得的大量资料和国际共享资料，对南极长城站站基生物生态环境进行综合分析与评价，增加对南极环境要素时空分布特征及变化规律的认识和了解，这对于国家中长期政策的制定以及南极资源的开发利用必将具有重要的意义和价值。

1.5　极地 POPs 研究的重要意义

极地是地球表面的冷极，在全球气候系统中起着重要的调节作用。作为地球系统的重要组成部分，南极和北极系统包含大气、冰雪、海洋、陆地和生物等多圈层的相互作用过程，又通过全球大气、海洋环流的径向热传输与低纬度地区紧密联系在一起，极地环境的变化与地球其他区域的变化息息相关，极地在全球变化中具有重要的地位和作用。已有研究表明，南极气候环境过程与我国的气候变化存在遥相关；北极气候环境变化对我国气候有着更直接的影响，与我国的工农业生产、经济活动和人民生活息息相关；揭示极地 POPs 在全球气候环境变化下的新变化，能够提高我国应对气候变化的能力，是彰显我国科研实力的具体体现，能够显示和扩大我国在两极地区的实质性存在，提升我国在国际极地事务中的话语权。

参 考 文 献

毕新惠，徐晓白. 2000. 多氯联苯的环境行为. 化学进展, 12: 152-160.

黄林. 2007. 艾氏剂和狄氏剂对萼花臂尾轮虫生殖的影响. 安徽师范大学硕士学位论文.

金军，张岱辉，蒋可. 1996. 多氯联苯毒性、分析方法和治理技术的新进展. 上海环境科学，15: 20-26.

荆治严，李艳红，冯小宾，王风琴，张亚轩. 1992. 沈阳市多氯联苯流失、污染及防治对策的研究. 环境污染治理技术与设备, 13: 43-47.

李冬梅. 2008. 西安市蔬菜基地持久性有机污染物(POPs)残留状况研究. 陕西师范大学硕士学位论文.

李璐. 2012. 基于浓度场的方法对大连地区硫丹浓度的源解析. 大连海事大学硕士学位论文.

林海涛. 2007. 太湖梅梁湾多环芳烃、有机氯农药和多溴联苯醚的沉积记录研究. 中国科学院研究生院(广州地球化学研究所)博士学位论文.

刘汉霞, 张庆华, 江桂斌. 2005. 多溴联苯醚及其环境问题, 化学进展, 17: 554-562.

刘丽艳. 2007. 黑龙江流域(中国)土壤中六六六和滴滴涕污染研究. 哈尔滨工业大学博士学位论文.

吴明媛. 2005. 多氯联苯的性质、危害及在环境中的迁移. 广西水产科技, 3: 13-16.

闫研. 2008. 微生物好氧降解氯丹的研究. 大连理工大学硕士学位论文.

袁林喜, 祁士华. 2011. 鸟类对持久性有机污染物的定向传输作用研究进展. 环境化学, 30(12): 1983-1992.

臧振亚. 2014. 持久性有机污染物——七氯在渭河沉积物中吸附动力学及阻滞因子的研究. 长安大学硕士学位论文.

3M Company. 1997. Fluorochemical Isomer Distribution by 19F NMR Spectroscopy, US EPA Public Docket AR-226-0564.

Alcock R E, Behnisch P A, Jones K C, Hagenmaier H. 1998. Dioxin-like PCBs in the environment-human exposure and the significance of sources. Chemosphere, 37: 1457-1472.

Alexeeva L B, Strachan W M J, Shlychkova V V, Nazarova A A, Nikanorov A M, Korotova L G, Koreneva V I. 2001. Organochlorine pesticide and trace metal monitoring of Russian rivers flowing to the Arctic Ocean: 1990-1996. Marine Pollution Bulletin, 43(1-6): 71-85.

Bayen S, Obbard J P, Thomas G O. 2006. Chlorinated paraffins: A review of analysis and environmental occurrence. Environment International, 32(7): 915-929.

Benskin J P, Ikonomou M G, Gobas F A, Begley T H, Woudneh M B, Cosgrove J R. 2013. Biodegradation of *N*-ethyl perfluorooctane sulfonamide ethanol(EtFOSE) and EtFOSE-based phosphate diester(SAmPAP diester) inmarine sediments. Environmental Science & Technology, 47(3): 1381-1389.

Benskin J P, Yeung L W, Yamashita N, Taniyasu S, Lam P K, Martin J W. 2010. Perfluorinated acid isomer profiling in water and quantitative assessment of manufacturing source. Environmental Science & Technology, 44(23): 9049-9054.

Blais J, Kimpe L, McMahon D, Keatley B, Mallory M, Douglas M, Smol J. 2005. Arctic seabirds transport marine-derived contaminats. Science, 309(5733): 445.

Blum A, Balan S A, Scheringer M, Trier X, Goldenman G, Cousins I T, Diamond M, Fletcher T, Higgins C, Lindeman A E. 2015. The Madrid statement on poly-and perfluoroalkyl substances (PFASs). Environmental Health Perspectives, 123(5): A107.

Buck R C, Franklin J, Berger U, Conder J M, Cousins I T, de Voogt P, Jensen A A, Kannan K, Mabury S A, van Leeuwen S P. 2011. Perfluoroalkyl and polyfluoroalkyl substances in the environment: terminology, classification, and origins. Integrated Environmental Assessment and Management, 7(4): 513-541.

Chen G, Konstantinov A D, Chittim B G, Joyce E M, Bols N C, Bunce N J. 2001. Synthesis of polybrominated diphenyl ethers and their capacity to induce CYP1A by the Ah receptor mediated pathway. Environmental Science & Technology, 35(18): 3749-3756.

Choy E S, Kimpe L E, Mallory M L, Smol J P, Blais J M. 2010. Contamination of an Arctic terrestrial food web with marine-derived POPs transported by breeding seabirds. Environmental Pollution, 158(11): 3431-3438.

Conference of the Parties of the Stockholm Convention on Persistent Organic Pollutants Fourth Meeting. Geneva, Switzerland, 2009.

Corsolini S, Borghesi N, Ademollo N, Focardi S. 2011. Chlorinated biphenyls and pesticides in migrating and resident seabirds from East and West Antarctica. Environment International, 37: 1329-1335.

de Wit C A. 2002. An overview of brominated flame retardants in the environment. Chemosphere, 46: 583-624.

de Wit C A, Herzke D, Vorkamp K. 2010. Brominated flame retardants in the Arctic environment-trends and new candidates. Science of the Total Environment, 408: 2885-2918.

Ding G H, Peijnenbur W. 2013. Physicochemical properties and aquatic toxicity of poly-and perfluorinated compounds. Critical Reviews in Environmental Science & Technology, 43(6): 598-678.

Ding X, Wang X M, Wang Q Y, Xie Z Q, Xiang C H, Mai B X, Sun L G. 2009. Atmospheric DDTs over the North Pacific Ocean and the adjacent Arctic region: Spatial distribution, congener patterns and source implication. Atmospheric Environment, 43(28): 4319-4326.

Dinglasan M J A, Ye Y, Edwards E A, Mabury S A. 2004. Fluorotelomer alcohol biodegradation yields poly-and perfluorinated acids. Environmental Science & Technology, 38(10): 2857-2864.

Drouillard K G, Hiebert T, Tran P, Tomy G T, Muir D C, Friesen K J. 1998. Estimating the aqueous solubilities of individual chlorinated *n*-alkanes (C_{10}-C_{12}) from measurements of chlorinated alkane mixtures. Environmental Toxicology & Chemistry, 17(7): 1261-1267.

Du S, Belton T J, Rodenburg L A. 2008. Source apportionment of polychlorinated biphenyls in the tidal Delaware River. Environmental Science & Technology, 42: 4044-4051.

Dubowski Y, Hoffmann R M. 2000. Photochemical transformations in ice: Implications for the fate of chemical species. Geophysical Research Letter, 27(20): 3321-3324.

Evenset A, Christensen G N, Skotvold T, Fjeld E, Schlabach M, Wartena E, Gregor D. 2004. A comparison of organic contaminants in two high Arctic lake ecosystems, Bjørnøya (Bear Island), Norway. Science of the Total Environment, 318: 125-141.

Ewald G, Larsson P, Linge H, Okla L, Szarzi N. 1998. Biotransport of organic pollutants to an inland Alaska lake by migrating Sockeye salmon (*Oncorhyncus nerka*). Arctic, 51: 40-47.

Feo M L, Eljarrat E, Barceló D, Barceló D. 2009. Occurrence, fate and analysis of polychlorinated *n*-alkanes in the environment. Trac Trends in Analytical Chemistry, 28(6): 778-791.

Fisk A T, Wiens S C, Webster G, Bergman Å, Muir D C. 1998. Accumulation and depuration of sediment-sorbed C_{12}-and C_{16}-polychlorinated alkanes by oligochaetes (*Lumbriculus variegatus*). Environmental Toxicology & Chemistry, 17(10): 2019-2026.

Goldberg E D. 1975. Synthetic organohalides in the sea. Proceedings of the Royal Society of London. Series B. Biological Sciences, 189(1096): 277-289.

Guardia M J, Hale R C, Harvey E. 2006. Detailed polybrominated diphenyl ether (PBDE) congener composition of the widely used penta-, octa-, and deca-PBDE technical flame-retardant mixtures. Environmental Science & Technology, 40: 6247-6254.

Herbert B M I, Villa S, Halsall C J, Jones K C, Kallenborn R. 2005. Rapid changes in PCBs and OC pesticide concentrations in Arctic snow. Environmental Science & Technology, 39: 2998-3005.

Hilger B, Fromme H, Völkel W, Coelhan M. 2011. Effects of chain length, chlorination degree, and structure on the octanol-water partition coefficients of polychlorinated *n*-alkanes. Environmental Science and Technology, 45(7): 2842-2849.

Hites R A. 2004. Polybrominated diphenyl ethers in the environment and in people: A meta-analysis of concentrations. Environmental Science and Technology, 38: 945-956.

Hung H, Kallenborn R, Breivik K, Su Y, Brorström-Lundén E, Olafsdottir K, Thorlacius M J, Leppänen S, Bossi R, Skov H, Manø S, Patton W G, Stern G, Sverko E, Fellin P. 2010. Atmospheric monitoring of organic pollutants in the Arctic under the Arctic Monitoring and Assessment Programme(AMAP): 1993-2006. Science of the Total Environment, 408: 2854-2873.

Iozza S, Müller C E, Schmid P, Bogdal C, Oehme M. 2008. Historical profiles of chlorinated paraffins and polychlorinated biphenyls in a dated sediment core from Lake Thun(Switzerland). Environmental Science & Technology, 42(4): 1045-50.

Kang J H, Son M H, Hur S D, Hong S, Motoyama H, Fukui K, Chang Y S. 2012. Deposition of orgabochlorine pesticides into the surface snow of East Antarctica. Science of the Total Environment, 433: 290-295.

Khairy M A, Luek J L, Dickhut R, Lohmann R. 2016. Levels, sources and chemical fate of persistent organic pollutants in the atmosphere and snow along the Western Antarctic Peninsula. Environmental Pollution, 216: 304-313.

Krafft M, Riess J. 1998. Highly fluorinated amphiphiles and colloidal systems, and their applications in the biomedical field. A contribution. Biochimie, 80(5-6): 489-514.

Lau C, Anitole K, Hodes C, Lai D, Pfahles-Hutchens A, Seed J. 2007. Perfluoroalkyl acids: a review of monitoring and toxicological findings. Toxicological Sciences, 99(2): 366-394.

Li Y M, Geng D W, Liu F B, Wang T, Wang P, Zhang Q H, Jiang G B. 2012. Study of PCBs and PBDEs in King George Island, Antarctica, using PUF passive air sampling. Atmospheric Environment, 51: 140-145.

Liu J, Lee L S. 2005. Solubility and sorption by solis of 8:2 fluorotelomer alcohol in water and cosolvent systems. Environmental Science & Technology, 39(19): 7535-7540.

Lohmann R, Breivik K, Dachs J, Muir D. 2007. Global fate of POPs: Current and future research directions. Environmental Pollution, 150(1): 150-165.

Ma J, Hung H, Tian C, Kallenborn R. 2011. Revolatitization of persistent organic pollutants in the Arctic induced by climate change. Nature Climate Change, 1: 255-260.

Ma Y, Xie Z, Halsall C, Möller A, Yang H, Zhong G, Cai M, Ebinghaus R. 2015. The spatial distribution of organochlorine pesticides and halogenated flame retardants in the surface sediments of an Arctic fjord: The influence of ocean currents *vs*. glacial runof. Chemosphere, 119: 953-960.

Macdonald R W, Barrie L A, Bidleman T F, Diamond M L, Gregor D J, Semkin R G, Strachan W M J, Li Y F, Wania F, Alaee M, Alexeeva L B, Backus S M, Bailey R, Bewers J M, Gobeil C, Halsall C J, Harner T, Hoff J T, Jantunen L M M, Lockhart W L, Mackay D, Muir D C G, Pudykiewicz J, Reimer K J, Smith J N, Stern G A, Schroeder W H, Wagemann R, Yunkern M B. 2000. Contaminants in the Canadian Arctic: 5 years of progress in understanding sources, occurrence and pathways. Science of the Total Environment, 254: 93-234.

Macdonald R W, Harner T, Fyfe J. 2005. Recent climate change in the Arctic and its impact on contaminant pathways and interpretation of temporal trend data. Science of the Total Environment, 342: 5-86.

Michelutti N, Liu H, Smol J P, Kimpe L E, Keatley B E, Mallory M, Macdonald R W, Douglas M S, Blais J M. 2009. Accelerated delivery of PCBs in recent sediments near a large seabird colony in Arctic Canada. Environmental Pollution, 157(10): 2769-2775.

Montone R C, Taniguchi S, Boian C U, Weber R R. 2005. PCBs and chlorinated pesticides(DDTs, HCHs and HCB) in the atmosphere of the southwest Atlantic and Antarctic oceans. Marine Pollution Bulletin, 50: 778-782.

Olav Gioerevoll, Olaf I. Rønning. 2008. Flowers of Svalbard. Tabir Academic Press, Trondheim.

Orre S, Gao Y, Drange H, Nilsen J E Ø. 2007. A reassessment of the dispersion properties of ^{99}Tc in the North Sea and the Norwegian Sea. Journal of Marine System, 68(1-2): 24-38.

Paraffins W E H C C. 1996. International Programme on Chemical Safety. Switzerland: World Health Organization.

Paul A G, Jones K C, Sweetman A J. 2008. A first global production, emission, and environmental inventory for perfluorooctane sulfonate. Environmental Science & Technology, 43(2): 386-392.

Persistent Organic Pollutants Review Committee. 2010. Supporting document for the draft risk profile on short-chained chlorinated paraffins. Stockholm Convention on Persistent Organic Pollutants.

Pozo K, Harner T, Wania F, Muir C G D, Jones C K, Barrie A L. 2006. Toward a global network for persistent organic pollutants in air: Results from the GAPS study. Environmental Science and Technology, 40: 4867-4873.

Prevedouros K, Cousins I T, Buck R C, Korzeniowski S H. 2006. Sources, fate and transport of perfluorocarboxylates. Environmental Science & Technology, 40(1): 32-44.

Pućko M, Stern G A, Macdonald R W, Barber D G, Rosenberg B, Walkusz W. 2013. When will α-HCH disappear from the western Arctic Ocean? Journal of Marine System, 27: 88-100.

Renner R. 2006. The long and the short of perfluorinated replacements. Environmental Science & Technology, 40(1): 12-13.

Schultz M M, Barofsky D F, Field J A. 2003. Fluorinated alkyl surfactants. Environmental Engineering Science, 20(5): 487-501.

Shang H T, Li Y M, Wang T, Wang P, Zhang H D, Zhang Q H, Jiang G B. 2014. The presence of polychlorinated biphenyls in yellow pigment products in China with emphasis on 3, 3′-dichlorobiphenyl(PCB 11). Chemosphere, 98: 44-50.

Sijm D T H M, Sinnige T L. 1995. Experimental octanol/water partition coefficients of chlorinated paraffins. Chemosphere, 31(11-12): 4427-4435.

Stahl T, Mattern D, Brunn H. Toxicology of perfluorinated compounds. Environmental Sciences Europe, 2011, 23(1): 38.

Stock N L, Muir D C G. Mabury M. 2010. Persistent organic pollutants, chapter: Perfluoroalkyl compounds. Edited by Stuart Harrad. New Jersey: John Wiley & Sons.

Su Y, Hung H, Blanchard P, Patton G W, Kallenborn R, Konoplev A, Fellin P, Li H, Geen C, Stern G, Rosenberg B, Barrie L A. 2006. Spatial and seasonal variations of hexachlorocyclohexanes(HCHs) and hexachlorobenzene(HCB) in the Arctic atmosphere. Environment Science & Technology, 40(21): 6601-6607.

Su Y, Hung H, Blanchard P, Patton G W, Kallenborn R, Konoplev A, Fellin P, Li H, Geen C, Stern G, Rosenberg B, Barrie L A. 2008. A circumpolar perspective of atmospheric organochlorine pesticides(OCPs): Results from six Arctic monitoring stations in 2000-2003. Atmospheric Environment, 42: 4682-4698.

Thompson R, Noble H. 2007. Short-chain chlorinated paraffins (C_{10-13}, 65% chlorinated): Aerobic and anaerobic transformation in marine and freshwater sediment systems. Draft Report No BL8405/B. Brixham Environmental Laboratory, AstraZeneca UK Limited.

Tomy G, Stern G, Lockhart W, Muir D. 1999. Occurrence of C_{10}-C_{13} polychlorinated n-alkanes in Canadian midlatitude and arctic lake sediments. Environmental Science & Technology, 33(17): 2858-2863.

Turyk M E, Persky V W, Pamela I, Lynda K, Jr C R, Anderson H A. 2008. Hormone disruption by PBDEs in adult male sport fish consumers. Environmental Health Perspectives, 116(12): 1635-1641.

UNECE. 2007. Study contract on "support related to the international work on Persistent Organic pollutants (POPs)" management option dossier for short chain chlorinated paraffins (SCCPs).

UNEP. 2017. Stockholm convention on persistent organic pollutants (POPs). http://www.pops.int.

van den Berg M, Birnbaum L, Bosveld A T C. 1998. Toxic equivalency factors (TEFs) for PCBs, PCDDs, PCDFs for humans and wildlife. Environmental Health and Perspective, 106: 775-792.

Ven L T M V D, Kuil T V D, Leonards P E G, Slob W, Cantón R F, Germer S, Visser T J, Litens S, Håkansson H, Schrenk D. 2008. A 28-day oral dose toxicity study in Wistar rats enhanced to detect endocrine effects of decabromodiphenyl ether (decaBDE). Toxicology Letters, 179(1): 6-14.

Wania F. 2003. Assessing the potential of persistent organic chemicals for long-range transport and accumulation in polar regions. Environment Science & Technology, 37: 1344-1351.

Wania F, Mackay D. 1993. Global fraction and cold condensation of low volatility organochlorine compounds in polar-regions. Ambio, 22(1): 10-18.

Wania F, Mackay D. 1996. Tracking the distribution of persistent organic pollutants. Environmental Science & Technology, 30(9): A390-A396.

Zeng L, Chen R, Zhao Z, Wang T, Gao Y, Li A, Wang Y, Jiang G, Sun L. 2013. Spatial distributions and deposition chronology of short chain chlorinated paraffins in marine sediments across the Chinese Bohai and Yellow Seas. Environmental Science & Technology, 47(20): 11449-11456.

第 2 章　极地有机氯农药的赋存及环境行为

本章导读

- “雪龙船”南极和北极航线 OCPs 的调查结果，比较了 OCPs 的年际变化; 详述了南极中山站和长城站及北极黄河站站基附近地区不同环境介质中 OCPs 的残留状况
- 南极环境中 OCPs 的分布特征、组成特征及变化趋势，调查的环境介质包括大气、水体、沉积物、土壤、植被和生物
- 北极不同环境介质中 OCPs 的残留情况

有机氯农药(OCPs)是一类会对环境构成严重威胁的人工合成环境激素，主要以苯或环戊二烯为合成原料。其中以苯为原料合成的有机氯农药主要包括使用最早、运用最广的杀虫剂六六六、滴滴涕、六氯苯，以及六六六的高丙体制品林丹、滴滴涕类似物甲氧滴滴涕(methoxychlor)、乙滴滴涕，也包括从滴滴涕结构衍生而来生产吨位小及品种繁多的杀螨剂，如三氯杀螨醇(dicofol)、三氯杀螨砜(tetradifon)等。除此之外还有一些杀菌剂如五氯硝基苯(pentachloronitrobenzene)、百菌清及稻丰宁等。以环戊二烯为原料的 OCPs 包括杀虫剂氯丹、七氯、艾氏剂、狄氏剂、异狄氏剂等。此外以松节油为原料的莰烯杀虫剂、毒杀芬也属于 OCPs。其中八种 OCPs：艾氏剂、氯丹、狄氏剂、异狄氏剂、七氯、毒杀芬、灭蚁灵和六氯苯为《斯德哥尔摩公约》中禁止使用的 POPs，滴滴涕被限制使用。尽管到现在绝大多数 OCPs 已经被禁止使用多年，但由于其持久性及长距离传输性，在环境介质中仍然能检出，对人类健康仍存在一定的威胁。

2.1　环境介质中 OCPs 的分析技术

环境中 OCPs 的含量极低，在固体基质中的含量仅为纳克级别，在大气中含量低至皮克，实验室中常规检测仪器难以直接对其进行分析检测。另外，由于环境水样基体较为复杂和存在的干扰物质较多，一般都要经过一定的样品前处理过程后才能进行较准确的分析测定。这就造成了一定的技术难题。因此，样品前处

理技术对于环境水样中微量有机污染物的检测就显得尤为重要。分析环境基质中OCPs需经过三个步骤：萃取、样品净化和仪器分析。

2.1.1 萃取

1. 冰雪和海水

常用的样品萃取技术有液-液萃取法(liquid-liquid extraction, LLE)，洗脱富集法(purge and trap)和固相萃取法(solid phase extraction, SPE)等。这些方法有各自的特点，同时也存在着不足与局限性。

1) LLE

LLE是分析水样中有机污染物较传统且最为广泛应用的样品前处理技术。该法之所以被许多标准分析方法所采用，是因为其具有较高的回收率、较好的样品容量。LLE是通过利用目标分析物在互不相溶的水相和有机相中溶解度的不同，从而达到提取分离并纯化富集的目的。所以液-液萃取有机污染物过程中最重要的影响因素是萃取相溶剂的选择，而适当地调节水溶液pH也有利于提高有机污染物的萃取效率。采用正己烷、二氯甲烷、石油醚LLE技术可以进行环境中OCPs的前处理。LLE能有效地排除水溶液中无机干扰物，是一种典型的非选择性的预处理方法。但是LLE操作较为烦琐又费时，有机萃取试剂消耗量大，造成二次环境污染，并且在萃取较脏水样时会出现乳化或者沉淀等现象。LLE中最大的问题是容易被试剂或玻璃器皿污染，而影响最终结果的准确性(马驰远，2014)。

2) SPE

SPE是在20世纪70年代末所提出的一种样品前处理技术。SPE是利用固相吸附剂对液相样品中目标分析物、基质和干扰化合物的吸附能力的差异，从而达到对目标化合物进行分离的目的；然后使用热脱附或用溶剂将分析物洗脱出来；最后浓缩、定容、分析。SPE作为一种吸附剂萃取，分为保留目标物和保留杂质两种类型。保留目标物的SPE柱，样品溶液在流过填充了适当萃取剂的SPE柱后，分析物通过与填料之间的作用被保留在柱上，而不与填料发生作用的杂质则顺着上样溶液流出、被舍弃，然后使用合适的洗脱溶剂将分析物从填料上洗脱下来，从而达到将待分析物与杂质分离的目的。而保留杂质的SPE柱，当样品溶液通过后，杂质被保留在小柱上，而待测物与样品溶液一同流出。根据不同的保留机理，SPE可分为以下两种。

(1) 正相吸附：正相萃取SPE小柱主要使用强极性的填充剂，一般使用非极性到中等极性的溶剂作为上样基质。

(2) 反相吸附：反相萃取SPE小柱是使用最普遍的一种SPE小柱。属于此类的SPE小柱种类有很多，最常用的包括C_{18}、C_8、苯基柱等，主要用于吸附分析弱极性到非极性的物质，应用广泛，在中药成分分析、农药残留分析、环境污染物分析等领域中都有广泛应用。

与 LLE 相比，SPE 无须消耗大量的有机溶剂，将净化和富集相结合，并且在萃取过程中无乳化现象，分析时间缩短，便于自动化，已广泛应用于农药残留分析的前处理之中。但也有些不足，SPE 空白值较多，灵敏度比 LLE 差，相对回收率较低，重现性欠佳，样品消耗大，SPE 柱的直径小，在一定程度上限制了流量，样品过柱时易产生堵塞(秦迪，2014)。

3) SPME

固相微萃取(solid-phase microextraction, SPME)是以固相萃取为基础发展起来的一种用少量溶剂提取样品的新方法。SPME 的分离原理是基于分析组分在样品基质与提取剂之间的分配平衡过程，用一个类似于气相色谱微量进样器的萃取装置在样品中萃取出待测物后直接在气相色谱(gas chromatography, GC)或高效液相色谱(high performance liquid chromatography, HPLC)中进样，将萃取的组分解吸后进行色谱分析。SPME 技术的发展经历了一个由简单到复杂，由单一化向多元化的过程。这个过程主要体现在萃取纤维涂层的变化、萃取方式的变化及后续分析仪器的变化上。SPME 通常采用的萃取头是在弹性石英纤维表面涂覆一层液相或键合一层多孔固相。液相有以下几种：聚二甲基氧硅烷(PDMS)、聚丙烯酸酯类(PA)、聚二乙醇/二乙烯基苯(CW/DVB)、聚二甲基硅氧烷/二乙烯基苯(PDMS/DVB)，另外还有聚苯乙烯-乙烯基苯树脂(XAD)，碳分子筛/聚二甲基氧硅烷(CAR/PDMS)等。随着固相新涂层的不断推出，其应用范围日益扩大。SPME 操作简单，它克服了以前一些传统样品处理技术的缺点，集萃取、浓缩、进样为一体，具有快速、简便、灵敏、易自动控制等特点，一般只需 15min，所需样品量少，所用纤维价格便宜且能重复使用(肖俊峰，2004)。

4) 碳纳米管萃取法

碳纳米管是一种由石墨烯片构成的无缝、中空的纳米管。研究证明，碳纳米管具有巨大的比表面积、较高的热稳定性，对有机物具有很强的吸附能力，有效地提高了分析方法的灵敏度，且操作方便、有比较好的重复使用性能、吸附类型较多、使用范围广。基于以上优点，碳纳米管已成为环境样品处理中优良的固相萃取材料之一。按照其中包含石墨烯片的层数，可将碳纳米管分为单壁碳纳米管(single-walled carbon nanotubes, SWCNTs)和多壁碳纳米管(multi-walled carbon nanotubes, MWCNTs)(刘珂珂，2012)。MWNTs 吸附能力强，已有文献报道用于水样中有机磷、有机氯农药及除草剂样品的前处理富集与净化。彭晓俊等(2012)用强氧化性酸对 MWCNTs 进行酸处理，使其表面存在一定量的羟基、羧基等活性官能团，改性的 MWCNTs 在有机溶剂中有很好的分散性。然后，以改性的

MWCNTs 作为 SPE 填料用于蔬菜、中药材等农产品中痕量残留的 4 种有机氯农药的提取、浓缩净化，并采用 HPLC 测定，有效地消除了基质效应，所建立的方法灵敏度高，能满足实际检测工作的需要。

2. 固态基质中 OCPs 的提取方法

1) 索氏提取法

索氏提取法(Soxhlet extraction, SE)是实验室经典传统的固体样品提取技术。SE 利用溶剂回流及虹吸原理，使目标物连续不断地被溶剂萃取。该方法仪器简单，操作简便，重复性好，一直是最为广泛应用的固体样品预处理方法，也被 USEPA 500、600 和 800 系列所采用，缺点是需要时间长，一般需要 8h 左右，消耗大量的有机溶剂，并易引入新的干扰，还需要费时的浓缩步骤，并易导致被测物的损失，不适于对热不稳定化合物的提取。

2) 超声萃取法

超声波是一种高频率的声波，每秒钟振动两万次以上。超声波在液体中振动产生一种空化作用，可应用于汽化、凝聚、洗涤、提取等工艺。当发生空化现象时，液体中空气被赶出而形成真空，这是巨大声压对液体作用的结果。这些空化气泡具有巨大的破坏作用，它的粒子运动速率大大加快，产生一种很大的力。超声波提取法利用这种能量，用溶剂将各类样品中残留农药提取出来(李雪梅，2007)。USEPA 推荐超声萃取法应用于从固体基质中提取半挥发或者不挥发的有机污染物(方法编号为 EPA 3550b)。但是，超声萃取法不适合用于有机磷杀虫剂的萃取，因为在超声作用下，某些有机磷化合物会分解。

3) 加速溶剂萃取

加速溶剂萃取(accelerated solvent extraction, ASE)技术又称压力液体萃取(pressure liquid extraction, PLE)或压力流体萃取(pressure fluid extraction, PFE)，是近些年发展起来的一种快速有机萃取技术，也是目前被普遍看好的一项从固体、半固体中萃取有机物的前处理技术。工作原理：使用少量有机溶剂，利用提高温度和增加压力来提高样品中有机物的萃取效率。其结果大大加快了萃取的时间并明显降低了萃取溶剂的使用量。恰当的萃取条件能有效提高目标组分的回收率。影响萃取效果的重要因素包括萃取溶剂、萃取温度、静态萃取时间及循环次数等。

ASE 实验中，萃取温度是影响萃取效果的重要因素之一。通常提高温度可以增加扩散力，提高溶解度，降低黏度，降低表面张力，降低物理/化学结合力，加快溶解的化学进程，提高萃取效果，但 ASE 不适于提取挥发性有机物(许桂苹等，2010)。萃取不同样品时，最优的萃取温度则不同，例如，萃取沉积物中 PCBs 和 PAHs，90℃时回收率最佳；萃取尘土中 PCBs，140℃时回收率最好；而萃取 XAD-2

树脂中的农药，150℃为最优萃取温度。过高的萃取温度易造成部分 OCPs 分解。萃取循环次数是影响萃取效率的重要因素，大部分目标化合物都在第一次循环中被萃取出来。但是，随着萃取的继续进行，目标化合物回收率也有提高，但是萃取循环次数增加至 4～5 次时，目标化合物回收率再无明显变化。随着静态萃取时间从 5min 增加到 10min，每种物质平均回收率均有小幅提升，静态萃取时间从 10min 增加到 15min 时，回收率增加不明显(邵阳等，2016)。

4) 微波辅助萃取

微波辅助萃取技术是对样品进行微波加热，利用极性分子可迅速吸收微波能量的特性来加热一些极性的溶剂，达到萃取样品中目标化合物、分离杂质的目的。该法能保持分析对象的原本状态，与传统的索氏提取相比，更加快速、节能、节省溶剂、污染小，而且有利于萃取热不稳定的物质，特别适合处理大量样品。微波辅助萃取法在持久性有机物分析方面使用范围很广，可用于提取土壤、沉积物中的 PAHs 和杀虫剂、除草剂、多种酚类化合物和其他中性、碱性有机污染物；提取沉积物中的有机锡化合物、三烷基和磷酸三烷基酯(TAPs)；提取食品中的某些有机物成分，植物种子和鼠粪中的某些生物活性物质及肉食中的药物残留。

在选择微波辅助萃取中的溶剂时，必须考虑以下几方面。一是溶剂可以接受微波能以进行内部加热，这就要求溶剂有一定的极性；二是溶剂对分离成分有较强的溶解能力；三是溶剂对萃取成分的后续测定干扰较少。提高化学反应温度，可提高化学反应速率，进而促进化学反应的进程，这是一般化学反应的规律。在微波辅助萃取中，应用密闭容器，可以使萃取溶剂的温度达到溶剂的沸点以上，这在很大程度上提高了萃取溶剂与被萃取组分的反应活性，不仅可以提高回收率，还可以加快萃取速度，显著减少萃取时间。微波能是一种转动能，不会破坏物质的分子结构，但微波加热中样品体系温度升高，在分析制样时一些容易受热分解的组分可能因此而分解。这些易受热分解的物质在微波辅助萃取应用过程中，均不可通过提高萃取温度来达到快速萃取或高回收率的目的。

萃取时间与被测样品质量、溶剂体积和热功率有关。对于不同的物质，由于每一种化合物的热稳定性不同，因此萃取时间也不同。应根据化合物的热稳定性选择萃取时间。在高温条件下，有机物分子扩散迅速，在很短的时间内即可达到分配平衡。因此萃取时间只需 5～15min，更长的萃取时间不会明显提高回收率。萃取时间短，避免了长时间加热引起的热分解，有利于极性和热不稳定化合物的萃取。

在微波辅助萃取系统中，微波功率大小的选择主要取决于每批同时处理的微波萃取罐数和需要的微波萃取温度。如果每次放入微波辅助萃取系统的萃取罐数不同，那么为了达到同样的萃取温度，功率的选择也不一样。每批处理的微波萃取罐数越多，功率选择就越大。样品水分或湿度对萃取效率的影响：水是良好的极性溶剂，它可以吸收微波能，对样品也可以起到润湿作用，使农药残留提取更容易。所以样品含有一定量的水分，对提高回收率是有好处的。因此，萃取前一般在干燥样品中加入一定量水，加入水量视样品不同而异(李雪梅，2007)。

5)超临界流体萃取法

超临界流体是指温度、压力均在临界点以上的流体。超临界流体的密度和溶解力均接近液体，但是表面张力为零，同时黏度和渗透力都接近于气体，既有气体的超强穿透性又有液体的密度和溶解性。由于溶质的二元扩散系数在超临界流体萃取中比在液体中高很多，从而具有较强的传质能力。超临界流体萃取(supercritical fluid extraction, SFE)利用降低温度同时增加压力的方法使得气体介于临界点，然后利用超临界流体为溶剂萃取样品中的目标组分。样品中的目标化合物通过超临界流体萃取后，当恢复常压常温时，目标组分就会以液态的方式和气体组分进行分离，完成萃取的整个过程。

目前，二氧化碳(CO_2)、乙烷(C_2H_6)、甲醇(CH_3OH)等是用于制造超临界流体最常用的材料，其中 CO_2 的使用最为频繁。CO_2 具有许多的优点，它不仅没有毒害性、化学惰性，而且在分离时不会污染样品，同时该气体的临界点比较容易达到，制造超临界流体成本低。同时，CO_2 也存在一定的缺陷，它对于极性较弱的或者非极性类农药萃取效果显著，但是对于极性较强的化合物，提取效率则偏低，不利于得到准确的分析检测结果。为此，不少学者利用加入改性剂的方法提高 CO_2 的萃取能力，例如，在其中加入适量的甲醇或者乙醇等极性溶剂，就能够很好地萃取极性农药。SFE 与其他萃取方法大致相同，都分为萃取与分离两个主要过程，而影响 SFE 效率的因素也很多，首先是控制温度和压力使得萃取剂达到临界点，其次依据目标化合物的特点选择适宜的萃取剂或者加入改性剂的萃取剂，另外萃取时间的长短对萃取效率也有很大影响。

SFE 是当今国内外萃取领域中发展最为先进的技术，具有萃取溶剂用量少、萃取过程简单快速，可以进行自动化的萃取过程，并且可以与气相色谱、气相/液相-质谱的仪器联用等优点，现在 SFE 技术主要应用于蔬菜和水果一类样品的前处理。但是 SFE 所需设备昂贵，条件控制较难及其可选择的萃取体系比较有限等缺点，使得该技术在其他样品领域的应用受到了一定的限制(刘珂珂，2012；周纯，2014)。

6)基质固相分散萃取技术

基质固相分散萃取技术(matrix solid phase dispersion extraction, MSPDE)是1989 年初次提出的适合固体、半固体样品的前处理方法。MSPDE 的原理是将适量的固相萃取材料与动物组织样品一起研磨，得到半干状态的混合物并将其作为填料装柱，然后用不同的溶剂淋洗柱子，根据目标物再混合基质的分散情况和溶剂的极性将各种待测药物洗脱。虽然 MSPDE 所用的填料与固相萃取相同，但其分离原理和固相萃取并不相同，MSPDE 中会分散及破坏样品的组织结构，将样品研磨变小，增加萃取剂和样品中目标物的接触面积，样品中各组分依据其极性大小和填料中键合的有机相相溶并分散在载体表面，最终达到快速溶解分离的目的(石杰等，2007)。

影响 MSPDE 的因素主要有样品基质、萃取剂因素和洗脱剂三个方面。

样品基质经研磨分散于萃取剂表面，成为新形成的混合层析相中的一部分。不同的样品基质中所含组分的种类、状态和含量都不同，所形成的新层析相的组成和状态也会不同，从而导致不同的混合层析相对相同的目标化合物的萃取效果也不同。

萃取剂的物化性质对基质固相分散萃取的影响和固相萃取相似。萃取剂颗粒的孔径对 MSPDE 效果没有很大影响，但其粒径就相对重要一些。粒径小于 20μm 会降低流速甚至会导致液体无法流动，这会导致洗脱时间增加甚至无法进行洗脱。一般来说，萃取剂选用粒径在 40～100μm 的材料，会使 MSPDE 的效果比较好，且从经济角度考虑，大颗粒的萃取剂的价格也比较合适。萃取剂的化学性质对 MSPDE 的萃取效率的影响类似于“相似相溶”的原理：极性的萃取剂(如键合硅胶、氧化铝、弗罗里硅土等)用来萃取极性物质；非极性萃取剂(C_{18}、C_8、苯基柱等)用来萃取非极性到中等极性的物质。常用的键合硅胶萃取剂中的键合相也具有重要作用。

洗脱剂在洗脱过程中与样品基质和萃取剂相互作用，因此洗脱溶剂的选择与目标物和萃取剂键合相的性质密切相关。理想的洗脱溶剂不但要溶剂强度相当，同时还要适应后续的检测方法。因此，在 MSPDE 洗脱过程中，选择的洗脱剂要在尽可能保留样品基质组分的前提下，将目标化合物洗脱下来，从而达到分离和净化的目的(赵昕，2014)。

2.1.2　样品净化

环境样品组成比较复杂，经初步预处理后，还伴有相当量共萃取的类脂物或其他杂质，不能直接进入色谱分析，需净化。净化目的是进一步突出待测物，利于最终的分析检查。为避免待测物的损失，影响重现性，一般需要选取适宜的方法。极地 POPs 的净化方法有：层析柱净化、酸洗净化、凝胶渗透色谱法(gel permeation chromatography, GPC)净化和铜粉净化方法等。

1. 柱净化

常压吸附柱色谱法是最常用的净化方法。这种方法使用至少包含一种吸附剂的柱子，利用分析物对吸附剂的亲和力和淋洗溶剂对分析物的解析作用，使萃取液在吸附柱上分离。净化柱可以是商用的 SPE 柱，也可以是实验室自行填充的吸附柱。目前主要采用的色谱柱有复合硅胶柱、碱性氧化铝柱和活性炭柱等。

硅胶层析柱在样品净化中使用很普遍，其作用是除去基体中的极性化合物。酸性硅胶可除去基体中的脂质、还原性化合物。碱性硅胶可除去基体中的还原性化合物、酸性化合物、酚类、脂质、磺酞胺类、带烃基的联苯醚类等。硅胶使用前通常要进行活化，活化温度400～450℃，时间5h。复合硅胶柱采用硫酸、硝酸银、氢氧化钠与硅胶混合后填装的方法，简化了净化操作，但复合柱制备较烦琐，且柱净化效果受净化柱制备水平的影响较大，易出现沟流现象。氧化铝可分离基体中非平面和非极性化合物，如联苯类、氯苯、酚类、灭鼠灵及农药。氧化铝吸附剂有酸性、中性、碱性之分，可根据待测组分性质选用。其中碱性及酸性的氧化铝因活性较强会引起目标化合物的损失，在环境分析中不常采用。弗罗里硅土也称硅镁吸附剂，需经过650℃高温加热1～3h活化处理，才能提高对杂质的吸附能力，而不影响目标化合物的淋洗率。活性炭可吸附除去基体中的非极性干扰物。活性炭虽然有很强的选择性但吸附容量较低，因此被用于主要干扰物已被去除后的二次净化(苑金鹏，2013)。

2. 浓硫酸净化(磺化法)

浓硫酸净化属于化学净化法，采用强酸将样品中基体消解掉，留下农药母体或其降解物。该方法适用于稳定的PCBs、PBDEs和OCPs，而对易降解的OCPs，如狄氏剂和异狄氏剂不适用。

3. 铜粉除硫

采用活化铜粉除硫，是因为环境样品尤其是沉积物中含有大量的、以多原子聚合状存在的元素硫。这些元素硫是亲脂性的，在样品萃取及净化过程中，其行为与OCPs或者有机磷农药相似，而且它们在多种气相色谱的检测器上都有较强的响应，在色谱图上往往以很宽的峰带出现，对分析造成强烈的干扰，同时对检测器造成严重的损害。铜粉经稀酸洗过后进行活化，硫元素在铜粉表面反应生成硫化铜沉淀与萃取液分离，消除硫的干扰。

4. GPC

GPC又称体积排阻色谱，主要是根据分析物分子大小进行洗脱的一种色谱过程。GPC的分离原理与通常用的柱层析的区别主要是：通常柱层析是利用填料、样品和淋洗剂之间的极性差别来达到分离目的，而GPC则是利用化合物中各组分分子大小不同从而淋出顺序先后也不同而达到分离目的。色谱柱中存在两种分离间隙，一种是色谱填料粒子间的较大间隙，另一种是粒子内的较小间隙；当待分离物质的溶液经过色谱柱时，较大的分子就不能通过粒子内的小间隙，只能从粒子间较大的间隙穿过，所以流出的速率较快；而那些较小的分子就能进入粒子中的较小孔隙，如此它们的流出速率就会相对较慢。由此经过一定长度的色谱柱，大分子通过路径短，会先流出，小分子从粒子孔中穿过，路径较长而后流出，从而达到分离的目的。淋洗溶剂的极性对分离的影响并不起决定作用；淋洗时，脂肪、色素等分子量较大的杂质先被淋洗下来，然后目标化合物按照分子量大小顺序流出。这对于基体中含有大量高分子物质的环境介质如含腐殖酸的土壤或生物样品尤为重要。

GPC 色谱柱的填料种类很多，分类也比较多。具体可以根据以下几方面来进行分类：一是根据其材料的有机或无机性质分为有机胶(如交联聚苯乙烯)和无机胶(如多孔玻璃、多孔氧化铝)；二是根据凝胶制备后的填料粒均匀状态，可以分为均匀凝胶、半均匀凝胶和非均匀凝胶三种；三是根据凝胶强度性质可分为软胶、半硬胶和硬胶；四是依据凝胶的亲和性，通常可以分为亲水和亲油两种。另外不同的凝胶在使用时对流动相的性质也有不同的要求，例如，交联聚乙酸乙烯酯凝胶所使用的流动相为乙醇、丙酮等极性的溶剂。在选择使用何种凝胶柱作为分析柱时，应当综合考虑各种凝胶的性质，才能达到更好的分离效果。由于 GPC 柱子可以重复使用，降低了分析成本，因此，GPC 正日益成为农药残留分析中通用的净化方法(周纯，2014；苑金鹏，2013)。

2.1.3　仪器分析方法

1. GC

GC 是一种经典的分析方法，适于分析易气化且气化后热稳定的化合物。GC 是利用物质的沸点、极性及吸附性质的差异来实现混合物的分离的。待分析的样品在气化室气化后被流动相(载气)带入色谱柱，柱内含有液体或固体固定相，由于样品中各组分的沸点、极性等不同，样品各组分在流动相和固定相之间形成分配或吸附平衡，当组分一次流出色谱柱，进入检测器，就可得到不同的信号值。使用 GC，多种农药可以一次进样，得到分离，再配置高灵敏度和一些高选择性的检测器，可以进行定量和简单的定性。理想的检测器应该灵敏度高、稳定性和重复性好、线性范围宽、结构简单、造价低和操作简便等，例如，电子捕获检测器(electron capture detector, ECD)被广泛应用于具有电负性较大基团的化合物的分析，如对卤素化合物有很高的响应；气相色谱的检测器虽有很强的选择性和灵敏度，可以检测纳克级的残留物，但气相色谱确认色谱峰的参数只有保留时间，保留时间的重现性受很多因素的影响，仅根据色谱保留时间从复杂基质中对多种组分进行分析是很困难的，也是不可靠的(汪雨，2006；耿彬彬，2009)。

2. 气相色谱-质谱联用仪

20 世纪 80 年代气相色谱-质谱(gas chromatography-mass spectrum, GC-MS)开始普及，该联用技术结合了 GC 的高分辨性能和 MS 的高选择性能。质谱作为 GC 的检测器，是鉴定有机化合物结构的重要工具之一，它可获得 OCPs 特征离子(一般取 3 个特征离子)及氯原子同位素峰丰度信息，在定性方面更加准确，且能有效地排除基质中的污染物对结果的影响，尤其适合多农药残留的分析。

2.2 南极地区有机氯农药的赋存与环境行为

2.2.1 南极自然地理概况

南极地区在研究全球变化中具有突出的地位。该地区中的大气、冰、海洋和生物通过生物地化循环、深层大洋环流、大气环流、能量的输运同地球的其他地方发生着联系，从而影响着整个地球系统。反过来，南极地区又对全球变化起到“放大器”的作用，况且，它是地球上唯一未被人类活动大量影响的地区，因此南极地区的研究显得尤为重要。

乔治王岛所在的南设得兰群岛与南极半岛实际上是一条与南美洲火地岛相连的巨大岛弧即斯科舍岛弧。乔治王岛是南设得兰群岛中最大的岛屿，面积 1160km^2，地理位置是 62°23′S，58°27′W，全岛 90%以上面积被冰盖覆盖，仅西、南沿海地带夏季冰雪消融。其南端距南极半岛北端约 140 km，距离南美大陆南端约 1100 km，在国际地圈生物圈计划(International Geosphere-Biosphere Programme, IGBP)的区域研究网络体系中，它是联系南美温带和南极地区的枢纽，该地区已成为当今国际全球变化研究的热点区域之一。岛的中北部是厚 200～300 m 的柯林斯冰帽，南部隔菲尔德斯海峡与厚度 300 m 以上的纳尔逊冰帽相望，西边是德雷克海峡和近海岸的大片礁石区，东南部依次分布着三个大海湾，即乔治王湾、海军上将湾和麦克斯韦尔湾。乔治王岛是南极洲距南美大陆最近的岛屿之一。从智利南部城市蓬塔阿雷纳斯到乔治王岛距离约 1200 km。尽管乔治王岛未进入南极圈、无冰区面积只有 60 km^2，但却生存着大量具有南极特征的动植物。国际上将这样的地区称为生物敏感区，并制定了一系列条约和措施来保护这些地区的生物和环境。

中国南极长城站(62º12′59″S，58º57′52″W)位于乔治王岛西南端的菲尔德斯半岛(Fildes Peninsula)上。菲尔德斯半岛主要由基性熔岩、火山碎屑岩及薄层沉积岩组成，并有次火山岩体及脉岩发育。岩石形成于始新-渐新世，属低钾高铝钙碱性玄武岩，但具有拉斑玄武岩的某些特征，是岛弧火山活动的产物。该半岛及邻近的阿德雷岛是南极海上区域中最大的无冰地区的一部分，具有相当高的生物多样性。该区域经纬度范围大致为 62°08′48"～62°14′02"S，58°40′59"～59°01′50"W，南北长 8～10 km，东西宽 2～4 km，总面积约 38 km^2；岛上有较多的岩石小山丘，最高者可达 164 m，一般在 110～130 m 之间。在地形上该半岛为海拔 170 m 以下的丘陵区，具有层状地貌的特征，从地貌上可分为海拔 50 m 以上具有古夷平面特征的基岩山地，以及海拔 50 m 以下的上升海岸阶地。东海岸存在明显的四级海积阶地，多为砾、沙质海滩。海岸线曲折，海滨潮间带底质有石块、砾石和砂几种类型，在菲尔德斯半岛海峡附近有近 50 m 高的峭壁。潮汐类型是不正规半日潮，最大潮差可达 2.02 m。在菲尔德斯海峡附近有强劲的潮流，而在保护性地带的麦克斯韦尔湾则潮流平稳。

菲尔德斯半岛寒季昼短夜长，暖季昼长夜短，无明显极昼、极夜。全年平均气温为–4.5℃，其中 8 月最低为–12℃，2 月最高为 6.1℃。水温 8 月最低可达–1.8℃，2 月最高可达 2.6℃。年均降水量为 634.9 mm，平均相对湿度 88%。由于冰雪融水资源丰富，该地区湖泊、溪流密布。11 月至次年 3 月为陆地冰雪融化期，冰融水汇成溪流流入湖泊或直接进入海洋。每年流入长城湾的冰雪融化水总量约 200×10^4 m^3，12 月下旬至次年 1 月上旬的融化雪水量大，湖泊、溪流径流量亦随之加大，占全年总水量的 1/3 以上。菲尔德斯半岛南端和西面岸段险峻，悬崖断续分布，潮间带狭窄，南端面临菲尔德斯海峡，海峡内潮流强劲，西部则面对德雷克海峡，海面开阔。半岛东海岸处在麦克斯韦尔湾内，湾内嵌套小湾，风浪较小，沿岸建有中国、智利和俄罗斯考察站，岸滩受人为干扰大。菲尔德斯半岛明显较南极大陆气候温和湿润，生物区系十分丰富(表 2-1)，最显著的特点是生存着大量冰雪生物。冰雪生物可分为两个类群：严格的冰雪类群和松散的亚冰雪类群(杨宗岱等，1992)。

表 2-1　南极长城站和中山站的地理和气候天气概况

考察站	长城站	中山站	文献
区域	菲尔德斯半岛	南极圈内拉斯曼丘陵	
位置	62°13′S, 58°58′W	69°22′S, 76°22′E	
海拔	10 m	14.9 m	
夏季温度(12～2 月)	–1.2～2.9℃	–4.4～2.2℃	(卞林根等，2010)
冬季温度(6～8 月)	–1.0～–13.4℃	–6.7～20.9℃	(卞林根等，2010)
相对湿度	88%	58%	(卞林根等，2010)
风向	西北风	偏东风	(卞林根等，2010)
植被	苔藓、地衣种类丰富，生长普遍	苔藓、地衣种类少，分布稀少	(王自磐和 Peter，2002)
海鸟群落	7 科 18 种	4 科 8 种	(王自磐和 Peter，2002)
潮间带底栖生物	＞100 种	＜65 种	(王自磐和 Peter，2002)

2.2.2 南大洋航线大气 OCPs

1. “雪龙船”南极科考(CHINARE)航线

贺仕昌(2013)报道了第25～28次“雪龙船”南极科考(2008年10月21日～2009年4月4日，2009年10月12日～2010年4月5日，2010年11月14日～2011年3月29日，2011年11月11日～2012年4月2日)航线大气中OCPs(HCHs、艾氏剂、环氧七氯、DDTs、狄氏剂)含量的年际变化，如表2-2所示。数据表明各种OCPs含量随着时间变化基本呈现逐年下降趋势，作者指出主要是由于南大洋OCPs随着时间的推移不断降解，以及没有外来源或外来源的量不及OCPs在大气中的降解量(贺仕昌，2013)。

表2-2 中国第25～28次南极科考航次南大洋大气OCPs的含量(pg/m^3)

OCPs	第25次	第26次	第27次	第28次
DDTs	1.628	1.090	0.974	0.804
HCHs	4.032	2.479	2.243	2.256
艾氏剂	0.114	0.082	0.087	0.035
狄氏剂	0.113	0.064	0.034	0.030
环氧七氯	0.116	0.094	0.058	0.083

注：HCHs包括α-HCH、β-HCH、δ-HCH、γ-HCH；DDTs异构体包括p,p'-DDD、p,p'-DDT、p,p'-DDE。

1)OCPs含量的变化趋势

贺仕昌(2013)揭示了四种HCHs成分的时空变化趋势。从空间变化趋势上来说，第25～28次中国南极科考航线大气中p,p'-DDT随纬度变化幅度都较大，从北纬向南纬大气p,p'-DDD含量变化趋势不明显，p,p'-DDE含量随纬度从北向南有降低趋势，但是趋势不明显。在时间尺度上，第25次、第26次、第28次南极航次南大洋大气p,p'-DDD含量也总体呈现逐年下降趋势，第25次(0.581 pg/m^3)＞第26次(0.280 pg/m^3)＞第28次(0.251 pg/m^3)，而第27次大气p,p'-DDD含量却比第26次高，作者指出该结果可能是由样量少、受到船体污染所致；p,p'-DDE浓度逐年下降，至第28航次大气p,p'-DDE含量已经降低至0.454 pg/m^3(贺仕昌，2013)。与相近海域的历史研究相比，第25～28次调查的结果明显较低，比Tanabe等(1982)的研究低2～3个数量级，比Larsson等(1992)的研究低一个数量级，与Bidleman等(1993)的结果相接近，比Montone等(2005)于1995年在西南大西洋及南大洋的测量值高近一个数量级，如表2-3所示。

表 2-3　第 25～28 次中国南极科考航次间南大洋 **DDTs** 的含量与他人研究的比较(pg/m³)

数据来源	*p,p'*-DDT	*p,p'*-DDD	*p,p'*-DDE	∑DDTs
第 28 次	0.072～0.228	0.173～0.334	0.338～0.721	0.615～1.24
第 27 次	0.058～0.346	0.145～0.516	0.216～0.617	0.347～2.07
第 26 次	0.067～0.438	0.077～0.408	0.143～0.924	0.607～1.75
第 25 次	0.167～0.486	0.278～0.998	0.480～1.623	0.983～3.50
(Tanabe et al., 1982)	66～150		15～30	
(Larsson et al., 1992)	2.0		1.0	
(Bidleman et al., 1993)	<0.812			
(Montone et al., 2005)	2.7～19.4	2.7～29.4	2.0～53.8	3.7～102.6

第 25～28 次中国南极科考航线大气 HCHs 及其四种异构体(*α*-HCH、*β*-HCH、*γ*-HCH、*δ*-HCH)含量在表 2-4 中列出。比较贺仕昌(2013)与其他人的研究，Oehme 等(1994)发现在南极大气中 *α*-HCH 含量为 0.99 pg/m³，要比北极低 30 倍，这与 Bidleman 等(1993)的观测结果是一致的。Tanabe 等(1982)在 1980～1981 年在南极海洋大气中测得 *α*-HCH 含量在 23～36 pg/m³ 之间，Iwata 等(1993; 1995)在 1989～1990 年间在罗斯海观测到大气 *α*-HCH 含量为 6.6～40 pg/m³ 之间，Kallenborn 等(1998)测定的西格尼岛大气中 *α*-HCH 的含量在 0.38～1.7 pg/m³ 之间，总体上，南大洋大气 *α*-HCH 含量近几十年来下降趋势相当明显。

表 2-4　第 25～28 次中国南极科考航次间南大洋大气中 **HCHs** 的含量(pg/m³)

数据来源	*α*-HCH	*β*-HCH	*γ*-HCH	*δ*-HCH	∑HCHs
第 28 次	0.268～0.671	0.304～1.15	0.227～1.50	nd～0.380	0.801～3.24
第 27 次	0.377～0.691	0.399～0.954	nd～1.10	nd～1.60	1.21～2.93
第 26 次	0.126～0.866	0.227～1.64	0.202～2.09	nd～0.667	0.700～4.03
第 25 次	0.517～1.69	0.709～1.81	1.035～1.89	0.404～1.75	3.04～5.39
(Tanabe et al., 1982)	23～36		59～120		
(Iwata et al., 1993; 1995)	6.6～40	4～11	7.6～16		
(Kallenborn et al., 1998)	0.38～1.7	2.6			
(Bidleman et al., 1993)			4.8		
(Oehme et al., 1994)			5.9		

注：nd 表示未检出。

贺仕昌(2013)揭示了大气中四种 HCHs 的时空变化趋势。就空间变化趋势而言，四种成分的含量均随纬度的变化幅度较大，就时间变化趋势而言，南大洋大气 *α*-HCH 含量从 1.004 pg/m³ 下降至 0.465 pg/m³，下降幅度近 60%，这主要取决于 *α*-HCH 全球范围内使用量的减少及海-气交换、土壤-大气交换等使 *α*-HCH 不断从大气中迁出，故而整体上南大洋大气 α-HCH 含量不断下降。β-HCH 含量也随时间推进而下降，已经下降至 0.667 pg/m^3。δ-HCH 含量呈现同样的下降趋势，相对于 α-HCH 下降速率较慢。α-HCH 在 HCHs 各异构体组成中所占比例较小，但是随着时间的推移，δ-HCH 在环境残留中占 HCHs 比例值却会不断增高。南大洋大气 γ-HCH 平均含量下降了 59%，这与 Cincinelli 等(2009)得出的南极大气 γ-HCH 半衰期为 2.9 年的结论相近。在 1985～2005 年南极大气中 γ-HCH 含量也在不断下降(贺仕昌，2013)。

2) 南极航线中南大洋大气 OCPs 来源解析

DDE 和 DDD 都是 DDTs 的代谢产物，DDTs 在厌氧条件下通过土壤中的微生物降解转化成 DDD，在好氧条件下转化为 DDE。最初进入土壤的 DDTs 以 *p,p′*-DDT 为主，DDE 和 DDD 极少，经过长期的降解后，土壤中 *p,p′*-DDT 残留量显著下降，由于 DDE 比 DDTs 和 DDD 在土壤中更难降解，受 DDTs 污染的土壤经过长期的风化后，(DDE+DDD)/DDTs 一般大于 0.5。当(DDE+DDD)/DDTs＞0.5 时，一般认为来自早期施用农药残留土壤中的 *p,p′*-DDT 在好氧条件下转化为 *p,p′*-DDE，在厌氧条件下通过微生物降解为 *p,p′*-DDD，DDE/DDD 比值可以指示 DDTs 降解过程中的氧化还原条件。在这四个南极考察航次中，*p,p′*-DDT/*p,p′*-DDE 的值均小于 1(第 25～28 次航次的比值分别为 0.29、0.51、0.37 及 0.24)，因此，这四次航次测得的数据从侧面反映了南极没有新 DDTs 源的输入或历史残留，这与在南半球国家大多禁止生产及使用 DDTs 有很大的关系(贺仕昌，2013)。

工业 HCHs 产品和林丹的使用是环境中 HCHs 的直接来源。各个异构体之间的物理化学性质的差异，以及各异构体之间可能的相互转化，使得环境 HCHs 残留中各异构体组成特征可以作为一种环境指示指标。对 HCHs 类农药而言，γ-HCH 相对 α-HCH 更容易降解，且在一定的条件下，γ-HCH 可向 α-HCH 发生异构转化，因此，在降解过程，α-HCH/γ-HCH 的值会越来越高。所以常用 α-HCH/γ-HCH 的比值来估计 HCHs 的来源及其通过大气长距离输送的路径。一般而言，当水体和沉积物中 α-HCH/γ-HCH 小于 3 时，表示周围环境中林丹仍然在使用；当比值介于 3～7 之间时，表示 HCHs 来源于工业产品，并可能经过大气长距离运输。除了 α-HCH/γ-HCH 可以指示 HCH 的环境行为外，β-HCH 在组成上的差异在指示 HCHs 的环境行为方面亦有重要的意义。β-HCH 结构中所有氯原子都处在碳架的平面内，这使得其相对其他异构体来说，物理性质更加稳定，水溶性和挥发性较低，更不易生物降解，随着工业 HCHs 禁用时间的延长，其在环境中相对含量会逐渐增高。因此，如果在环境中 β-HCH 占主导地位，则可能主要来源于以前的农药残留(龚香宜，2007)。在第 25～28 次南极科考中，α-HCH/γ-HCH 均大于 1，分别为 1.40、1.42、1.32 及 1.58，然而却小于传统 HCHs 中 α-HCH/γ-HCH 值，因此可以从侧面证实有 γ-HCH 的输入，其原因可能为南大洋海水中 γ-HCH 的挥发、周边地区林丹的使用等。在南非都市地区发现 α-HCH/γ-HCH 值(0.017)远远小于南大洋及南极地区，因此南非输入也可

能为导致南大洋 α-HCH/γ-HCH 大于 1 却小于 3 的原因(贺仕昌，2013)。

2.2.3　菲尔德斯半岛长城站附近区域环境介质中 OCPs

第 29～31 次长城站站基考察的环境基质包括：土壤、植被、动物粪便、海水、湖水、冰雪融水、湖泊沉积物和海洋沉积物，将 HCHs 和 DDTs 的含量之和作为 OCPs 的总量进行比较，比较其在不同环境介质中含量水平，如图 2-1 所示。在所有环境介质中 HCHs 的检出率均远远高于 DDTs，且大多数环境介质中 HCHs 含量也高于 DDTs。从图 2-1 中可以看出，第 29 次的调查中五种环境介质(土壤、粪便、海水、湖水和冰雪融水)中 OCPs 的含量均显著高于后来两次的监测结果。第 29 次和第 30 次的植被中含量相当，然而显著高于第 31 次。第 30 次和第 31 次调查的海水、湖水、冰雪融水及湖泊沉积物中 OCPs 的含量差别不大。

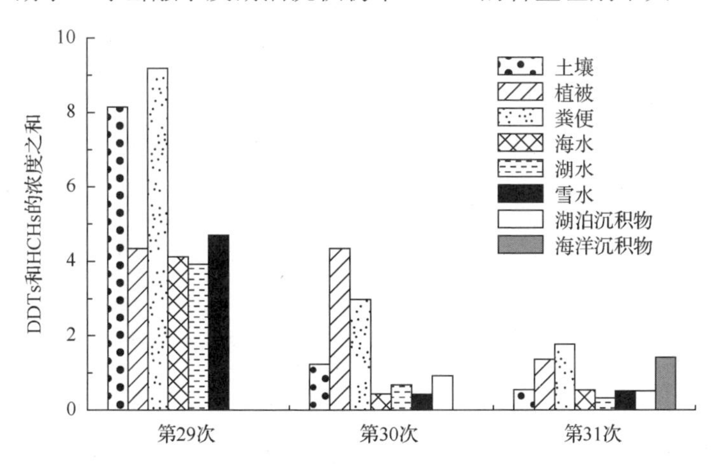

图 2-1　第 29～31 次南极科考菲尔德斯半岛不同环境介质中 OCPs 的残留水平

固体基质中含量单位为 ng/g，水体中含量单位为 ng/L

1. 大气中 OCPs

在第 29～31 次南极调查中大气样品分别采用主动采样法和被动采样法采集。主动采样装置包括玻璃纤维膜(glass fiber film, GFF)和聚氨酯泡沫(polyurethane foam, PUF)，获得的样品类型包括气态和颗粒物态；而被动采样器的填料采用 XAD 树脂，仅获得气态样品。第 29 次主动采样法大气样品采集自地震台附近，采样时长为 2～8 天，采样量为 2810～11520 m^3，被动采样法采集大气样品的站位分布于 6 个不同的位置，采样时长约为 48 天，采样速率为 3.5 m^3/d。第 30 次南极调查的主动采样时长为 2～8 天，采样量为 1322～4275 m^3，被动采样法采样时长为 48～57 天。第 31 次主动采样法采样时长均为 2 天，被动采样法的采样时间分为长期和短期两种，长期的采样时间约为 1 年，而短期的采样时间为 61～78 天。

如图 2-2 所示，两种方法获得的大气样品中 OCPs 的含量(HCHs 和 DDTs 含量之和)逐年增加，就被动采样法的数据而言，第 30 次的结果(14.92 pg/m^3)比第 29 次(0.772 pg/m^3)增加了 18.3 倍，第 31 次(18.77 pg/m^3)与第 30 次相比含量略有增加。主动采样法中的气态浓度增幅明显，均增加一倍以上(第 29 次：4.82 pg/m^3；第 30 次：11.18 pg/m^3；第 31 次：27.52 pg/m^3)。但是主动采样法中颗粒物的含量呈现不同的变化趋势：第 29 次调查中∑OCPs 的含量为 2.75 pg/m^3；第 30 次略微下降，含量为 2.08 pg/m^3；在第 30 次调查中显著上升一倍多，达到 6.42 pg/m^3。比较被动采样法和主动采样法这两种方法得到样品中 OCPs 的浓度发现，在第 29 次和第 31 次调查，主动采样法得到的气态物质和颗粒物态中∑OCPs 的含量均高于被动采样法的结果；但是第 30 次的调查结果，被动采样法获得的含量水平(14.92 pg/m^3)高于主动采样法(13.18 pg/m^3)。

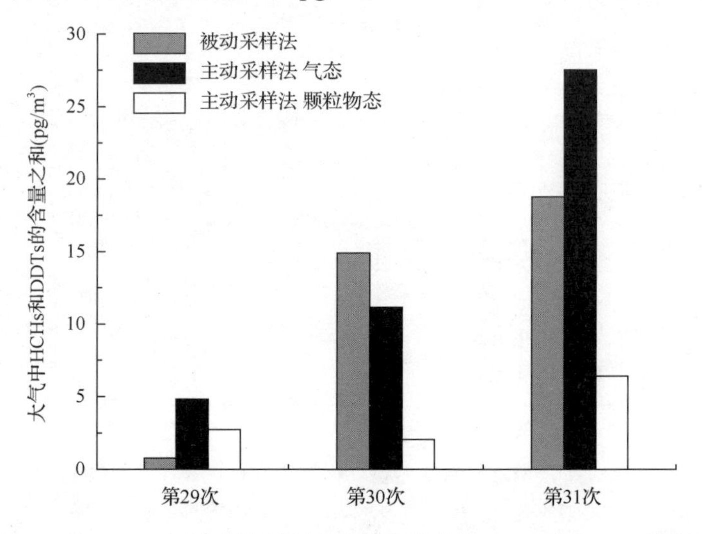

图 2-2　第 29～31 次南极长城站考察大气样品中 HCHs 和 DDTs 的含量

无论主动采样法还是被动采样法，大气中 HCHs 的含量的年际变化趋势均为增加，被动采样法：第 29 次(3.85 pg/m^3)＜第 30 次(6.76 pg/m^3)＜第 31 次(18.6 pg/m^3)；主动采样法：第 29 次(0.772 pg/m^3)＜第 30 次(3.98 pg/m^3)＜第 31 次(11.6 pg/m^3)；主动采样法获得结果高于被动采样法，如图 2-3 所示。第 29 次和第 31 次调查中 γ-HCH 是 HCHs 同分异构体中比例最高的成分，然而第 30 次调查中 α-HCH 含量高于其他三种成分。第 30 次主动采样法测得的 α-HCH 的含量比第 29 次增加 1 倍多，第 31 次的结果却显著下降；β-HCH 的含量水平顺序为：第 30 次＜第 29 次＜第 31 次；γ-HCH 的年际变化趋势与 β-HCH 一致，δ-HCH 的含量水平保持逐年上升的趋势。被动采样法中，α-HCH 的含量水平先增加后降低，其他三种 HCH 同分异构体的含量水平均为逐渐增加。

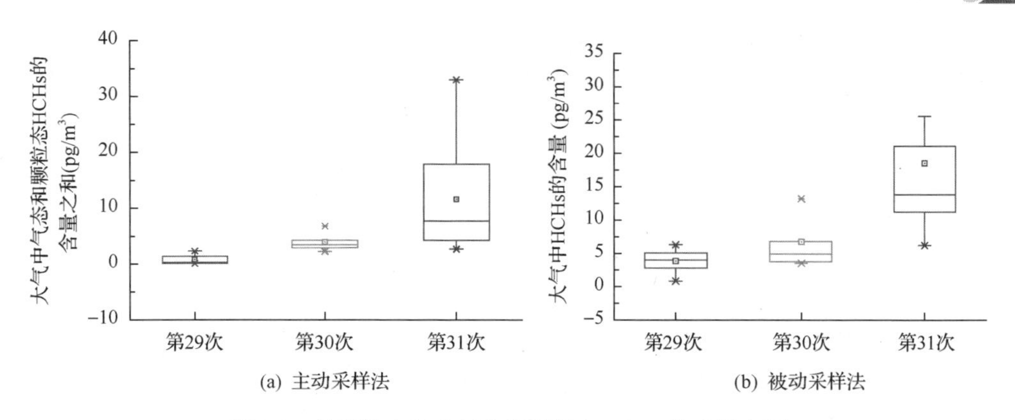

图 2-3　长城站大气中气态和颗粒态 HCHs 的含量之和

主动采样法的含量包括气态和颗粒态

然而，南极大气中 DDTs 的时间变化趋势与 HCHs 不同，主动采样法的结果表明 DDTs 随时间显著增加，第 29 次 (1.25 pg/m^3) ＜第 30 次 (6.42 pg/m^3) ＜第 31 次 (15.4 pg/m^3)，然而被动采样法的结果却呈现不同趋势：第 29 次 (未检出) ＜第 31 次 (7.19 pg/m^3) ＜第 30 次 (10.9 pg/m^3)，如图 2-4 所示。

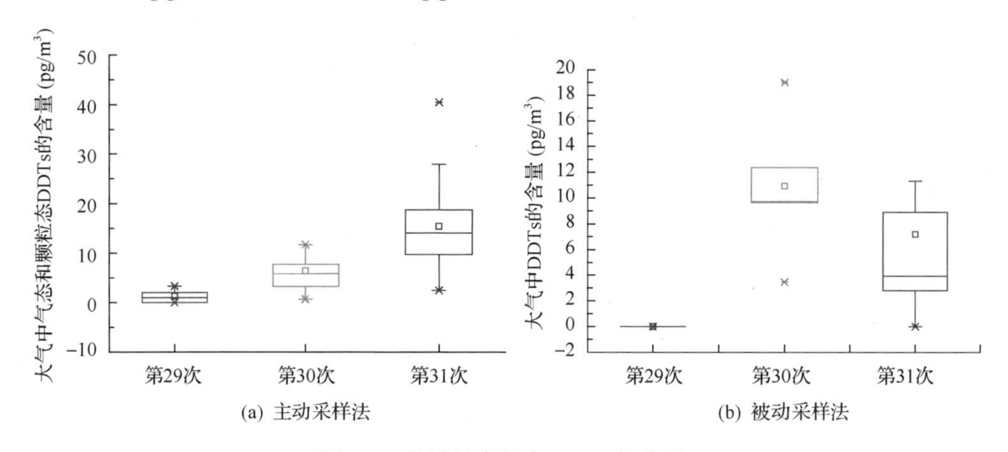

图 2-4　长城站大气中 DDTs 的含量

主动采样法的含量包括气态和颗粒态

由此可见，南极长城站附近大气中 OCPs 主要存在于气相中，颗粒相含量低于气相，且主动采样法采集的大气样品中 OCPs 含量高于被动采样法，HCHs 和 DDTs 的含量相差不大。与作为世界第三极的青藏高原相比，长城站附近的大气中 HCHs 和 DDTs 略高，并且显著高于巴西的 Westland 山区和加拿大的 Great 湖区域，与东亚地区的含量相差不大，远低于越南的监测结果，如表 2-5 所示。

表 2-5 南极大气与其他地区的大气中 DDTs 和 HCHs 含量的比较(pg/m^3)

研究区域	采样方法	DDTs	HCHs
青藏高原(Wang et al., 2015)	主动(PUF)	6.7	14.8
巴西 Westland 山区(Meire et al., 2016)	被动采样(LDPE)	0.2	nd～3.2
越南(冬季)(Wang et al., 2016)	被动(PUF)	516.1	255.1
加拿大 Great 湖(Shunthirasingham et al., 2016)	主动(PUF)	nd～1.45	nd～1.619
东亚(Yoshikatsu et al., 2016)	主动(PUF)	2.5±2.0	15±7.8

2. 土壤和植被中 OCPs

第 29 次调查中土壤样品中未检出 DDTs，第 30 次和第 31 次南极调查获得土壤样品中 DDTs 的残留水平略有增加(第 30 次：0.19 ng/g；第 31 次：0.35 ng/g)；然而 HCHs 的含量水平呈现不同的变化趋势：第 29 次的含量显著高于第 30 次和第 31 次(第 29 次：8.15 ng/g＞第 30 次：1.04 ng/g＞第 31 次：0.20 ng/g)，如图 2-5 所示。此外，第 31 次的样品数量为 29 份，但是站位间含量差别不大，空间变化趋势不明显，因此，比第 29 次和第 30 次测定结果更为集中。

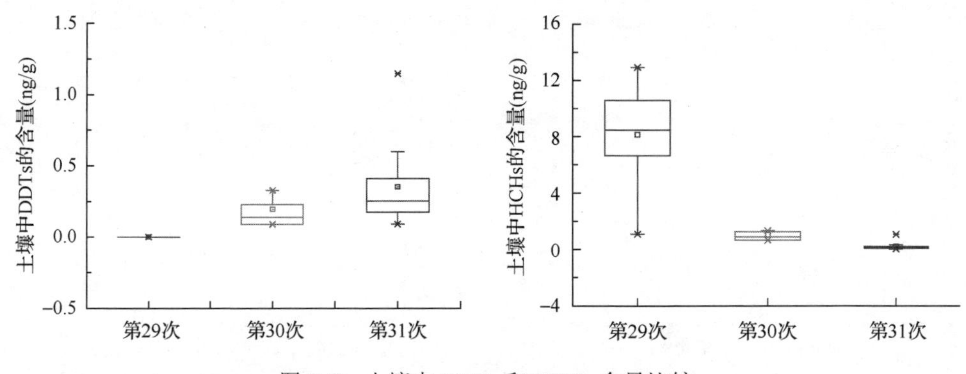

图 2-5 土壤中 DDTs 和 HCHs 含量比较

与土壤中 HCHs 和 DDTs 的年际变化趋势相似，植被中 DDTs 在三次调查中浓度略有增加(第 29 次：nd，第 30 次：0.63 ng/g，第 31 次：0.81 ng/g)，而 HCHs 的含量明显下降(第 29 次：4.35 ng/g，第 30 次：4.03 ng/g，第 31 次：0.55 ng/g)，如图 2-6 所示。

在第 29 次、第 30 次和第 31 次调查中采集不同生物的粪便样品以分析其中 OCPs 的含量。从图 2-7 可以看出，粪便中 DDTs 的含量随时间变化不大(第 29 次：1.09 ng/g，第 30 次：0.86 ng/g，第 31 次：1.34 ng/g)，但是，粪便中的 HCHs 的含量随时间迅速下降(第 29 次：8.09 ng/g，第 30 次：2.12 ng/g，第 31 次：0.43 ng/g)。

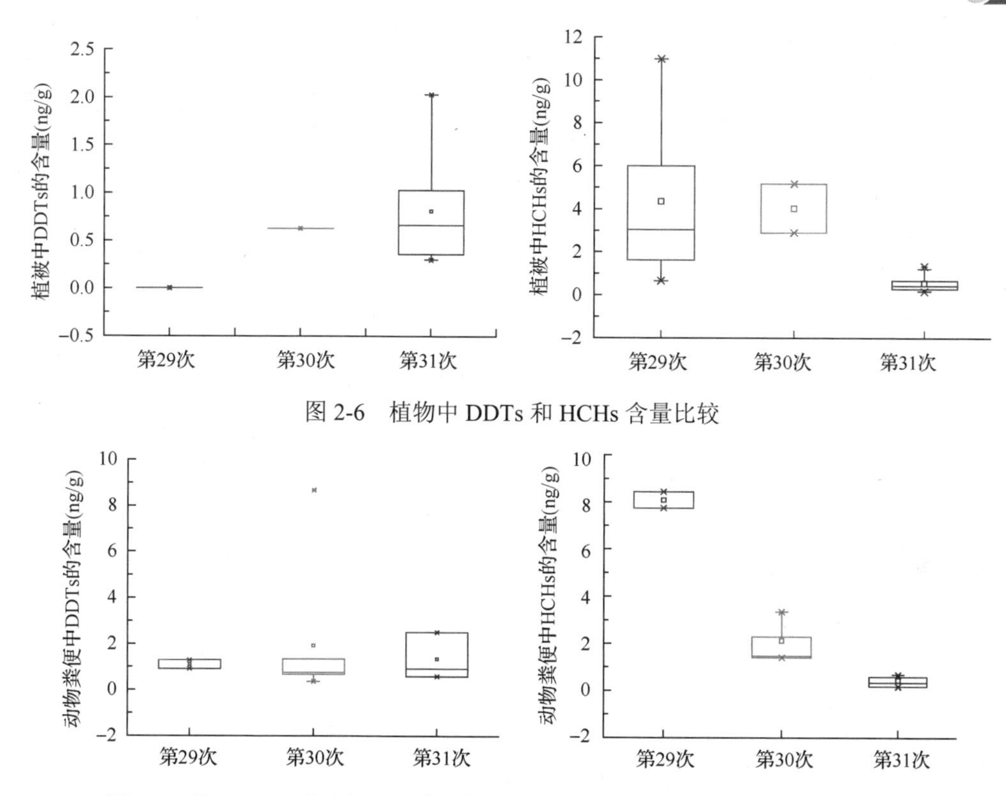

图 2-6　植物中 DDTs 和 HCHs 含量比较

图 2-7　第 29～31 次南极调查粪便样品中 DDTs 和 HCHs 的含量水平变化趋势

由于这三次调查的生物物种包括企鹅、海豹和海鸥，样品类型有干燥风化的粪便和新鲜粪便。新鲜粪便中 HCHs 和 DDTs 的含量和组成会由消化、吸收和生物转化等生物活动决定，然而风干的粪便可能会受到大气沉降的影响。因此，粪便中的 HCHs 和 DDTs 的时间变化趋势可能不一致。

第 29～31 次南极调查均采集了海水、湖水和雪水样品分析其中的 OCPs 的残留水平，其监测结果如图 2-8～图 2-10 所示。三次调查中雪水中 DDTs 的平均含量分别为第 29 次：3.55 ng/g，第 30 次：0.17 ng/g，第 31 次：0.35 ng/g；HCHs 的平均含量分别为第 29 次：2.28 ng/g，第 30 次：0.69 ng/g，第 31 次：0.52 ng/g。DDTs 和 HCHs 含量呈现出一致的时间变化趋势：总体下降，第 30 次较第 29 次的结果显著下降，第 31 次的结果略低于第 30 次。湖水 OCPs 含量与雪水相当，DDTs 的平均含量分别为第 29 次：1.18 ng/g，第 30 次：0.62 ng/g，第 31 次：0.15 ng/g；HCHs 的平均含量分别为第 29 次：5.60 ng/g，第 30 次：0.73 ng/g，第 31 次：0.44 ng/g。由此可见，二者的含量随时间下降。海水中的 DDTs 的平均含量分别为第 29 次：0.35 ng/g，第 30 次：0.37 ng/g，第 31 次：0.11 ng/g；HCHs 的平均含量分别为第 29 次：7.55 ng/g，第 30 次：0.50 ng/g，第 31 次：0.42 ng/g。海水中的 DDTs 基本没有变化，而 HCHs 整体下降。雪水中 DDTs 和 HCHs 含量略高于湖水和海水，这可能与 OCPs 的来源有关，海水和湖水中 OCPs 含量主要来源于洋流输入、大气沉降和雪水融化输入，而雪水中OCPs主要来源于大气沉降。湖水和雪水中OCPs无明显区域特征。

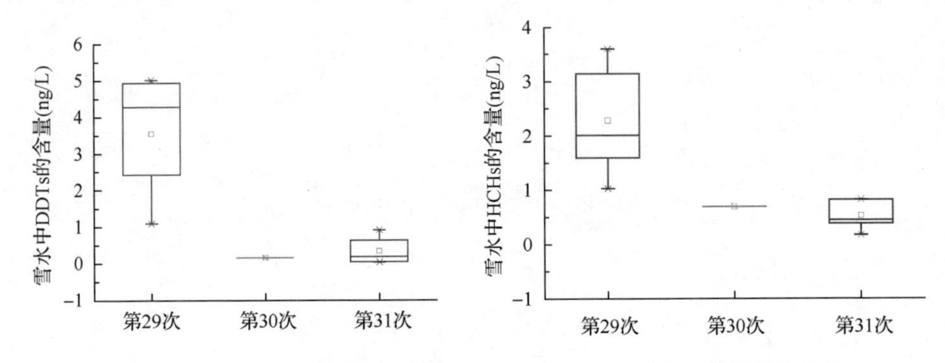

图 2-8 第 29～31 次南极调查雪水 DDTs 和 HCHs 的含量水平变化趋势

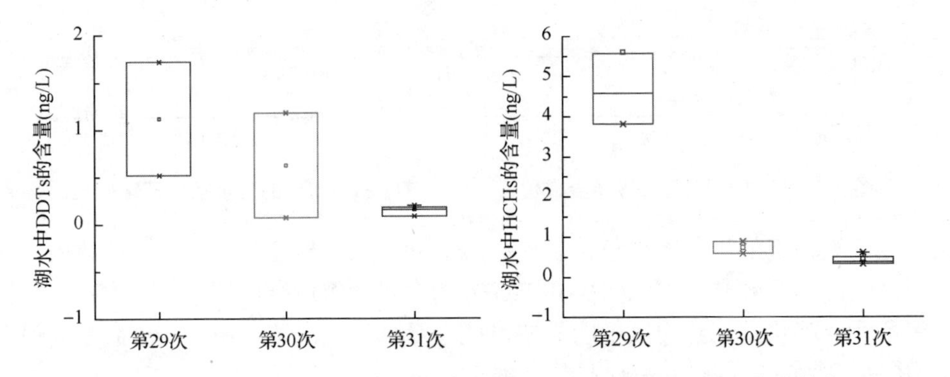

图 2-9 第 29～31 次南极调查湖水 DDTs 和 HCHs 的含量水平变化趋势

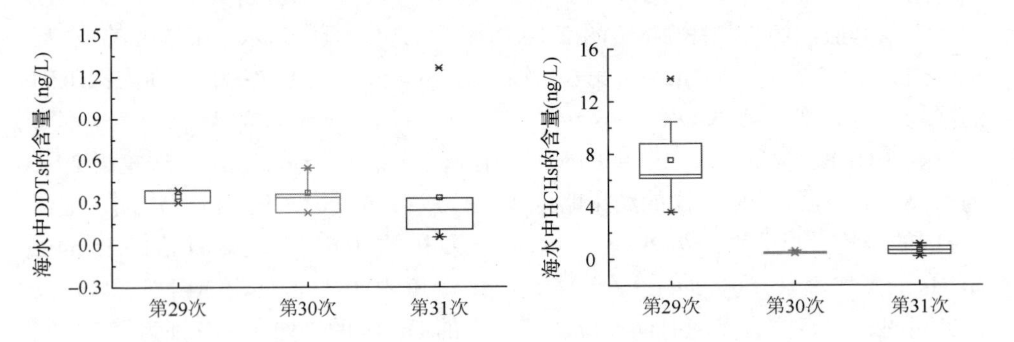

图 2-10 第 29～31 次南极调查海水 DDTs 和 HCHs 的含量水平变化趋势

3. 沉积物

第 29 次南极调查未涉及湖泊沉积物，第 30 次和第 31 次分别采集了两个样品和一个样品，故未比较其中 HCHs 和 DDTs 的年际变化。第 30 次的湖泊沉积物中 HCHs 和 DDTs 的平均含量分别为 0.70 ng/g 和 0.23 ng/g，第 31 次的 HCHs 和 DDTs 的含量则分别为 0.36 ng/g 和 0.16 ng/g。仅在第 31 次调查任务中包含海洋沉积物，采集样品 4 份，HCHs 和 DDTs 的含量则分别为 0.61 ng/g 和 0.80 ng/g。

比较第 31 次南极调查的土壤和沉积物的结果表明，土壤中 HCHs 的含量约为湖泊沉积物的一半，海洋沉积物的三分之一；然而土壤中 DDTs 的含量是湖泊沉积物的 2 倍，海洋沉积物的一半。总体而言，海洋沉积物的含量高于土壤和湖泊沉积物。

4. 第 31 次菲尔德斯半岛各环境介质中 OCPs 的空间分布趋势

因第 31 次南极调查的采样区域较广，站位多，样品丰富，以该次调查为例研究菲尔德斯半岛环境中 OCPs 的分布趋势。

1) 大气

第 31 次调查中大气样品分别采用主动采样法和被动采样法进行采集，主动采样法的站位的经纬度为 62°22.713′S，59°42.050′W，位于纳尔逊冰盖上，距离考察站密集分布的菲尔德斯半岛有一定距离。被动采样站位包含七个，其位置分别位于主动采样站位器旁边(纳尔逊冰盖)、望龙岩附近、半边山附近、香蕉山附近、生物湾附近、阿德雷半岛的南端、盘龙山等地区，如表 2-6 所示。

表 2-6　南极菲尔德斯半岛被动采样法采样大气中 OCPs 的站位经纬度

站位名称	经度(西经)	纬度(南纬)	位置
AP1	58°57.871′	62°13.183′	盘龙山
AP2	59°42.050′	62°22.713′	半边山
AP3	60°36.226′	62°38.693′	碧玉滩
AP3′	58°57.323′	62°13.357′	香蕉山
AP4	58°59.737′	62°12.070′	望龙岩
AP5	58°55.850′	62°12.892′	生物湾
AP6	58°57.871′	62°13.183′	企鹅岛

主动采样法的气态 HCHs 和 DDTs 最高，分别为(16.3±14.4) pg/m^3 和(11.2±7.4) pg/m^3，硫丹的含量次之，七氯在气态中未检出，艾氏剂、狄氏剂、氯丹和异狄氏剂醛的含量接近，略微高于环氧七氯和异狄氏剂的含量。在颗粒物中，HCHs 和 DDTs 仍为最主要的成分，与气态不同之处在于 DDTs 的含量超过 HCHs，七氯

在颗粒态中检出，且含量为 2.94 pg/m^3，在目标化合物中处于较高水平，狄氏剂和异狄氏剂醛的含量水平较低。此外，颗粒物态中目标化合物的含量较为分散，GFF 膜的标准偏差甚至高于测定的平均值，可能与当地天气和干湿沉降变化有关(表 2-7)。

表 2-7　菲尔德斯半岛大气中 OCPs 的残留水平(pg/m^3)

样品	HCHs	DDTs	七氯	艾氏剂	环氧七氯	γ-氯丹+硫丹-I	α-氯丹	狄氏剂	异狄氏剂	硫丹-II	异狄氏剂醛	硫丹硫酸盐
主动												
气态	16.3±14.4	11.2±7.4	nd	3.54±2.95	1.61±1.30	1.18±1.34	1.69±1.14	2.84±2.34	1.15±0.85	4.76±6.23	3.78±1.88	1.45±0.60
颗粒	2.30±1.45	4.13±3.69	2.94	1.21±1.13	1.04±0.95	1.37±1.73	0.49±0.49	0.84±0.97	1.68±3.35	3.14±2.69	0.34±0.23	0.26±0.19
被动												
气态	11.6±9.6	7.19±8.60	5.85±5.76	5.71±2.70	0.78±1.11	1.16±1.00	1.43±0.58	1.90±2.18	4.40±5.44	5.46±4.24	1.36±0.82	0.52±0.22

被动采样法获得的气态 OCPs 中 HCHs 含量最高[(11.6±9.6)pg/m^3]，半边山附近的站位 HCHs 的含量最高，达到 18.64 pg/m^3，DDTs 次之[(7.19±8.60)pg/m^3]，硫丹、七氯、艾氏剂略低，环氧七氯、氯丹、狄氏剂和异狄氏剂醛的含量最低。七个采样站位采集的目标化合物浓度之间相差比较大，故数据的标准偏差大。每个站位的被动采样时间分为短期(60～80 天)和长期(365 天)两种，除狄氏剂和硫丹硫酸盐以外，采样周期为一年的 PUF 中富集更多的目标化合物，长期监测结果是短期监测结果的 1.07～4.20 倍，表明在 80 天左右的时间，OCPs 在大气和 PUF 上尚未达到平衡(表 2-8)。

表 2-8　长周期和短周期被动采样法采集菲尔德斯半岛大气中 OCPs 的比较(pg/m^3)

样品	HCHs	DDTs	七氯	艾氏剂	环氧七氯	γ-氯丹+硫丹-I	α-氯丹	狄氏剂	异狄氏剂	硫丹-II	异狄氏剂醛	硫丹硫酸盐
短期	8.64±7.08	3.49±3.38	5.57±7.06	3.77±2.45	0.34±0.32	1.04±0.84	0.97±0.67	2.23±2.66	3.09±3.23	5.02±4.89	1.07±0.78	0.53±9.24
长期	16.3±11.3	13.1±10.2	6.14	8.82±4.16	1.43±1.82	1.50±1.32	1.97±1.70	1.39±1.05	6.37±6.96	6.34±1.19	1.80±0.95	0.50±0.01
倍数	1.89	3.75	1.07	2.34	4.20	1.45	2.02	0.62	2.06	1.26	1.68	0.93

主动采样法和被动采样法所得到的气态和颗粒态中 HCHs 的组成不同，如图 2-11 所示。主动采样法的气态和颗粒物态及被动采样法的气态中 α-HCH 的比例最低，范围为 0.043～0.051，δ-HCH 所占的比例基本相同，范围为 0.23～0.27。在主动采样法的气态中，最主要的成分是 γ-HCH(0.40)，β-HCH 次之(0.03)；颗粒物中的最主要成分是 β-HCH，其所占比例高达 0.49，在被动采样法的气相中

β-HCH 和 γ-HCH 相差不大(所占比例分别为 0.35 和 0.37)。

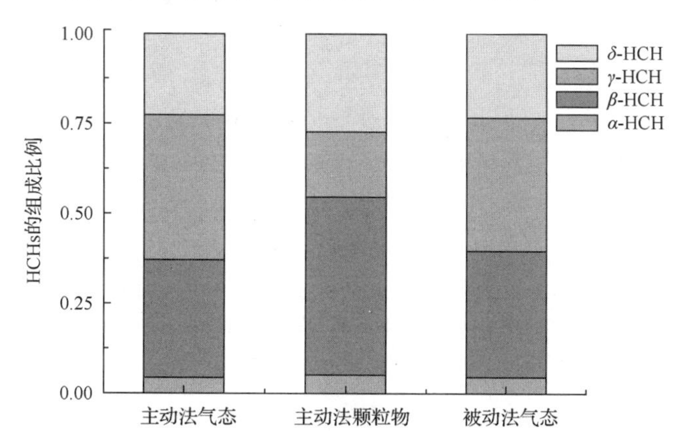

图 2-11　主动采样法和被动采样法获得 HCHs 同分异构体的组成

DDTs 的代谢物 *p,p'*-DDE 和 *p,p'*-DDD 在主动采样法的气态中所占比例相等，均为 0.37；颗粒物中未检出 *p,p'*-DDT，两种代谢物中 *p,p'*-DDE 的比例更高，达到 0.88；在被动采样法的气态中，*p,p'*-DDE 是主要组成成分，其所占比例为 0.62，如图 2-12 所示。

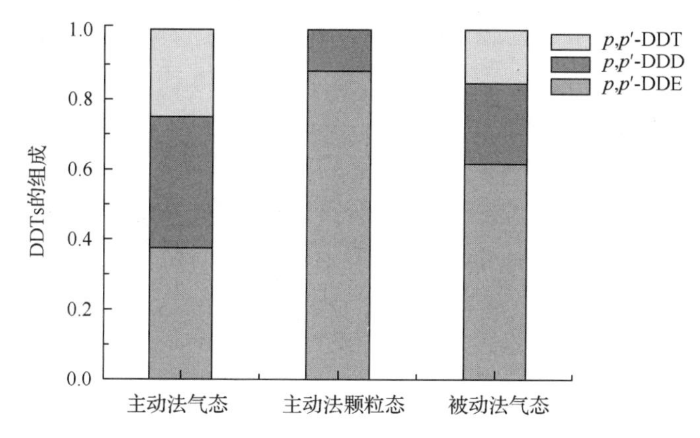

图 2-12　主动采样法和被动采样法获得 DDTs 的组成

主动采样法的气相中未检出七氯，颗粒态中七氯的含量为 2.94 pg/m^3，是被动采样法气相含量[(5.85±5.76) pg/m^3]的一半，被动采样法的长周期和短周期采集时间中获得七氯含量相当，由此可见，七氯在 60～80 天的采样周期内已经达到平衡。环氧七氯是七氯进入环境后的一种代谢产物，与七氯毒性相仿。在使用主动采样法时，气态中的环氧七氯的含量[(1.61±1.30) pg/m^3]略高于颗粒态[(1.04±0.95) pg/m^3]，被动采样测得环氧七氯更低，约为主动采样法中气态和颗粒态总量的一半。被动采样法的长采样周期采集的环氧七氯是短周期的 4.2 倍，是所有的目标化合物中长短周期采样量比值的最高值，可能是由于环氧七氯的平衡时间长，也可能是 PUF 上的七氯转化为了环氧七氯。

硫丹-Ⅰ、硫丹-Ⅱ和硫丹硫酸盐的含量之和仅低于 HCHs 和 DDTs，是南极大气中含量第三高的 OCPs。工业产品硫丹包括 70%的外异构体(也称 α-硫丹或硫丹-Ⅰ)和 30%内异构体(也称 β-硫丹或硫丹-Ⅱ)，硫丹-Ⅰ和硫丹-Ⅱ相比，硫丹-Ⅱ较稳定，随着时间的推移，硫丹-Ⅱ含量将比硫丹-Ⅰ含量高得多。就主动采样法而言，气态中硫丹-Ⅱ的含量高于硫丹-Ⅰ和硫丹硫酸盐，说明工业硫丹进入环境后发生了转化。颗粒态中最主要的成分也为硫丹-Ⅱ，与气态相比，硫丹硫酸盐所占的比重有所下降。被动采样法得到的气相中硫丹-Ⅱ的含量也远高于其他两种成分。被动采样法的长采样周期和短采样周期的监测结果的比值相当，分别为 1.45、1.26 和 0.93，说明硫丹已经在大气和 PUF 接近动态平衡状态。

氯丹包括两种同分异构体：顺式(α-氯丹)和反式(γ-氯丹)，工业氯丹中 α-氯丹/γ-氯丹的比值约为 0.77。γ-氯丹性质不稳定，在环境中要比 α-氯丹容易降解。在主动采样法的气态及被动采样法的气态中，α-氯丹的含量均高于 γ-氯丹，说明 γ-氯丹在气相中已经明显地发生降解，造成含量降低，然而在颗粒物中，由于 γ-氯丹和硫丹-Ⅰ为共检出物质，二者之和(1.37 ± 1.73 pg/m^3)超过 α-氯丹的两倍，所以不能确定 α-氯丹和 γ-氯丹的含量高低。被动采样法的长采样周期和短采样周期监测结果比值分别为 1.45 和 2.02，说明短采样周期尚未达到动态平衡状态。

南极大气中艾氏剂的含量因采样方法和环境介质的不同而不同。在主动采样法中，气态艾氏剂的含量[(3.54 ± 2.95) pg/m^3]大约为颗粒态的 3 倍[(1.21 ± 1.13) pg/m^3]，被动采样法气态中艾氏剂的含量[(5.71 ± 2.70) pg/m^3]比主动采样法的两种环境基质之和高。一般情况下，采用主动采样法富集污染物的含量高于被动采样法，因此，本次调查的状况值得注意。在被动采样法中，长实验周期采集的艾氏剂[(8.82 ± 4.16) pg/m^3]是短周期的 2.34 倍。

主动采样法获得气态狄氏剂的含量最高[(2.84 ± 2.34) pg/m^3]，约为颗粒态[(0.84 ± 0.97) pg/m^3]的 3 倍，二者之和约为被动采样法气态[(1.90 ± 2.18) pg/m^3]的两倍。被动采样法中，PUF 一年富集的狄氏剂的含量仅为短周期的 0.62 倍，可能是由于狄氏剂在一年内已经达到动态平衡，在随后的时间内发生降解，降解的速率超过吸收速率而导致含量下降。

在主动采样法中，与其他 OCPs 不同，气态异狄氏剂含量[(1.15 ± 0.85) pg/m^3]低于颗粒态[(1.68 ± 3.35) pg/m^3]，且二者之和低于被动采样法的气态含量[(4.40 ± 5.44) pg/m^3]，这种情形也较为少见。被动采样法的长周期采样富集的异狄氏剂含量为短周期的 2.06 倍。

异狄氏剂醛与大部分 OCPs 的规律一样，主动采样法中的气态含量[(3.78 ± 1.88) pg/m^3]显著高于颗粒态[(0.34 ± 0.23) pg/m^3]，主动采样法高于被动采样法

[(1.36±0.82) pg/m^3]。被动采样法中，长周期采集到更多的目标化合物，是短周期的 1.68 倍。

2) 水体

本次调查水体包括雪水、表层海水和湖水，采样站位的经纬度如表 2-9 所示。雪水包括 6 个站位：SW02(西湖边)、SW04(基太克湖边)、SW05(燕鸥湖附近)、SW03(长湖附近)、SW06(月牙湖边)和 SW07(格鲁玻科湖边)。湖水包括 KLW(基太克湖水)、WLW(西湖湖水)、SLW(燕鸥湖湖水)、LLW(长湖湖水)。表层海水采集自阿德利湾和长城湾。每个水样均用玻璃纤维滤膜过滤，分别测定溶解态和悬浮颗粒态中 OCPs 的含量。

表 2-9　菲尔德斯半岛雪水、表层海水和湖水采样站位经纬度和位置

站位名称	纬度(南纬)	经度(西经)	位置
SW02	62°13.026′	58°57.888′	西湖边
SW04	62°11.244′	58°57.642′	基太克湖边
SW05	62°13.244′	58°57.642′	燕鸥湖附近
SW03	62°12.333′	58°57.872′	长湖附近
SW06	62°12.74′	56°26.44′	月牙湖
SW07	62°11.218′	58°54.816′	格鲁玻科湖边
KLW	62°11.589′	58°58.238′	基太克湖水
WLW	62°12.967′	58°58.063′	西湖湖水
SLW	62°13.184′	58°57.506′	燕鸥湖湖水
LLW	62°12.342′	58°57.849′	长湖湖水
SSW01	62°12.678′	58°57.222′	长城湾海边
SSW02	62°12.969′	58°56.987′	长城湾海边
SSW03	62°13.222′	58°56.878′	长城湾海边
SSW04	62°13.436′	58°56.563′	长城湾海边
SSW05	62°13.680′	58°55.949′	长城湾海边
SSW06	62°12.060′	58°56.116′	阿德利湾海边
SSW07	62°12.250′	58°55.599′	阿德利湾海边
SSW08	62°12.397′	58°55.068′	阿德利湾海边
SSW09	62°12.658′	58°54.420′	阿德利湾海边
SSW10	62°12.985′	58°54.100′	阿德利湾海边

南极菲尔德斯半岛雪水、湖水和海水中 OCPs 的含量如表 2-10 和表 2-11 所示。OCPs 在三种水体的含量分布趋势如下：溶解态：雪水[(6.25±2.26) ng/L]>湖水[(4.62±0.85) ng/L]>表层海水[(3.85±1.90) ng/L]；悬浮颗粒物态：湖水[(2.18±2.03) ng/L]>表层海水[(1.96±1.10) ng/L]>雪水[(0.99±0.55) ng/L]；溶解态和悬浮颗粒态总和：雪水[(7.24±1.82) ng/L]>湖水[(6.80±2.66) ng/L]>表层海水

[(5.81±2.48) ng/L]。悬浮颗粒态中 OCPs 的含量均低于可溶解态，可能的原因在于三种水体中悬浮颗粒物的含量较低。就三种水体中总 OCPs 的残留水平而言，由于雪水中 OCPs 主要来自大气，湖水中 OCPs 主要来自大气沉降和冰雪融水，海水中 OCPs 主要来自大气沉降和洋流输入，说明在菲尔德斯半岛 OCPs 的输入源中大气沉降的作用比洋流作用显著。

表 2-10 菲尔德斯半岛雪水、湖水和海水中溶解态 OCPs 的含量(ng/L)

化合物	雪水	表层海水	湖水
ΣHCHs	0.46±0.24	0.55±0.25	0.40±0.13
七氯	0.49±0.63	0.16±0.06	0.41±0.04
艾氏剂	0.22±0.09	0.15±0.07	0.19±0.01
环氧七氯	0.08±0.11	0.04±0.03	0.35±0.38
γ-氯丹+硫丹-Ⅰ	0.35±0.45	0.08±0.07	0.41±0.40
α-氯丹	0.03±0.03	0.05±0.05	0.03±0.02
ΣDDTs	0.30±0.34	0.27±0.35	0.09±0.04
狄氏剂	0.06±0.05	0.16±0.21	0.16±0.20
异狄氏剂	0.07±0.08	0.08±0.06	0.13±0.04
硫丹-Ⅱ	0.06±0.06	0.07±0.04	0.05±0.03
异狄氏剂醛	3.72±1.51	1.88±1.26	2.23±1.24
硫丹硫酸盐	0.15±0.07	0.26±0.24	0.22±0.06
甲氧滴滴涕	0.45±0.09	0.23±0.13	nd
ΣOCPs	6.25±2.26	3.85±1.90	4.62±0.85

表 2-11 菲尔德斯半岛雪水、湖水和海水中悬浮颗粒态 OCPs 的含量(ng/L)

化合物	雪水	表层海水	湖水
ΣHCHs	0.05±0.02	0.12±0.12	0.04±0.02
七氯	nd	nd	nd
艾氏剂	0.09±0.05	0.21±0.07	0.08±0.06
环氧七氯	0.04±0.04	0.189±0.27	0.05±0.05
γ-氯丹+硫丹-Ⅰ	1.09±1.86	0.19±0.22	1.38±2.01
α-氯丹	0.03±0.02	0.04±0.03	0.02±0.02
ΣDDTs	0.12±0.01	0.11±0.03	0.09±0.04
狄氏剂	0.15±0.15	0.18±0.27	0.03±0.01
异狄氏剂	0.07±0.03	0.10±0.03	0.08±0.04
硫丹-Ⅱ	0.11±0.07	0.05±0.03	0.07
异狄氏剂醛	0.30±0.06	0.5±0.18	0.40±0.13
硫丹硫酸盐	0.25	0.66±0.65	0.15±0.04
甲氧滴滴涕	nd	0.26±0.14	nd
ΣOCPs	0.99±0.55	1.96±1.10	2.18±2.03

在所有水样中溶解态的 HCHs 的四种成分（α-HCH、β-HCH、γ-HCH 和 δ-HCH）的检出率为 100%，而悬浮颗粒态 α-HCHs 的检出率非常低，β-HCH 在所有站位均未检出，γ-HCH 和 δ-HCH 是最主要的两种成分。溶解态∑HCHs 的含量范围为 0.111～0.829 ng/L，雪水中∑HCHs 的最高值（0.744 ng/L）在长湖附近的水体中检测得到，最小值在格鲁玻科湖边雪水（0.111 ng/L）中测得；湖水中最高值在长湖（0.572 ng/L）中测得，最小值在西湖湖水（0.269 ng/L）测得；雪水和湖水的最高值均在长湖检测得到，证明了湖水中 OCPs 的来源受冰雪融水的显著影响。长城湾和阿德利湾的表层海水中 HCHs 的平均含量相当，分别为 0.591 ng/L 和 0.517 ng/L。在长城湾，随着纬度增高，HCHs 大体呈现增加的趋势；而在阿德利湾则无明显的规律。悬浮颗粒态∑HCHs 的含量范围为 0.011～0.439 ng/L，雪水中最低值（0.011 ng/L）在基太克湖附近测到，最高值在燕鸥湖附近（0.073 ng/L）测得，湖水中最高值（0.072 ng/L）和最低值（0.029 ng/L）分别在长湖和燕鸥湖附近测到。由此可见，颗粒态中雪水和湖水在相近的地方测到最高值，然而溶解态与颗粒态的最高值在不同的湖泊检测到。

水体的溶解态 p,p'-DDE 在所有站位均检出，p,p'-DDD 的检出率为 35%，而 p,p'-DDT 的检出率为 17%，悬浮颗粒态 p,p'-DDT 和 p,p'-DDE 均未检出，p,p'-DDD 的检出率为 50%。三种水体中溶解态 DDTs 的平均含量相差不大，范围为 0.269～0.300 ng/L，颗粒态中 DDTs 平均含量同样比较接近，范围为 0.086～0.118 ng/L。

溶解态的七氯和环氧七氯在所有站位检出率均为 100%，说明二者在水体中广泛存在。七氯在三种水体中含量如下：雪水（0.487 ng/L）＞湖水（0.408 ng/L）＞表层海水（0.159 ng/L）；环氧七氯：湖水（0.346 ng/L）＞雪水（0.080 ng/L）＞表层海水（0.038ng/L）。西湖和长湖湖水中环氧七氯的含量比其他的站位含量高一个数量级，同样西湖边的雪水中环氧七氯的含量也较其他站位雪水中含量高一个数量级。表层海水溶解态的七氯和环氧七氯含量最低，雪水中的七氯含量最高，湖水中环氧七氯含量最高，说明湖水中七氯发生降解程度较大。七氯和环氧七氯含量之和在三种水体中顺序如下：湖水（0.935 ng/L）＞雪水（0.567 ng/L）＞表层海水（0.198 ng/L）。在悬浮颗粒物中未检出七氯的存在，环氧七氯的含量低于溶解态，三种水体悬浮颗粒物中环氧七氯的含量顺序为表层海水（0.189 ng/L）＞湖水（0.053ng/L）≈雪水（0.050 ng/L）。这可能与水体中悬浮颗粒物的量有关，由于海水水动力学条件强于湖水，海水中悬浮颗粒物可能多于湖水，雪水中的悬浮颗粒物主要来自大气沉降，可能研究区域的大气干沉降也较少。

在雪水、海水和湖水的所有站位均监测到艾氏剂，说明艾氏剂广泛存在于菲尔德斯半岛的水体中。溶解态的狄氏剂在雪水、表层海水和湖水中相差不大，含量分别为 0.224 ng/L、0.207 ng/L 和 0.190 ng/L。表层海水中悬浮颗粒物态艾氏剂含量最高，为 0.210 ng/L，是雪水和湖水的 3 倍，后两者的含量相当，分别为 0.079 ng/L

和 0.078 ng/L，表明艾氏剂的输入源对其分布存在较为显著的影响。

硫丹包括硫丹-Ⅰ、硫丹-Ⅱ和硫丹硫酸盐，氯丹包括 α-氯丹和 γ-氯丹，由于 γ-氯丹和硫丹-Ⅱ共检出，在此将硫丹和氯丹并在一起讨论。溶解态中 γ-氯丹+硫丹-Ⅰ与硫丹硫酸盐是所占比例最高的污染物，除表层海水外 γ-氯丹+硫丹-Ⅰ的含量为硫丹硫酸盐的 2 倍左右，α-氯丹和硫丹-Ⅱ的含量比较低，硫丹和氯丹含量之和的顺序为：湖水(0.705 ng/L)＞雪水(0.553 ng/L)＞表层海水(0.396 ng/L)，表明大气输入在其分布中起主导作用。悬浮颗粒物中 γ-氯丹+硫丹-Ⅰ的含量最高，硫丹硫酸盐次之，α-氯丹和硫丹-Ⅱ的含量大约低一个数量级。颗粒态氯丹的含量与溶解态的相差不大，这与其他 OCPs 的分布规律不同。三种水体的悬浮颗粒物中硫丹和氯丹含量之和的顺序为：表层海水(0.702 ng/L)＞雪水(0.437 ng/L)＞湖水(0.291 ng/L)，这可能与三种水体中悬浮颗粒物的含量高低有关。

在三种水体中，异狄氏剂在一个站位(西湖边的雪水中)未检出，狄氏剂和异狄氏剂醛在三种水体的溶解态中普遍检出，检出率达到 100%。异狄氏剂醛的含量最高，狄氏剂次之，异狄氏剂最低，残留水平分别为 2.50 ng/L、0.130 ng/L 和 0.087 ng/L。三种水体中三种物质的分布规律如下：狄氏剂：湖水(0.162 ng/L)≈表层海水(0.160 ng/L)＞雪水(0.059 ng/L)；异狄氏剂：湖水(0.124 ng/L)＞表层海水(0.079 ng/L)≈雪水(0.072 ng/L)；异狄氏剂醛：雪水(3.72 ng/L)＞湖水(2.23 ng/L)＞表层海水(1.88 ng/L)。颗粒物态中异狄氏剂醛的含量仍为最高，且检出率也最高，狄氏剂的检出率最低，仅为 45.0%。三种悬浮颗粒物中的三种物质的分布规律如下：狄氏剂：湖水(0.292 ng/L)＞雪水(0.208 ng/L)＞表层海水(0.070 ng/L)；异狄氏剂：湖水(0.501 ng/L)＞雪水(0.184 ng/L)＞表层海水(0.099 ng/L)；异狄氏剂醛：湖水(0.394 ng/L)＞表层海水(0.072 ng/L)＞雪水(0.024 ng/L)。通过比较可以看出，湖水中的溶解态和颗粒态的狄氏剂、异狄氏剂和异狄氏剂醛均为最高，说明其来源决定分布趋势。

溶解态甲氧滴滴涕仅在雪水和表层海水的溶解态中检测到，湖水中未检出，其平均含量为 0.448 ng/L 和 0.149 ng/L，雪水中略高于表层海水；而悬浮颗粒态甲氧滴滴涕仅在阿德利湾的站位中检出，其含量为 0.260 ng/L，表明甲氧滴滴涕并不广泛存在于菲尔德斯半岛的水体中。

3) 土壤

土壤的采样区域包括菲尔德斯半岛和阿德利岛，共 28 个站位。土壤中站位分布于地震台、半三角、碧玉滩、企鹅岛、基太克湖附近、岩石湾、诺玛湾、月牙湖、风暴湾、半边山、俄罗斯油库、横断山谷、平顶岩、地质学者湾、生物湾、机场、智利站附近、幸福湾和黄金湾，如表 2-12 所示。∑OCPs 的含量范围为 0.843～8.70 ng/g，平均值为 2.73 ng/g，最高值在岩石湾靠近旧油库的地方测到。∑OCPs 的含量在菲尔德斯半岛的东南部分考察站聚集的地区相对高于半岛的另一面，企鹅岛区域含量也不低。本次调查获得的 OCPs 中，异狄氏剂醛的含量最高，平均值为 0.816 ng/g，其次为硫丹(包括硫丹-Ⅰ、硫丹-Ⅱ和硫丹硫酸盐)，HCHs 和 DDTs 的含量相对较低，分别为 0.201 ng/g 和 0.364 ng/g。七氯和甲氧滴滴涕未检出，*β*-HCH 和 *p,p'*-DDT 的检出率低，不足 17%。

表 2-12　菲尔德斯半岛土壤采样站位经纬度和位置

站位名称	纬度(南纬)	经度(西经)	位置
SB3(5)	62°13.154′	58°57.907′	地震台
SB1(3)	62°13.725′	58°56.888′	半三角
SA1(1)	62°13.822′	58°57.866′	碧玉滩
SD2(加 1)	62°12.867′	58°55.883′	企鹅岛中部山顶
SE4(16)	62°11.901′	58°58.714′	基太克湖附近
SF1(18)	62°11.774′	58°56.704′	岩石湾西侧，近旧油库
SG1(21)	62°11.294′	58°55.340′	诺玛湾西侧
SD3(9)	62°12.80′	58°56.367′	企鹅岛月牙湖附近山坡
SE1(13)	62°12.821′	58°55.520′	企鹅岛东北端
SE2(14)	62°12.823′	58°55.969′	企鹅岛中偏西段
外加	62°12.856′	58°55.982′	企鹅岛西北角
SF3(20)	62°11.108′	58°59.385′	风暴湾附近，机场北面
SD4	62°12.296′	58°57.225′	半边山
SF1(18)	62°11.774′	58°56.706′	俄罗斯油库西侧
SH1(24)	62°11.252′	58°56.613′	碧玉滩附近
SG1(21)	62°11.187′	58°54.491′	诺玛湾附近
SC3	62°12.361′	58°59.995′	横断山谷西侧湾口
SB2	62°12.773′	58°00.879′	平顶岩对面，霍拉修岩峰北侧
SA2	62°13.448′	58°00.097′	地质学者湾口处
SA1	62°13.748′	58°59.090′	碧玉滩西侧
SC2	62°12.638′	59°08.00′	横断山谷中段
SD5	62°12.070′	58°59.737′	生物湾靠近格兰德谷侧
SE5	62°12.591′	59°38.0′	机场西南侧
SE3	62°11.974′	59°57.929′	靠近智利站
SL1	62°13.782′	58°57.921′	AP3 装置下(碧玉滩东侧)
SC1	62°13.025′	58°57.754′	西湖西边山坡
SD3	62°12.74′	56°26.44′	俄罗斯油库
SG2	62°10.472′	58°57.926′	幸福湾侧
SL1	62°09.579′	58°56.500′	黄金湾侧

土壤样品中∑HCHs 的含量均以干重计，范围为 0.0274～1.06 ng/g，平均值为 0.195 ng/g，与其他的南极相关研究结果一致。如 Klanova 等(2008)测得南极的土壤中 DDTs 的含量为 0.52～0.68 ng/g dw，HCHs 的含量为 0.490～1.34 ng/g，Zhang 等(2015)报道的西乔治王岛的土壤中 OCPs 的含量为 0.0936～1.26 ng/g。HCHs 的最主要的成分为 γ-HCH 和 δ-HCH，检出率均为 78.6%；α-HCH 和 β-HCH 检出率低，分别为 39.3%和 7.1%。就四种同分异构体的含量而言，其高低顺序为 β-HCH(0.205 ng/g)＞δ-HCH(0.100 ng/g)＞γ-HCH(0.0960 ng/g)＞α-HCH(0.0309 ng/g)，其中仅有两个站位检出 β-HCH，其含量分别为 0.0500 ng/g 和 0.356 ng/g，其他站位均未检出。α-HCH 的含量范围为 nd～0.052 ng/g，与南极东海岸相比低一到两个数量级，与维多利亚大陆相当，低于 Zhang 等(2007)对乔治王岛和阿德利岛的研究。γ-HCH 的含量范围为 nd～0.281 ng/g，同样显著低于南极东海岸，略高于 Zhang 等(2007)的报道(表 2-13)。

表 2-13　南极其他地区土壤中 OCPs 残留水平的比较(ng/g dw)

地区	年份	HCHs	DDTs	α-HCH	γ-HCH	p,p'-DDE	p,p'-DDT	文献
南极东海岸	1998	860～43060	110～26460	90～2690	710～40050	30～3190	40～14890	(Negoita et al., 2003)
维多利亚大陆	1999～2000			＜10～26		53～86	＜5～20	(Borghini et al., 2005)
乔治王岛	2001～2002	60～380	90～190	170～310	＜20～70	90～130	＜50～60	(Zhang et al., 2007)
乔治王岛 2	2009～2010	6.25～31	18.8～277	5.01～15.2	nd～11.9	10.6～181	4.19～44.8	(Zhang et al., 2015)

土壤中 HCHs 的主要成分是 γ-HCH 和 δ-HCH，α-HCH 在少数站位检出，β-HCH 极少检出，其组成如图 2-13 所示。HCHs 的异构体各自物理化学性质和毒

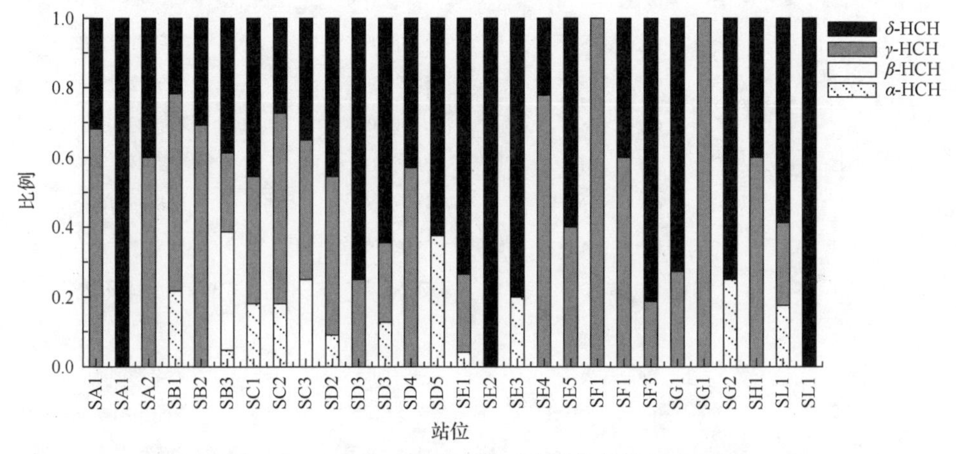

图 2-13　土壤中 HCHs 四种同分异构体的组成比例

性影响不同，原本的脱氯降解速率为 γ-HCH＞α-HCH＞δ-HCH＞β-HCH。在四种 HCHs 异构体中，β-HCH 是最稳定的，溶解性最低且不易蒸发。随着时间的推移，土壤中 β-HCH 的比例应当逐渐上升，然而实际组成中几乎检测不到，且 γ-HCH 所占比例最高，说明南极土壤中的 HCHs 输入的时间不久，降解程度不大。在农业土壤中，γ-HCH 可以通过分解或生物转化作用转化为其他 HCHs 的异构体，γ-HCH 在表层土壤中的半衰期受土壤类型的影响，但平均为 2 个月。如果土壤中 γ-HCH 占有绝对优势，说明土壤中有新的 HCHs 输入，可能输入的是林丹。

如表 2-14 所示，土壤中 DDTs 包括三种成分，*p,p'*-DDE、*p,p'*-DDD 和 *p,p'*-DDT，其中检出率最高的成分为 *p,p'*-DDE(60.7%)，*p,p'*-DDD 次之(17.9%)，*p,p'*-DDT 的检出率最低，只有 4 个站位检出(14.3%)。∑DDTs 的含量范围为 nd～1.15 ng/g，平均值为 0.364 ng/g，与 Klanova 等(2008)和 Zhang 等(2007)的报道一致。三种成分中含量顺序为 *p,p'*-DDT(0.385 ng/g)＞*p,p'*-DDE(0.267 ng/g)＞*p,p'*-DDD(0.166 ng/g)。

艾氏剂在菲尔德斯半岛土壤中普遍存在，检出率为 100%，Zhang 等(2015)仅在苔藓中检测到艾氏剂，在土壤中未测到，与本次调查结果(表 2-11)不同。艾氏剂的含量范围为 0.11～1.21 ng/g(均值 0.404 ng/g)，最高值在 SF1 站位测得，SD3′、SE4、SE5 和 SG1 站位含量相对较高，这些站位位于采样区域的东部地区，靠近俄罗斯油库、基太克湖、机场和诺玛湾。

七氯在土壤中未检出，然而检测到其代谢产物环氧七氯，检出率为 67.9%，其含量范围为 nd～0.41 ng/g(均值 0.112 ng/g)。南极土壤中七氯和环氧七氯未有报道，本研究的结果与他人的研究无从比较。环氧七氯在菲尔德斯半岛的分布较为平均，最高值在 SD3′站位检出，该站位靠近俄罗斯油库。

氯丹和硫丹在菲尔德斯半岛的土壤中广泛存在，检出率超过 57.1%，其中 α-硫丹的检出率为 100%。两种化合物的含量范围为：0.11～2.63 ng/g(均值 0.386 ng/g)。硫丹-Ⅱ的含量最高，其平均值为 0.379 ng/g，硫丹硫酸盐次之(0.273 ng/g)，γ-氯丹+硫丹-Ⅰ的含量与 α-氯丹的含量相当，分别为 0.171 ng/g 和 0.157 ng/g。总体而言，硫丹(硫丹-Ⅰ、硫丹-Ⅱ和硫丹硫酸盐)比氯丹(α-氯丹和 γ-氯丹)的含量高。

狄氏剂、异狄氏剂和异狄氏醛在菲尔德斯半岛土壤中非常常见，检出率 75.0%～89.3%。三种物质的平均含量顺序为：异狄氏剂醛(0.817 ng/g)＞异狄氏剂(0.387 ng/g)＞狄氏剂(0.206 ng/g)。

4) 沉积物

在本次调查中沉积物采集了 5 个站位包括长城湾近岸的 4 个海洋沉积物和 1 个基太克湖的冰碛物(SD05)，SD01～SD04 沿着纬度增加的方向排列，如表 2-15 所示。

表 2-14 菲尔德斯半岛和阿德雷岛区域土壤中 OCPs 的含量(ng/g dw)

站位	HCHs	艾氏剂	环氧七氯	γ-氯丹+硫丹-Ⅰ	α-氯丹	DDTs	狄氏剂	异狄氏剂	硫丹-Ⅱ	异狄氏剂醛	硫丹硫酸盐	总量
SA1	0.22	0.39	0.05	0.09	0.15	nd	0.09	nd	0.26	1.2	0.27	2.72
SA1′	0.03	0.2	nd	0.11	nd	0.21	0.07	0.04	nd	nd	nd	0.66
SA2	0.15	0.39	0.1	0.08	0.12	0.1	nd	0.36	0.22	nd	0.2	1.72
SB1	0.23	0.3	0.12	0.3	0.05	nd	0.08	0.31	0.19	0.8	nd	2.38
SB2	0.13	0.5	0.03	0.27	0.12	0.28	nd	0.06	nd	0.9	0.21	2.5
SB3	1.06	0.16	0.1	0.21	0.08	0.53	0.16	0.32	0.08	0.81	0.08	3.59
SC1	0.11	0.11	nd	0.47	0.18	0.41	0.15	nd	nd	0.85	0.44	2.72
SC2	0.11	0.40	0.15	0.28	0.09	0.17	0.24	nd	nd	0.56	nd	2.00
SC3	0.2	0.26	0.02	nd	0.11	0.17	0.06	nd	nd	0.36	0.32	1.50
SD2	0.33	0.4	0.15	0.09	0.19	0.38	0.08	0.21	0.32	0.7	0.32	3.17
SD3	0.12	0.35	0.06	nd	0.11	0.27	0.07	0.14	nd	0.33	0.11	1.56
SD3′	0.31	0.65	0.41	0.44	0.24	0.45	0.23	0.46	nd	nd	0.42	3.61
SD4	0.21	0.46	0.03	0.13	0.11	0.09	0.09	0.38	0.32	1.25	0.28	3.35
SD5	0.08	0.29	0.02	0.22	0.05	0.26	nd	nd	nd	0.17	0.17	1.26
SE1	0.49	0.39	0.13	0.31	0.22	0.59	nd	0.99	0.21	0.83	0.45	4.61
SE2	0.08	0.41	0.16	0.24	0.13	0.18	0.11	0.27	0.32	0.68	nd	2.58
SE3	0.15	0.31	0.11	0.1	0.19	1.15	1.59	1.12	0.21	0.28	nd	5.21
SE4	0.09	0.59	0.24	0.07	0.25	nd	0.14	nd	0.35	0.83	0.29	2.85
SE5	0.05	0.77	nd	0.07	0.18	nd	0.03	0.4	0.82	0.94	0.45	3.71
SF1	0.28	1.21	nd	nd	0.68	nd	0.35	0.91	1.47	3.32	0.48	8.70
SF1	0.20	0.41	0.03	0.03	0.12	nd	0.12	nd	0.22	0.76	0.23	2.12
SF3	0.16	0.38	0.1	0.06	0.06	0.18	nd	0.42	0.16	0.38	nd	1.90
SG1	0.22	0.64	nd	0.04	0.34	nd	0.18	0.44	0.72	1.47	0.23	4.28
SG1	0.07	0.43	0.12	0.07	0.14	nd	nd	0.24	nd	0.37	0.25	1.69
SG2	0.08	0.22	nd	0.16	0.03	nd	nd	0.21	nd	nd	0.13	0.83
SH1	0.1	0.2	nd	0.05	0.12	1.03	nd	nd	0.08	nd	nd	1.58
SL1	0.17	0.29	nd	0.24	0.08	0.21	0.08	0.33	nd	0.6	0.16	2.16
SL1′	0.03	0.2	nd	0.15	0.09	0.25	nd	0.12	nd	0.38	0.25	1.47

表 2-15 长城湾海洋沉积物和湖泊沉积物采样站位的经纬度和位置

站位名称	纬度(南纬)	经度(西经)	位置
SD01	62°12.961′	58°57.063′	长城湾
SD02	62°12.827′	58°57.085′	长城湾
SD03	62°12.684′	58°57.161′	长城湾
SD04	62°12.678′	58°57.222′	长城湾
SD05	62°11.402′	58°58.448′	基太克湖表层沉积物冰碛物

沉积物和冰碛物中∑DDTs 为最主要的组成成分，平均含量为 0.670 ng/g，如表 2-16 所示。基态克湖冰碛物中含量最低，长城湾内沉积物中含量的顺序为：SD02＜SD01＜SD03≈SD04，因 SD03 和 SD04 位置接近，所以二者的含量相差无几。其中 *p,p'*-DDE、*p,p'*-DDD 和 *p,p'*-DDT 在所有站位中的组成不一致，在冰碛物中只检测到 *p,p'*-DDE，而在沉积物站位检测到 *p,p'*-DDE 和 *p,p'*-DDT 所占比例较高。

表 2-16　长城湾海洋沉积物和基太克湖冰碛物中 OCPs 的含量（ng/g dw）

站位	HCH	七氯	艾氏剂	环氧七氯	γ-氯丹+硫丹-Ⅰ	α-氯丹	硫丹-Ⅱ	硫丹硫酸盐	DDT	狄氏剂	异狄氏剂	异狄氏剂醛	甲氧滴滴涕	总量
SD01	0.08	nd	0.27	nd	0.07	0.11	0.05	0.06	0.78	nd	0.07	0.63	0.36	2.48
SD02	1.06	nd	0.25	nd	0.11	0.05	0.04	nd	0.33	0.03	0.04	0.66	nd	2.57
SD03	1.28	nd	nd	nd	nd	nd	0.10	nd	1.07	nd	0.05	0.67	nd	3.17
SD04	0.02	nd	0.28	0.12	nd	0.02	0.07	0.12	1.03	0.15	0.08	Nd	nd	1.89
SD05	0.36	0.09	0.20	0.03	0.05	0.06	nd	nd	0.16	nd	nd	0.30	0.23	1.48

狄氏剂和异狄氏剂含量不高，其平均含量分别为 0.09 ng/g 和 0.06 ng/g。异狄氏剂醛的含量较高，平均值为 0.56 ng/g，在相邻的 SD03 和 SD04 两个站位检测结果差异比较大，说明冰碛物中异狄氏剂醛的含量显著低于沉积物。∑HCHs 的平均含量为 0.563 ng/g，未能呈现出明确的空间分布特征。七氯在长城湾的沉积物中均未检出，只在基太克湖的冰碛物检测到，其含量水平为 0.09 ng/g，作为七氯的代谢产物，环氧七氯的检出率也不高，仅在长城湾北部沉积物和基太克湖的冰碛物中检出。甲氧滴滴涕仅在长城湾最南端的 SD01 的沉积物和基太克湖的冰碛物中检测到。硫丹、氯丹和硫丹硫酸盐在 SD01 和 SD02 的沉积物中含量高于其他站位，在冰碛物中未监测到硫丹-Ⅱ和硫丹硫酸盐的存在，且 γ-氯丹+硫丹-Ⅰ的含量也不高，因此，硫丹在该区域可能残留较少。

5）植被和粪土

本次调查采集的植被样品共 19 份，采集自企鹅岛、岩石湾旧油库、诺玛湾、碧玉滩和半三角附近，采集的植被种类有苔藓和地衣。采集粪土样品四份，分别是干燥企鹅粪土、海豹粪土、贼鸥粪土和海豹粪，采样站位如表 2-17 所示。地衣和苔藓中∑OCPs 相差不大，分别为（5.09±2.76）ng/g dw 和（4.84±3.25）ng/g dw。诺玛湾和岩石湾旧油库附近的苔藓中 OCPs 的含量较高，如表 2-18 所示。通过上面的讨论，发现在岩石湾旧油库附近所有的环境介质中 OCPs 的含量均比较高，可能是人为活动比较多所致。此外，企鹅岛上的含量相对也比较高。

如表 2-18 所示，苔藓中∑HCHs 的含量为（0.606±0.378）ng/g dw，低于 Borghini 等（2005）对南极苔藓中 HCHs 的报道（2.30 ng/g）。δ-HCH 的含量最高，为 0.407 ng/g，其他三种成分的含量相差不大。就空间分布趋势而言，诺玛湾和岩石湾的旧油库附近 HCHs 含量较高，比其他的站位的含量高 2～5 倍。地衣中

表 2-17 菲尔德斯半岛苔藓、地衣和粪土采样站位的经纬度和位置

站位名称	纬度(南纬)	经度(西经)	位置
ME1 苔藓	62°12.821′	58°55.520′	企鹅岛东北端
MF1 地衣	62°11.774′	58°56.706′	
MF1 苔藓	62°11.774′	58°56.704′	岩石湾西侧，近旧油库
MG1 地衣	62°11.187′	58°54.491′	
MG1 苔藓	62°11.294′	58°55.340′	诺玛湾西侧
MH1 苔藓	62°11.252′	58°56.613′	
MH1 地衣	62°11.252′	58°56.613′	
ML1 地衣	62°09.579′	58°56.500′	
ML1 苔藓	62°13.782′	58°57.921′	
SD1 苔藓	62°12.885′	59°55.298′	
MA1 地衣	62°13.748′	58°59.090′	
MA1 苔藓	62°13.822′	58°57.866′	碧玉滩
MB0 苔藓	62°13.774′	58°57.028′	半三角
MB1 地衣(3)	62°13.725′	58°56.888′	半三角
MC1 地衣	62°13.025′	58°57.754′	
MC1 苔藓	62°13.025′	58°57.754′	
MD2 地衣苔藓	62°12.867′	58°55.883′	企鹅岛中部山顶
MD2 苔藓	62°12.867′	58°55.883′	企鹅岛中部山顶
ME1 地衣(13)	62°12.821′	58°55.520′	企鹅岛东北端
F2 干燥企鹅粪土	62°13.415′	58°57.169′	
海豹粪土	62°12.245′	59°00.068′	
贼鸥粪土	62°12.673′	59°00.887′	
海豹粪	62°12.673′	59°00.887′	

∑HCHs 的含量为(0.485±0.369)ng/g，比苔藓略低。地衣中 HCHs 的最主要的成分为 δ-HCH，含量为 0.323 ng/g，β-HCH 次之，含量为 0.216 ng/g，α-HCH 的含量最低，为 0.063 ng/g。通过比较 HCHs 的组成可以看出，HCHs 在地衣中的分配比苔藓更加明显，可能的原因在于采样区域的来源、选择性吸收及苔藓和地衣中的脂肪含量不同而导致的 HCHs 组成差别较大。

在苔藓中甚少检测到 DDTs，*p,p'*-DDE 的检出率相对最高，为 40%，*p,p'*-DDD 和 *p,p'*-DDT 都是只有一个样品中检出。∑DDTs 的含量为 0.47 ng/g，比 Borghini 等(2005)对南极苔藓中 HCHs 的报道低一个数量级(4.21 ng/g)。地衣中的 DDTs 残留水平一样，也是 0.47 ng/g，*p,p'*-DDE 的检出率最高，为 56%，*p,p'*-DDD 未检出，*p,p'*-DDT 仅在一个站位检出。苔藓中∑DDTs 的最高值在诺玛湾附近站位检出，然而地衣中的最高值出现在半三角地区。

表 2-18　植被和粪土中 OCPs 的含量(ng/g dw)

站位	∑HCHs	七氯	艾氏剂	环氧七氯	γ-氯丹+硫丹-Ⅰ	α-氯丹	∑DDTs	狄氏剂	异狄氏剂	硫丹-Ⅱ	异狄氏剂醛	硫丹硫酸盐	甲氧滴滴涕	∑OCPs
ME1 苔藓	0.42	nd	0.51	0.25	0.60	0.24	nd	nd	0.74	nd	nd	nd	nd	2.76
MF1 地衣	0.17	nd	0.16	nd	0.17	0.05	nd	nd	nd	0.14	0.44	nd	1.30	2.43
MF1 苔藓	1.21	nd	nd	nd	0.35	0.36	0.94	0.09	0.92	0.91	2.46	1.25	nd	8.49
MG1 地衣	0.28	nd	0.47	nd	0.51	0.06	0.45	nd	0.54	nd	1.30	0.52	nd	4.13
MG1 苔藓	1.34	nd	nd	nd	1.07	0.45	2.03	1.52	nd	nd	2.75	nd	2.15	11.31
MH1 苔藓	0.63	nd	0.33	0.12	0.31	0.09	0.66	nd	0.58	0.53	0.91	nd	nd	4.16
MH1 地衣	0.43	nd	0.26	nd	0.19	nd	0.47	nd	0.48	0.24	0.65	0.49	nd	3.21
ML1 地衣	0.51	nd	0.42	0.24	0.45	0.06	0.32	nd	nd	0.24	0.48	0.81	nd	3.53
ML1 苔藓	0.46	nd	0.40	nd	0.23	0.10	nd	nd	0.56	0.20	0.77	0.53	nd	3.25
SD1 苔藓	0.31	nd	0.21	0.06	0.42	0.05	nd	nd	0.51	0.19	0.83	nd	nd	2.58
MA1 地衣	1.05	nd	nd	0.44	1.19	0.42	1.03	nd	1.13	0.62	3.36	nd	2.54	11.78
MA1 苔藓	0.49	nd	0.99	0.15	0.08	0.14	0.75	nd	0.55	0.45	1.11	0.50	1.35	6.56
MB0 苔藓	0.26	nd	1.10	nd	nd	nd	nd	nd	nd	nd	nd	nd	nd	1.36
MB1 地衣	0.16	nd	1.06	nd	0.44	0.10	1.6	nd	nd	0.11	nd	nd	2.74	6.21
MC1 地衣	0.25	nd	0.75	0.05	0.28	0.14	0.35	nd	0.80	0.41	1.46	nd	0.70	5.19
MC1 苔藓	0.67	nd	0.49	nd	0.27	0.05	nd	nd	nd	0.16	nd	nd	nd	1.64
MD2 地衣苔藓	0.34	nd	0.63	nd	0.68	0.14	nd	0.42	0.71	0.39	0.65	0.42	nd	4.38
MD2 苔藓	0.29	nd	0.75	0.08	0.25	0.09	0.3	nd	0.32	nd	1.87	0.41	1.91	6.27
ME1 地衣	1.14	nd	0.42	0.16	0.36	0.08	nd	0.70	0.34	0.26	0.57	0.46	0.46	4.95
干燥企鹅粪土	0.34	nd	0.66	0.21	0.24	0.09	2.51	nd	nd	0.30	0.99	0.60	nd	5.94
海豹粪土	0.16	nd	0.55	nd	0.27	3.20	0.58	0.59	nd	0.20	0.95	nd	nd	6.5
贼鸥粪土	0.56	nd	0.50	0.15	0.29	0.12	nd	nd	0.60	0.44	1.40	0.51	1.33	5.9
海豹粪	0.67	nd	0.71	0.30	0.33	0.66	0.91	0.40	0.44	0.87	1.00	0.94	nd	7.23

6)菲尔德斯半岛 OCPs 的来源

OCPs 中同分异构体及代谢产物与母体之间含量的比值常用来表征是否有新的输入，判断可能的来源及环境条件是否变化。例如，商品 HCHs 是由 55%～80%的 α-HCH、5%～14%的 β-HCH、12%～14%的 γ-HCH、2%～10%的 δ-HCH 和 3%～5%其他成分构成，α-HCH/γ-HCH 的大小能显示出农残所在地的环境变化。如果环境没有变化，其比值在 4～7 之间，如果环境发生变化，则比值随之改变。母体 DDTs 在自然环境中将逐渐降解为 DDE 和 DDD。DDTs 施用时间越长，降解产物 DDE 和 DDD 含量越高，所以(DDE+DDD)/DDTs 的比值可以大致反映环境中 DDTs 的降解行为，经常用来追踪是否有新的 DDTs 输入源。一般情况下，(DDE+DDD)/∑DDTs 的比值大于 0.5，表明 DDTs 农药施用时间较长，没有新的污染源出现；若比值小于 0.5，说明母体 DDT 含量占优势，DDTs 农药施用时间很短，有新的污染源存在。氯丹有反式与顺式两种同分异构体，在环境中反式氯丹(γ-氯丹)要比顺式氯丹(α-氯丹)易于降解；所以，α-氯丹/γ-氯丹的比值可以应用于判断是否有近期污染引入。工业氯丹中 α-氯丹/γ-氯丹的比值约为 0.77，当小于 0.77 时，表明有新的工业氯丹输入。而对于硫丹，其工艺成分为 70%的外异构体(也称 α-硫丹或硫丹-Ⅰ)和 30%内异构体(也称 β-硫丹或硫丹-Ⅱ)，硫丹-Ⅰ/硫丹-Ⅱ的比值为 2.33(韦燕莉等，2014)，如果监测到的比例有变化，说明有外界硫丹的输入。菲尔德斯半岛各种环境介质中表征各种目标化合物来源的比值如表 2-19 所示。

表 2-19 OCPs 在不同环境介质中的同分异构体及降解产物和母体含量的比值

基质	α-HCH/γ-HCH	(DDE+DDD)/DDTs	环氧七氯/七氯	α-氯丹/γ-氯丹	硫丹-Ⅰ/硫丹-Ⅱ
气态(主动)	0.107±0.077	0.55±0.26	七氯未检出	2.60±2.42	0.43±0.22
颗粒态(主动)	0.33±0.19	1(DDTs 未检出)	26.6	0.94±1.66	0.82±0.71
大气(被动)	0.10±0.09	0.62±0.32	61.3	2.40±3.45	0.64±1.03
雪水溶解态	0.20±0.09	0.76±0.44	0.14±0.07	0.42±0.46	8.96±14.2
雪水颗粒态	α-HCH 未检出	1(DDE 和 DDTs 未检出)	七氯未检出	1.06±1.031	4.86±7.09
海水溶解态	0.89±1.05	1(DDTs 未检出)	0.34±0.27	0.94±1.01	1.43±1.78
海水颗粒态	0.394±0.355	1(DDE 和 DDTs 未检出)	七氯未检出	1.53±2.28	4.98±5.57
湖水溶解态	0.49±0.31	1(DDTs 未检出)	0.91±1.01	0.27±0.36	9.79±10.35
湖水颗粒态	α-HCH 未检出	1(DDE 和 DDTs 未检出)	七氯未检出	0.15±0.22	11.5
海洋沉积物	0.90±0.52	0.46	3	1.35±1.12	1.99
土壤	0.41±0.18	0.89±0.24	七氯未检出	1.52±1.72	0.63±0.68
苔藓	1.01±0.68	0.90±0.22	七氯未检出	0.55±0.50	1.03±1.80
地衣	0.58	0.74±0.42	七氯未检出	0.25±0.13	1.69±1.01
粪土	α-HCH 未检出	DDTs 未检出	七氯未检出	3.69±5.60	0.80±0.39

注：在本调查中 γ-氯丹+硫丹-Ⅰ共检出，求比值时采用的是和，所以硫丹的比例被高估，而氯丹的比例被低估。

菲尔德斯环境介质中 OCPs 的来源包括：大气输入、洋流携带，以及生物作用。根据比值可以发现，南极菲尔德斯半岛没有新输入的 HCHs、DDTs，七氯和氯丹有新来源输入。

7) 健康风险评价

目前对沉积物 OCPs 的生态风险评价只关注沉积物自由态部分。加拿大环境部长理事会(Canadian council of ministers of the environment, CCME)的关于“加拿大保护水生环境沉积物化学品风险评价标准和安大略省保护水生环境沉积物质量指导值(ISBN 1993)”、美国佛罗里达海洋和河口沉积物化学样品风险评估标准(Long et al., 1995)和 Ingersoll 风险评价标准(Ingersoll et al., 1996)的各个阈值如表 2-20 所示。Ingersoll 风险评价标准应用于评价淡水沉积物生态风险，吻合程度较好，其基本原则是：一般情况下，当有机污染物的残留程度小于风险评价低值(ERL，生物效应概率＜10%)，毒性风险小于 25%，当有一项高于风险评价中值(ERM，生物效应概率＞50%)，毒性风险大于 75%。通过与阈值的比较，菲尔德斯半岛的沉积物中 OCPs 没有显著的负面影响，如表 2-20 所示。

表 2-20　沉积物中 OCPs 风险评价阈值(μg/kg)

污染物	安大略省沉积物标准		Ingersoll 风险评价		ISBN 1993		佛罗里达沉积物标准	
	LEL	NEL	ERL	ERM	ISQG	PEL	ERL	ERM
α-HCH	6							
β-HCH	5							
γ-HCH	3				0.94	1.38		
δ-HCH								
p,p'-DDE	5				1.42	6.75	2.2	27
p,p'-DDD	8				3.54	8.51		
DDD			2	20				
DDE			2.2	27				
DDT			1.0	7.0				
o,p'-DDT+*p,p'*-DDT	8				1.19	4.77		
∑DDTs	7		1.58	46.1			1.58	46.1
艾氏剂	2							
狄氏剂					2.85	6.67		
异狄氏剂					2.67	62.4		
氯丹			0.5	6	4.50	8.87		
七氯		0.3						
环氧七氯					0.60	2.74		

注：LEL——生态影响低值，low effect level；NEL——无生态影响值，no effect level；ISQG——过渡期沉积物质量基准，interim sediment quality guideline；PEL——必然效应浓度，probable effect level。

5. 中山站附近区域环境介质中 OCPs 的残留状况

1) 大气

采用主动采样法的站位位于中山站附近(69°22'29.04"S，76°22'23.30"E)，采集样品气态和颗粒态各 13 份，采样体积 4439～4779 m^3，采样温度范围为–0.4～7.8℃。气相样品中 β-HCH 和 p,p'-DDE 未检出，α-HCH、γ-HCH 和 δ-HCH 的检出率分别为 100%、46.2%和 77%，p,p'-DDD、o,p'-DDT 和 p,p'-DDT 的检出率分别为 15%、54%和 85%。大气中 OCPs 的含量为(5.58±1.77) pg/m^3，∑HCHs 的含量为(3.95±0.92) pg/m^3，∑DDTs 的含量为(1.63±1.25) pg/m^3，由此可见，HCHs 的残留水平比 DDTs 高。颗粒物态中 p,p'-DDE 未检出，∑HCHs 的含量为(2.68±1.00) pg/m^3，∑DDTs 的含量为(0.56±0.58) pg/m^3。大气中(气态+颗粒态)∑HCHs 的含量为(6.42±1.96) pg/m^3，∑DDTs 的含量为(2.15±1.47) pg/m^3。与长城站相比，中山站大气中 HCHs 和 DDTs 较低。

在中山站附近安装 6 个被动采样装置，采用被动采样法采集大气样品，这六个站位分别是：主动采样器旁边、莫愁湖对面、六角楼前、进步站前、进步湖和地震仪对面。采样时间最短的站位是地震仪对面站位，周期为 24 天，其他的站位采样时间一般为 46～49 天。∑HCHs 的含量为(5.14±2.09) pg/m^3，∑DDTs 的含量为(11.2±3.34) pg/m^3。比较主动和被动采样的结果发现，主动采样法得到的∑HCHs 略高于被动采样法，然而被动采样法的∑DDTs 显著高于主动采样法。四种 HCHs 同分异构体的含量顺序如下：α-HCH(3.43 pg/m^3)＞β-HCH(1.33 pg/m^3)＞γ-HCH(1.23 pg/m^3)，γ-HCH 在所有站位中均未检出。DDTs 中含量高低顺序如下：o,p'-DDT(7.67 pg/m^3)＞p,p'-DDT(2.28 pg/m^3)＞p,p'-DDE(1.15 pg/m^3)＞p,p'-DDD(0.13 pg/m^3)。

2) 湖水

于中山站附近采集湖水和排污口水样共 9 份，其中中山站排污口水样 1 份，其他均为湖水，每个站位采集水样 9 L，采用玻璃纤维膜过滤，收集水样和颗粒物样分析。水样中溶解态∑OCPs 的含量为(0.73±0.38) ng/L，悬浮颗粒态∑OCPs 的含量为(0.52±0.32) ng/L，水体中总含量(溶解态+颗粒态)为(1.23±0.42) ng/L。溶解态中∑OCPs 含量最高的水样采自中山站附近的进步湖(含量 1.47 ng/L)，莫愁湖(含量 1.11 ng/L)和莫愁湖小湖(含量 0.77 ng/L)的含量略低，中山站附近的米尔湖湖水中 OCPs 的含量也较低(0.95 ng/L)，中山站排污口水中∑OCPs 的含量在整个采样区域处于较低水平。颗粒态中∑OCPs 最大值在中山站排污口检测到，含量为 1.30 ng/L，可能与排污口悬浮颗粒物浓度高有关，莫愁湖小湖湖水中∑OCPs 相对较高(0.72 ng/L)。

湖水中溶解态 HCHs 的含量为(0.33±0.11)ng/L，莫愁湖小湖和莫愁湖湖水中∑HCHs 较高，分别为 0.55 ng/L 和 0.41 ng/L，进步湖湖水中溶解态∑HCHs 仅低于莫愁湖小湖，为 0.45 ng/L。颗粒态中 HCHs 的含量略低于溶解态，为(0.24±0.12)ng/L，最高值在米尔湖水中测得(0.47 ng/L)，莫愁湖仅次于米尔湖(0.38 ng/L)，由此可见，莫愁湖的湖水中∑HCHs 的含量高于其他的湖泊。然而采集自中山站排污口的水体中 HCHs 的含量处于较低水平，说明科考站的人类活动对 HCHs 的分布没有影响。

溶解态中 α-HCH 是最主要的成分，其在总含量中所占比例超过 40%，β-HCH 在进步湖和中山站排污口所占比例较高，在大多数站位中，γ-HCH 贡献了第二高的比例。颗粒态中 HCHs 的组成与溶解态不同，在颗粒态中 β-HCH 的检出率不高，所占比例也最低。在大部分站位中 α-HCH 的比例最高，如进步湖、中山站与进步站间无名子湖、莫愁湖、米尔湖和劳基地小湖，然而在少数几个站位 δ-HCH 是最重要的组成成分。湖水溶解态中四种 HCHs 同分异构体的组成比例如图 2-14 所示。计算水体(溶解态+颗粒态)中 α-HCH/γ-HCH 比值发现，其平均值为 4.45，说明在中山站附近区域有新的 HCHs 污染输入。

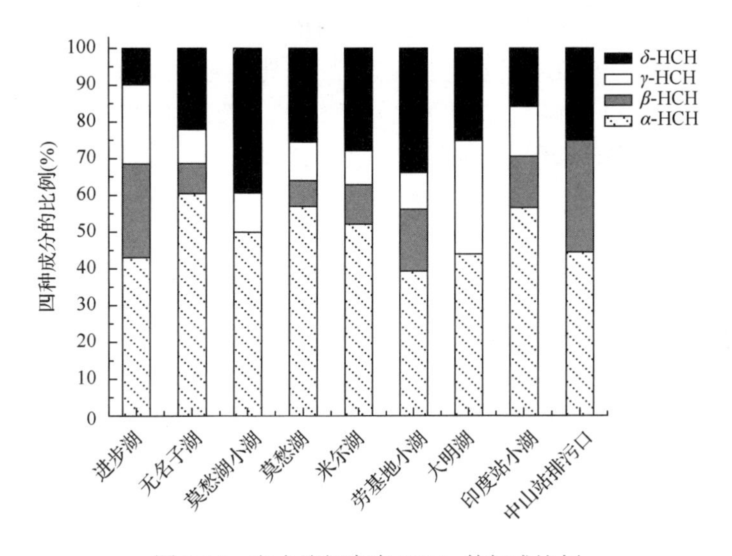

图 2-14　湖水溶解态中 HCHs 的组成比例

湖水(溶解态+悬浮颗粒态)中∑DDTs 的含量略高于∑HCHs，其值为(0.67±0.35)ng/L。与 HCHs 的分布规律不同，中山站排污口的水体中检测的∑DDTs 最高(1.30 ng/L)，进步湖次之，含量为 1.10 ng/L。溶解态∑DDTs 最高为 1.01 ng/L，在进步湖检测得到。莫愁湖和米尔湖相对较高，分别为 0.70 ng/L 和 0.67 ng/L。中山站排污口水样中的溶解态含量处于较低水平，仅为 0.19 ng/L。颗粒态中∑DDTs最高值则在中山站附近排污口测出，高达1.11 ng/L。印度站附近无名子湖和莫愁湖湖水中∑DDTs含量仅次于中山站排污口，其值分别为0.41 ng/L和0.35 ng/L。值得注意的是，进步湖湖水中溶解态∑DDTs最高而悬浮颗粒态很低，与中山站排污口现象相反。

溶解态中*p,p'*-DDE、*p,p'*-DDD、*o,p'*-DDT和*p,p'*-DDT的平均含量相差不大，其平均值范围为0.12～0.19 ng/L，除*p,p'*-DDE仅在一个站位检出外，其他三种成分的检出率也相差不大，范围为75%～100%。颗粒态中*p,p'*-DDE在两个站位检出，*o,p'*-DDT的检出率也比较低，只有33.3%。四种化合物中*p,p'*-DDE是最主要的成分，其含量比*o,p'*-DDT和*p,p'*-DDT的含量高一个数量级。

3）湖泊沉积物

在无名子湖、进步湖和莫愁湖分别采集沉积物，分析其中OCPs的含量水平。其中，OCPs含量最高的是莫愁湖沉积物，其值为1.40 ng/g，其次为进步湖（0.54 ng/g），无名子湖含量最低（0.32 ng/g）。∑HCHs在三个湖泊沉积物中含量相差不大，其值高低顺序为：莫愁湖（0.45 ng/g）＞进步湖（0.40 ng/g）＞无名子湖（0.30 ng/g）。*α*-HCH在∑HCHs所占的比例最高，范围为44.1%～58.7%，*α*-HCH/*γ*-HCH的比值范围为3.14～3.31，说明沉积物中没有新鲜的HCHs输入。

湖泊沉积物中∑DDTs含量差别较大，甚至超过1个数量级，莫愁湖（0.96 ng/g）＞进步湖（0.14 ng/g）＞无名子湖（0.02 ng/g）。其中，*o,p'*-DDT在三个湖中均未检出。（DDD+DDE）/∑DDTs的比值为0.05～1，说明沉积物中没有新的DDTs污染源。

4）藻类和苔藓

本次调查中采集4份藻类样品和6份苔藓样品，其中藻类中∑OCPs的含量[（0.551±0.128）ng/g]与苔藓中含量水平几乎相等[（0.538±0.151）ng/g]。藻类中∑HCHs的范围为0.69～1.37 ng/g（平均值0.88 ng/g），最高值在ZB2的藻类中测得，其他站位的藻类中∑HCHs相差不大。苔藓中∑HCHs比藻类高，范围为0.54～4.38 ng/g（平均值1.69 ng/g），可能与藻类和苔藓的生活环境不同、吸收HCHs来源不同有关。HCHs在藻类和苔藓中的组成差别较大，如图2-15所示。四种化合物组成比例的共同特征在于*α*-HCH是最主要的成分，在藻类中所占总量的比例超过50%，而在苔藓中，除了ZB4站位，其余站位中*α*-HCH均为最高比例。在藻类中*β*-HCH均未检出，但是在苔藓中检出率为83.3%，甚至在ZB4中最多，在ZB3和ZB6站位处于第二主要成分的位置。藻类中*γ*-HCH所占比例仅次于*α*-HCH，但是在苔藓中，*δ*-HCH的比例甚至超过*γ*-HCH。

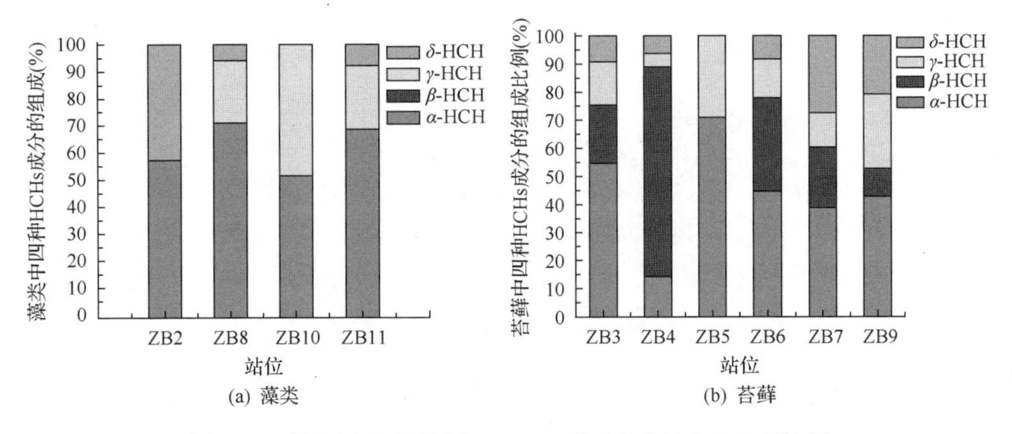

图 2-15　藻类(a)和苔藓(b)中 HCHs 同分异构体占总量的比例

与 HCHs 的分布趋势相似，苔藓中∑DDTs 的含量比藻类中高，分别为(0.596±0.427) ng/g 和(0.275±0.159) ng/g。在藻类和苔藓中 *p,p*'-DDT 的含量最高，藻类中 *o,p*'-DDT 均为检出；苔藓中 *o,p*'-DDT 和 *p,p*'-DDD 也均为检出。

尹雪斌等(2004)于 1999/2000 年度南半球的夏季对南极乔治王岛无冰区典型的苔原生态系统中 3 种苔原植物及其下覆土壤中 HCHs、DDTs 含量进行了系统分析，结果表明，南极苔原植物体与下覆土壤相比，除南极石萝(*Usnea antarctica*)对 HCHs 的富集较明显(生物浓缩因子，bioconcerntration factors, $BCF_{石萝/土壤}$=2.74)外，金发藓(*Polytrichum alpinum*)、南极发草(*Deschampsia antarctica*)样品中 HCHs、DDTs 含量均低于下覆土壤；3 种植物的富集因子还表明，它们对水溶性农药 HCHs 的吸收高于对脂溶性农药 DDTs 的吸收。同时，对比 3 种苔原植物及其下覆土壤中 HCHs 含量发现，在大气沉降 HCHs 可以忽略的情况下，植物体的 HCHs 主要来源于下覆土壤。因此，植物体及其下覆土壤中 HCHs 含量呈现此消彼长的动态变化；3 种苔原植物及其下覆土壤中 DDTs 的含量总体上也具有类似特征。此外，对苔原生态系统中 DDTs 各种异构体的分析发现，各国对 DDTs 的禁用已经有效地抑制了农药污染对南极苔原生态环境的影响。

5) 土壤

在中山站附近采集土壤样品 11 份，其∑OCPs 的含量范围为 0.23～0.89 ng/g(平均值为 0.463 ng/g)。∑HCHs 的范围为 0.14～0.33 ng/g，其中含量最高的成分是 *α*-HCH，占总量的比例超过 50%，如图 2-16 所示。土壤中 *β*-HCH 的检出率最低，*γ*-HCH 和 *δ*-HCH 的检出率分别为 90.9%和 100%。同分异构体 *α*-HCH/*γ*-HCH 的平均值为 4.29，说明土壤中有新的 HCHs 输入。

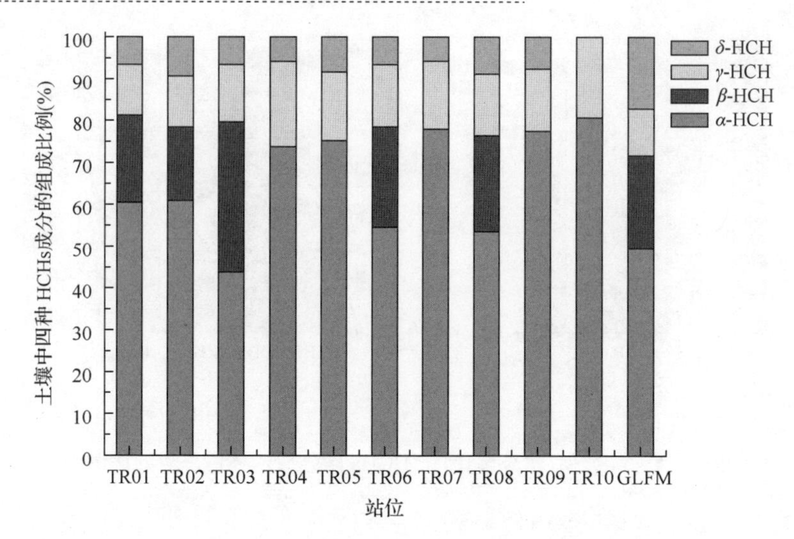

图 2-16 土壤中 HCHs 同分异构体所占的比例

南极中山站附近区域不同环境介质中 HCHs 和 DDTs 的残留水平见表 2-21。土壤中 DDTs 的含量比 HCHs 略低，范围为 0.01～0.58 ng/g(0.145 ng/g)。*o,p*'-DDT 在所有的样品中均未检出，*p,p*'-DDD 的检出率也较低，仅达到 27.2%，*p,p*'-DDE 和 *p,p*'-DDT 的检出率相等，均为 54.5%，且二者的平均含量也相近，分别为 0.021 ng/g 和 0.214 ng/g。含量比值(DDE+DDT)/∑DDTs 的范围 0.03～1，说明土壤中 DDTs 为近期输入。

6)生物与粪土

冯朝军等(2010)采集南极阿德利岛企鹅(2003 年和 2006 年采集的两只企鹅机体组织)分析测定了头颅、脂肪、肌肉、骨质和尾臀腺中的 OCPs。脂肪和尾臀腺中的有机氯含量比其他组织要高得多，HCBs 为 43.2～197.0 pg/g；∑HCHs 为 nd～20.7 pg/g；∑DDTs 为 79.4～110.1 pg/g。

石超英等(2008)于 2002 年中国第 18 次南极科学考察选择符合沉积地层记录的粪土沉积柱样，对南极阿德利岛企鹅栖息地粪土层进行 ^{210}Pb 测定，同时采用气相色谱-电子捕获检测器(GC-ECD)内标定量法测定了企鹅栖息地粪土混合地层和企鹅蛋卵中有机氯污染物含量，粪土混合地层中有机氯污染物最高浓度：表层∑PCBs 为 0.92 ng/g，∑HCHs 为 0.42 ng/g，∑DDTs 为 0.70 ng/g，与非栖息地相比较，通过鸟类活动的粪土混合地层(营巢和粪便)输入 PCBs 和 OCPs 含量比无鸟类生命途径的土壤相对要高。企鹅蛋卵样∑PCBs 的含量范围 0.4～10.2 ng/g，∑DDTs 为 2.4～10.3 ng/g，HCBs 为 0.1～9.4 ng/g，∑HCHs 为 0.1～0.5 ng/g，总积蓄水平依次为∑PCBs＞∑DDTs＞HCBs＞∑HCHs。

表 2-21 南极中山站附近区域不同环境介质中 HCHs 和 DDTs 的残留水平

样品类型	α-HCH	β-HCH	γ-HCH	δ-HCH	p,p'-DDE	p,p'-DDD	o,p'-DDT	p,p'-DDT	∑OCPs	∑HCHs	∑DDTs
主动气态	2.98±0.79	nd	0.12±0.05	1.18±0.34	nd	0.17	2.19±0.67	0.50±0.31	5.58±1.77	3.95±0.92	1.63±1.25
主动颗粒态	2.17±1.08	0.05±0.01	0.07±0.02	0.41±0.49	nd	0.36±0.60	0.09±0.07	0.39±0.30	3.25±1.26	2.68±1.00	0.56±0.58
气态(被动)	3.43±1.35	1.33±1.41	nd	1.23±0.69	1.15±0.50	0.13±0.11	7.67±2.36	2.28±1.99	16.32±3.29	5.14±2.09	11.18±3.34
湖水溶解态	0.165±0.061	0.048±0.031	0.051±0.028	0.084±0.054	0.136	0.117±0.142	0.118±0.141	0.191±0.268	0.721±0.148	0.332±0.114	0.389±0.324
湖水颗粒态	0.117±0.116	0.017±0.001	0.031±0.018	0.082±0.090	0.462±0.499	0.155±0.143	0.030±0.017	0.043±0.026	0.515±0.352	0.235±0.120	0.279±0.335
雪龙船海水	0.401±0.137	0.219±0.145	0.185±0.114	0.082±0.015	0.062	0.017±0.005	0.051±0.021	0.108±0.050	1.005±0.311	0.833±0.295	0.172±0.063
雪龙船颗粒物	0.175±0.077	0.025±0.013	0.022±0.013	0.023±0.012	0.092±0.047	0.050±0.021	0.032±0.011	0.047±0.011	0.378±0.088	0.237±0.083	0.141±0.075
海洋沉积物	0.195±0.020	0.097±0.059	0.061±0.005	0.029±0.005	0.016±0.009	0.051	nd	0.517±0.550	0.754±0.573	0.382±0.077	0.372±0.510
藻类	0.538±0.151	nd	0.230±0.090	0.227±0.254	0.063	0.113±0.031	nd	0.271±0.102	1.156±0.435	0.881±0.285	0.275±0.159
苔藓	0.551±0.128	0.866±1.349	0.212±0.105	0.220±0.105	0.084±0.074	nd	0.065	0.652±0.314	2.265±1.652	1.668±1.374	0.596±0.427
土壤	0.198±0.058	0.107±0.044	0.047±0.015	0.030±0.022	0.021±0.009	0.013±0.002	nd	0.214±0.200	0.463±0.214	0.331±0.144	0.145±0.185
海胆	nd	0.28	0.41	nd	nd	nd	nd	2.27	2.96	0.69	2.27

注：气态样品中 OCPs 的单位是 pg/m^3，水样中 OCPs 的单位是 ng/L，固态样品中 OCPs 的单位是 ng/g。

卢冰等(2005)采用 GC-ECD 利用内标法定量测定了南极乔治王岛世袭栖息地海鸟(棕贼鸥、灰贼鸥、巨海燕、白眉企鹅)卵样中持久性有机氯污染物 PCBs 和 OCPs 残留量，研究探讨南极海洋食物链顶级生物体有机毒物积累水平并探讨其环境意义。结果显示，卵样中有机毒物积累水平依次为 PCBs＞DDTs＞HCBs＞HCHs。贼鸥卵样∑PCBs 含量范围在 91.0～515.5 ng/g，∑DDTs 含量 56.6～304.4 ng/g，HCBs 含量 6.5～70.5 ng/g，∑HCHs＜0.5～2.0 ng/g；企鹅卵样∑PCBs 含量范围在 0.4～0.9 ng/g，∑DDTs 含量 2.4～10.3 ng/g，HCBs 含量 6.0～10.2 ng/g，∑HCHs 含量 0.1～0.4 ng/g；巨海燕卵样∑PCBs 含量范围在 38.1～81.7 ng/g，∑DDTs 含量 12.7～53.7 ng/g，HCBs 含量 4.2～8.8 ng/g，HCHs 含量 0.5～1.5 ng/g。研究结果还显示，不同种类海鸟卵样检出 PCBs 和 OCPs 均以七氯、六氯联苯、滴滴涕同系物(*p,p'*-DDE)和氯代苯化合物为主体。对不同种类海鸟卵样的有机污染物数据进行统计分析，结果显示不同鸟种有机毒物积累水平的差异取决于不同鸟种的生态习性，特别是海鸟在海洋生态食物链中的位置。有机毒物最高积累水平出现在棕贼鸥卵样中，灰贼鸥和巨海燕次之，企鹅最低。南极海鸟卵样 PCBs 和 OCPs 的检出，是全球性有机氯污染又一新的重要证据。

本次调查对企鹅和海豹的粪土进行采样，分析其中 OCPs 的残留水平，监测结果表明：海豹粪土中 OCPs 多数污染物有检出，HCHs 检出范围为 2.57～20.69 ng/g，均值 7.70 ng/g，DDTs 检出范围为 nd～19.88 ng/g，均值 8.02 ng/g。企鹅粪中 HCHs、DDTs 检出率高，且浓度明显高于其他介质。其中 HCHs 检出范围为 1.4～3217.8 ng/g，DDTs 检出范围为 0.35～8.67 ng/g，检出限 0.025 ng/g。总体来讲，生物及其粪土表现出了 OCPs 的生物富集特性。

当前调查数据显示，南极非生物介质较北极在 OCPs 污染含量上已没有明显的区别，这与多方面原因有关。首先，南北极 OCPs 来源主要是大气传输和洋流输入。调查的 OCPs 为已经全球禁用多年的 POPs，内陆历史使用的 OCPs 经过几十年的大气交换传输，当前在南北极基本已经达到稳定状态，而且可能随着污染物的降解，南极与北极均会呈现 OCPs 缓慢下降的趋势。而对于生物介质(生物及粪土)中 OCPs 的含量，北极总体高于南极，这应该与 OCPs 在食物链中的传播及生物富集特性有关。由于当前调查数据及内容有限，OCPs 在极地食物链中的传播及富集需要进一步证明，从而进一步揭示 OCPs 在极地的迁移、扩散、赋存及环境影响。

2.3 北极地区环境中 OCPs 的残留状况

2.3.1 “雪龙船”航线环境介质中 OCPs

1. 大气

2012 年 7 月 4 日～2012 年 9 月 18 日开展雪龙船考察(北极)，采用大流量主动采样器对沿途的海洋大气进行采样，采样经纬度如表 2-22 所示。采样前所有 GFF 膜均经过高温灼烧净化，PUF 采用二氯甲烷浸泡 48 h 净化。共采集 19 个大气总悬浮颗粒物(TSP)样品和气相样品，采样体积为(2647±494) m^3。

表 2-22　“雪龙船”北极航线大气样品采集站站位和位置

站位名称	纬度(北纬)	经度	位置
A-01	43°37'53"	138°33'21"E	日本海
A-02	46°44'13"	146°0'1"E	日本海
A-03	49°49'30"	154°59'9"E	鄂霍茨克海
A-04	54°23'10"	164°29'11"E	鄂霍茨克海
A-05	57°24'8"	175°7'17"W	北太平洋
A-06	61°1'37"	178°4'8"W	白令海
A-07	64°33'40"	168°38'50"W	白令海
A-08	70°40'59"	164°49'0"W	白令海
A-09	无	无	
A-10	78°15'7"	9°13'24"E	北冰洋斯瓦尔巴群岛
A-11	82°10'17"	78°35'5"E	北冰洋斯瓦尔巴群岛
A-12	84°14'33"	121°0'31"E	北冰洋
A-13	87°11'25"	121°56'51"E	北冰洋
A-14	81°56'12"	168°55'49"W	北冰洋
A-15	71°16'12"	164°33'19"W	北冰洋
A-16	61°24'36"	159°22'19"E	白令海峡
A-17	51°44'16"	159°22'19"E	东西伯利亚海
A-18	41°45'15"	151°42'12"E	鄂霍茨克海
A-19	36°15'38"	146°2'12"E	鄂霍茨克海

1) 分布趋势

第五次北极科考航线大气中 OCPs 包括：HCHs(α-HCH、β-HCH、γ-HCH 和 δ-HCH)、DDTs(*p,p*'-DDT、*p,p*'-DDE 和 *p,p*'-DDD)、七氯、艾氏剂、环氧七氯、狄氏剂、氯丹(α-氯丹和 γ-氯丹)、狄氏剂、异狄氏剂、硫丹(Ⅰ和Ⅱ)、异狄氏剂醛、硫丹硫酸盐和甲氧滴滴涕。

∑OCPs 在气态和颗粒态的含量分别为：(2.02±0.95) pg/m^3 和 (0.389±0.13) pg/m^3。12 种 OCPs 的含量如表 2-23 所示。HCHs 在所有站位的气态和悬浮颗粒物态均有检出，DDTs 和七氯是主要成分，在气态的检出率分别 68.4%和 79%，在悬浮颗粒物态的检出率分别为37%和100%；环氧七氯、氯丹、硫丹硫酸盐和甲氧滴滴涕仅在气态检出(检出率分别为37%、26%、68%和32%)，在颗粒物态几乎未检出；异狄氏剂和异狄氏剂醛在气态和颗粒态两相中均未检出；其他成分在两个相中仅有个别站位检出，如表2-23所示。气态中HCHs的平均含量为(0.524±0.34) pg/m^3，DDTs的含量为(0.232±0.22) pg/m^3，七氯的含量为(0.595±0.040) pg/m^3，艾氏剂的含量为0.191 pg/m^3，环氧七氯的含量为(0.783±0.84) pg/m^3，氯丹的含量为(0.088±0.02) pg/m^3，狄氏剂的含量为0.059 pg/m^3，硫丹的含量为(0.843±0.97) pg/m^3，硫丹硫酸盐的含量为(0.241±0.28) pg/m^3，甲氧滴滴涕的含量为(0.76±0.29) pg/m^3。悬浮颗粒物态：HCHs的含量为(0.120±0.034) pg/m^3，DDTs的含量为(0.111±0.10) pg/m^3，七氯的含量为(0.127±0.037) pg/m^3，艾氏剂的含量为0.062 pg/m^3，氯丹的含量为0.0485 pg/m^3，硫丹的含量为0.0965 pg/m^3，甲氧滴滴涕的含量为0.368 pg/m^3。通过比较在两个环境基质中的含量发现，悬浮颗粒物中的OCPs水平低于气态。

表2-23 "雪龙船"北极航线大气中OCPs的水平(pg/m^3)

站位	HCHs	DDTs	七氯	艾氏剂	环氧七氯	氯丹	狄氏剂	硫丹	硫丹硫酸盐	甲氧滴滴涕	∑OCPs
气态											
1	0.211	0.615	1.62	nd	nd	0.090	nd	0.496	0.135	nd	3.17
2	0.416	0.590	1.45	nd	nd	0.067	nd	nd	0.995	nd	3.52
3	0.383	0.159	0.636	nd	0.515	nd	nd	nd	0.064	nd	1.76
4	0.356	0.115	0.423	0.191	nd	0.068	nd	nd	0.056	nd	1.22
5	0.346	0.081	nd	nd	nd	nd	nd	nd	nd	nd	0.427
6	0.310	0.171	nd	nd	2.346	nd	nd	nd	nd	nd	2.83
7	0.403	nd	0.425	nd	nd	0.109	nd	nd	nd	nd	1.035
8	0.466	0.165	0.597	nd	nd	0.104	nd	nd	0.226	1.178	2.74
9	0.327	0.096	0.636	nd	nd	nd	nd	nd	0.087	0.897	2.04
10	0.470	nd	0.574	nd	nd	nd	nd	0.092	nd	nd	1.21
11	0.269	nd	0.545	nd	1.543	nd	nd	nd	nd	0.739	3.16
12	0.281	nd	0.319	nd	nd	nd	0.059	nd	0.120	nd	0.817
13	0.195	nd	0.378	nd	0.216	nd	nd	nd	0.050	0.515	1.40
14	1.502	0.048	0.416	nd	0.126	nd	nd	nd	nd	nd	2.11
15	0.565	nd	0.255	nd	0.235	nd	nd	nd	0.050	0.572	1.70
16	0.968	0.065	0.357	nd	nd	nd	nd	nd	0.105	nd	1.50
17	1.028	0.077	nd	nd	0.497	nd	nd	nd	0.224	nd	1.83
18	0.867	0.209	0.291	nd	nd	nd	nd	nd	0.436	0.393	2.20
19	0.598	0.625	nd	nd	nd	nd	nd	1.941	0.586	nd	3.76

续表

站位	HCHs	DDTs	七氯	艾氏剂	环氧七氯	氯丹	狄氏剂	硫丹	硫丹硫酸盐	甲氧滴滴涕	∑OCPs
颗粒态											
1	0.162	nd	0.234	nd	nd	nd	nd	0.150	nd	nd	0.653
2	0.184	nd	0.157	nd	nd	nd	nd	0.043	nd	nd	0.469
3	0.146	nd	0.114	nd	nd	nd	nd	nd	nd	nd	0.299
4	0.151	nd	0.119	nd	nd	nd	nd	nd	nd	nd	0.306
5	0.139	nd	0.084	nd	nd	nd	nd	nd	nd	nd	0.306
6	0.131	0.047	0.117	nd	nd	0.046	nd	nd	nd	nd	0.341
7	0.143	nd	0.166	0.077	nd	nd	nd	nd	nd	nd	0.451
8	0.104	nd	0.129	nd	nd	nd	nd	nd	nd	nd	0.335
9	0.124	nd	0.139	nd	nd	nd	nd	nd	nd	nd	0.361
10	0.137	nd	0.074	nd	nd	nd	nd	nd	nd	nd	0.249
11	0.081	nd	0.091	nd	nd	nd	nd	nd	nd	nd	0.266
12	0.069	0.234	0.162	nd	nd	nd	nd	nd	nd	nd	0.548
13	0.097	0.044	0.084	nd	nd	nd	nd	nd	nd	nd	0.257
14	0.073	0.066	0.137	nd	nd	0.051	nd	nd	nd	nd	0.332
15	0.151	0.048	0.111	0.047	nd	nd	nd	nd	nd	nd	0.401
16	0.138	nd	0.133	nd	nd	nd	nd	nd	nd	nd	0.353
17	0.075	nd	0.105	nd	nd	nd	nd	nd	nd	nd	0.231
18	0.098	0.292	0.141	nd	nd	nd	nd	nd	nd	nd	0.571
19	0.079	0.051	0.112	nd	nd	nd	nd	nd	nd	0.368	0.662

注：nd 代表未检出，最小检出浓度 0.0433 pg/m^3。HCHs 包括：α-HCH、β-HCH、δ-HCH 和 γ-HCH；氯丹包括：α-氯丹和 γ-氯丹；硫丹包括：硫丹-Ⅰ和硫丹-Ⅱ；DDTs 包括：p,p'-DDE、p,p'-DDD 和 p,p'-DDT。

航线上气态∑HCHs 的浓度范围是 0.195～1.50 pg/m^3，最高的浓度值在俄罗斯北边的北冰洋高纬度海区的 14 号站位测得，其浓度值为 1.502 pg/m^3。同时颗粒态中的最高浓度在 2 号站位测得，其浓度为 0.184 pg/m^3。虽然 13 号和 14 号站位距离较为接近，但是二者的测定结果分别为最大值和最小值，因此，推测 14 号站位的测定值可能是异常值。俄罗斯东北部方向的北冰洋含量最高，东亚附近海区和北太平洋含量居中，靠近挪威斯瓦尔巴群岛的海区含量最低。总体而言，航线的返程航线中 HCHs 含量高于去程，尤其在更为靠近陆地的 17 号、18 号和 19 号站位，此外在北冰洋的 13 号、14 号和 15 号站位 HCHs 的含量相对也比较高。如果将站位分为北太平洋、楚科奇和波伏特海及北冰洋三个区域，其含量高低的顺序为：楚科奇和波伏特海[(0.774±0.389) pg/m^3]＞北冰洋[(0.547±0.488) pg/m^3]＞北太平洋[(0.436±0.182) pg/m^3]，比 Wu 等(2011)的研究低两个数量级。颗粒态中 HCHs 的浓度范围为 0.069～0.184 pg/m^3，东亚海区含量最高，然后沿着航线逐渐下降，北太平洋区域相对较低，除俄罗斯东北海区大幅升高外，北冰洋大气中含量最低。

气态中 DDTs 空间分布趋势大致上随着纬度的增高而降低，最高值在东亚的日本海海域 18 号站位检出，其值为 0.625 pg/m^3，其邻近站位的监测值为本次调查的第二高值 0.615 pg/m^3。如果按照上述分区，北太平洋[(0.134±0.032) pg/m^3]>楚科奇和波伏特海[(0.112±0.033) pg/m^3]>北冰洋[(0.101±0.035) pg/m^3]。颗粒物态中的 DDTs 的检出率较气态低，基本集中在返程航线的北太平洋和东亚的海区。

在本次调查中，气溶胶中 HCHs 的主要成分为 α-HCH 和 β-HCH，γ-HCH 和 δ-HCH 未检出，然而颗粒态中仅检出 δ-HCH。由图 2-17 可以看出，从上海到俄罗斯楚科奇海航线，α-HCH 在气态相未有检出，然而，在航线继续向北冰洋的部分可以测到 α-HCH，在俄罗斯东和北部(千岛群岛、白令海和东西伯利亚海)的北太平洋和北冰洋大气中含量显著高于高纬度北冰洋海区。基于 β-HCH 的水平分布，从上海到俄罗斯楚科奇海，β-HCH 含量显著高于在高纬度北冰洋地区。颗粒态中 δ-HCH 的分布趋势变化较小，高纬度北冰洋的水平低于航线的其他部分。

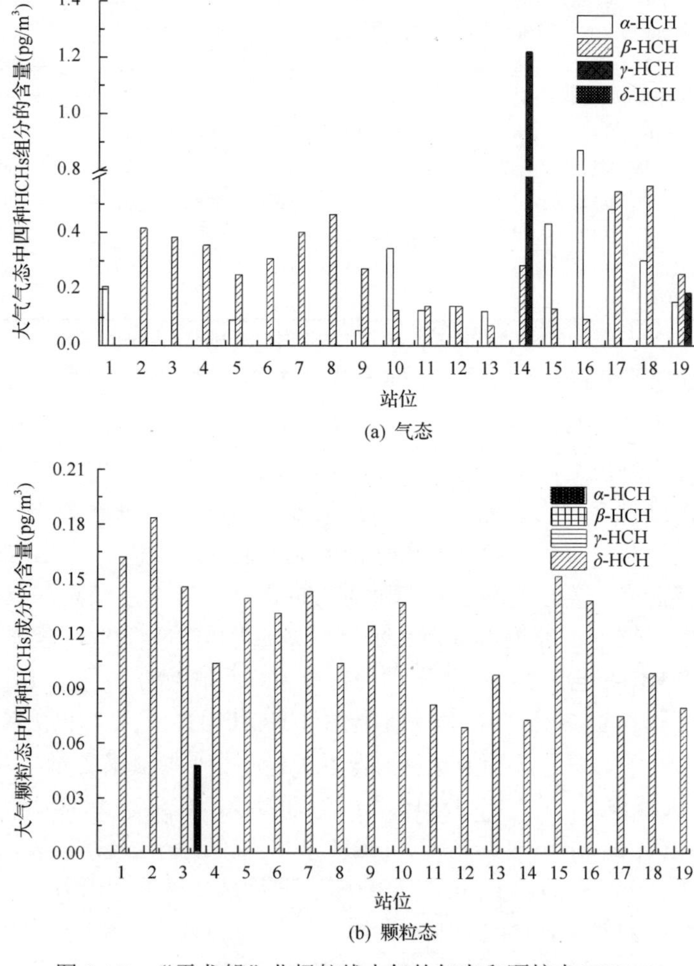

(a) 气态

(b) 颗粒态

图 2-17 “雪龙船”北极航线大气的气态和颗粒态 HCHs (α-HCH、β-HCH、γ-HCH 和 δ-HCH)的含量

HCHs 在气态和颗粒态中的总量范围为 0.293～1.58 pg/m^3，含量显著低于其他航线附近海区的报道(表 2-24)。在北冰洋和北太平洋航段大气中 DDTs 的含量与 2003 年的北极航线调查的结果差别不大。

表 2-24　其他研究区域大气(气态+颗粒态，pg/m^3)中 OCPs 的含量水平

研究区域	HCHs	DDTs	硫丹-I	氯丹	环氧七氯	狄氏剂	文献
Alert		0.729	4.3	0.64	0.57	0.59	(Su et al., 2008)
Kinngait		0.940	3.2	070	0.56	0.48	(Su et al., 2008)
Point Barrow		1.08	2.8	0.65	0.48	1.0	(Su et al., 2008)
Valkarkai		22.6	3.2	1.37	0.90	0.6	(Su et al., 2008)
Zeppelin	19	1.23	nd	1.07	nd	nd	(Becker et al., 2008; Su et al., 2008)
北太平洋	17						(Ding et al., 2007)
东亚	33	83		7.2			(Ding et al., 2007; 武晓果，2011)
新奥尔松	21						(Moon and Ok, 2006)
北太平洋 2	69	52		6.1			(武晓果，2011)
楚科奇海和波伏特海	40	25		4.3			(武晓果，2011)
北冰洋中部	48	10		2.2			(武晓果，2011)
北冰洋(CHINARE2003)		1.59					(Wu et al., 2011)
东亚(CHINARE2003)		17.3					(Wu et al., 2011)
北太平洋(CHINARE2003)		1.86					(Wu et al., 2011)

比较气态和颗粒态中 OCPs 的组成(图 2-18)发现，OCPs 在气态和颗粒态的组成不一致。气态监测到的 OCPs 种类更多，且气态中各物质的组成相对颗粒态较为平均。总体而言，在气态和颗粒态中 HCHs 和七氯均为最重要的组成成分，气态中二者所占总量的比例分别为 32%±22%和 24%±17%，颗粒物态中为 34%±14%和 34%±7%。气态中，在 9 号和 19 号站位甲氧滴滴涕含量最高，在 19 号站位硫丹含量最高。

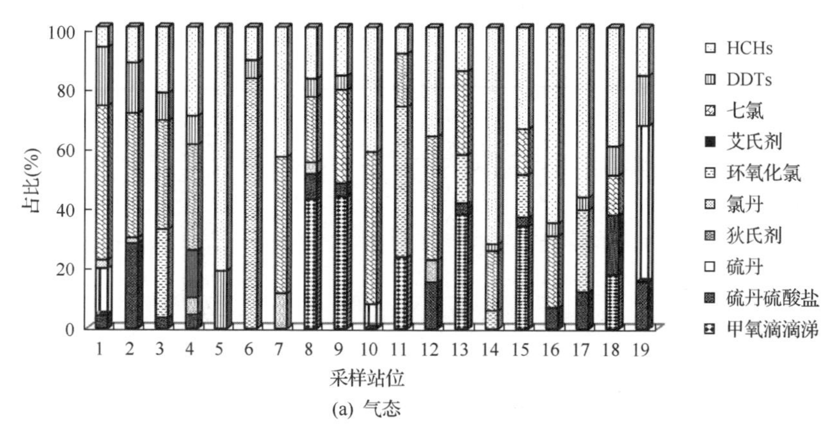

(a) 气态

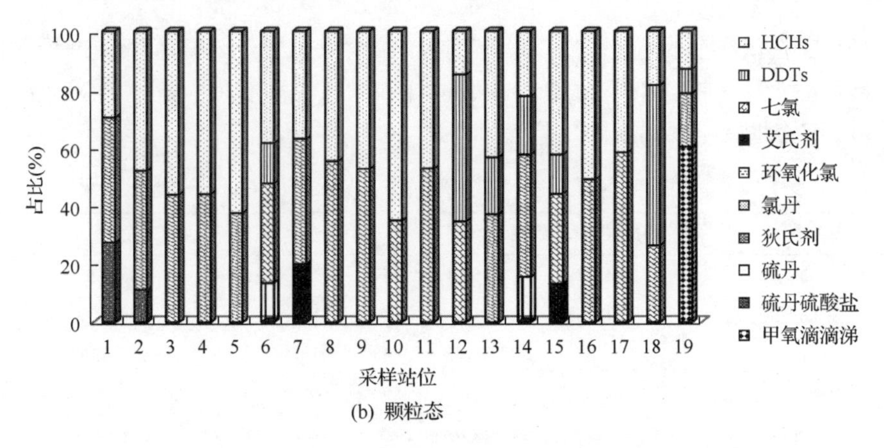

(b) 颗粒态

图 2-18　航线大气中 OCPs 的组成

研究表明：2000 年以后全球范围海洋大气监测得到的∑HCHs 水平大约在低于检出限至 100 pg/m^3 之间。中国极地科学考察(CHINARE) 2008 年获得的 HCHs 浓度水平和之前这些海洋边界层监测获得的结果类似。HCHs 在整条航线的平均浓度值是(51±24) pg/m^3，比 CHINARE2003 (Wu et al., 2011) 的监测结果高了大约 3.8 倍。然而和大约 20 年以前东亚海域、北太平洋海域及北极海域的大气 HCHs 水平相比较，2008 年在这些海域的大气∑HCHs 水平比 20 年前低了 10 倍以上(Ding et al., 2007)。

在北极海域，包括开放性海域和高纬度浮冰区等，2008 年大气中 α-HCH 和 γ-HCH 的浓度水平均低于 20 世纪 90 年代的浓度水平，但是比 2003 年监测的结果要高。CHINARE 2008 年在北极获得 α-HCH 和 γ-HCH 大气浓度水平和北极检测站 2000 年以后的结果类似(武晓果，2011)。值得注意的是，北极地区大气 α-HCH 和 γ-HCH 在 2000～2004 年的浓度水平要低于 20 世纪 90 年代的值，说明从 20 世纪 90 年代到大约 2004 年北极地区尤其是高纬度北极地区 α-HCH 和 γ-HCH 大气浓度是逐渐降低的。然而 2004 年以后北极地区 α-HCH 和 γ-HCH 似乎表现出了一个逐渐增加的趋势，例如，北极 Alert 考察站 2004 年以后的年平均 α-HCH 和 γ-HCH 浓度值比 2000～2004 年高了两倍左右，和 20 世纪 90 年代的浓度水平类似。β-HCH 在北极地区 2008 年的浓度水平高于之前的监测结果。其他的一些有机氯如异狄氏剂、七氯、灭蚁灵等没有检测到或者低于检出限(余鹏，2011)。

2) 影响分布趋势的因素

(1) 温度。

将采样温度与气态和颗粒态中∑OCPs、七氯、∑DDTs 和∑HCHs 进行相关性分析，考察采样温度对目标化合物分布趋势的影响。结果表明，温度与气态∑DDTs 之间具有显著的线性正相关关系(r=0.752，p<0.05)，因此，温度可能是导致∑DDTs 分布趋势的最重要因素。此外，∑DDTs 与七氯及∑OCPs 之间具有显著正

相关关系。然而在悬浮颗粒态中目标化合物与温度之间无线性关系，仅七氯和∑OCPs 之间显著正相关(r=0.701，$p<0.05$)，如表 2-25 和表 2-26 所示。

表 2-25　气态中∑OCPs、七氯、∑DDTs 和∑HCHs 与采样温度的线性相关系数

	温度	∑OCPs	七氯	∑DDTs	∑HCHs
温度	1	0.42629	0.51328	0.75245*	0.05372
∑OCPs		1	0.70529*	0.73551*	0.00157
七氯			1	0.91559*	–0.31584
∑DDTs				1	–0.1134
∑HCHs					1

*$p<0.05$ 水平上相关。

表 2-26　悬浮颗粒态中∑OCPs、七氯、∑DDTs 和∑HCHs 与采样温度的线性相关系数

	温度	∑OCPs	七氯	∑DDTs	∑HCHs
温度	1	0.54993	0.32618	0.07896	0.28683
∑OCPs		1	0.70114*	0.47098	0.03612
七氯			1	0.16528	0.25667
∑DDTs				1	–0.44297
∑HCHs					1

*$p<0.05$ 水平上相关。

(2) 纬度。

采用线性相关性分析探讨纬度对气态和颗粒态中 OCPs 分布的影响，如表 2-27 和表 2-28 所示。结果表明，纬度与气态中七氯和∑DDTs，以及颗粒态中∑OCPs 和∑HCHs 呈显著负线性相关，即随着纬度的增加，目标化合物的含量线性下降。

表 2-27　气态中∑OCPs、七氯、∑DDTs 和∑HCHs 与纬度的线性相关系数

	纬度	∑OCPs	七氯	∑DDTs	∑HCHs
纬度	1	–0.38536	–0.6628*	–0.77468*	0.23005
∑OCPs		1	0.70529*	0.73551*	0.00157
七氯			1	0.91559*	–0.31584
∑DDTs				1	–0.1134
∑HCHs					1

*$p<0.05$ 水平上相关。

表 2-28 颗粒态中∑OCPs、七氯、∑DDTs 和∑HCHs 与纬度的线性相关系数

	纬度	∑OCPs	七氯	∑DDTs	∑HCHs
纬度	1	−0.4487*	−0.33299	0.1447	−0.47293*
∑OCPs		1	0.70114*	0.47098	0.03612
七氯			1	0.16528	0.25667
∑DDTs				1	−0.44297*
∑HCHs					1

*$p<0.05$ 水平上相关。

2. 水体

本次航线中共采集表层海水水样 23 份，站位如表 2-29 所示。每个站位采集水样 5L，采用 SPME 富集水体中 OCPs，于实验室分析。按照采样区域，可以分为北太平洋区(站位 1～7 号)，俄罗斯附近海域(站位 8～12 号)，挪威附近北冰洋(站位 13～18 号)和高纬度北冰洋(站位 19～23 号)。

表 2-29 2012 年第五次北极“雪龙船”航线调查海水样品采样站位图

站位	纬度(北纬)	经度	位置
w01	49°04′30″	152°41′14″E	鄂霍次克海
w02	50°27′25″	157°43′23″E	鄂霍次克海
w03	52°42′30″	169°23′04″E	北太平洋
w04	54°25′33″	171°12′43″E	北太平洋
w05	57°24′08″	175°07′17″E	白令海
w06	58°46′52″	177°36′28″E	白令海
w07	60°42′45″	178°47′54″E	白令海
w08	62°33′09″	175°16′48″E	白令海
w09	64°33′40″	168°38′50″E	白令海
w10	67°41′40″	168°36′27″W	东西伯利亚海
w11	69°27′04″	168°43′50″W	东西伯利亚海
w12	70°40′59″	164°49′00″W	东西伯利亚海
w13	71°47′31″	8°59′24″E	挪威北冰洋
w14	72°59′23″	6°29′23″E	挪威北冰洋
w15	74°19′15″	2°21′48″E	挪威北冰洋
w16	71°42′34″	7°00′22″E	挪威北冰洋
w17	69°12′09″	2°00′35″E	挪威北冰洋
w18	67°24′23″	1°40′38″W	挪威北冰洋
w19	81°56′12″	168°55′49″W	北冰洋
w20	79°01′10″	168°49′53″W	北冰洋
w21	76°27′58″	172°09′02″W	北冰洋
w22	72°51′06″	168°48′49″W	北冰洋
w23	68°36′56″	168°53′15″W	北冰洋

表层海水中监测到 13 种 OCPs，其中，HCHs 的三种同分异构体(*α*-HCH、*β*-HCH 和 *γ*-HCH)的检出率较高，分别为 82.6%、91.3%和 95.7%，*δ*-HCH 仅在一个站位中检出；七氯的检出率高达 95.7%，但是在所有站位均未检出其代谢产物环氧七氯；艾氏剂的检出率为 60.9%；*α*-氯丹的检出率为 26.1%，但其同分异构体 *γ*-氯丹未检出；硫丹-Ⅰ和硫丹-Ⅱ均未检出，硫丹硫酸盐的检出率为 4.3%；*p,p*'-DDE、*p,p*'-DDD 和 *p,p*'-DDT 的检出率不高，分别为 26.1%、4.3%和 34.8%；狄氏剂和异狄氏剂醛分别只在 2 个和 3 个站位检测到，异狄氏剂和甲氧滴滴涕均未检出(表 2-30)。

表 2-30　“雪龙船”航线海水中 OCPs 的含量(ng/L)

站位	∑HCHs	七氯	艾氏剂	氯丹	∑DDTs	狄氏剂	异狄氏剂醛	硫丹硫酸盐	∑OCPs
w01	0.243	0.0412	nd	nd	nd	nd	nd	nd	0.284
w02	1.06	0.2283	nd	nd	0.0624	nd	nd	nd	1.35
w03	0.298	0.0912	nd	nd	nd	nd	nd	nd	0.389
w04	0.357	0.222	nd	nd	0.177	nd	nd	nd	0.757
w05	0.334	0.133	0.0124	nd	0.0985	nd	nd	nd	0.578
w06	1.09	0.149	0.0161	nd	0.194	nd	nd	nd	1.45
w07	1.19	0.120	nd	nd	0.0431	nd	nd	nd	1.35
w08	0.570	0.137	0.0112	nd	0.0793	nd	nd	nd	0.798
w09	0.778	0.223	0.0180	nd	0.180	nd	nd	nd	1.20
w10	1.06	0.0372	nd	0.035	0.0359	nd	nd	nd	1.17
w11	2.08	0.0998	nd	0.052	0.0302	0.0106	nd	0.127	2.40
w12	2.56	0.192	nd	nd	nd	0.0200	nd	nd	2.77
w13	0.050	0.0724	nd	0.012	nd	nd	nd	nd	0.134
w14	0.040	0.0604	nd	nd	0.0126	nd	0.0120	nd	0.125
w15	0.178	0.259	0.0289	nd	nd	nd	nd	nd	0.466
w16	0.061	0.0407	0.0118	nd	nd	nd	nd	nd	0.114
w17	0.093	0.0476	0.0147	0.014	0.0194	nd	0.0156	nd	0.204
w18	0.283	nd	0.0118	0.068	nd	nd	0.0307	nd	0.394
w19	0.773	0.0951	nd	nd	0.0259	nd	nd	nd	0.894
w20	0.769	0.0550	nd	0.015	nd	nd	nd	nd	0.839
w21	0.757	0.0986	nd	nd	nd	nd	nd	nd	0.856
w22	2.39	0.120	nd	nd	nd	nd	nd	nd	2.51
w23	1.11	0.185	0.0142	nd	0.0228	nd	nd	nd	1.33

表层海水中 HCHs 是最主要成分，七氯次之，与大气中 OCPs 的组成相似，二者占∑OCPs 的比例超过 68.9%。HCHs 的含量范围为 0.040～2.56 ng/L，七氯的范围为 0.0372～0.259 ng/L，显著低于其他的受人为影响大的海区。按照前述四个分区，其含量高低如下：俄罗斯海区[(1.67±0.86) ng/L]＞高纬度北冰洋[(1.29±0.71) ng/L]＞北太平洋[(0.88±0.49) ng/L]＞挪威北冰洋[(0.24±0.15) ng/L]，由此看来，靠近东亚和俄罗斯的北太平洋和北冰洋海水中 OCPs 的残留水平较高，可能的原因在于受到东亚国家和俄罗斯的 OCPs 的使用和排放影响。

Yao 等(2002)在中国第一次北极考察期间采集了白令海和楚科奇海的海水样品，分析了其中的 OCPs 的含量与分布，研究结果表明，白令海与楚科奇海样品中 HCHs 的含量相差不大，分别为 412.7 pg/L 和 445.8 pg/L，并且远远低于以前这一区域的浓度水平，HCHs 的浓度随纬度变化不明显，通过组分分析，白令海与楚科奇海的组成特征明显不同，此外还有很多其他的 OCPs 首次在此区域测出，例如，在白令海测出环氧七氯，在楚科奇海测出七氯等。Cai 等(2010)研究了从日本海向北经鄂霍次克海、白令海、楚科奇海到北冰洋 5 个区域的海水样品中 17 种 OCPs 的组成特征和分布特征，海水样品中 17 种 OCPs 中浓度最高的是 HCHs，占总量的 50%以上，其他相对较高的有七氯和艾氏剂，还发现 OCPs 含量随着纬度的升高而不断增高，而 α-HCH 和 γ-HCH 表现出恰好相反的分布趋势，这可能跟它们的热力学特性有关系。所有样品中 α-HCH/γ-HCH 比值均小于 4，这说明 HCHs 主要来自工业品 HCHs 和林丹的混合体。Strachan 等(2002)在北极区域对 21 个站点的表层海水样品进行了分析检测，在白令海峡南部和北部的海水中检测到了 HCHs 的最高浓度，而对于 DDTs，白令海的含量 0.23ng/L 明显高于楚科奇海(0.15 ng/L)。

3. 沉积物

沉积物样品的采样区域为俄罗斯附近的东西伯利亚海和白令海海域，站位密集，共采集样品 30 份，采样站位如表 2-31 所示。沉积物中含量最高的成分为 DDTs 和七氯及其代谢产物环氧七氯，其含量范围分别为 nd～8.34 ng/g dw(平均值为 2.88 ng/g dw)和 1.34～5.38 ng/g dw(平均值为 2.61 ng/g dw)，紧随其后的为 HCHs，含量范围为 nd～3.18 ng/g dw(平均值为 1.50 ng/g dw)。若按照地理位置将采样站位分为白令海与东西西伯利亚海两个区域，几乎所有的 OCPs 在东西伯利亚海区沉积物中含量超过白令海。

表 2-31　第五次“雪龙船”航线调查海洋沉积物采样站位图

站位名称	纬度(北纬)	经度	位置
BL03	53°58.530′	170°43.338′E	北太平洋
BL07	57°24.122′	175°07.272′E	北太平洋
BL12	60°41.516′	178°51.058′W	白令海
BL14	61°55.677′	176°25.211′W	白令海
BM01	63°27.674′	172°29.729′W	白令海
BM04	62°41.962′	173°00.119′W	白令海
BM05	62°47.979′	173°55.134′W	白令海
BM07	62°28.913′	167°19.849′W	白令海
BN04	64°28.550′	170°07.309′W	白令海
BN08	64°36.458′	167°27.698′W	白令海
BS01	61°07.138′	177°15.674′W	白令海
BS02	61°07.687′	175°31.808′W	白令海
C01	69°24.608′	168°09.582′W	东西伯利亚海
C02	69°13.523′	167°19.081′W	东西伯利亚海
C03	69°01.798′	166°29.341′W	东西伯利亚海
C04	70°50.167′	166°53.555′W	东西伯利亚海
CC1	67°46.403′	168°36.387′W	东西伯利亚海
CC2	67°54.722′	168°14.054′W	东西伯利亚海
CC3	68°00.676′	167°52.238′W	东西伯利亚海
CC4	68°07.796′	167°29.799′W	东西伯利亚海
CC5	68°11.495′	167°18.489′W	东西伯利亚海
CC6	68°14.063′	167°07.945′W	东西伯利亚海
R01	66°43.352′	168°59.888′W	东西伯利亚海
R02	67°41.401′	168°56.269′W	东西伯利亚海
R04	69°35.922′	168°52.917′W	东西伯利亚海
R05	70°58.564′	168°46.511′W	东西伯利亚海
SR05	68°36.952′	168°51.758′W	东西伯利亚海
SR10	72°00.069′	168°48.644′W	东西伯利亚海
SR11	73°00.000′	168°58.000′W	东西伯利亚海
SR12	73°59.874′	169°00.956′W	东西伯利亚海

东西西伯利海和白令海沉积物中 HCHs 的检出率为 70.3%，有 8 个站位未检

出。其中最主要的成分为 β-HCHs，其检出率为 73.3%，其他三种 α-HCH、γ-HCH 和 δ-HCH 的检出率分别为 26.7%、10%和 16.7%。β-HCHs 的含量最高，均值为 1.39 ng/g，α-HCH、γ-HCH 和 δ-HCH 的平均含量分别为 0.27 ng/g、0.16 ng/g 和 0.29 ng/g。在白令海，只有一个站位监测到四种 HCHs 同分异构体，大部分的 HCHs 在东西伯利亚海域测到。

DDTs 包含三种成分：*p,p'*-DDE、*p,p'*-DDD 和 *p,p'*-DDT，三种成分的检出率分别为 66.7%、50%和 83.3%；*p,p'*-DDT 的含量最高，*p,p'*-DDE 和 *p,p'*-DDD 的含量相差不大，分别为 2.28 ng/g、0.62 ng/g 和 0.80 ng/g。DDTs 在东西伯利亚海和白令海的检出率相当，但在白令海的沉积物中的含量(3.38 ng/g)略高于东西伯利亚海(2.39 ng/g)。

Iwata 等(1995)在阿拉斯加海湾、白令海和楚科奇海采集了表层沉积物样品和沉积物柱样，分析了其中的 OCPs，他们的研究成果表明该区域的 HCHs 主要是通过大气的长程迁移而来，而 DDTs 表现出来的分布特征为，浓度随着研究区域由南向北逐渐降低，得出结论 DDTs 不是主要通过大气迁移进入北极区域。柱样的检测结果显示，从样品底层到表层，有机氯浓度逐渐升高，这表明在北极区域有机污染物的污染程度越来越重且是连续性的，并且他们还指出进入沉积物中的有机污染物只占了大气输入的很少一部分，并且对未来几年北极海域中有机氯类污染物的残留降低持悲观态度。Strachan 等(2002)在 1993 年在白令海和楚科奇海海域采集了 19 个表层沉积物的样品，分析了 19 种 OCPs 的含量与分布特征，白令海与楚科奇海样品中 DDTs 的含量分别为 0.95 ng/g 和 1.6 ng/g，白令海稍低于楚科奇海。还估算了部分化合物每年通过白令海峡的总量，α-HCH 每年约有 57 t，而 *p,p'*-DDE 每年约有 0.2 t。

卢冰等(2005)在 1999 年 7～9 月的中国首次北极科学考察，利用“雪龙号”破冰船在白令海和楚科奇海区域采集了表层沉积物样品。楚科奇海和白令海沉积物中 HCHs 的浓度范围分别为 27～90 pg/g 和 21～51.5 pg/g，DDTs 的浓度范围分别为 4.4～12.9 pg/g 和 4.0～22.5 pg/g，调查结果显示，HCHs 主要是由热带、亚热带挥发，通过大气运输沉降到寒冷地区，而 DDTs 挥发性较低，不易随大气迁移至高纬度地区。

七氯在所有的沉积物站位中均检出，环氧七氯的检出率高达 90.0%，七氯的含量略高于环氧七氯，分别为 1.69 ng/g 和 1.07 ng/g。东西伯利亚海域和白令海的沉积物中七氯和环氧七氯的含量之和相差不大，分别为 2.68 ng/g 和 2.71 ng/g。

本次调查分析了沉积物中硫丹-Ⅰ和硫丹-Ⅱ，硫丹硫酸盐未检出。硫丹-Ⅰ和硫丹-Ⅱ的检出率较低，分别为 20.0%和 26.7%，且主要集中在西伯利亚海域。硫丹-Ⅱ的含量略高于硫丹-Ⅰ。沉积物中 OCPs 的含量具体见表 2-32。

表 2-32　沉积物中 OCPs 的含量（ng/g dw）

站位	ΣHCHs	七氯	艾氏剂	环氧七氯	氯丹	硫丹	ΣDDTs	狄氏剂	异狄氏剂	异狄氏剂醛	ΣOCPs
BL03	3.18	1.37	nd	4	nd	nd	2.83	1.37	0.559	nd	15.5
BL07	2.56	1.61	0	1.3	nd	1.04	3.32	1.15	0.444	nd	12.8
BL12	nd	1.92	0.263	0.993	0.379	0.262	1.49	1.73	0.408	0.903	9.37
BL14	nd	1.81	0.704	1.22	0.907	nd	0.627	nd	nd	nd	5.69
BM01	nd	1.54	nd	0.423	nd	nd	1.31	1.1	nd	nd	5.28
BM04	nd	2.04	nd	nd	0.44	nd	1.72	0.771	nd	nd	4.97
BM05	nd	1.24	0	0.697	nd	nd	nd	0.489	nd	nd	2.59
BM07	nd	1.09	0	0.577	nd	nd	1.05	nd	nd	nd	3.21
BN04	nd	1.5	0.768	0.702	nd	nd	nd	1.07	nd	nd	4.03
BN08	1.55	1.86	3.181	0.577	0.444	nd	1.99	1.61	0.45	0.984	13.8
BS01	0.552	1.99	0.241	nd	1.07	0.051	3.19	1.04	0.019	nd	8.60
BS02	1.23	1.34	0.368	2.24	nd	nd	nd	0.77	nd	nd	6.59
C01	1.94	1.56	0.678	0.798	nd	nd	2.49	nd	nd	1.24	9.16
C02	2.25	1.62	1.1	1.27	nd	nd	2.92	nd	nd	nd	9.16
C03	1.71	1.52	0.998	3.01	nd	nd	5.25	nd	nd	nd	13.1
C04	1.05	2.33	0.39	1.56	3.202	3.02	5.42	0.827	0.435	4.26	25.4
CC1	1.47	1.36	0.412	nd	nd	nd	nd	nd	nd	nd	3.24
CC2	0.99	1.17	0.305	0.359	nd	nd	1.73	1.15	0.407	nd	7.13

续表

站位	∑HCHs	七氯	艾氏剂	环氧七氯	氯丹	硫丹	∑DDTs	狄氏剂	异狄氏剂	异狄氏剂醛	∑OCPs
CC3	nd	1.75	0.757	0.685	0.79	nd	1.03	nd	nd	nd	5.68
CC4	1.21	1.64	0.866	0.512	nd	nd	nd	0.776	nd	nd	5.71
CC5	1.39	1.76	1.32	0.633	0.421	nd	1.07	0.749	nd	nd	7.94
CC6	1.18	1.17	1.297	0.515	nd	nd	1.97	1.22	nd	nd	7.35
R01	1.05	1.68	0.798	0.787	0.598	1.26	0.801	1.84	0.593	1.24	12.6
R02	0.277	1.39	0.359	0.247	0.47	0.154	1.79	0.678	0.03	1.43	7.01
R04	0.986	1.25	0.445	0.61	nd	nd	1.59	0.756	nd	nd	6.02
R05	1.47	1.92	1.61	2.46	3.14	2.81	3.13	0.863	0.799	3.04	24.3
SR05	2.23	2.51	1.23	2.09	3.47	2.06	2.98	0.767	0.92	7.45	28.9
SR10	1.42	2.56	0.653	0.515	nd	nd	2.67	0.632	nd	nd	8.87
SR11	1.91	2.24	0.98	0.803	0.378	0.742	2.65	0.951	nd	nd	11.2
SR12	2.97	1.66	0.424	0.565	nd	nd	2.58	0.925	nd	nd	9.26

2.3.2　新奥尔松地区的 OCPs 的赋存状态

挪威西北的斯瓦尔巴群岛(Svalbard Archipelago)，位于 74～81ºN，10～25ºE 之间，处于巴伦支海(Barents Sea)和格陵兰海(Greenland Sea)之间，主要由斯匹次卑尔根岛(Spitsbergen Island)、东北地岛(Nordaustlandet Island)、埃季岛(Edgeoya Island)等三个大岛和数十个小岛组成。位于斯匹次卑尔根岛西海岸的新奥尔松(Ny-Alesund)地区是重要的北极科考窗口，目前已有 9 个国家先后在这里建立了科考基地。中国于 1999 年在这里建立了黄河站科考基地。样品于 2007 年 7～8 月采自北极新奥尔松地区，分别为土壤、苔藓、鹿粪和鸟粪。

1. 土壤和植物的 OCPs

各种类型的样品中均不同程度地检测到 OCPs，其中土壤、苔藓、粪便中 OCPs 检出率分别为 76.8%、82.5%和 78.6%，平均浓度的大小分别为 5.01 ng/g dw、6.72 ng/g dw 和 5.12 ng/g dw(表 2-33)。检测的 20 种 OCPs 中，HCHs 和 DDTs 是主

表 2-33　不同介质中 OCPs 的含量(ng/g，dw)(马新东等，2008)

采样点	介质	∑HCHs	∑DDTs	∑OCPs
化石谷	土壤	2.24	0.29	0.63
	苔藓	4.50	0.30	0.83
	鹿粪	1.77	0.65	1.52
极柳区	土壤	3.12	0.22	0.35
	苔藓	2.67	0.67	1.03
	鹿粪	1.55	0.34	1.32
苔原区	土壤	2.25	0.46	2.99
	苔藓	1.41	0.49	2.08
	鹿粪	1.75	0.28	3.08
冰川	土壤	1.09	0.34	0.05
机场地区	土壤	3.04	0.44	0.98
	苔藓	3.13	0.73	1.26
	鹿粪	1.63	0.78	1.24
伦敦岛	土壤	2.39	0.46	1.08
	苔藓	1.49	1.09	1.68
	鸟粪	1.18	0.61	0.92
鸟岛	土壤	2.29	0.56	1.96
	苔藓	4.19	0.92	2.47
	鸟粪	0.86	0.98	1.12
站区内	土壤	2.21	0.36	1.15

要的污染物，除γ-HCH、*p,p'*-DDE和*p,p'*-DDT的检出率为55.0%、90.0%和80.0%以外，其余HCHs和DDTs检出率达到100%，而其他OCPs(硫丹-Ⅱ未检出)均有不同程度的检出，检出率为27.3%～90.9%，其中检出率最高的是环氧七氯，并且含量也是最高，达到0.32 ng/g。HCHs和DDTs的浓度范围分别为0.86～4.50 ng/g(平均值2.24 ng/g)和0.22～1.09 ng/g(平均值0.55 ng/g)。此外，环氧七氯是七氯的一种代谢产物，在新奥尔松地区，七氯和环氧七氯表现出不同的分布特征，其中七氯的检出率为50.0%，平均浓度为0.05 ng/g，而环氧七氯的检出率高达90.9%，平均浓度为0.32 ng/g，这主要是由于样品采集集中在7～8月，新奥尔松地区的温度达到0℃以上，再加上充足的阳光，从而增加了七氯向环氧七氯转化的速率。

关于北极地区OCPs的来源，一般认为北半球的OCPs主要来自中低纬度的发展中国家农业上的使用，然后由于大气输送及海流作用而分布到全球；北极监测和评估项目(Arctic monitoring and assessment programme, AMAP)(2004)于2002年发表的报告中指出：大气输送是快速的输入途径，而海流输送是较慢但是非常重要的途径，尤其是对于水溶性较大的有机污染物更是如此；加拿大环境部认为，β-HCH主要通过海流输送。新奥尔松地区地处74°～81°N之间，是大气和海洋转换边界的交汇地带，受北大西洋环流、极地大气环流的影响较大，大气传输是该地区污染的主要途径之一。马新东等的研究HCHs主要以α-HCH、β-HCH为主，两者占HCHs总量的81.6%；DDTs则主要是以DDD、DDE为主，两者占DDTs总量的77.6%(马新东等，2008)。HCHs的四种异构体α-HCH、β-HCH、γ-HCH和δ-HCH所占的比例分别为32.4%、49.2%、12.9%和5.5%。一般工业产品α-HCH/γ-HCH的比值在4～7范围内，接近1说明环境中使用了工业品林丹，该地区不同介质中α-HCH/γ-HCH的平均值为1.6～5.7，这说明新奥尔松地区的HCHs主要是来自一般工业产品。该地区β-HCH的含量较高，可能是由于β异构体的对称性强，化学性质和物理性质较其他异构体稳定，难于被降解(马新东等，2008)。

土壤中的*p, p'*-DDT在好氧条件下转化为*p, p'*-DDE，在厌氧条件下通过微生物降解为*p,p'*-DDD，DDE/DDD比值可以指示DDT降解过程中的氧化还原条件，(DDD+DDE)/∑DDTs可以指示DDTs的降解程度及来源情况。新奥尔松地区土壤中DDE/DDD的平均值为0.8，说明该地区DDTs主要在厌氧条件下通过微生物降解转化为DDD。除25.0%的土壤中未检出DDTs(已完全降解)以外，75.0%的土壤中(DDD+DDE)/∑DDTs的值＜1，表明该地区土壤中的DDTs已经经过了长期的降解，但较高的检出率表明可能仍然存在着DDTs(马新东等，2008)。

2. 水体

2012年国家海洋环境监测中心参与北极科考，对新奥尔松地区水体中OCPs进行分析，分析结果表明，β-HCH是水体中主要污染物，HCHs和DDTs检出率较高，而硫丹及硫丹硫酸盐均未检出，氯丹检出率较低(姚子伟等，2002)。

3. 沉积物

新奥尔松的湖水沉积物和沿海沉积物中含量最高的 OCPs 是 HCHs(0.8～6.5 ng/g，均值 4.1 ng/g)，其次为 DDTs(0.23～5.4 ng/g，均值 2.2 ng/g)。湖泊沉积物中 HCHs 的组成特征比值 α-HCH/γ-HCH 较低，表明沉积物中 HCHs 有混合来源——工业 HCHs 产品和林丹。据估算，进入新奥尔松几个湖泊沉积物中的 HCHs 的通量范围为 0.02～0.13 ng/(cm^2·a)，沉积速率范围为 0.14～1.1 mg/a(Jiao et al., 2009)。

4. 生物体

调查研究显示，OCPs 暴露于极地生物体和组织内，并进入极地生态食物链中，影响了当地居民的食品安全。2002 年以来，大量极地生物体内 OCPs 的数据显示，主要暴露生物种类包括熊类、犬类、海洋哺乳动物、鸟类、鱼类。表 2-34 总结了北极动物体内 OCPs 的含量水平。总体而言，动物体内 DDTs 的含量远高于 HCHs；鱼体的肌肉内 OCPs 的含量低于哺乳动物的脂肪；但是，动物体内 OCPs 的残留高低并没有明显的地域特征。

表 2-34　北极生物内 OCPs 暴露水平统计表

物种	位置	组织	含量水平	来源
∑HCHs				
北极熊(雌雄)	东格陵兰岛	脂肪	137～263(lw)	(Dietz et al., 2004; Gebbink et al., 2008)
北极熊(雌雄)	东格陵兰岛	肝脏	7(ww)	(Sandala et al., 2004; Verreault et al., 2006)
北极熊(雌)	斯瓦尔德	脂肪	71(lw)	(Verreault et al., 2006)
北极熊(雌雄)	加拿大	脂肪	260～489(lw)	(Verreault et al., 2006)
北极熊(雌雄)	阿拉斯加	脂肪	490(lw)	(Verreault et al., 2006; Bentzen et al., 2008)
白鲸	Hudson 海峡	脂肪	95～119(lw)	(Kelly et al., 2008)
白鲸	西 Hudson 湾	肝脏	45(lw)	(Mckinney et al., 2006)
白鲸	斯瓦尔巴	脂肪	68～510(lw)	(Andersen et al., 2001)
环海豹	东格陵兰岛	脂肪	67(lw)	(Vorkamp et al., 2004)
环海豹	西格陵兰岛	脂肪	40(lw)	(Vorkamp et al., 2008)
环海豹	Hudson 海峡	脂肪	145(lw)	(Kelly et al., 2008)
北极红点鳟(雌雄)	东格陵兰岛	肌肉	21～26(lw)	(Vorkamp et al., 2004)
北极鳕鱼	北东 Hudson 湾	肌肉	10(lw)	(Kelly et al., 2008)
格陵兰岛比目鱼	南东巴芬岛	肌肉	81(lw)	(Fisk et al., 2008)
格陵兰岛鲨鱼	南东巴芬岛	肝脏	53(lw)	(Fisk et al., 2008)

续表

物种	位置	组织	含量水平	来源
∑DDTs				
虎鲸	阿拉斯加	脂肪	320 000 (lw)	(Wolkers et al., 2007)
白鲸	Hudson 海峡	脂肪	520～2521 (lw)	(Mckinney et al., 2006)
白鲸	西 Hudson 湾	肝脏	284 (lw)	(Mckinney et al., 2006)
白鲸	挪威斯瓦尔巴	脂肪	3272～6770 (lw)	(Andersen et al., 2001)
环海豹	东格陵兰岛	脂肪	1200 (lw)	(Vorkamp et al., 2004)
环海豹	西格陵兰岛	脂肪	220 (lw)	(Vorkamp et al., 2008)
环海豹	Hudson 海峡	脂肪	413 (lw)	(Kelly et al., 2008)
星海狮	阿拉斯加-白令海	血液	2127～5464 (lw)	(Myers et al., 2008)
星海狮	俄罗斯-白令海	血液	3600～15000 (lw)	(Myers et al., 2008)
北极熊	东格陵兰	脂肪	309 (lw)	(Dietz et al., 2004; Gebbink et al., 2008)
北极熊	斯瓦尔巴	脂肪	209 (lw)	(Verreault et al., 2006)
北极熊	格陵兰岛，丹麦	脂肪	309～559 (lw)	(Dietz et al., 2004; Verreault et al., 2006)
北极熊	加拿大北冰洋	脂肪	65～210 (lw)	(Verreault et al., 2006)
北极熊	阿拉斯加	脂肪	165 (lw)	(Verreault et al., 2006; Bentzen et al., 2008)
北极红点鳟 (雌雄)	东格陵兰岛	肌肉	310～500 (lw)	(Vorkamp et al., 2004)
北极鳕鱼 (雌雄)	白令海	肝脏/整条	21/3 (ww)	(Borgå et al., 2005)
北极鳕鱼 (雌雄)	北东 Hudson 湾	肌肉	50 (lw)	(Kelly et al., 2008)
北极鳕鱼 (雌雄)	北巴芬湾	整条	3 (ww)	(Borgå et al., 2005)
北极鳕鱼 (雌雄)	白令海	肝脏	11～45 (ww)	(Stange and Klungsøyr, 1997)
大西洋鳕鱼	白令海	肝脏	98～175 (ww)	(Stange and Klungsøyr, 1997)
长粗点鲽	白令海	肝脏	7～30 (ww)	(Stange and Klungsøyr, 1997)
格陵兰岛比目鱼	南东巴芬岛	肌肉	78 (lw)	(Fisk et al., 2008)
格陵兰岛鲨鱼	南东巴芬岛	肝脏	7195 (lw)	(Fisk et al., 2008)

注：lw 表示脂重，ww 表示湿重。

2.4 小　　结

(1) 在中国南极科学考察航线上，主要检测到的大气 OCPs 有以下几种：α-HCH、β-HCH、δ-HCH、γ-HCH、艾氏剂、环氧七氯、p,p′-DDE、狄氏剂、p,p′-DDD、p,p′-DDT、七氯、硫丹、氯丹、异狄氏剂醛等。南极考察航线的南大洋航段 α-HCH/γ-HCH 比值均大于 1，但是却小于传统工业 HCHs 中 α-HCH/γ-HCH (3～7) 值，证实有 γ-HCH 源输入；p,p′-DDT/p,p′-DDE 的比值均小于 1，反映了没有新鲜 DDTs 源的输入或历史源 DDTs 远远大于新 DDTs 源，这与在南半球国家大多禁止生产及使用 DDTs 有很大的关系。

(2) 比较第 29 次、第 30 次和第 31 次“雪龙号”南极航线调查，得到 DDTs 和 HCHs 在三次航线调查的变化趋势。DDTs 在大气和土壤及粪便中含量逐渐增加，HCHs 在所有环境介质中残留水平均下降。

(3) 以第 31 次南极调查的菲尔德斯半岛环境中 OCPs 分布趋势调查为例，讨论了 HCHs、DDTs、狄氏剂、氯丹、硫丹、异狄氏剂、异狄氏剂醛、七氯、环氧七氯和甲氧滴滴涕在大气、水体、沉积物、土壤和植被中的分布规律，评价风险水平。菲尔德斯半岛环境中最主要的 OCPs 为 HCHs、DDTs 和七氯。菲尔德斯环境介质中 OCPs 的来源包括：大气输入和洋流携带。HCHs 的 α-HCH/γ-HCH 及 p,p'-DDT/ p,p'-DDE 的比值表明，南极菲尔德斯半岛没有新输入的 HCHs、DDTs，七氯和氯丹有新来源输入。比较沉积物中 OCPs 的含量与环境质量标准阈值，发现 OCPs 对菲尔德斯半岛的环境无负面影响。

(4) 中山站位于南极圈内，基于第 30 次南极调查数据分析其附近大气、土壤、湖水、湖泊沉积物和植被中 OCPs 的分布趋势。HCHs 的含量比 DDTs 略高，进步湖和莫愁湖的残留水平较高。HCHs 的 α-HCH/γ-HCH 及 p,p'-DDT/p,p'-DDE 的比值表明中山站所在区域有新的 HCHs 和 DDTs 输入。

(5) 分析第五次北极科学考察中“雪龙号”航线大气中 OCPs，其中 HCHs、DDTs 和七氯是主要成分，温度和纬度是影响其分布趋势的重要因素。海水和沉积物中 OCPs 含量在俄罗斯附近海域高于其他研究区域。

(6) HCHs 和 DDTs 是北极新奥尔松地区最主要的 OCPs 污染物，除 γ-HCH、p,p'-DDE 和 p,p'-DDT 外，其余 HCHs 和 DDTs 检出率达到 100%。通过对 α-HCH 与 γ-HCH 及 DDTs 各组分之间的比值研究和 PCBs 同系物的主成分分析，进一步证实新奥尔松地区 POPs 污染来源具有相同的输入途径。通过与其他环北极地区土壤、苔藓样品的含量对比发现，新奥尔松地区除土壤中 DDTs 的含量水平降低比较明显以外，其他物质在空间上下降的趋势不是很明显，北极地区 POPs 整体趋于平衡的状态。

参考文献

卞林根, 马永锋, 逯昌贵, 陆龙骅. 2010. 南极长城站(1985-2008)和中山站(1989-2008)地面温度变化. 极地研究, 22(1): 1-9.

冯朝军, 于培松, 卢冰, 蔡明红, 武光海. 2010. 南极阿德雷岛企鹅机体组织、蛋卵和粪土中 PCBs 和 OCPs 的分布. 海洋环境科学, 29(3): 308-313.

耿彬彬. 2009. 有机氯农药的固相萃取气相色谱检测法和金属离子的芯片毛细管电泳法研究. 南京农业大学硕士学位论文, 2009.

龚香宜. 2007. 有机氯农药在湖泊水体和沉积物中的污染特征及动力学研究——以洪湖为例. 中国地质大学博士学位论文.

贺仕昌. 2013. 南极航线大气有机氯农药化学特征. 国家海洋局第三海洋研究所硕士学位论文.

黄林. 2007. 艾氏剂和狄氏剂对萼花臂尾轮虫生殖的影响. 安徽师范大学硕士学位论文.

李冬梅. 2008. 西安市蔬菜基地持久性有机污染物(POPs)残留状况研究. 陕西师范大学硕士学位论文.

李璐. 2012. 基于浓度场的方法对大连地区硫丹浓度的源解析. 大连海事大学硕士学位论文.

李雪梅. 2007. 环境激素类农药残留的微波辅助萃取-气相色谱检测技术研究. 西北师范大学硕士学位论文.

林海涛. 2007. 太湖梅梁湾多环芳烃、有机氯农药和多溴联苯醚的沉积记录研究. 中国科学院研究生院(广州地球化学研究所)博士学位论文.

刘珂珂. 2012. 多碳纳米管固相萃取-高效液相色谱技术联用在有机污染物分析中的应用. 河南师范大学硕士学位论文.

刘丽艳. 2007. 黑龙江流域(中国)土壤中六六六和滴滴涕污染研究. 哈尔滨工业大学博士学位论文.

卢冰, 陈荣华, 王自磐, 朱纯, Vetter W. 2005. 北极海洋沉积物中持久性有机污染物分布特征及分子地层学记录的研究. 海洋学报, 27(4): 167-173.

马驰远. 2014. 膜技术分离-富集-仪器分析联用检测水环境中 POPs 的研究. 南昌航空大学硕士学位论文.

马新东, 王艳洁, 那广水, 林忠胜, 周传光, 王震, 姚子伟. 2008. 北极新奥尔松地区有机氯农药和多氯联苯在不同环境样品中的浓度及特性. 极地研究, 20(4): 329-337.

彭晓俊, 庞晋山, 邓爱华, 梁伟华, 梁优珍, 温绮靖. 2012. 改性多壁碳纳米管固相萃取-高效液相色谱法测定农产品中痕量残留的 4 种有机氯农药. 色谱, 30(9): 966-970.

秦迪. 2014. 新型固相萃取填料的性能评价及其在农药残留检测中的应用. 哈尔滨工业大学硕士学位论文.

邵阳, 杨国胜, 韩深, 马玲玲, 罗敏, 刘韦华, 徐殿斗. 2016. 加速溶剂萃取-硅胶萃取净化-气相色谱/质谱法检测地表水中有机氯农药和多氯联苯.分析化学, 44(5): 698-706.

石超英, 孙维萍, 卢冰, 蔡明红, 王自磐. 2008. 南极企鹅粪土沉积柱样、蛋卵中 OCPs、PCBs 含量分布及其环境意义. 极地研究, 20(3): 240-247.

石杰, 龚炜, 程玉山, 刘惠民, 蔡君兰. 2007. 基质固相分散技术在农药残留分析中的应用. 化学通报, 70(6) 467-470.

汪雨. 2006. 土壤和水中有机氯农药的分析方法研究. 吉林农业大学硕士学位论文.

王自磐, Peter H-U. 2002. 南极长城站和中山站贼鸥种群生态学比较研究.极地研究, 14(2): 83-92.

韦燕莉, 鲍恋君, 巫承洲, 曾永平. 2014. 快速城市化区域表层土壤中杀虫剂的空间分布及风险评估. 环境科学, 35(10): 3822-3829.

武晓果. 2011. 北太平洋以及北极地区海洋边界层大气持久性有机化合物研究：来源、趋势和过程. 中国科学技术大学博士学位论文, 2011.

肖俊峰. 2004. 固相微萃取技术应用于有机氯农药分析的研究. 中国科学院大连化学物理研究所硕士学位论文.

许桂苹, 欧小辉, 梁柳玲, 秦旭芝. 2010. 加速溶剂萃取-固相萃取及铜粉净化技术在土壤有机氯农药分析中的应用. 环境科学学报, 30(11): 2250-2255。

闫研. 2008. 微生物好氧降解氯丹的研究. 大连理工大学硕士学位论文.

杨宗岱, 黄凤鹏, 吴宝玲. 1992. 菲尔德斯半岛潮间带生物生态学的研究. 南极研究(中文版), 4(4): 74-83.

姚子伟, 江桂斌, 蔡亚岐, 徐恒振, 马永安. 2002. 北极地区表层海水中持久性有机污染物和重金属污染的现状. 科学通报, 15: 1196-1200.

尹雪斌, 孙立广, 潘灿平. 2004. 南极苔原植物-土壤系统中 HCH，DDT 的生物富集特征. 自然科学进展, 14: 822-825.

余鹏. 2011. 北极海域表层沉积物中有机氯农药的含量、分布及对映体特征. 浙江工业大学硕士学位论文.

袁林喜, 祁士华. 2011. 鸟类对持久性有机污染物的定向传输作用研究进展. 环境化学, 30(12): 1983-1992.

苑金鹏. 2013. 溴代阻燃剂的分析方法及其在黄河三角洲土壤中的污染特征. 山东大学博士学位论文.

臧振亚. 2014. 持久性有机污染物——七氯在渭河沉积物中吸附动力学及阻滞因子的研究. 长安大学硕士学位论文.

赵昕. 2014. 测定污泥中环境激素类物质的基质固相分散萃取样品前处理技术研究. 苏州科技学院硕士学位论文.

周纯. 2014. 食品与环境样品中农药残留检测新方法研究. 华东理工大学硕士学位论文.

Alexeeva L B, Strachan W M J, Shlychkova V V, Nazarova A A, Nikanorov A M, Korotova L G, Koreneva V I. 2001. Organochlorine pesticide and trace metal monitoring of Russian rivers flowing to the Arctic Ocean: 1990-1996. Marine Pollution Bulletin, 43(1-6): 71-85.

Andersen G, Kovacs K M, Lydersen C, Skaare J U, Gjertz I, Jenssen B M. 2001. Concentrations and patterns of organochlorine contaminants in white whales (*Delphinapterus leucas*) from Svalbard, Norway. Science of the Total Environment, 264(3): 267-281.

Arctic Monitoring and Assessment Programme. 2004. AMAP Assessment 2002: Persistent Organic Pollutants in the Arctic. Oslo, Norway: Arctic Monitoring and Assessment Programme (AMAP).

Becker S, Halsall C J, Tych W, Kallenborn R, Su Y, Hung H. 2008. Long-term trends in atmospheric concentrations of α- and γ-HCH in the Arctic provide insight into the effects of legislation and climatic fluctuations on contaminants levels. Atmospheric Environment, 42: 8225-8233.

Bentzen T W, Muir D C G, Amstrup S C, O'Hara T M. 2008. Organohalogen concentrations in blood and adipose tissue of Southern Beaufort Sea polar bears. Science of the Total Environment, 406: 352-367.

Bidleman T F, Walla M D, Roura R, Carr E, Schmidt S. 1993. Organochlorine pesticides in the atmosphere of the Southern Ocean and Antarctica, January-March, 1990. Marine Polluton Bulletin, 26: 258-262.

Blais J, Kimpe L, McMahon D, Keatley B, Mallory M, Douglas M, Smol J. 2005. Arctic seabirds transport marine-derived contaminants. Science, 309(5733): 445.

Borgå K, Gabrielsen G W, Skaare J U, Kleivane L, Norstrom R J, Fisk A T. 2005. Why do organochlorine differences between Arctic regions vary among trophic levels? Environmental Science & Technology, 39(12): 4343-4352.

Borghini F, Grimalt O J, Sanchez-Hernandez J C, Bargagli R. 2005. Organochlorine pollutants in soils and mosses from Victoria Land (Antarctica). Chemosphere, 58 (3): 271-278.

Cai M, Qiu C, Shen Y, Cai M, Huang S, Qian B, Sun J, Liu X. 2010. Concentration and distribution of 17 organochlorine pesticides (OCPs) in seawater from the Japan Sea northward to the Arctic Ocean. Science China: Chemistry, 53 (5): 1033-1047.

Choy E S, Kimpe L E, Mallory M L, Smol J P, Blais J M. 2010. Contamination of an arctic terrestrial food web with marine-derived persistent organic pollutants transported by breeding seabirds. Environmental Pollution, 158 (11): 3431-3438.

Cincinelli A, Martellini T, Bubba M D, Lepri L, Corsolini S, Borghesi N, King M D, Dickhut R M. 2009. Organochlorine pesticide air-water exchange and bioconcentration in krill in the Ross Sea. Environmental Pollution, 157 (7): 2153-2158.

Corsolini S, Borghesi N, Ademollo N, Focardi S. 2011. Chlorinated biphenyls and pesticides in migrating and resident seabirds from East and West Antarctica. Environment International, 37: 1329-1335.

de Wit C A, Herzke D, Vorkamp K. 2010. Brominated flame retardants in the Arctic environment-trends and new candidates. Science of the Total Environment, 408: 2885-2918.

Dietz R, Riget F F, Sonne C, Letcher R, Born E W, Muir D C G. 2004. Seasonal and temporal trends in polychlorinated biphenyls and organochlorine pesticides in East Greenland polar bears (*Ursus maritimus*), 1990-2001. Science of the Total Environment, 331 (1-3): 107-124.

Ding X, Wang X M, Wang Q Y, Xie Z Q, Xiang C H, Mai B X, Sun L G. 2009. Atmospheric DDTs over the North Pacific Ocean and the adjacent Arctic region: Spatial distribution, congener patterns and source implication. Atmospheric Environment, 43 (28): 4319-4326.

Ding X, Wang X M, Xie Z Q, Xiang C H, Mai B X, Sun L G, Zheng M, Sheng G Y, Fu J M. 2007. Atmospheric hexachlorocyclohexanes in the North Pacific Ocean and the adjacent Arctic region: Spatial patterns, chiral signatures, and sea-air exchanges. Environmental Science &Technology, 41: 5204-5209.

Dubowski Y, Hoffmann R M. 2000. Photochemical transformations in ice: Implications for the fate of chemical species. Geophysical Research Letter, 27 (20): 3321-3324.

Evenset A, Christensen G N, Skotvold T, Fjeld E, Schlabach M, Wartena E, Gregor D. 2004. A comparison of organic contaminants in two high Arctic lake ecosystems, Bjørnøya (Bear Island), Norway. Science of the Total Environment, 318: 125-141.

Ewald G, Larsson P, Linge H, Okla L, Szarzi N. 1998. Biotransport of organic pollutants to an inland Alaska lake by migrating sockeye salmon (*Oncorhyncus nerka*). Arctic, 51: 40-47.

Fisk A T, Tittlemier S A, Pranschke J L, Norstrom R J. 2008. Using anthropogenic contaminants and stable isotopes to assess the feeding ecology of Greenland sharks. Ecology, 83 (8): 2162-2172.

Gebbink W A, Sonne C, Dietz R, Kirkegaard M, Born E W, Muir D C G, Letcher R J. 2008. Target tissue selectivity and burdens of diverse classes of brominated and chlorinated contaminants in polar bears (*Ursus maritimus*) from East Greenland. Environmental Science & Technology, 42 (3): 752-759.

Gebbink W A, Sonne C, Dietz R. 2008. Tissue-specific congener composition of organohalogen and metabolite contaminants in East Greenland polar bears (*Ursus maritimus*). Environmental Pollution, 152 (3): 621-629.

Herbert B M I, Villa S, Halsall C J, Jones K C, Kallenborn R. 2005. Rapid changes in PCBs and OC pesticide concentrations in Arctic snow. Environmental Science & Technology, 39: 2998-3005.

Hung H, Kallenborn R, Breivik K, Su Y, Brorström-Lundén E, Olafsdottir K, Thorlacius M J, Leppänen S, Bossi R, Skov H, Manø S, Patton W G, Stern G, Sverko E, Fellin P. 2010. Atmospheric monitoring of organic pollutants in the Arctic under the Arctic Monitoring and Assessment Programme (AMAP): 1993-2006. Science of the Total Environment, 408 (15): 2854-2873.

Ingersoll C G, Haverland P S, Brunson E L, Canfield T J, Dwyer F J, Henke C E, Kemble N E, Mount D R, Fox R G. 1996. Calculation and evaluation of sediment effect concentrations for the amphipod *Hyalella azteca* and the midge *Chironomus riparius*. Journal of Great Lakes Research, 22 (22): 602-623.

Iwata H, Tanabe S, Sakai N, Tatsukawa R. 1993. Distribution of persistent organochlorines in the oceanic air and surface seawater and the role of ocean on their global transport and fate. Environmental Science & Technology, 27 (6): 1080-1098.

Iwata H, Tanabe S, Ueda K, Tatsukawa R. 1995. Persistent organochlorine residues in air, water, sediments, and from the lake Baikal region, Russia. Environment Science & Technology, 29: 792-801.

Jiao L, Zheng G J, Minh T B, Richardson B J, Chen L, Zhang Y, Yeung L W Y, Lam J C W, Yang X, Lam P K S. 2009. Persistent toxic substances in remote lake and coastal sediments from Svalbard, Norwegian Arctic: Levels, sources and fluxes. Environmental Pollution, 157 (4): 1342-1351.

Kallenborn R, Christensen G, Evenset A, Schlabach M, Stohl A. 2007. Atmospheric transport of persistent organic pollutants (POPs) to Bjørnøya (Bear Island). Journal of Environmental Monitoring, 9 (10): 1082-1091.

Kallenborn R, Oehme M, Wynn-Williams D D, Schlabach M, Harris J. 1998. Ambient air levels and atmospheric long-range transport of persistent organochlorines to Signey Island, Antarctica. Science of the Total Environment, 220 (2-3): 167-180.

Kang J H, Son M H, Hur S D, Hong S, Motoyama H, Fukui K, Chang Y S. 2012. Deposition of orgabochlorine pesticides into the surface snow of East Antarctica. Science of the Total Environment, 433: 290-295.

Kelly B C, Ikonomou M G, Blair J D, Gobas F A. 2008. Hydroxylated and methoxylated polybrominated diphenyl ethers in a Canadian Arctic marine food web. Environmental Science & Technology, 42 (19): 7069-7077.

Khairy M A, Luek J L, Dickhut R, Lohmann R. 2016. Levels, sources and chemical fate of persistent organic pollutants in the atmosphere and snow along the Western Antarctic Peninsula. Environmental Pollution, 216: 304-313.

Klanova J, Matykiewiczova N, Macka Z, Prosek P, Laska K, Klan P. 2008. Persistent organic pollutants in soils and sediments from James ROSS Island, Antarctica. Environment Pollution, 152 (2): 416-423.

Larsson P, Jarnmark C, Sodergren A. 1992. PCBs and chlorinated pesticides in the atmosphere and aquatic organisms of Ross Island, Antarctica. Marine Pollution Bulletin, 25: 281-287.

Long E R, Macdonald D D, Smith S L, Calder F D. 1995. Incidence of adverse biological effects with ranges of chemical concentrations in marine and estuarine sediments. Environmental Management, 19 (1): 81-97.

Ma J, Hung H, Tian C, Kallenborn R. 2011. Revolatitization of persistent organic pollutants in the Arctic induced by climate change. Nature Climate Change, 1 (5): 255-260.

Ma Y, Xie Z, Halsall C, Möller A, Yang H, Zhong G, Cai M, Ebinghaus R. 2015. The spatial distribution of organochlorine pesticides and halogenated flame retardants in the surface sediments of an Arctic fjord: The influence of ocean currents *vs*. glacial runof. Chemosphere, 119: 953-960.

Macdonald R W, Barrie L A, Bidleman T F, Diamond M L, Gregor D J, Semkin R G, Strachan W M J, Li Y F, Wania F, Alaee M, Alexeeva L B, Backus S M, Bailey R, Bewers J M, Gobeil C, Halsall C J, Harner T, Hoff J T, Jantunen L M M, Lockhart W L, Mackay D, Muir D C G, Pudykiewicz J, Reimer K J, Smith J N, Stern G A, Schroeder W H, Wagemann R, Yunkern M B. 2000. Contaminants in the Canadian Arctic: 5 years of progress in understanding sources, occurrence and pathways. Science of the Total Environment, 254: 93-234.

Macdonald R W, Harner T, Fyfe J. 2005. Recent climate change in the Arctic and its impact on contaminant pathways and interpretation of temporal trend data. Science of the Total Environment, 342: 5-86.

Mckinney M A, Guise S D, Martineau D, Béland P, Lebeuf M, Letcher RJ. 2006. Organohalogen contaminants and metabolites in beluga whale (*Delphinapterus leucas*) liver from two Canadian populations. Environmental Toxicology & Chemistry, 25 (5): 1246-1257.

Meire R O, Khairy M, Targino A C, Galvão P M A, Torres J P M, Malm O, Lohmann R. 2016. Use of passive samplers to detect organochlorine pesticides in air and water at wetland mountain region sites (S-SE Brazil). Chemosphere, 144: 2175-2182.

Michelutti N, Liu H, Smol J P, Kimpe L E, Keatley B E, Mallory M, Macdonald R W, Douglas M S, Blais J M. 2009. Accelerated delivery of polychlorinated biphenyls (PCBs) in recent sediments near a large seabird colony in Arctic Canada. Environmental Pollution, 157 (10): 2769-2775.

Montone R C, Taniguchi S, Boian C, Weber R R. 2005. PCBs and chlorinated pesticides (DDTs, HCHs and HCB) in the atmosphere of the southwest Atlantic and Antarctic oceans. Marine Pollution Bulletin, 50: 778-782.

Moon H B, Ok G. 2006. Dietary intake of PCDDs, PCDFs and dioxin-like PCBs, due to the consumption of various marine organisms from Korea. Chemosphere, 62 (7): 1142-1152.

Myers M J, Ylitalo G M, Krahn M M, Boyd D, Calkins D, Burkanov V, Atkinson S. 2008. Organochlorine contaminants in endangered Steller sea lion pups (*Eumetopias jubatus*) from western Alaska and the Russian Far East. Science of the Total Environment, 396 (1): 60-69.

Negoita T G, Covaci A, Gheorghe A, Schepens P. 2003. Distribution of polychlorinated biphenyls (PCBs) and organochlorine pesticides in soils from the East Antarctic coast. Journal of Environment Monitoring, 5 (2): 281-286.

Oehme M, Haugen J E, Kallenborn R. 1994. Polychlorinated compounds in Antarctic air and biota: similarities and differences compared to the Arctic. Organohalogen Compound, 20: 523-528.

Orre S, Gao Y, Drange H, Nilsen J E Ø. 2007. A reassessment of the dispersion properties of ^{99}Tc in the North Sea and the Norwegian Sea. Journal of Marine System, 68 (1-2): 24-38.

Persaud D, Gaagumagi R, Hayton A. 1993. Guidelines for the protection and management of aquatic sediment quality in Ontario. Ontario: Ministry of Environment and Energy.

Pozo K, Harner T, Wania F, Muir C G D, Jones C K, Barrie A L. 2006. Toward a global network for Persistent organic pollutants in air: Results from the GAPS study. Environmental Science & Technology, 40: 4867-4873.

Pućko M, Stern G A, Macdonald R W, Barber D G, Rosenberg B, Walkusz W. 2013. When will α-HCH disappear from the western Arctic Ocean? Journal of Marine System, 27: 88-100.

Sandala G M, Sonne-Hansen C, Dietz R, Muir D C G, Valters K, Bennett E R, Born E W, Letcher R J. 2004. Hydroxylated and methyl sulfone PCB metabolites in adipose and whole blood of polar bear (*Ursus maritimus*) from East Greenland. Science of the Total Environment, 331 (1-3): 125-141.

Shunthirasingham C, Gawor A, Hung H, Brice KA, Su K, Alexandrou N, Dryfhout-Clark H, Backus S, Sverko E, Shin C, Park R, Noronha R. 2016. Atmospheric concentrations and loadings of organochlorine pesticides and polychlorinated biphenyls in the Canadian Great Lakes Basin (GLB): Spatial and temporal analysis (1992-2012). Environmental Pollution, 217: 124-133.

Stange K, Klungsøyr J. 1997. Organochlorine contaminants in fish and polycyclic aromatic hydrocarbons in sediments from the Barents Sea ices. Journal of Marine Science, 54 (3): 318-332.

Strachan W M J, Fisk A, Texeira C F, Burniston D A, Norstron R. 2000. PCBs and organochlorine pesticide concentrations in the waters of the Canadian Archipelago and other Arctic regions.Abstract 13. //Workshop on Persistent Organic Pollutants in the Arctic: Human Health and Environmental Concerns. Rovaneimi, Finland, January, 2000.

Su Y, Hung H, Blanchard P, Patton G W, Kallenborn R, Konoplev A, Fellin P, Li H, Geen C, Stern G, Rosenberg B, Barrie L A. 2006. Spatial and seasonal variations of hexachlorocyclohexanes (HCHs) and hexachlorobenzene (HCB) in the Arctic atmosphere. Environment Science & Technology, 40 (21): 6601-6607.

Su Y, Hung H, Blanchard P, Patton G W, Kallenborn R, Konoplev A, Fellin P, Li H, Geen C, Stern G, Rosenberg B, Barrie L A. 2008. A circumpolar perspective of atmospheric organochlorine pesticides (OCPs): Results from six Arctic monitoring stations in 2000-2003. Atmospheric Environment, 42: 4682-4698.

Tanabe S, Tatsukawa R, Kawano M, Hidaka H. 1982. Globle distribution and atmospheric transport of chlorinated hydrocarbons: HCH (BHC) isomers and DDT compounds in Western Pacific, Eastern Indian and Antarctic Oceans. Journal of the Oceangraphical Society of Janpan, 38: 137-148.

Verreault J, Muir D C G, Norstrom R J, Stirling I, Fisk A T, Gabrielsen G W, Derocher A E, Evans T J, Dietz R, Sonne C. 2006. Chlorinated hydrocarbon contaminants and metabolites in polar bears (*Ursus maritimus*) from Alaska, Canada, East Greenland, and Svalbard: 1996-2002. Science of the Total Environment, 351: 369-390.

Vorkamp K, Christensen J H, Riget F. 2004. Polybrominated diphenyl ethers and organochlorine compounds in biota from the marine environment of East Greenland. Science of the Total Environment, 331 (1-3): 143-155.

Vorkamp K, Rigét F F, Glasius M, Muir D C G, Dietz R. 2008. Levels and trends of persistent organic pollutants in ringed seals (*Phoca hispida*) from Central West Greenland, with particular focus on polybrominated diphenyl ethers (PBDEs). Environment International, 34 (4): 499-508.

Wang C, Wang X, Yuan X, Ren J, Gong P. 2015. Organochlorine pesticides and polychlorinated biphenyls in air, grass and yak butter from Namco in the central Tibetan Plateau. Environmental Pollution, 201: 50-57.

Wang W, Wang Y, Zhang R, Wang S, Wei C, Chaemfa C, Li J, Zhang G, Yu K. 2016. Seasonal characteristics and current sources of OCPs and PCBs and enantiomeric signatures of chiral OCPs in the atmosphere of Vietnam. Science of the Total Environment, 542: 777-786.

Wania F. 2003. Assessing the potential of persistent organic chemicals for long-range transport and accumulation in polar regions. Environment Science & Technology, 37: 1344-1351.

Wolkers H, Corkeron P J, Parijs S M V, Similä T, Bavel B V. 2007. Accumulation and transfer of contaminants in killer whales (*Orcinus orca*) from Norway: Indications for contaminant metabolism. Environmental Toxicology & Chemistry, 26 (8): 1582-1590.

Wu X, Lam J C W, Xia C, Kang H, Xie Z, Lam P K S. 2011. Atmospheric concentrations of DDTs and chlordanes measured from Shanghai, China to the Arctic Ocean during the Third China Arctic Research Expedition in 2008. Atmospheric Environment, (45): 3750-3757.

Yao Z, Jiang G, Xu H. 2002. Distribution of organochlorine pesticides in seawater of the Bering and Chukchi Sea. Environmental Pollution, 116: 49-56.

Yoshikatsu T, Takumi T, Kenji D, Mick S, Yasuyuki S. 2016. Recent decline of DDTs among several organochlorine pesticides in background air in East Asia. Environmental Pollution, 217: 134-142.

Zhang H, Wang Z, Lu B, Zhu C, Wu G, Walter V. 2007. Occurrence of organochlorine pollutants in the eggs and dropping-amended soil of Antarctic large animals and its ecological significance. Science in China Series D (Earth Sciences), 50 (7): 1086-1096.

Zhang Q, Chen Z, Li Y, Wang P, Zhu C, Gao G, Xiao K, Sun H, Zheng S, Liang Y, Jiang G. 2015. Occurrence of organochlorine pesticides in the environmental matrices from King George Island, west Antarctica. Environmental Pollution, 206: 142-149.

第3章　极地多氯联苯的赋存与环境行为

本章导读

- 多氯联苯的分析方法，包括样品的采集、提取、净化方法和常用的仪器分析方法
- 极地大气 PCBs 的浓度水平与污染特征
- 极地土壤及植物 PCBs 的浓度水平与污染特征
- PCBs 在南北极海水、海洋沉积物和不同海洋生物中的赋存情况及生物富集情况

多氯联苯(PCBs)是联苯经氯化而形成的氯代芳烃类化合物，PCBs 一直被普遍认为是工业 POPs 的代表，PCBs 的生产开始于 20 世纪 30 年代，最先在美国、德国以及法国大范围生产和使用。PCBs 的生产在 1980 年达到最高峰，据估计当年 PCBs 的全球生产量达到了 7.6 万 t(Erickson and Kaley，2011)。而最早关于环境中 PCBs 的报道是在 1972 年北美地区环境中的 PCBs 浓度水平研究，在 20 世纪 70 年代之后，各个国家和地区相继对 PCBs 的生产和使用进行了控制(Diefenbacher et al.，2016；Song et al.，2010)。目前，全球已经没有 PCBs 的生产地区，由于工业化学品没有天然排放源，因此 PCBs 产量可以为环境中 PCBs 含量的计算和估计提供指导。根据历史资料估计，PCBs 的生产量在 132.4 万 t 左右，但由于 PCBs 在一些国家及地区的非法生产，这个数据实际上要低于 PCBs 真实的生产量(Song et al.，2010)。PCBs 的生产过程主要是联苯的氯化过程，根据反应条件的不同，氯化程度在 21%～68%(质量分数)，因而在全球范围内出现不同氯代数的 PCBs 工业化学品，但由于各地生产厂使用的合成技术类似，各地区 PCBs 工业化学品的 PCBs 单体所占比例相差不大(Lakshmanan et al.，2010)。PCBs 广泛用于开放、半封闭以及封闭体系，其中开放性体系包括用于塑料袋、润滑油、墨水、颜料、黏合剂、石灰以及混凝土的添加剂等；半封闭以及封闭体系包括用于水热交换流体、汽车的电容器、家用电力装置以及真空泵仪器中。在世界范围内，电力相关的公司对 PCBs 的使用量最大(Erickson and Kaley，2011)。由于温度对蒸气压的影响，PCBs 很容易在温度的作用下从其他环境界面迁移至气相中，从而影响大气

中 PCBs 的浓度以及单体分布特征(Nadal et al.，2015)。由于不同氯代程度的单体从其他环境介质迁移至气相中所需要的能量(如蒸发过程的焓)不同，因而温度对不同单体迁移的影响不同，高氯代单体受温度影响更严重(Teran et al.，2012；Bustnes et al.，2010)。尽管目前在全球范围内已经基本不存在 PCBs 产品的生产行为，但仍然有 PCBs 通过燃烧以及降解过程排放到环境中，其中受到广泛关注的主要是具有高毒性的 12 种二噁英类 PCBs 单体以及在环境和生物体中占有较大比例的指示性 PCBs(Nost et al.，2015)。

由于 PCBs 具有 POPs 的四大特征，即高毒性、环境持久性、长距离传输性及生物富集性，其对生态环境和人体健康造成不可忽视的潜在危害。因此在 2001 年 PCBs 被列入《斯德哥尔摩公约》中首批被禁止生产和使用的 POPs 名单。虽然自 20 世纪 70 年代起 PCBs 在世界范围内被陆续禁止生产和使用，但是其在环境介质中仍然被广泛检出。南北极虽然远离人类聚集区和工业区，但是目前极地环境介质中仍然有 PCBs 的明显检出。早在 1976 年 Risebrough 等(1976)首次报道了南极降雪和企鹅蛋中 PCBs 的检出，并提出大气传输而不是洋流传输是 PCBs 到达南极的主要传输途径。自此，不断有文献报道了极地地区 PCBs 等 POPs 的赋存和迁移转化规律。

3.1 样品采集及分析技术

环境介质中 PCBs 的含量处于痕量或超痕量水平，在南北极等偏远地区环境介质中的 PCBs 浓度往往在纳克甚至皮克级别，对样品的分析造成一定的困难。同时对于不同的环境介质，其基质复杂多样，对 PCBs 准确定性定量容易造成干扰，因此需要一定的样品前处理技术。PCBs 一共包括 209 种同系物，实际样品分析过程中一般不对所有的 PCBs 同系物进行定性定量。7 种指示性 PCBs 单体(CB-28、CB-52、CB-118、CB-138、CB-153、CB-180、CB-209)在环境中具有相对较高的含量，是主要的分析对象。另外，12 种具有二噁英毒性的 PCBs 单体(DL-PCBs)由于具有与二噁英相似的毒性(其毒性当量因子见表 3-1)，也是重点关注的 PCBs 单体。分析环境基质中的 PCBs 一般经过三个步骤：样品萃取、样品净化和仪器分析。

表 3-1 DL-PCBs 的毒性当量因子

	WHO_{1998}-TEF	WHO_{2005}-TEF
PCB-77	0.0001	0.0001
PCB-81	0.0001	0.0003
PCB-126	0.1	0.1

续表

	WHO$_{1998}$-TEF	WHO$_{2005}$-TEF
PCB-169	0.01	0.03
PCB-105	0.0001	0.00003
PCB-114	0.0005	0.00003
PCB-118	0.0001	0.00003
PCB-123	0.0001	0.00003
PCB-156	0.0005	0.00003
PCB-157	0.0005	0.00003
PCB-167	0.00001	0.00003
PCB-189	0.0001	0.00003

3.1.1　样品采集

南北极处于远离人类居住区的偏远地区，这就为极地大气样品的采集带来了难度，根据不同的实验目的需要选择适合偏远地区、极端天气情况采样的方法。目前常用的极地大气 PCBs 采样方法主要有主动采样法以及被动采样法(Zhang et al.，2008；Klanova et al.，2006)。主动采样过程主要是通过大气主动采样器完成，采样器的气泵可形成负压使大气通过采样器，大气中吸附在颗粒物上的有机物由玻璃纤维滤膜收集，而在气相中的有机物则富集在聚氨酯泡沫(PUF)上。采集的大气样品体积是将采样器内设的大气流量与采样时间相乘，主动采样可实现短期连续样品的采集。被动采样是将采样装置放置在采样点处，通过大气扩散收集大气中的有机物(Peverly et al.，2015)，常用的被动采样包括半透膜被动采样装置(SPMDs)、聚氨酯泡沫(PUF)被动采样装置以及 XAD 树脂被动采样装置。其中 SPMDs 主要是由一种类脂类物质装入半透膜袋中制成，污染物通过脂-气分配过程富集在 SPMD 上。PUF 采样方式与 SPMD 相似，主要通过 PUF 垫对大气中有机污染物进行吸附采样。XAD 是非离子型树脂，是苯乙烯-二乙烯基苯共聚物，对有机物有明显的吸附作用，XAD 采样装置是由 XAD 树脂作为吸附剂，放入不锈钢网装容器制成。XAD 对有机物有较高且稳定的吸附容量。

主动采样技术能够进行短期样品采集，因而能实现对部分区域一段时间内大气环境中污染物分布的监测，与主动采样技术相比，被动采样技术不需要电源，操作简单，并且可实现多点同时采样，因此被动采样技术常用于偏远地区大范围长期样品的采集(Wania et al.，2003)。

3.1.2　样品萃取

对于固体样品的萃取，常用的样品萃取方法主要有索氏提取法(SE)以及加速溶剂萃取法(ASE)(De Castro and García-Ayuso，1998；Richter et al.，1996)。常用的萃取溶剂有正己烷、甲苯、二氯甲烷、正己烷/二氯甲烷和正己烷/丙酮混合液等。双溶剂混合液(包括极性和非极性溶剂)因萃取效率高而被广泛应用。

索氏提取法是被广泛接受的环境样品经典提取方法，具有稳定的高回收率，并且因可以使用多类有机溶剂进行不同样品提取而应用范围较广(de Castro and García-Ayuso，1998)。一般在索氏装置提取样品之前需要用有机溶剂将装置清洗 8～12 h，因此可降低在提取过程中引入污染物的可能，同时提取过程一般是 24 h 以上，能够最大限度地将样品中的目标物提取出来，适用于目标物浓度较低的环境样品的提取。但也由于其提取时间较长，在将样品中目标物充分提取出来的同时也会将其他干扰物也一并提取出来，因此需要选择合适的提取溶剂以及有效的净化处理方法。

加速溶剂萃取是在高温以及高压状态下进行的有机溶剂萃取过程(Richter et al.，1996)。在高温以及高压状态下，有机溶剂对样品中目标物的提取效率大大提高，能够快速高效地完成样品的萃取。首先，样品会被放入密封的不锈钢提取池内；其次在加热过程中，样品与加压的有机溶剂充分作用，将样品中的目标物充分萃取至有机溶剂中；最后有机溶剂经高纯氮吹扫至接收瓶中。

近年来发展了一批新型的萃取技术，如自动索氏萃取、超声辅助萃取(ultrasonic-assisted extraction, UAE)、微波辅助萃取(microwave-assisted extraction, MAE)、超临界流体萃取(SFE)、加速溶剂萃取等。这些技术的优点在于显著降低了萃取时间和溶剂量，因此被广泛用于各种环境介质中 POPs 物质的萃取研究。

3.1.3 样品净化

环境样品中一般含有种类多且杂的各类物质，对目标物的检测产生干扰，这些干扰物不仅会影响目标物质的检测以及定量，浓度较高时甚至会对仪器造成不良影响(Snyder and Reinert 1971)。环境样品经过有机溶剂萃取后需要进一步净化去除干扰物才能进行仪器检测，一般环境样品中常见的干扰物有硫化物、脂类、色素以及大分子类物质等。环境样品的净化处理主要包括除硫、除脂、去除大分子物质和其他影响色谱分离和定性定量的干扰物质。除硫主要针对土壤和底泥样品，常用的方法包括：铜粉除硫和硝酸银硅胶除硫；生物样品除脂类和大分子类物质是净化处理的关键，常用的方法有凝胶渗透色谱法(GPC)、浓硫酸磺化、酸洗硅胶等，氧化铝柱、弗罗里土柱和硅胶柱也可以用于除脂类和大分子类物质等。GPC 是基于体积排阻的分离机理，通过具有分子筛性质的固定相，去除对目标组分有干扰的大分子和小分子物质。酸性硅胶除脂与浓硫酸除脂原理相同，区别在于将浓硫酸加入硅胶中，利用硅胶将磺化后的产物吸附。进一步的样品纯化包括硅胶柱、氧化铝柱、碳柱和弗罗里土柱等，通过目标物在色谱柱上保留行为的差别用不同极性溶剂进行洗脱，最终分离得到纯化后的目标分析物(Ras et al.，2009)。

目前针对 PCBs 的样品净化手段常以传统的人工填装净化柱为主，在填料准备和样品洗脱方面存在较大差异，但基本都能满足目标物的分析要求。20 世纪末由美国 FMS 公司推出了全自动样品前处理净化设备 FMS Power-Prep，该设备采用模块化设计，应用商品化净化柱(复合硅胶柱、氧化铝柱和碳柱)进行样品净化处理，可以有效分离 PCBs。仪器将人们从烦琐的手动样品前处理中解脱出来，有效提高了样品的前处理效率。

3.1.4　仪器检测

一般对 PCBs 的仪器检测主要有气相色谱法(GC)以及气相色谱-质谱联用法(GC-MS)。其中 GC 通过将样品气化，利用各组分在色谱柱两相中传质速率的不同而有效地实现各组分的分离，目前 GC 的技术成熟，运行成本较低，广泛应用于环境样品的检测中。

但 GC 在鉴定化合物结构方面的缺陷，限制了其在分析环境样品中 POPs 的应用。而质谱的出现有效地弥补了这一不足，MS 是通过将目标物离子化，以质荷比为分离依据，测定离子的谱峰强度以完成定量分析的检测方法。将能够实现有效分离的 GC 与能有效鉴定物质结构的 MS 结合起来，大大扩展了其在环境分析检测领域的应用(Stein，1999)。GC-MS 能够有效检测各类环境样品中 PCBs 的浓度水平以及单体分布特征，并且选择性高、干扰少(Santos and Galceran，2003)。但由于极地地区人类活动相对较少，本地的源排放不明显，因而其环境样品尤其是极地大气样品中 PCBs 含量都属于痕量或超痕量水平，这对检测仪器的灵敏度以及检出限又提出了更高的要求。高分辨气相色谱与高分辨质谱联用(high resolution gas chromatography-high resolution mass spectrum, HRGC/HRMS)相比传统 GC-MS，具有更高的质谱分辨率(分辨率≥10000)，其在检测效果上能够有效实现痕量 PCBs 单体的分离以及定量检测(Rushneck et al.，2004；Ferrario et al.，1997)。常用的 HRGC/HRMS 仪器条件如下：质谱电离方式为电子轰击(EI)，电子能量为 35 eV，trap 电流为 500 mA，采集方式为选择离子检测模式(SIR)，源温为 270℃，载气(He)流速为 1.0 mL/min，分辨率 R≥10000。色谱柱为 DB-5MS(0.25 mm ID×0.25 μm film，柱长 60 m)。无分流进样，进样量为 1 μL。气相色谱柱程序升温：120℃(1 min)～150℃(30℃/min)，150～300℃(1 min，2.5℃/min)。

3.2　极地大气 PCBs 的浓度水平与污染特征

南北极远离人类居住区，由于没有人类活动的影响，该地区没有显著的 POPs 排放源，因此大气中的 POPs 可以认定为是大气远距离传输造成(Wania and Mackay，1996)。全球蒸馏效应是目前全球较为认可的大气远距离传输的机制。通过各种途径迁移至大气中的 POPs，随大气进行迁移作用，由于不同纬度地区温度的影响，

POPs 会在中低纬地区挥发进入大气，而在温度较低的高纬度地区发生冷凝沉降，在极地地区积累下来。而由于不同季节温度的影响，POPs 也有可能会在一定较小纬度范围内发生挥发-沉降，由此产生短距离跳跃式的迁移过程，这种现象也称为“蚂蚱跳效应”(Wania et al.，2003)。

PCBs 能随大气从排放源迁移至偏远地区，目前关于大气中 PCBs 的迁移机制可以用不同模型来描述，其中主要的影响因素都是 PCBs 的浓度以及环境条件(温度、风速等)(Diefenbacher et al.，2015；Gioia et al.，2012)。南极地区作为全球最南端的地区，周边鲜少与国家接壤，属于较为孤立的地区，在此区域中没有明显的 PCBs 排放源，气温较低，经大气传输的 PCBs 容易在此处沉降。由于此地区较难达到，各类环境样品很难获得，关于此地区 PCBs 的研究鲜有报道。北极地区与南极相比，周边相邻更多的国家及地区(冰岛、挪威、俄罗斯、美国、加拿大以及丹麦)，更容易受到人类活动的影响，因此北极地区 PCBs 的变化特征除了受到大气远距离迁移影响之外，与周围国家及地区的 PCBs 迁移行为也有密切联系(Carrizo and Gustafsson，2011)。

南北极地区大气中 PCBs 的研究一直是国际上的研究热点。PCBs 已经在极地食物链中被检出，而 PCBs 的远距离传输更是增加了其在两极食物网中的负荷，总体看来南极生物中 PCBs 的浓度水平低于北极生物(Larsson et al.，1992；Fisk et al.，2005)。但对于南北极的大气环境中的 PCBs 研究而言，由于采样的困难性以及对于南北极大气中的 PCBs 痕量和超痕量的检测技术有限，目前关于南北极大气中 PCBs 的报道仍然较少。北极数据相较南极丰富全面，关于南极地区的数据大部分来自与南极区域邻近地区监测数据或者模型模拟数据，因而在分析 PCBs 全球迁移行为以及对比南北极 PCBs 分布特征时受到极大的限制。

3.2.1 南极大气 PCBs

最早关于南极 PCBs 的报道见于 20 世纪 60～70 年代，而后关于南极不同环境介质中 PCBs 浓度变化的研究确定了大气迁移是 PCBs 在南极出现的主要原因，而后在 1983 年出现了进一步关于南极大气环境中 PCBs 的迁移研究报道(Montone et al.，2003)。随着不同国家在南极建立科考站，南极不同地区 PCBs 的研究逐渐增加，与此同时，南极科考站作为当地 PCBs 的可能排放源的这一假设也被进一步研究，1990 年关于南极 Ross Land 区域 PCBs 的浓度水平以及变化特征的报道进一步证明了这一结论(Larsson et al.，1992)，该研究认为其南极科考站上垃圾的丢弃以及焚烧处理可能会造成此地区大气中 PCBs 浓度的升高。

为评估南极巴西科考站周围大气中 PCBs 的赋存特征，Montone 等(2003)对 1995～1996 年南极夏季时期采集的大气样品中的 9 种 PCBs 单体(CB-18、CB-52、CB-101、CB-118、CB-153、CB-138、CB-187、CB-128 以及 CB-180)进行分析，

结果表明 PCBs 各单体的浓度水平为 nd～33.2 pg/m^3，低氯代 PCBs(PCB-101 以及更低氯代的 PCBs)相较于高氯代单体更易挥发，因此更易受到大气长距离传输的影响，在南极大气 PCBs 中占有较高的比例(66.7%)。

Li 等(2012a)使用 PUF 被动采样方式研究了 2009～2010 年西南极夏季时期大气中的 PCBs 的赋存情况，发现指示性 PCBs(CB-28, CB-52, CB-101, CB-118, CB-138, CB-153 以及 CB-180)的浓度范围是 1.7～6.5 pg/m^3，并且 PCB-11 在所有的大气样品中均有检出，西南极大气中的 PCBs 主要以二氯代、三氯代以及四氯代 PCBs 为主。由于低氯代单体随大气迁移潜力更大，因此西南极大气中低氯代单体的高占比现象也说明大气远距离迁移过程对 PCBs 单体分布的影响。除此之外，研究还发现距离南极科考站近的采样点周围大气中 PCBs 浓度含量相比其他点位更高，反映了科考站作为 PCBs 潜在排放源的可能性。该研究团队还使用 XAD 树脂被动采样法分析了 2009～2010 年西南极全年的大气中 PCBs 的赋存情况(Li et al.，2012b)，结果发现 PCBs 的单体分布主要以四氯代、三氯代以及二氯代为主，PCB-11 也在所有的大气样品中均有检出，该研究与采用 PUF 被动采样法结论相同的是大气远距离迁移对西南极 PCBs 赋存的影响，而不同的是使用 XAD 树脂采样法分析得到的科考站附近采样点周围大气中 PCBs 浓度水平与其他点位相当，因此科考站作为 PCBs 潜在排放源的可能性可忽略。两项研究的采样点位以及各 PCBs 单体的具体对比分别如图 3-1 以及表 3-2 所示。从表中可以看出采用 PUF 被动采样的方式采集的大气中 PCBs 单体的浓度普遍高于使用 XAD 树脂被动

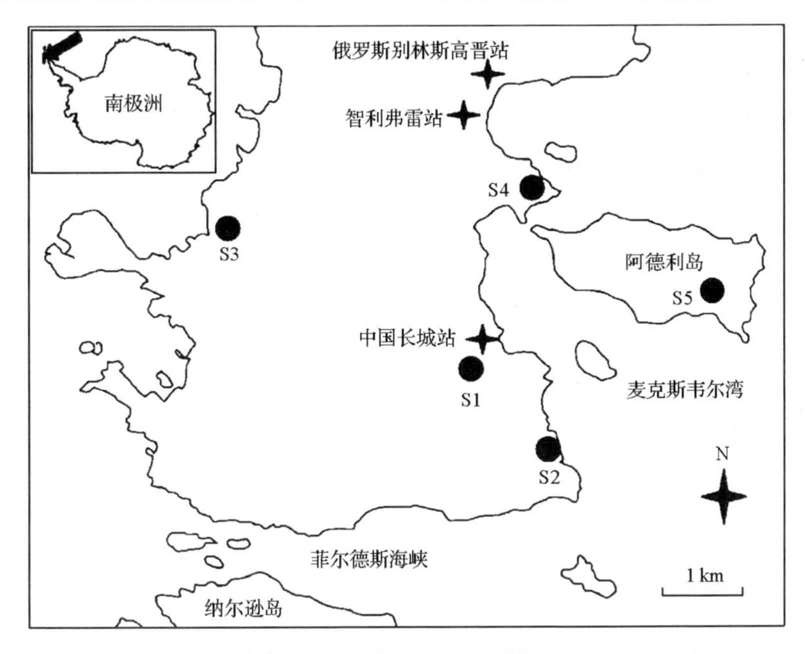

图 3-1　西南极被动大气采样点位分布图(Li et al.，2012a)

表 3-2　西南极各点位大气中 PCBs 的含量(pg/m^3)

	S1	S2	S3	S4	S5
CB-77	0.076[a]/0.006[b]	0.032[a]/0.010[b]	0.013[a]/0.006[b]	0.029[a]	0.014[a]/0.008[b]
CB-81	0.009[a]/n.d.[b]	n.d.[a]/n.d.[b]	0.001[a]/n.d.[b]	n.d.[a]	0.001[a]/0.004[b]
CB-105	0.074[a]/0.016[b]	0.026[a]/0.012[b]	0.001[a]/0.012[b]	0.052[a]	0.020[a]/0.016[b]
CB-114	0.011[a]/0.002[b]	0.004[a]/0.002[b]	0.002[a]/0.002[b]	0.007[a]	0.002[a]/0.004[b]
CB-118	0.197[a]/0.034[b]	0.07[a]/0.026[b]	0.042[a]/0.024[b]	0.148[a]	0.064[a]/0.036[b]
CB-123	0.024[a]/0.002[b]	0.006[a]/0.002[b]	0.004[a]/0.002[b]	0.006[a]	0.006[a]/ n.d.[b]
CB-126	0.010[a]/n.d.[b]	0.002[a]/ n.d.[b]	n.d.[a]/n.d.[b]	0.001[a]	n.d.[a]/n.d.[b]
CB-156	0.012[a]/0.004[b]	0.003[a]/0.002[b]	0.002[a]/0.002[b]	0.008[a]	0.004[a]/0.004[b]
CB-157	0.004[a]/n.d.[b]	0.001[a]/ n.d.[b]	n.d.[a]/n.d.[b]	0.002[a]	0.001[a]/n.d.[b]
CB-167	0.006[a]/0.002[b]	0.001[a]/0.002[b]	0.001[a]/ n.d.[b]	0.004[a]	0.002[a]/n.d.[b]
CB-169	0.003[a]/n.d.[b]	n.d.[a]/n.d.[b]	n.d.[a]/ n.d.[b]	n.d.[a]	n.d.[a]/n.d.[b]
CB-189	0.002[a]/n.d.[b]	n.d.[a]/n.d.[b]	n.d.[a]/ n.d.[b]	n.d.[a]	0.0003[a]/n.d.[b]
CB-28	3.46[a]/0.57[b]	5.53[a]/1.08[b]	1.70[a]/1.10[b]	5.10[a]	1.17[a]/0.28[b]
CB-52	0.67[a]/0.068[b]	0.62[a]/0.056[b]	0.24[a]/0.13[b]	0.78[a]	0.2[a]/0.21[b]
CB-101	0.19[a]/0.086[b]	0.10[a]/0.14[b]	0.05[a]/0.32[b]	0.16[a]	0.05[a]/0.084[b]
CB-138	0.18[a]/0.032[b]	0.05[a]/0.048[b]	0.03[a]/0.030[b]	0.11[a]	0.06[a]/0.036[b]
CB-153	0.26[a]/0.028[b]	0.07[a]/0.040[b]	0.04[a]/0.032[b]	0.17[a]	0.10[a]/0.040[b]
CB-180	0.039[a]/0.010[b]	0.009[a]/0.008[b]	0.006[a]/0.010[b]	0.029[a]	0.019[a]/0.012[b]
CB-11	12.2[a]/0.96[b]	23.9[a]/1.59[b]	5.16[a]/1.35[b]	31.4[a]	3.60[a]/0.97[b]
Σ 指示性 PCBs	5.00[a]/0.83[b]	6.44[a]/1.40[b]	2.10[a]/1.64[b]	6.50[a]	1.66[a]/0.70[b]
Σ 手性-PCBs	0.43[a]/0.066[b]	0.14[a]/0.056[b]	0.08[a]/0.048[b]	0.26[a]	0.11[a]/0.072[b]

注：采样点对应图 3-1。
a.数据来自 Li 等(2012a)；
b.数据来自 Li 等(2012b)。

采样法得到的结果，并且低氯代浓度差别较大，随着氯代数的增加，单体浓度差值逐渐减小，这种现象也与不同氯代单体的大气迁移潜力有关。

同团队的 Wang 等(2017)也采用主动采样方式对 2011～2014 年西南极大气中 PCBs 的赋存情况进行了三年的监测，监测结果如图 3-2 所示，指示性 PCBs 的浓度范围在 0.9～35.9 pg/m^3，PCBs 在气相中的比例要明显高于颗粒相，大气样品中发现手性 PCBs 的非外消旋残留现象，这表明大气和海水之间的 PCBs 交换对南极大气中 PCBs 的分布存在影响。实验还发现 2011～2012 年低氯代 PCBs(除 CB-11)浓度与温度变化呈现出显著的相关性，这说明温度的升高导致当地表面 PCBs 的再蒸发也是影响南极大气 PCBs 分布的一个因素。

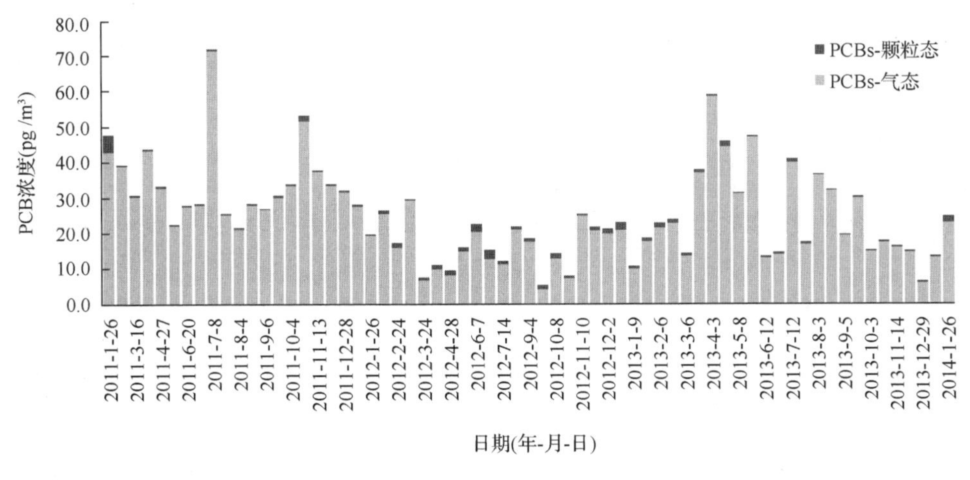

图 3-2　西南极大气 PCBs 浓度趋势图(Wang et al.，2017)

3.2.2　北极大气 PCBs

北极地区相对于南极与更多国家相邻，因此受到人类活动影响更大。20 世纪 90 年代起，科学家们建立了关于北极大气 POPs 污染的长期监测项目，即 AMAP。该项目设有四个北极大气监测站，分别是加拿大的 Alert，冰岛的 Storhofoi，斯瓦尔巴的 Zeppelin 和芬兰的 Pallas。监测结果显示近 20 年来(1993～2012 年)北极大气中的 PCBs 呈现缓慢下降的趋势，表明了主要污染排放源的减少，但是环境介质二次释放源的影响变得越来越重要(Hung et al., 2016)。2014 年，Zhang 等(2014)检测到新奥尔松地区大气中气相和颗粒相 PCBs 的浓度分别为 1.7～6.3 pg/m^3 和 9.2～141 pg/m^3，而 Σ_8PCBs 浓度为 0.63～30 pg/m^3，与 2010 年 Hung 等(2010)报道的浓度一致(5.7～34 pg/m^3)。Choi 等(2008)对北极斯瓦尔巴新奥尔松大气中 POPs 的被动采样研究表明，北极大气中 PCB 的总浓度为 95 pg/m^3，明显高于南极大气的浓度。北极大气中的 PCBs 以二氯、三氯等低氯代 PCBs 单体为主，污染来源方面受到大气长距离传输和科考站区排放源的共同影响。

Stern 等(1997)对 1992～1994 年北极大气中 PCBs 的观测数据进行了报道，其中 1993 年，对北极三个采样点进行同步数据采集，结果显示 PCBs 的平均浓度分别为 27.4 pg/m^3、17.0 pg/m^3 及 34.0 pg/m^3。三氯代 PCBs 单体是北极大气中 PCBs 的主要单体，不同采样点以及不同年份 PCBs 的差异与不同地区 PCBs 工业化学品的使用以及大气引起的这些 PCBs 发生迁移行为相关。为了研究季节变化以及长距离传输对大气环境中氯代有机物的赋存特征的影响，Oehme 等(1996)在 1993 年 3～12 月对北极新奥尔松地区大气中的 PCBs 进行连续监测，发现 PCBs 没有明显的季节性变化，北极大气中低氯代 PCBs 浓度变化具有显著的相关性。

关于北极大气中 PCBs 的研究情况总结如表 3-3 所示，从表中可以看出早期北极大气中 PCBs 的浓度水平波动范围较大，以 2000 年为分界点，PCBs 的浓度有一个下降趋势。极地 PCBs 也随年份增加逐渐从简单的总浓度分析转变为多类单体的深度分析。目前，北半球的各个工业化国家都已经明确禁止 PCBs 的生产和使用，虽然北极地区大气中 PCBs 浓度水平存在下降趋势，但关于其中 PCBs 的来源以及单体之间的相互转化的证据仍不明确，因而研究其在环境介质中的迁移和转化极为重要。

表 3-3　北极大气中 PCBs 的浓度水平

编号	采样时间（年）	单体	浓度（pg/m^3）	数据来源
1	1994～1995	CB-118, CB-114, CB-105, CB-156	28～561	（Helm et al., 2004）
2	1993～1999	CB-28, CB-31, CB-52, CB-101, CB-105, CB-118, CB-138, CB-156, CB-180	0.2～140	（Hung et al., 2005）
3	1994～1995	CB-28, CB-31, CB-52, CB-101, CB-105, CB-118, CB-138, CB-156, CB-180	1.3～8.4	（Hung et al., 2005）
4	1993～1994	CB-28, CB-31, CB-52, CB-101, CB-105, CB-118, CB-138, CB-156, CB-180	0.5～42	（Hung et al., 2005）
5	1993～1994	CB-28, CB-31, CB-52, CB-101, CB-105, CB-118, CB-138, CB-156, CB-180	0.3～22	（Hung et al., 2005）
6	2012	CB-28, CB-52, CB-101, CB-118, CB-105, CB-138, CB-153, CB-180	0.6～2.8	（Zhang et al., 2014）
7	2005～2006	*i*-PCBs+dl-PCBs	7.7～60.1	（Choi et al., 2008）
8	2005～2009	Tri-PCBs+Tetra-PCBs+Penta-PCBs	8.8～96	（Baek et al., 2011）

3.3　极地土壤及植物 PCBs 的浓度水平与污染特征

目前 PCBs 在极地土壤和植物样品中仍有明显检出。Wang 等（2012）对于南极菲尔德斯半岛附近的研究表明，土壤和沉积物中 PCBs 浓度在 60.1～1436 pg/g dw 之间，平均值为 410 pg/g dw，这与其他南极地区污染物的报道结果基本一致。Borghini 等（2005）报道的南极 Victoria Land 区域土壤中 PCBs 浓度在 0.36～0.59 ng/g dw 范围内；Klánová 等（2008）调查了 James Ross 岛土壤和沉积物中 PCBs、OCPs 和 PAHs 的浓度水平，发现其中指示性 PCBs 浓度分别在 0.51～1.82 ng/g dw 和 0.32～0.83 ng/g dw 之间。Fuoco 等（1995）分析了意大利南极考察期间获得的 Terra Nova 湾、Wood 湾和 Victoria Land 区域海洋、湖泊沉积物和土壤样品中 PCBs，其浓度分别在 45～361 pg/g、102～560 pg/g 和 61～120 pg/g 之间。Park 等（2010）对乔治王岛区域的调查发现 PCBs 浓度具有更低的检出水平（8.0～33.8 pg/g），这可能是由采样点和采样时间不同而导致的。

南极菲尔德斯半岛地衣和苔藓中PCBs总浓度分别在0.40～0.75 ng/g(平均值0.54 ng/g)和0.41～0.95 ng/g(0.67 ng/g)范围内。这两者均低于其他研究报道中PCBs浓度水平。如Negoita等(2003)报道南极俄罗斯科考站地衣中PCBs浓度为3.3 ng/g；Fuoco等(2009)报道南极Victoria Land区域苔藓中PCBs浓度为23～34 ng/g；Lead等(1996)报道挪威地区苔藓中PCBs浓度为6.1～52 ng/g。但是，Cabrerizo等(2012)报道了南极Deception和Livingstone Islands环境介质中的PCBs处于更低的浓度水平，该区域土壤、地衣和苔藓中PCBs的浓度分别达0.005～0.14 ng/g、0.04～0.61 ng/g、0.04～0.76 ng/g。

北极土壤和植物中PCBs的报道比较有限。Zhang等(2014)报道了北极新奥尔松地区土壤和沉积物中PCBs的浓度为2.76～10.8 ng/g和3.09～8.32 ng/g，植物样品中PCBs的浓度为22.5～56.3 ng/g。而Zhu等(2015)报道的北极新奥尔松地区土壤、苔藓中PCBs的浓度则分别为0.57～2.5 ng/g、0.43～1.2 ng/g，而不同草本类植物(仙女木、四棱岩须、苔草、高山发草、虎耳草)中PCBs的浓度处于较一致的水平(0.42～0.58 ng/g、0.48～0.63 ng/g、0.30～0.54 ng/g、0.37～0.46 ng/g、0.37 ng/g)。

极地土壤、地衣和苔藓中PCBs主要以中、低氯代单体为主，表明其主要受到大气长距离传输的影响。脂肪含量是影响地衣和苔藓中PCBs含量的重要因素，而有机质含量则是影响土壤中PCBs分布的重要因素。

3.4 北极海洋环境中PCBs的赋存水平

3.4.1 海水

Sobek等(2004)和Carrizo等(2011)报道了2001～2008年三次北极科考[分别为瑞典北极海洋考察SWEDARCTIC 2001、2005和国际西伯利亚陆棚研究(International Siberian Shelf Study，ISSS，2008)]航线海水中PCBs的含量(图3-3)。SWEDARCTIC 2001于2001年6～8月(为期65天)采集挪威海南部至北冰洋中心海域表层海水样品(包括溶解态和颗粒态)，研究不同纬度(62°～89°N)海水中PCBs的含量及同类物分布的差异性(Sobek and Gustafsson, 2004)。数据表明，随着采样位置纬度的升高，海水样品(溶解态和颗粒态)中∑PCBs的含量呈现出下降的趋势，北冰洋中心区域海水中多数PCBs的同类物含量在10～100 fg/L水平。此外，部分PCBs同类物在∑PCBs中的占比也呈现出纬度的差异性：随着纬度的升高，tri-PCB(三氯代PCBs)的占比升高，penta-PCB(五氯代PCBs)和hexa-PCB(六氯代PCBs)的占比下降，而tetra-PCB(四氯代PCBs)的占比与纬度没有相关性。SWEDARCTIC 2005于2005年7～8月(为期60天)采集白令海和北冰洋东部海域的海水样品(包括溶解态和颗粒态)；ISSS 2008于2008年8～9月(为期45天)采集科考航线(横贯巴伦支海后途经卡拉海、拉普捷夫海、东西伯利亚海以及俄罗斯部分的楚科奇海)上的海水样品(Carrizo and Gustafsson, 2011)。三次北极海洋科考的整体结果显示，泛北极陆架海海水中$\sum_{13}$PCBs 的平均浓度为 3.4 pg/L，浓度范围为 0.13～21 pg/L。欧洲、亚洲和美国部分泛北极陆架海样品中的浓度普遍高于北冰洋中央盆地、欧亚和加拿大盆地中的浓度。北冰洋中央盆地采集的海水样品中$\sum_{13}$PCBs 的浓度普遍较低，平均浓度为 0.5 pg/L，浓度范围为 0.3～1.1 pg/L。对 PCBs 同类物分布特征的结果显示：北冰洋内部和北极东北部陆架海(波弗特海、楚科奇海、东西伯利亚海、拉普捷夫海)样品中 tri-PCBs 的含量约占∑PCBs 含量的一半，而在北极西部海域(冰岛-格陵兰岛边缘海、巴伦支海和大西洋海域)样品中 penta-PCBs 和 hexa-PCBs 的含量远高于 tri-PCBs 的含量。

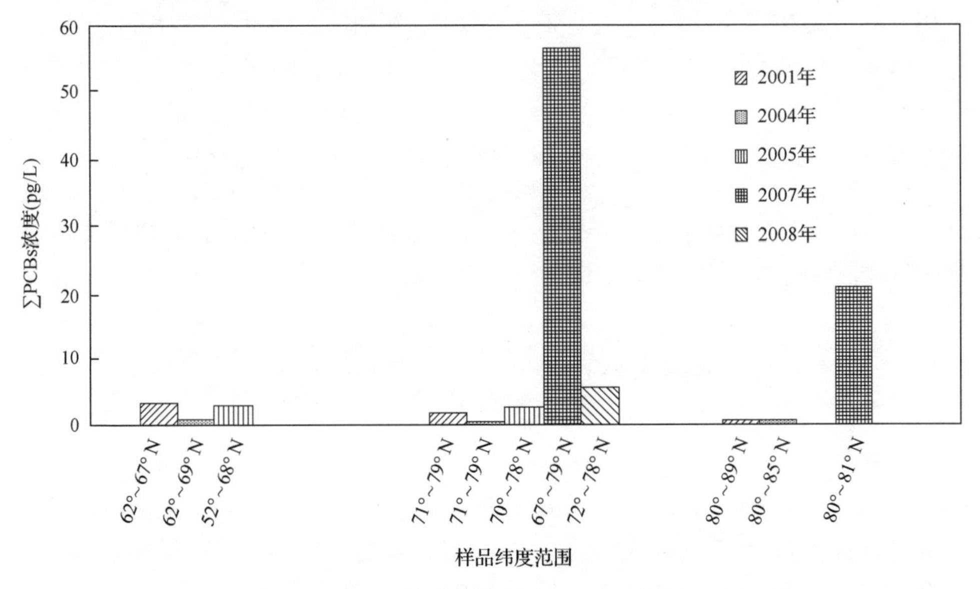

图 3-3　北极不同纬度海水中 PCBs 的残留水平

Gioia 等(2008)报道了 2004 年 7～8 月采集自 55°～85°N 区域(采样区域包括北海、挪威海、格陵兰海和北冰洋)表层海水中 PCBs 的浓度水平。海水的溶解态样品中 PCBs 同类物的浓度均低于 1 pg/L，且低氯代 PCBs 的含量高于高氯代同类物：PCB-28/31 的含量为 0.2～0.4 pg/L，PCB-52 为 0.1～0.4 pg/L，而 PCB-101、PCB-118 和 PCB-138 的含量在所有海水样品中均小于 0.1 pg/L。仅 PCB-138 和 PCB-153 在极少量颗粒态样品中检出，且大多浓度较低(＜0.1 pg/L)。该研究也发现了 PCBs 同类物分布特征与纬度的关系：随着纬度的升高，PCB-28 和 PCB-52 在∑PCBs 中的占比上升，而高氯代同类物的占比下降。

Galban-Malagon 等(2012)研究了 2007 年 7 月采集自西班牙科考(ATOS-I)航线(冰岛、北极冰缘区和斯瓦尔巴群岛)的海水(溶解态和颗粒态)中 PCBs 的含量，并比较了格陵兰洋流区（冰岛向东北至格陵兰）和北冰洋区（大西洋板块）海水样品中PCBs含量的差异。结果显示，冰岛附近海水溶解态PCBs的浓度最高（37.1 pg/L），斯瓦尔巴群岛靠近冰缘处海水溶解态PCBs的浓度最低（1.33 pg/L）。无冰区表层海水中颗粒相中PCBs浓度在格陵兰洋流区和北冰洋区大致相当，分别为0.01～12.29 pg/L和0.004～9.73 pg/L。

3.4.2 沉积物

目前对北极海洋沉积物中PCBs赋存水平的研究主要集中在位于斯瓦尔巴群岛的斯匹次卑尔根岛（Spitsbergen）上。Holte等（1996）对斯瓦尔巴群岛上的两个煤炭开采区巴伦支堡（Barentsburg）和朗伊尔城（Longyearbyen）附近峡湾（Grønfjord和Adventfjord）沉积物中PCBs的含量进行了测定。结果显示，Grønfjord沉积物中$\sum_7$PCBs浓度范围为3.4～26.9 ng/g dw，而Adventfjord沉积物中∑PCB的浓度却低于检出限（0.2 ng/g dw）。

位于斯匹次卑尔根岛西海岸的新奥尔松（Ny-Ålesund）地区是世界上最北端的人类聚集区之一，多国先后在此建立科考基地并开展北极科学研究。Zhang等（2014）报道了2008年7月采集自新奥尔松中国北极黄河站旁孔斯峡湾（Kongsfjorden）内沉积物中$\sum_8$PCBs的平均浓度为0.67 ng/g dw（浓度范围为0.15～1.79 ng/g dw），峡湾入口处PCBs含量更高，峡湾内部PCBs的含量相对较低。PCBs的浓度与沉积物中总有机碳含量具有很强的相关性（$p<0.05$，r=0.91），表明沉积物中有机质的含量是影响PCBs含量的主要因素。PCBs同类物分布特征在不同采样点间也存在差异：峡湾入口处di-PCB（二氯代PCB）、tri-PCBs、tetra-PCBs和penta-PCBs的含量大致相当，而峡湾di-PCBs和tetra-PCBs在∑PCBs中所占比重较大。van den Heuvel-Greve等（2016）报道了2012年采集自新奥尔松港口、Thiisbukta和孔斯峡湾内沉积物样品中$\sum_7$PCBs的平均浓度分别为0.142 μg/kg、0.540 μg/kg和0.330 μg/kg dw。Szczybelski等（2016）对2013年7月和10月分别采集自新奥尔松地区和巴伦支海（71°～79°N）沉积物中PCBs的浓度进行了研究。结果显示，新奥尔松区域沉积物中$\sum_7$PCBs的浓度范围为0.00002～0.13 μg/kg dw（平均浓度为0.001 μg/kg dw），巴伦支海沉积物样品中PCBs的浓度范围为低于检出限至0.04 μg/kg dw。

3.4.3 海洋生物

关于PCBs在部分北极海洋生物（包括无脊椎动物、鱼类、鸟类、哺乳动物等）中赋存水平见表3-4。

表 3-4 北极海洋生物 PCBs 的暴露水平

物种		位置	含量水平（ng/g）	来源
软体动物				
紫贻贝	*Mytilis edulis*	Hudson 湾	15（lw）	（Kelly et al., 2008a）
节肢动物				
磷虾	*Euphausiids*（*whole*）	冰岛	3.26（ww）	（Corsolini and Sara, 2017）
鱼类				
玉筋鱼	*Ammodytes* sp.	冰岛	2.81（ww）	（Corsolini and Sara, 2017）
毛鳞鱼	*Mallotus villosus*（*eggs*）	冰岛	5.08（ww）	（Corsolini and Sara, 2017）
挪威海鳌虾	*Nephrops norvegicus*（*whole*）	冰岛	2.16（ww）	（Corsolini and Sara, 2017）
单鳍鳕	*Brosme brosme*	冰岛	1.58（ww）	（Corsolini and Sara, 2017）
金平鲉	*Sebastes marinus*	冰岛	1.16（ww）	（Corsolini and Sara, 2017）
棘背钝头鳐	*Amblyraja radiata*	冰岛	0.71（ww）	（Corsolini and Sara, 2017）
鲽	*Pleuronectes platessa*	冰岛	0.92（ww）	（Corsolini and Sara, 2017）
庸鲽	*Hippoglossus hippoglossus*	冰岛	1.45（ww）	（Corsolini and Sara, 2017）
绿青鳕	*Pollachius virens*	冰岛	0.53（ww）	（Corsolini and Sara, 2017）
大西洋狼鱼	*Anarhichas lupus*	冰岛	1.34（ww）	（Corsolini and Sara, 2017）
黑线鳕	*Melanogrammus aeglefinus*	冰岛	0.55（ww）	（Corsolini and Sara, 2017）
鮟鱇	*Lophius piscatorius*	冰岛	0.7（ww）	（Corsolini and Sara, 2017）
魣鳕	*Molva molva*	冰岛	1.74（ww）	（Corsolini and Sara, 2017）
大西洋鳕	*Gadus morhua*	冰岛	0.56（ww）	（Corsolini and Sara, 2017）
		冰岛东北	68（ww）	（Sturludottir et al., 2014）
		冰岛西北	70（ww）	（Sturludottir et al., 2014）
白令海北鳕	*Boreogadus saida*	Hudson 湾	19～190（lw）	（Kelly et al., 2008a）
北极床杜父鱼	*Myoxocephalus scorpioides*	Hudson 湾	13～158（lw）	（Kelly et al., 2008a）
鲑鱼	*Salmo* sp.	Hudson 湾	32～508（lw）	（Kelly et al., 2008a）
鸟类				
欧绒鸭	*Somateria mollissima sedentaria*	Hudson 海峡	78～1056（lw）	（Kelly et al., 2008a）
海番鸭	*Melanitta fusca*	Hudson 海峡	440～14100（lw）	（Kelly et al., 2008a）
哺乳动物				
环斑海豹	*Pusa hispida*	Hudson 海峡	252～1440（lw）	（Kelly et al., 2008a）
白鲸	*Delphinapterus leucas*	Hudson 湾	16～10900（lw）	（Kelly et al., 2008a）
虎鲸	*Orcinus orca*	格陵兰岛东南	9010～356000（lw）	（Pedro et al., 2017）
			2750～7570（lw）	（Pedro et al., 2017）
北极熊	*Ursus maritimus*	法罗群岛	1420～11500（lw）	（Nuijten et al., 2016）

Kelly 等(2008a)报道了加拿大东北部哈德逊海峡(Hudson Strait)和哈德逊湾(Hudson Bay)采集的多种海洋生物样品中 PCB 的浓度水平：紫贻贝(*M. edulis*)中∑PCBs 的浓度为 15 ng/g lw(浓度范围为 3.3～67 ng/g lw)；白令海北鳕(*B. saida*)、北极床杜父鱼(*M. scorpioides*)和鲑鱼(*Salmo* sp.)肌肉中∑PCBs 的浓度范围分别为 19～190 ng/g lw、13～158 ng/g lw 和 32～508 ng/g lw；海番鸭(*M. fusca*)肝脏组织中∑PCBs 的浓度(440～14 100 ng/g lw)显著高于欧绒鸭(*S. mollissima sedentaria*)的浓度(78～1056 ng/g lw)；环斑海豹(*P. hispida*)脂肪中∑PCBs 的浓度范围为 252～1440 ng/g lw(平均浓度为 602 ng/g lw)。

Corsolini 和 Sara(2017)报道了 2004～2006 年采集自冰岛南部和西部的两种节肢动物和多种鱼类样品中∑PCBs 的浓度水平；磷虾(*Euphausiids*)和挪威海螯虾(*N. norvegicus*)中∑PCBs 的平均浓度为 3.26 ng/g ww 和 2.16 ng/g ww(湿重)；鱼类样品中，绿青鳕(*P. virens*)肌肉中∑PCBs 平均浓度最低(0.53 ng/g ww)，毛鳞鱼(*M. villosus*)样品中 PCBs 的平均浓度最高(5.08 ng/g ww)。比较 PCBs 同类物在不同生物体内的分布特征：单鳍鳕(*B. brosme*)、大西洋鳕(*G. morhua*)和金平鲉(*S. marinus*)样品中 CB-70 和 CB-76、CB-101、CB-183 在∑PCBs 中占比较大，而其他样品中的 CB-153 为 PCBs 浓度的主要贡献单体(10%～30%)。

Kelly 等(2008a)研究了白鲸不同组织内 PCBs 浓度的差异：幼年白鲸脂肪中∑PCBs 的含量为 105～4280 ng/g lw；成年雌性白鲸血液、乳汁和脂肪中 PCBs 的浓度分别为 16～1870 ng/g lw、80～972 ng/g lw 和 134～3260 ng/g lw；成年雄性白鲸血液、肝脏和脂肪中 PCBs 的浓度分别为 1100～4890 ng/g lw、330～7400 ng/g lw 和 1250～10 900 ng/g lw。

Pedro 等(2017)研究了在格陵兰岛东南部和法罗群岛(Faroe Islands)附近采集的虎鲸样品脂肪中 PCBs 的浓度含量。格陵兰岛采集的虎鲸样品脂肪中∑PCBs 的浓度范围为 9.01～356 mg/kg lw，其中虎鲸胎儿、亚成年虎鲸、成年雌性和成年雄性虎鲸脂肪中∑PCBs 的平均浓度水平分别为 11.4 mg/kg lw、102 mg/kg lw、48.6 mg/kg lw 和 65.1 mg/kg lw。在法罗群岛采集的成年和亚成年虎鲸脂肪中∑PCBs 的浓度范围为 2.75～7.57 mg/kg lw，显著低于格陵兰岛的虎鲸样品。此外 PCBs 的同类物分布特征在两个区域并不相同：格陵兰岛的虎鲸样品中 hexa-PCBs 和 hepta-PCBs 所占的比重比法罗群岛更大，而 tetra-PCBs 和 penta-PCBs 所占比重更小，而格陵兰岛虎鲸体内更高的高氯代 PCBs 含量暗示其饮食来源可能更为丰富。

Nuijten 等(2016)利用已发表文献的数据结果分析了采集自 1982～2008 年期间的 14 个北极熊亚种的脂肪组织中 PCBs 的浓度水平，北极熊体内 PCBs 的浓度范围从布西亚海湾亚种的 1420 ng/g lw 到巴伦支海亚种的 11500 ng/g lw，在部分北极熊亚种体内 PCBs 的含量已超过其健康效应的阈值，同时北极熊亚种的种群密度和其体内污染物的浓度呈现负相关关系。

3.5 南极海洋环境中 PCBs 的赋存水平

3.5.1 海水

Tanabe 等(1983)报道了 1981 年 1 月至 1982 年 1 月采集自日本南极昭和站(Syowa Station)及周边海域固定冰和浮冰下海水中 PCBs 的浓度范围分别为 35～69 pg/L 和 42～72 pg/L。虽然固定冰和浮冰下海水中 PCBs 的含量大致相当，但两种海水样品中不同氯原子取代的PCBs含量存在差异：固定冰下海水中tetra-PCBs、penta-PCBs 和 hexa-PCBs 的含量与浮冰相比显著降低，可能由于固定冰下较高的海洋初级生产力使高氯代 PCBs 含量发生削减。

1997～2003 年间意大利组织了三次南极科考巡航(时间分别为 1997～1998 年、2000～2001 年和 2002～2003 年)采集了罗斯海和特拉诺瓦湾(Terra Nova Bay)的海水，分析了其中 PCBs 的含量(Fuoco et al., 2009)，结果显示三次科考采集的海水样品中$\sum_7$PCBs 浓度范围分别为 55～84 pg/L、23 pg/L 和 36～53 pg/L。

Cristóbal-Malagon 等(2018)报道了两次南极科考航线(ESSASI 2008 和 ATOS-II 2009)途经南极半岛边缘海(威德尔海、布兰斯地海峡和别林斯高晋海)、南斯科舍海采集的海水样品中溶解态$\sum_{26}$PCBs 的浓度范围分别为 2.7～4.6 pg/L、1.2～1.5 pg/L、1.6～3.2 pg/L 和 0.7～1.9 pg/L，不同采样点采集的海水中溶解态 PCBs 的浓度不存在明显差异。与之前的研究相比，南冰洋海水中 PCBs 显著降低，通过长期数据的计算得到 PCBs 在南冰洋海水中的半衰期约为 5.7 年。三次考察结果汇总于图 3-4。

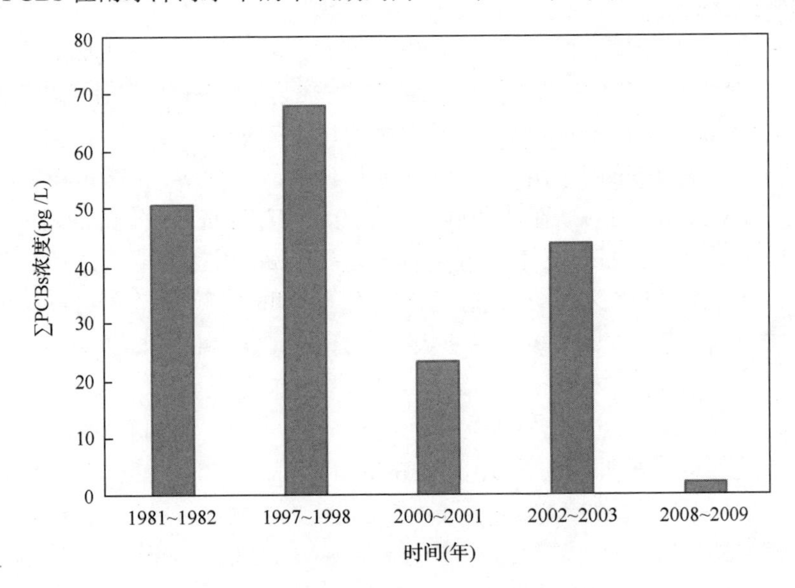

图 3-4 南极海水中 PCBs 的残留水平

3.5.2　沉积物

Risebrough 等（1990）对麦克莫多站（McMurdo Station）周边沉积物的研究显示∑PCBs 的浓度范围从 0.01 ng/g 高至温特夸特斯湾（Winter Quarters Bay）废弃垃圾站处的 1400 ng/g。与温特夸特斯湾沉积物中高浓度的 PCBs 相比，1 km 外的阿米蒂奇岬角（Cape Armitage）处 PCBs 的含量下降了两个数量级，而在龟岩（Turtle Rock）和火山渣锥（Cinder Cones）处下降了 3～4 个数量级。Kennicutt 等（1995）报道了麦克默多站附近的沉积物中∑PCBs 的浓度范围为 250～4300 ng/g dw，PCBs 的浓度从温特夸特斯湾的湾口开始迅速下降，在 Cape Armitage 处 PCBs 浓度降低了 1～2 个数量级（18～28 ng/g）。另一项关于温特夸特斯湾的研究显示 1993 年采集的沉积物样品中∑PCBs 含量为 250 ng/g（Cleveland et al., 1997）。

位于西南极的美国帕尔默站（Palmer Station）附近的亚瑟港（Arthur Harbor）沉积物中∑PCBs 的浓度为 2.8～4.2 ng/g（Kennicutt et al., 1995）。Zhang 等（2013）报道了邻近西南极帕尔默长期生态研究（LTER）网格处采集的沉积物样品中$\sum_6$PCBs 的浓度范围为 0.0003～0.35 ng/g dw。西南极半岛东南部的詹姆斯罗斯岛（James Ross Island）周边海域沉积物中 PCBs 的浓度为 0.32～0.83 ng/g dw（Klánová et al., 2008）。

3.5.3　海洋生物

PCBs 在南极的海洋生物（软体动物、节肢动物、鱼类、鸟类和哺乳动物）中被广泛检出（表 3-5）。采集自乔治王岛的南极帽贝组织内∑PCBs 浓度范围为 29.4～66.2 ng/g ww（平均浓度为 41.3 ng/g）（Cipro et al., 2013），罗斯海海域采集的节肢动物体内∑PCB 的浓度平均值的范围为 1.67～3.88 ng/g ww（Corsolini et al., 2017; Corsolini and Sara, 2017）。

表 3-5　南极海洋生物 PCBs 的暴露水平

物种		位置	组织	含量水平（ng/g）	来源
软体动物					
南极帽贝	*Nacella concinna*			29.4～66.2（ww）	（Cipro et al., 2013）
节肢动物					
南极磷虾	*Euphausia superba*	罗斯海		1.67（ww）	（Corsolini et al., 2017）
磷虾目	*Euphausia* sp.	罗斯海		3.88（ww）	（Corsolini and Sara, 2017）
端足目	*Amphipods* sp.	罗斯海		3.26（ww）	（Corsolini and Sara, 2017）
鱼类					
侧纹南极鱼	*Pleuragramma antarctica*	罗斯海	肌肉	0.72～7.23（ww）	（Corsolini et al., 2017）

续表

物种		位置	组织	含量水平(ng/g)	来源
鳞头犬牙南极鱼	*Dissostichus mawsoni*	罗斯海	肌肉	4.96～85(ww)	(Corsolini et al., 2017)
头带冰鱼	*Chaenocephalus aceratus*	象岛	肌肉	21.9(lw)	(Strobel et al., 2016)
		南设得兰群岛	卵巢	31.9(lw)	(Strobel et al., 2016)
伯氏肩孔南极鱼	*Trematomus bernacchii*	乔治王岛	肌肉	0.032(dw)	(Wolschke et al., 2015)
		乔治王岛	肝脏	0.19(dw)	(Wolschke et al., 2015)
		乔治王岛	血液	0.076	(Wolschke et al., 2015)
裘氏鳄头冰鱼	*Champsocephalus gunnari*	罗斯海	肌肉	1.10(ww)	(Corsolini and Sara, 2017)
		象岛	肌肉	20.0(lw)	(Strobel et al., 2016)
		南设得兰群岛	卵巢	47.8(lw)	(Strobel et al., 2016)
尼氏裸灯鱼	*Gymnoscopelus nicholsi*	罗斯海	肌肉	4.44(ww)	(Corsolini and Sara, 2017)
南极电灯鱼	*Electrona* sp.	罗斯海	肌肉	12.9(ww)	(Corsolini and Sara, 2017)
真鳞肩孔南极鱼	*Trematomus eulepidotus*	罗斯海	肌肉	1.85(ww)	(Corsolini and Sara, 2017)
吻鳞肩孔南极鱼	*Trematomus lepidorhinus*	罗斯海	肌肉	1.71(ww)	(Corsolini and Sara, 2017)
大鳞雅南极鱼	*Lepidonotothen squamifrons*	罗斯海	肌肉	1.22(ww)	(Corsolini and Sara, 2017)
韦德尔海肩孔南极鱼	*Trematomus loennbergi*	罗斯海	肌肉	2.09(ww)	(Corsolini and Sara, 2017)
小眼鳗鳞鳕	*Muraenolepis microps*	罗斯海	肌肉	1.35(ww)	(Corsolini and Sara, 2017)
大鳍拟冰鰧	*Pagetopsis macropterus*	罗斯海	肌肉	5.55(ww)	(Corsolini and Sara, 2017)
裸身雅南极鱼	*Lepidonotothen nudifrons*	罗斯海	肌肉	2.33(ww)	(Corsolini and Sara, 2017)
伯氏肩孔南极鱼	*Trematomus bernacchii*	罗斯海	肌肉	1.51(ww)	(Corsolini and Sara, 2017)
斯氏肩孔南极鱼	*Trematomus scotti*	罗斯海	肌肉	3.4(ww)	(Corsolini and Sara, 2017)
汉氏肩孔南极鱼	*Trematomus hansoni*	罗斯海	肌肉	1.91(ww)	(Corsolini and Sara, 2017)
彭氏肩孔南极鱼	*Trematomus pennellii*	罗斯海	肌肉	2.64(ww)	(Corsolini and Sara, 2017)
鸟类					
帽带企鹅	*Pygoscelis antarcticus*	乔治王岛	脂肪	221～1115(ww)	(Montone et al., 2016)
阿德利企鹅	*Pygoscelis adeliae*	乔治王岛	脂肪	114～325(ww)	(Montone et al., 2016)
		罗斯海	血液	2.13～3.05(ww)	(Corsolini et al., 2017)
		罗斯海	鸟蛋	24.9(ww)	(Strobel et al., 2016)
		维斯托登半岛		144(lw)	(Mwangi et al., 2016)
帝企鹅	*Aptenodytes forsteri*	维斯托登半岛	肌肉	12.5(lw)	(Mwangi et al., 2016)
			脂肪	15.3～17.7(lw)	(Mwangi et al., 2016)

续表

物种		位置	组织	含量水平(ng/g)	来源
			肝脏	6.31(lw)	(Mwangi et al., 2016)
		罗斯海	血液	0.06～1.00(ww)	(Corsolini et al., 2017)
巴布亚企鹅	*Pygoscelis papua*	乔治王岛	脂肪	304～627(ww)	(Montone et al., 2016)
		阿德利岛	肌肉	0.15(dw)	(Wolschke et al., 2015)
			肝脏	0.30(dw)	(Wolschke et al., 2015)
麦氏贼鸥	*Cataracta maccormicki*	罗斯海	血液	4.22～14(ww)	(Corsolini et al., 2017)
褐/大贼鸥	*Stercorarius antarcticus*	乔治王岛	肌肉	54.1(dw)	(Wolschke et al., 2015)
			肝脏	44.1(dw)	(Wolschke et al., 2015)
			卵巢	85.7(dw)	(Wolschke et al., 2015)
			血液	7.09(dw)	(Wolschke et al., 2015)
哺乳动物					
韦德尔氏海豹	*Leptonychotes weddellii*	罗斯海	肝脏	0.20～0.42(ww)	(Corsolini et al., 2017)
座头鲸	*Megaptera novaeangliae*		脂肪	2.6～761(lw)	(Dorneles et al., 2015)

Corsolini 和 Sara(2017)研究了采集自罗斯海的多种鱼类肌肉组织中∑PCBs 的浓度水平。不同鱼类体内 PCB 的浓度存在显著差异：裘氏鳄头冰鱼(*C. gunnari*)肌肉组织中∑PCBs 的平均浓度最低(1.10 ng/g)，而南极电灯鱼(*Electrona* sp.)体内∑PCB 的平均浓度最高(12.9 ng/g)。不同鱼类体内 PCBs 同类物的组成也存在差异：彭氏肩孔南极鱼(*T. pennellii*)、裸身雅南极鱼(*L. nudifrons*)、大鳞雅南极鱼(*L. squamifrons*)和真鳞肩孔南极鱼(*T. eulepidotus*)体内 PCB-118 占比最高；汉氏肩孔南极鱼(*T. hansoni*)和斯氏肩孔南极鱼(*T. scottii*)体内 PCB-60 和 PCB-56 在∑PCBs 中占比最高；伯氏肩孔南极鱼(*T. bernacchii*)、韦德尔海肩孔南极鱼(*T. loennbergi*)和吻鳞肩孔南极鱼(*T. lepidorhinus*)体内 PCB-153 占比最高；大鳍拟冰騰(*P. macropterus*)和小眼鳗鳞鳕(M. microps)体内 PCB-183 占比最高；尼氏裸灯鱼(*G. nicholsii*)、南极电灯鱼(*Electrona* sp.)和裘氏鳄头冰鱼(*C. gunnari*)体内占比最高的同类分别为 PCB-101、PCB-110 和 PCB-180。在大部分南极鱼类样品中，PCBs 的同类物分布整体呈现出 hexa-PCBs＞penta-PCBs 或 hepta-PCBs 的趋势。

Strobel 等(2016)对采集自象岛(Elephant Island)和南设得兰群岛附近的头带冰鱼(*C. aceratus*)和裘氏鳄头冰鱼(*C. gunnari*)肌肉和卵巢中∑PCBs 浓度水平进行了研究。两种鱼类的卵巢中 PCBs 的浓度分别为 31.9 ng/g lw 和 47.8 ng/g lw，均高于肌肉组织中的浓度(21.9 ng/g lw 和 20.0 ng/g lw)。在 PCB 的同类物中，

PCB-153 占比最高(鱼肌肉中约占 28%，鱼卵巢中占 26%)，其次为 PCB-138 和 PCB-101。

帽带企鹅(*P. antarcticus*)、阿德利企鹅(*P. adeliae*)、巴布亚企鹅(*P. papua*)和帝企鹅(*A. forsteri*)脂肪组织中∑PCBs 的浓度范围分别为 221～1115 ng/g ww、114～325 ng/g ww、304～627 ng/g ww (Montone et al., 2016)和 15.3～17.7 ng/g lw(Mwangi et al., 2016)。麦氏贼鸥(*C. maccormicki*)血液样品中∑PCBs 的浓度为 7.85 ng/g ww(Corsolini et al., 2017)，褐贼鸥(*S. antarcticus*)肌肉、肝脏、卵巢和血液中∑PCBs 的浓度分别为 54.1 ng/g dw、44.1 ng/g dw、85.7 ng/g dw 和 7.09 ng/g dw(Wolschke et al., 2015)。

Dorneles 等(2015)研究了 2000～2003 年采集自西南极半岛水域中的 65 个座头鲸(*M. novaeangliae*)脂肪样品中 PCBs 的含量。雄性座头鲸脂肪中∑PCBs 的浓度范围为 5.8～590 ng/g lw，中位值为 40.0 ng/g lw；雌性座头鲸脂肪中的浓度范围为 2.6～761 ng/g lw，中位值为 56.5 ng/g lw。PCBs 同类物 PCB-153、PCB-149、PCB-101 和 PCB-138 在∑PCBs 中占比最高(约占 51%)，在雄性座头鲸脂肪中占比范围为 6%～58%，在雌性座头鲸脂肪中占比 0%～69%。

3.6 PCBs 在极地海洋食物链(网)的富集效应

海洋生物从周边环境(大气、海水和沉积物等)和食物中摄取污染物，导致生物体内污染物的含量超过环境介质中含量的过程被定义为生物富集(bioaccumulation)。衡量污染物在生物体内的富集程度的评价参数主要有生物浓缩因子(BCF)、生物富集因子(BAF)、生物-沉积物(或土壤)富集因子(BSAF)和营养级放大因子(TMF)或称食物网放大因子(FWMF)。其中 BCF、BAF 和 BSAF 主要是评价某生物个体或种群以非吞食的方式对环境中污染物的富集效果，而借助稳定同位素技术计算的 TMF(FWMF)则可以评估污染物在海洋或陆地部分食物链(网)上的生物放大潜能，对于研究污染物的积累程度和评估其潜在危害都具有重要的意义。

PCBs 在极地海洋食物链(网)的生物放大效应研究不多，且集中在北极海洋生态系统中。这些研究通过海洋生物体内 PCBs 的含量和生物的营养级(基于稳定同位素数值)的关系，计算 PCBs 在食物链(网)上的 TMF 值(表 3-6)，评估 PCBs 沿食物链(网)的生物放大效应：当 TMF 值＞1 时，认为 PCBs 具有生物放大的趋势；当 0＜TMF＜1 时，PCBs 可能在该食物链(网)上发生了营养级稀释。

表 3-6　北极海洋食物链中 PCB 的营养级放大因子（TMF）

	加拿大		欧洲			阿拉斯加	俄罗斯
	Baffin Bay (Fisk et al., 2001)	Hudson Bay (Kelly et al., 2008b)	Barents Sea (Hop et al., 2002)		Kongs-fjorden (Evenset et al., 2016)	Beaufort-Chukchi Sea (Borga et al., 2004)	White Sea (Muir et al., 2003)
			变温动物	恒温动物			
PCB-28/31	2.1	2.9	5.4/3.5	5.4/3.5	0.66	1.3	1.31
PCB-47/48	2.5		2.8	14.5			
PCB-49					0.17		
PCB-52		8.3			0.63	2.6	1.90
PCB-56/60	2.4						
PCB-64	2.5						
PCB-70/76	1.8						
PCB-74	6.2						
PCB-95/66	2.2						
PCB-97	1.7						
PCB-99	7.5		3.1	28.4	0.89	5.9	2.61
PCB-101	3.6				0.63	3.9	
PCB-105	6.1	9.8	3.4	21.4	0.67	5.8	1.44
PCB-110	2.5						
PCB-118	5.1		3.9	26.2	0.70	3.8	1.50
PCB-128	6.9				0.39		
PCB-130/176	4.0						
PCB-138	8.8	10	3.7	27.8	0.79	4.7	3.44
PCB-141	2.7						
PCB-149	2.3		3.4	14.3	0.62		
PCB-153	9.7	11	4.1	26.3	1.11	6.7	2.93
PCB-156	9.0				1.12		
PCB-158	7.4						
PCB-167					1.56		
PCB-170/190	10.1				1.21		
PCB-178	6.6						
PCB-180	10.7	10			1.25	6.5	0.83
PCB-183	7.4				0.73		
PCB-187	7.3				0.85		
PCB-194							2.16
PCB-195		4.3					
PCB-206		5.1					
PCB-209		4.0					
∑PCB	4.6					3.3	1.5

Evenset 等(2016)研究了斯瓦尔巴群岛西北部孔斯峡湾海洋食物网(主要包括5种无脊椎动物、3种鱼类和欧绒鸭)上 PCBs 的 TMF 值范围为 0.17～1.56，而仅 TMF 值在 0.39～0.70 时具有统计学意义($p<0.05$)。Hop 等(2002)采集了巴伦支海向北延伸至陆缘海冰带变温动物(无脊椎动物和鱼类)和恒温动物(海豹和海鸟)样品并计算了9种 PCBs 的 TMF 值，其范围分别为 2.8～5.4 和 3.5～28.4。恒温动物中 PCBs 的 TMF 值更大可能是由恒温动物更高的营养级，更长的生命周期以及更高的能量需求所导致。

Fisk 等(2001)计算了 PCBs 和∑PCBs 在巴芬湾(Baffin Bay)北部海洋食物网(6种浮游动物、端足目、白令海北鳕、环斑海豹和7种海鸟)上的 TMF 值范围为 1.7～10.7。Muir 等(2003)报道了11种 PCB 同类物在北极白海(White Sea)食物网(主要由浮游动物、等足目、海螺、螃蟹、鱼类、海豹组成)的 TMF 值，其范围为 0.83(PCB-180)～3.44(PCB-138)，penta-PCB 和 hepta-PCB 中 2,4,2′,4′,5′-氯取代的同类物(PCB-99, PCB-138 和 PCB-153)TMF 值较高。

Kelly 等(2008b)计算了多种 PCB 同类物在加拿大哈德逊湾(Hudson Bay)海洋食物网上的营养级放大情况，该营养级主要由海藻、紫贻贝、鱼类(3种)、鸭科(2种)和哺乳动物(3种)组成，报道的 PCB 同类物(PCB-28、PCB-52、PCB-101、PCB-138、PCB-153、PCB-180、PCB-195、PCB-206 和 PCB-209)在该食物网上的 TMF 值范围为 2.9～11，且均具有统计意义($p<0.05$)，表明这几种同类物在该食物网上具有显著的生物放大效应。

从上述研究中可以看出，大多数 PCBs 在北极海洋食物链(网)上都存在生物放大效应。然而，部分 PCBs 同类物在食物网上也存在着生物稀释或 TMF 值没有统计意义。食物链(网)组成的复杂性、生物对 PCBs 富集模式的差异性及生物对 PCBs 代谢能力的差异可能是影响 TMF 值的原因。

3.7 小　　结

(1)南北极不同环境介质中 PCBs 都能够检出，其浓度相比其他区域处于较低水平。北极地区高于南极地区，低氯代 PCBs 单体在极地大气中所占比例很高，说明大气远距离迁移对极地大气 PCBs 的影响不可忽略。

(2)北极沉积物中 PCBs 含量的研究主要集中于斯瓦尔巴群岛上的矿区和新奥尔松地区。矿区沉积物中 PCBs 的浓度显著高于新奥尔松地区，表明人类活动对北极环境中 PCBs 赋存水平具有较大影响。

(3)比较了北极海洋生物体内 PCBs 的赋存水平，PCBs 的含量在不同生物体内存在较大差异，整体呈现出无脊椎动物＜鱼类＜鸟类＜哺乳动物的趋势。在部分北极熊亚种体内 PCBs 浓度甚至超过其健康效应的阈值。

(4) 南极海水中 PCBs 的浓度自 20 世纪 80 年代起初见呈下降趋势，在近十年间 PCBs 浓度下降迅速。

参考文献

Baek S Y, Choi S D, Chang Y S. 2011. Three-year atmospheric monitoring of organochlorine pesticides and polychlorinated biphenyls in polar regions and the South Pacific. Environmental Science & Technology, 45 (10): 4475-4482.

Borga K, Fisk A T, Hoekstra P F, Muir D C G. 2004. Biological and chemical factors of importance in the bioaccumulation and trophic transfer of persistent organochlorine contaminants in Arctic marine food webs. Environmental Toxicology and Chemistry, 23 (10): 2367-2385.

Borghini F, Grimalt J O, Sanchez-Hernandez J C, Bargagli R. 2005. Organochlorine pollutants in soils and mosses from Victoria Land (Antarctica). Chemosphere, 58: 271-278.

Bustnes J O, Gabrielsen G W, Verreault J. 2010. Climate variability and tmporal trends of persistent organic pollutants in the Arctic: A study of glaucous gulls. Environmental Science &Technology, 44 (8): 3155-3161.

Cabrerizo A, Dachs J, Barcelo D, Jones K C. 2012. Influence of organic matter content and human activities on the occurrence of organic pollutants in antarctic soils, lichens, grass, and mosses. Environmental Science & Technology, 46: 1396-1405.

Carrizo D, Gustafsson O. 2011. Distribution and inventories of polychlorinated biphenyls in the polar mixed layer of seven pan-arctic shelf seas and the interior basins. Environmental Science & Technology, 45 (4): 1420-1427.

Choi S D, Baek S Y, Chang Y S, Wania F, Ikonomou M G, Yoon Y J, Park B K, Hong S M. 2008. Passive air sampling of polychlorinated biphenyls and organochlorine pesticides at the Korean Arctic and Antarctic research stations: Implications for long-range transport and local pollution. Environmental Science & Technology, 42 (19): 7125-7131.

Cipro C V Z, Colabuono F I, Taniguchi S, Montone R C. 2013. Persistent organic pollutants in bird, fish and invertebrate samples from King George Island, Antarctica. Antarctic Science, 25 (4): 545-552.

Cleveland L, Little E E, Petty J D, Johnson B T, Lebo J A, Orazio C E, Dionne J, Crockett A. 1997. Toxicological and chemical screening of Antarctica sediments: Use of whole sediment toxicity tests, microtox, mutatox and semipermeable membrane devices (SPMDS). Marine Pollution Bulletin, 34 (3): 194-202.

Corsolini S, Ademollo N, Martellini T, Randazzo D, Vacchi M, Cincinelli A. 2017. Legacy persistent organic pollutants including PBDEs in the trophic web of the Ross Sea (Antarctica). Chemosphere, 185: 699-708.

Corsolini S, Sara G. 2017. The trophic transfer of persistent pollutants (HCB, DDTs, PCBs) within polar marine food webs. Chemosphere, 177: 189-199.

De Castro M D L, Garcıa-Ayuso L E. 1998. Soxhlet extraction of solid materials: an outdated technique with a promising innovative future. Analytica Chimica Acta, 369 (1): 1-10.

Diefenbacher P S, Bogdal C, Gerecke A C, Gluge J, Schmid P, Scheringer M, Hungerbuhler K. 2015. Emissions of polychlorinated biphenyls in Switzerland: a combination of long-term measurements and modeling. Environmental Science & Technology, 49 (4): 2199-2206.

Diefenbacher P S, Gerecke A C, Bogdal C, Hungerbuehler K. 2016. Spatial distribution of atmospheric PCBs in Zurich, Switzerland: do joint sealants still matter? Environmental Science & Technology, 50(1): 232-239.

Dorneles P R, Lailson-Brito J, Secchi E R, Dirtu A C, Weijs L, Rosa L D, Bassoi M, Cunha H A, Azevedo A F, Covaci A. 2015. Levels and profiles of chlorinated and brominated contaminants in southern hemisphere humpback whales, *megaptera novaeangliae*. Environmental Research, 138: 49-57.

Erickson M D, Kaley R G. 2011. Applications of polychlorinated biphenyls. Environmental Science and Pollution Research, 18(2): 135-151.

Evenset A, Hallanger I G, Tessmann M, Warner N, Ruus A, Borga K, Gabrielsen G W, Christensen G, Renaud P E. 2016. Seasonal variation in accumulation of persistent organic pollutants in an Arctic marine benthic food web. Science of the Total Environment, 542: 108-120.

Fellin P, Dougherty D, Barrie L A, Toom D, Muir D, Grift N, Lockhart L, Billeck B. 1996. Air monitoring in the Arctic: results for selected persistent organic pollutants for 1992. Environmental Toxicology & Chemistry, 15(3): 253-261.

Ferrario J, Byrne C, Dupuy AE. 1997. Background contamination by coplanar polychlorinated biphenyls (PCBs) in trace level high resolution gas chromatography/high resolution mass spectrometry (HRGC/HRMS) analytical procedures. Chemosphere, 34(11): 2451-2465.

Fisk A T, Hobson K A, Norstrom R J. 2001. Influence of chemical and biological factors on trophic transfer of persistent organic pollutants in the Northwater Polynya marine food web. Environmental Science & Technology, 35(4): 732-738.

Fisk A T, de Wit C A, Wayland M, Kuzyk Z Z, Burgess N, Robert R, Braune B, Norstrom R, Blum S P, Sandau C, Lie E, Larsen H J S, Skaare J U, Muir D C G. 2005. An assessment of the toxicological significance of anthropogenic contaminants in Canadian arctic wildlife. Science of Total Environment, 351: 57-93.

Fuoco R, Capodaglio G, Muscatello B, Radaelli M. 2009. Persistent Organic Pollutants (POPs) in the Antarctic Environment: A Review of Findings. A SCAR Publication.

Fuoco R, Colombini M P, Abete C, Carignani S. 1995. Polychlorobiphenyls in sediment, soil and sea water samples from Antarctica. International Journal of Environmental Analytical Chemistry, 61: 309-318.

Fuoco R, Giannarelli S, Wei Y, Ceccarini A, Abete C, Francesconi S, Termine M. 2009. Persistent organic pollutants (POPs) at Ross Sea (Antarctica). Microchemical Journal, 92(1): 44-48.

Galban-Malagon C J, Del Vento S, Berrojalbiz N, Ojeda M J, Dachs J. 2013. Polychlorinated biphenyls, hexachlorocyclohexanes and hexachlorobenzene in seawater and phytoplankton from the Southern Ocean (Weddell, South Scotia, and Bellingshausen Seas). Environmental Science & Technology, 47(11): 5578-5587.

Galban-Malagon C, Berrojalbiz N, Ojeda M J, Dachs J. 2012. The oceanic biological pump modulates the atmospheric transport of persistent organic pollutants to the Arctic. Nature Communications, 3: 862.

Gioia R, Li J, Schuster J, Zhang Y L, Zhang G, Li X D, Spiro B, Bhatia R S, Dachs J, Jones K C. 2012. Factors affecting the occurrence and transport of atmospheric organochlorines in the China sea and the northern Indian and south east Atlantic Oceans. Environmental Science & Technology, 46(18): 10012-10021.

Galban-Malagon C J, Hernan G, Abad E, Dachs J. 2018. Persistent organic pollutants in krill from the Bellingshausen, South Scotia, and Weddell Seas. Science of the Total Environment, 610: 1487-1495.

Gioia R, Lohmann R, Dachs J, Temme C, Lakaschus S, Schulz-Bull D, Hand I, Jones K C. 2008. Polychlorinated biphenyls in air and water of the North Atlantic and Arctic Ocean. Journal of Geophysical Research, 113(D19).

Helm P A, Bidleman T F, Li H H, Fellin P. 2004. Seasonal and spatial variation of polychlorinated naphthalenes and non-/mono-ortho-substituted polychlorinated biphenyls in Arctic air. Environmental Science & Technology, 38: 5514-5521.

Holte B, Dahle S, Gulliksen B, Naes K. 1996. Some macrofaunal effects of local pollution and glacier-induced sedimentation, with indicative chemical analyses, in the sediments of two Arctic fjords. Polar Biology, 16(8): 549-557.

Hop H, Borga K, Gabrielsen G W, Kleivane L, Skaare J U. 2002. Food web magnification of persistent organic pollutants in poikilotherms and homeotherms from the Barents Sea. Environmental Science & Technology, 36(12): 2589-2597.

Hung H, Blanchard P, Halsall C J, Bidleman T F, Stern G A, Fellin P, Muir D C G, Barrie L A, Jantunen L M, Helm P A, Ma J, Konoplev A. 2005. Temporal and spatial variabilities of atmospheric polychlorinated biphenyls (PCBs), organochlorine (OC) pesticides and polycyclic aromatic hydrocarbons (PAHs) in the Canadian Arctic: results from a decade of monitoring. Science of the Total Environment, 342(1): 119-144.

Hung H, Kallenborn R, Breivik K, Yushan S, Brorstrom-Lunden E, Olafsdottir K, Thorlacius J M, Leppanen S, Bossi R, Skov H. 2010. Atmospheric monitoring of organic pollutants in the Arctic under the Arctic Monitoring and Assessment Programme (AMAP): 1993-2006. Science of the Total Environment, 408: 2854-2873.

Hung H, Katsoyiannis A A, Brorstrom-Lunden E, Olafsdottir K, Aas W, Breivik K, Bohlin-Nizzetto P, Sigurdsson A, Hakola H, Bossi R, Skov H, Sverko E, Barresi E, Fellin P, Wilson S. 2016. Temporal trends of Persistent Organic Pollutants (POPs) in arctic air: 20 years of monitoring under the Arctic Monitoring and Assessment Programme (AMAP). Environmental Pollution, 217: 52-61.

Kelly B C, Ikonomou M G, Blair J D, Gobas F A P C. 2008a. Hydroxylated and methoxylated polybrominated diphenyl ethers in a Canadian Arctic marine food web. Environmental Science & Technology, 42(19): 7069-7077.

Kelly B C, Ikonomou M G, Blair J D, Gobas F A P C. 2008b. Bioaccumulation behaviour of polybrominated diphenyl ethers (PBDEs) in a Canadian Arctic marine food web. Science of the Total Environment, 401: 60-72.

Kennicutt M C, McDonald S J, Sericano J L, Boothe P, Oliver J, Safe S, Presley B J, Liu H, Wolfe D, Wade T L, Crockett A, Bockus D. 1995. Human contamination of the marine-environment - Arthur Harbor and Mcmurdo Sound, Antarctica. Environmental Science & Technology, 29(5): 1279-1287.

Klanova J, Kohoutek J, Hamplova L, Urbanova P, Holoubek I. 2006. Passive air sampler as a tool for long-term air pollution monitoring: Part 1. Performance assessment for seasonal and spatial variations. Environmental Pollution, 144(2): 393-405.

Klánová J, Matykiewiczová N, Mácka Z, Prosek P, Láska K, Klán P. 2008. Persistent organic pollutants in soils and sediments from james Ross Island, Antarctica. Environmental Pollution, 152(2): 416-423.

Lakshmanan D, Howell N L, Rifai H S, Koenig L. 2010. Spatial and temporal variation of polychlorinated biphenyls in the Houston Ship Channel. Chemosphere, 80(2): 100-112.

Larsson P, Jarnmark C, Sodergren A. 1992. PCBs and chlorinated pesticides in the atmosphere and aquatic organisms of Ross island, Antarctica. Marine Pollution Bulletin, 25(9-12): 281-287.

Lead W A, Steinnes E, Jones K C. 1996. Atmospheric deposition of PCBs to moss (Hylocomium splendens) in Norway between 1977 and 1990. Environmental Science & Technology, 30: 524-530.

Li Y M, Geng D W, Hu Y B, Wang P, Zhang Q H, Jiang G B. 2012b. Levels and distribution of polychlorinated biphenyls in the atmosphere close to Chinese Great Wall Station, Antarctica: Results from XAD-resin passive air sampling. Chinese Science Bulletin, 57(13): 1499-1503.

Li Y M, Geng D W, Liu F B, Wang T, Wang P, Zhang Q H, Jiang G B. 2012a. Study of PCBs and PBDEs in King George Island, Antarctica, using PUF passive air sampling. Atmospheric Environment, 51(5): 140-145.

Montone R C, Taniguchi S, Colabuono F I, Martins C C, Cipro C V, Barroso H S, da Silva J, Bicego M C, Weber R R. 2016. Persistent organic pollutants and polycyclic aromatic hydrocarbons in penguins of the genus *Pygoscelis* in Admiralty Bay - an Antarctic specially managed area. Marine Pollution Bulletin, 106: 377-382.

Montone R C, Taniguchi S, Weber R R. 2003. Weber, PCBs in the atmosphere of King George Island, Antarctica. Science of Total Environment, 308(1-3): 167-173.

Muir D, Savinova T, Savinov V, Alexeeva L, Potelov V, Svetochev V. 2003. Bioaccumulation of PCBs and chlorinated pesticides in seals, fishes and invertebrates from the White Sea, Russia. Science of The Total Environment, 306(1): 111-131.

Mwangi J K, Lee W J, Wang L C, Sung P J, Fang L S, Lee Y Y, Chang-Chien G P. 2016. Persistent organic pollutants in the antarctic coastal environment and their bioaccumulation in penguins. Environmental Pollution, 216: 924-934.

Nadal M, Marques M, Mari M, Domingo JL. 2015. Climate change and environmental concentrations of POPs: A review. Environmental Research, 143: 177-185.

Negoita T G, Covaci A, Gheorghe A, Schepens P. 2003. Distribution of polychlorinated biphenyls (PCBs) and organochlorine pesticides in soils from the East Antarctic coast Journal of Environmental Monitoring, 5: 281-286.

Nost T H, Halse A K, Randall S, Borgen A R, Schlabach M, Paul A, Rahman A, Breivik K. 2015. High concentrations of organic contaminants in air from ship breaking activities in Chittagong, Bangladesh. Environmental Science &Technology, 49(19): 11372-11380.

Nuijten R J M, Hendriks A J, Jenssen B M, Schipper A M. 2016. Circumpolar contaminant concentrations in polar bears (*Ursus maritimus*) and potential population-level effects. Environmental Research, 151: 50-57.

Oehme M, Haugen J E, Schlabach M. 1996. Seasonal changes and relations between levels of organochlorines in Arctic ambient air: first results of an all-year-round monitoring program at Ny-Ålesund, Svalbard, Norway. Environmental Science & Technology, 30(7): 2294-2304.

Park H, Lee S H, Kim M, Kim J H, Lim H S. 2010. Polychlorinated biphenyl congeners in soils and lichens from King George Island, South Shetland Islands. Antarctica Antarctic Science, 22: 31-38.

Pedro S, Boba C, Dietz R, Sonne C, Rosing-Asvid A, Hansen M, ProvatascA, McKinney M A. 2017. Blubber-depth distribution and bioaccumulation of PCBs and organochlorine pesticides in Arctic-invading killer whales. Science of the Total Environment, 601: 237-246.

Peverly A A, Ma Y, Venier M, Rodenburg Z, Spak S N, Hornbuckle K C, Hites R A. 2015. Variations of flame retardant, polycyclic aromatic hydrocarbon, and Pesticide concentrations in Chicago's atmosphere measured using passive sampling. Environmental Science &Technology, 49(9): 5371-5379.

Ras M R, Borrull F, Marcé R M. 2009. Sampling and preconcentration techniques for determination of volatile organic compounds in air samples. Trends in Analytical Chemistry, 28(3): 347-361.

Richter B E, Jones B A, Ezzell J L, Porter N L. 1996. Accelerated solvent extraction: a technique for sample preparation. Analytical Chemistry, 68(6): 1033-1039.

Risebrough R W, Delappe B W, Younghanshaug C. 1990. PCB and PCT contamination in Winter Quarters Bay, Antarctica. Marine Pollution Bulletin, 21(11): 523-529.

Risebrough R W, Walker II W, Schmidt T T, De Lappe B W, Connors C W. 1976. Transfer of chlorinated biphenyls to Antarctica. Nature, 264: 23-30.

Rushneck D R, Beliveau A, Fowler B, Hamilton C, Hoover D, Kaye K, Berg M, Smith T, Telliard W A, Roman H, Ruder E, Ryan L. 2004. Concentrations of dioxin-like PCB congeners in unweathered Aroclors by HRGC/HRMS using EPA Method 1668A. Chemosphere, 54(1): 79-87.

Santos F J, Galceran M T. 2003. Modern developments in gas chromatography–mass spectrometry-based environmental analysis. Journal of Chromatography A, 1000(1): 125-151.

Snyder D, Reinert R. 1971. Rapid separation of polychlorinated biphenyls from DDT and its analogues on silica gel. Bulletin of Environmental Contamination & Toxicology, 6(5): 385-390.

Sobek A, Gustafsson O. 2004. Latitudinal fractionation of polychlorinated biphenyls in surface seawater along a 62 degrees N-89 degrees N transect from the Southern Norwegian Sea to the North Pole area. Environmental Science & Technology, 38: 2746-2751.

Song Y B, Sung D C, Hyokeun P, Jung H K, Yoon S C. 2010. Spatial and seasonal distribution of polychlorinated biphenyls (PCBs) in the vicinity of an iron and steel making plant. Environmental Science & Technology, 44: 3035-3040.

Stein S E. 1999. An integrated method for spectrum extraction and compound identification from gas chromatography/ mass spectrometry data. Journal of the American Society for Mass Spectrometry, 10(8): 770-781.

Stern G A, Halsall C J, Barrie L A, Muir D C G, Fellin P, Rosenberg B, Rovinsky F Y, Kononov E Y, Pastuhov B. 1997. Polychlorinated biphenyls in Arctic air. 1. Temporal and spatial trends: 1992–1994. Environmental Science & Technology, 31(12): 3619-3628.

Strobel A, Schmid P, Segner H, Burkhardt-Holm P, Zennegg M. 2016. Persistent organic pollutants in tissues of the white-blooded Antarctic fish *Champsocephalus gunnari* and *Chaenocephalus aceratus*. Chemosphere, 161: 555-562.

Sturludottir E, Gunnlaugsdottir H, Jorundsdottir H O, Magnusdottir E V, Olafsdottir K, Stefansson G. 2014. Temporal trends of contaminants in cod from Icelandic waters. Science of the Total Environment, 476: 181-188.

Szczybelski A S, van den Heuvel-Greve M J, Kampen T, Wang C, van den Brink N W, Koelmans A A. 2016. Bioaccumulation of polycyclic aromatic hydrocarbons, polychlorinated biphenyls and hexachlorobenzene by three Arctic benthic species from Kongsfjorden (Svalbard, Norway). Marine Pollution Bulletin, 112: 65-74.

Tanabe S, Hidaka H, Tatsukawa R. 1983. PCBs and chlorinated-hydrocarbon pesticides in Antarctic atmosphere and hydrosphere. Chemosphere, 12(2): 277-288.

Teran T, Lamon L, Marcomini A. 2012. Climate change effects on POPs' environmental behaviour: A scientific perspective for future regulatory actions. Atmosphere Pollution Research, 3(4): 466-476.

van den Heuvel-Greve M J, Szczybelski A S, van den Brink N W, Kotterman M J J, Kwadijk C J A F, Evenset A, Murk A J. 2016. Low organotin contamination of harbour sediment in Svalbard. Polar Biology, 39(10): 1699-1709.

Wang P, Li Y M, Zhang Q H, Yang Q H, Zhang L, Liu F B, Fu J J, Meng W Y, Wang D, Sun H Z, Zheng S C, Hao Y F, Liang Y, Jiang G B. 2017. Three-year monitoring of atmospheric PCBs and PBDEs at the Chinese Great Wall Station, West Antarctica: Levels, chiral signature, environmental behaviors and source implication. Atmospheric Environment, 150: 407-416.

Wang P, Zhang Q H, Wang T, Chen W H, Ren D W, Li Y M, Jiang G B. 2012. PCBs and PBDEs in environmental samples from King George Island and Ardley Island, Antarctica. RSC Advances, 2: 1350-1355.

Wania F, Mackay D. 1993. Global fraction and cold condensation of low volatility organochlorine compounds in polar-regions. Ambio, 22(1): 10-18.

Wania F, Mackay D. 1996. Tracking the distribution of persistent organic pollutants. Environmental Science & Technology, 30(9): A390-A396.

Wania F, Shen L, Lei Y D, Teixeira C, Muir D C G. 2003. Development and calibration of a resin-based passive sampling system for monitoring persistent organic pollutants in the atmosphere. Environmental Science &Technology, 37(7): 1352-1359.

Wolschke H, Meng X Z, Xie Z, Ebinghaus R, Cai M. 2015. Novel flame retardants (N-FRs), polybrominated diphenyl ethers (PBDEs) and dioxin-like polychlorinated biphenyls (DL-PCBs) in fish, penguin, and skua from King George Island, Antarctica. Marine Pollution Bulletin, 96: 513-518.

Zhang G, Chakraborty P, Li J, Sampathkumar P, Balasubramanian T, Kathiresan K, Takahashi S, Subramanian A, Tanabe S, Jones K C. 2008. Passive atmospheric sampling of organochlorine pesticides, polychlorinated biphenyls, and polybrominated diphenyl ethers in urban, rural, and wetland sites along the coastal length of India. Environmental Science &Technology, 42(22): 8218-8223.

Zhang L, Dickhut R, DeMaster D, Pohl K, Lohmann R. 2013. Organochlorine pollutants in Western Antarctic Peninsula sediments and benthic deposit feeders. Environmental Science & Technology, 47(11): 5643-5651.

Zhang P, Ge L, Gao H, Yao T, Fang X, Zhou C, Na G. 2014. Distribution and transfer pattern of polychlorinated biphenyls (PCBs) among the selected environmental media of Ny-Alesund, the Arctic: As a case study. Marine Pollution Bulletin, 89: 267-275.

Zhu C F, Li Y M, Wang P, Chen Z J, Ren D W, Ssebugere P, Zhang Q H, Jiang G B. 2015. Polychlorinated biphenyls (PCBs) and polybrominated biphenyl ethers (PBDEs) in environmental samples from Ny-Ålesund and London Island, Svalbard, the Arctic. Chemosphere, 126: 40-46.

第 4 章　极地有机阻燃剂的赋存与环境行为

本章导读

- 典型有机阻燃剂包括六溴环十二烷、得克隆、新型溴代阻燃剂、有机磷阻燃剂等新型 POPs 的物理化学性质及工业生产使用情况
- 几种卤代阻燃剂、有机磷阻燃剂的分析方法
- 新型卤代阻燃剂、有机磷阻燃剂等 POPs 在南极地区大气、水体、土壤、植被、动物体内的污染特征及分布规律
- 新型卤代阻燃剂、有机磷阻燃剂等 POPs 在北极地区大气、水体、土壤、植被、动物体内的污染特征及分布规律

4.1　概　　述

卤代阻燃剂(halogenated flame retardants，HFRs)作为一种典型的有机阻燃剂(organophosphate flame retardants, OPFRs)受到广泛的关注，自 20 世纪 60 年代以来，HFRs 被广泛地应用于泡沫、纺织品、电子产品、塑料、建筑材料、家具等产品中。卤化物均可用作阻燃剂，但由于碘化物不稳定，在树脂加工条件下即已分解，起不到阻燃作用，而氟化物又过于稳定，因此这两类卤化物作为有机阻燃剂并不具备使用价值。所以卤代有机阻燃剂主要是指溴代阻燃剂(brominated flame retardants，BFRs)和氯代阻燃剂(chlorinated flame retardants，CFRs)。而要达到同样的阻燃效果，CFRs 的添加量约为 BFRs 的两倍。BFRs 的分解温度大多在 200～300℃，与各种高聚物材料的分解温度相匹配，因此能同时对气相及凝聚相起到阻燃作用，很少的添加量就能产生很好的阻燃效果，且对产品的物理和机械性能影响小，因此性价比较高，是目前最为广泛的有机阻燃剂类型。但由于它们大多具有挥发性和潜在毒性，其人体暴露水平正日益增加，最近 20 年间一直是环境科学领域的研究热点。传统 BFRs 如多溴二苯醚(PBDEs)曾在世界范围内得到广泛应用。工业生产的 PBDEs 混合物主要包括 3 种：penta-BDEs、octa-BDEs 和 deca-BDEs 产品。由于 PBDEs 已经被证实具有持久性、生物蓄积性及毒性，以及长距离传输

能力，2009年5月，penta-BDEs和octa-BDEs被列入《斯德哥尔摩公约》优先控制的POPs名单中加以限制生产和使用。为替代PBDEs等传统有机阻燃剂，近十多年来出现了一系列新型有机阻燃剂，包括新型BFRs(novel BFRs，NBFRs)和有机磷阻燃剂(organophosphorus flame retardants，OPFRs)等。尽管新型有机阻燃剂的开发尽量避免了与POPs具有相同或相似的特性，但一些NBFRs已被证实具有长距离传输能力、环境持久性和生物蓄积等特性，如目前使用较为广泛的十溴二苯基乙烷(decabromodiphenyl ethane，DBDPE)和六溴苯(hexabromobiphenyl，HBB)等。OPFRs具有低烟、低卤或无卤、低毒等优点，符合阻燃剂的发展方向，因此被认为具有良好的开发前景，近年来其相关应用已较为普遍。然而人们对大量使用OPFRs造成的生态环境影响仍然知之甚少，相关研究近年来得到不断重视。

南北极地区远离人类聚居区和工业活动区，属于全球较为洁净的区域。但是近半个世纪以来，越来越多的研究已经证实极地地区环境污染物的存在，其中最受关注的就是POPs。对极地POPs和新型有机污染物的研究正逐渐成为极地科学的热点之一。本章重点针对极地环境中传统阻燃剂PBDEs、得克隆(dechlorane plus, DPs)和HBCDs，以及NBFRs、OPFRs的分析方法和研究进展进行介绍。

4.1.1 多溴二苯醚

PBDEs的物化性质及生产使用情况见本书1.1节内容。

4.1.2 六溴环十二烷

1,2,5,6,9,10-六溴环十二烷(hexabromocyclododecanes，HBCDs)是一种溴代脂环类化合物，分子式为$C_{12}H_{18}Br_6$，CAS登记号25637-99-4(isomer mixture)，是一种添加型溴代阻燃剂。HBCDs具有用量少、阻燃效率高、对基体材料性能影响小等优点，因此被广泛用于膨胀聚苯乙烯(EPS)和挤塑聚苯乙烯(XPS)的阻燃，由其制成的阻燃保温板和绝缘板在建筑行业和交通工具中有着广泛的应用。HBCDs也用于高抗冲聚苯乙烯(HIPS)、纺织品等材料的阻燃，广泛用于制造电器、电子设备外壳及室内装潢用品、汽车座椅等。2001年，全球HBCDs的产量达16 700 t，仅欧洲的消耗量就达9500 t。自1998年Sellström等(1998)在瑞典的鱼样和底泥中首次发现HBCDs后，HBCDs的环境污染问题逐渐引起各国的重视。近几年来，HBCDs在各种环境介质和生物样品中有大量的检出，HBCDs的生物富集性、环境持久性、生物毒性等不断被证实，极地地区生物体内HBCDs的检出进一步表明其潜在的长距离传输能力。因此，2013年HBCDs被正式列入《斯德哥尔摩公约》受控POPs名单中，其生产和使用受到限制。

HBCDs的工业化生产是以1,5,9-环十二三烯(1,5,9-cyclododecatriens，CDTs)为原料，经过溴化反应获得。理论上HBCDs存在16种立体异构体，包括6对对映异构体(enantiomer)和 4 种内消旋异构体(meso form)。目前已分离出(±) α-HBCD、β-HBCD 和 γ-HBCD 三对对映异构体和两种内消旋异构体 δ-HBCD 和 ε-HBCD。商品化的 HBCDs 主要是由 γ-HBCD(CAS 134237-52-8)、α-HBCD(CAS 134237-50-6)、β-HBCD(CAS 134237-51-7)三对非对映异构体(diastereoisomer)组成的混合物(图 4-1)，含量分别为 75%～89%、10%～13%、1%～12%(Covaci et al., 2006)，另外还含有少量的 δ-HBCD(0.5%)和 ε-HBCD(0.3%)。

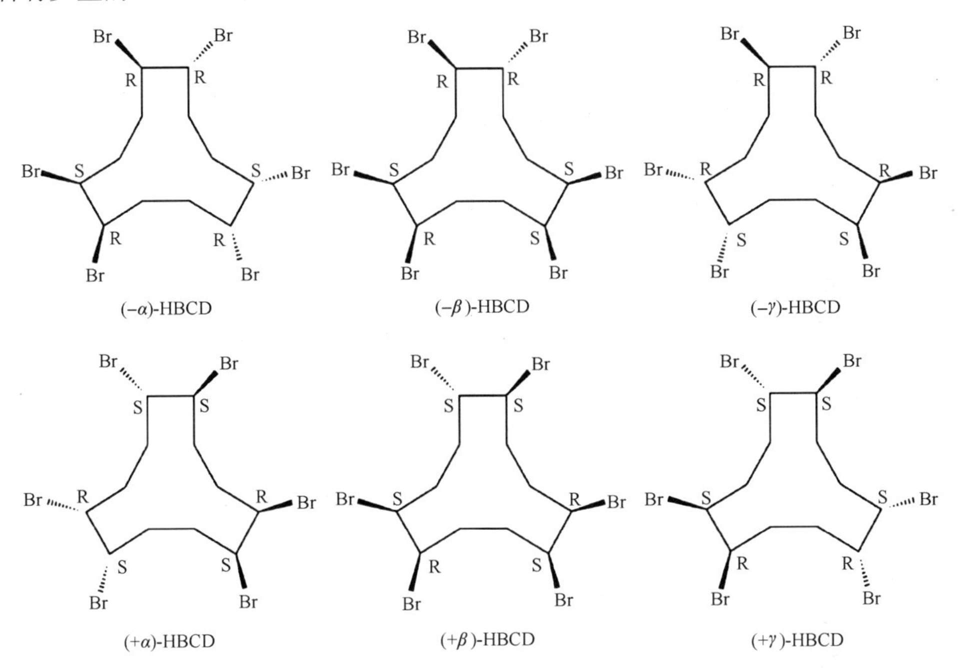

图 4-1　HBCDs 产品中主要异构体结构示意图

HBCDs 的物理化学性质见表 4-1。HBCDs 的熔点低、热稳定性差，当温度>160℃时，三种异构体发生热重排，导致组成比例发生变化(78% α-HBCD，13% β-HBCD，9% γ-HBCD)。当温度>230℃时，HBCDs 开始热分解，其中 75%以 HBr 形式释放，25%生成高分子溴化物。

表 4-1　HBCDs 的物理化学性质

项目	参数/性质
外观	白色固体
分子量	641.7
熔点(℃)	HBCDs 混合物: (172～184)～(201～205) α-HBCD: 179～181 β-HBCD: 170～172 γ-HBCD: 207～209

续表

项目	参数/性质
沸点(℃)	＞230℃开始分解
水溶性(μg/L, 20℃)	HBCD 混合物: 65.6 α-HBCD: 48.8 β-HBCD: 14.7 γ-HBCD: 2.08
蒸气压(Pa, 21℃)	6.27×10^{-5}
亨利定律常数(Pa×m^3/mol)	0.75
辛醇-水分配系数($\log K_{ow}$, 25℃)	5.625
土壤-有机碳分配系数(K_{oc})	1.25×10^{5}

HBCDs 的水溶性较差，K_{ow} 相对较高，易吸附于土壤和底泥等介质的有机质中，且易富集在生物脂肪组织中，有潜在的生物放大效应。HBCDs 对水生生物的急性毒性较低，对哺乳动物具有慢性或亚慢性毒性作用，尤其对神经内分泌系统和胚胎早期发育影响较大，但不会引起急性毒性、刺激和过敏反应、诱导有机体突变及致癌作用。HBCDs 对鼠有显著的内分泌干扰作用和神经毒性作用，能削弱大脑的神经胶质细胞发育，影响学习和记忆功能，使其出现异常行为(Saegusa et al., 2009)。

4.1.3 得克隆

得克隆(DP)，即双(六氯环戊二烯)环辛烷[bis(hexachlorocy-clpentadiene) cyclooctane]，中文简称“得克隆”或“敌可燃”。其分子式为 $C_{18}H_{12}Cl_{12}$，CAS 登记号 13560-89-9(异构体混合物)，分子量 653.68，含氯量 65.1%。商品 DP 包括两种立体异构体：顺式(*syn*-DP)和反式(*anti*-DP)，其比例大约为 1∶3。DP 结构式见图 4-2。

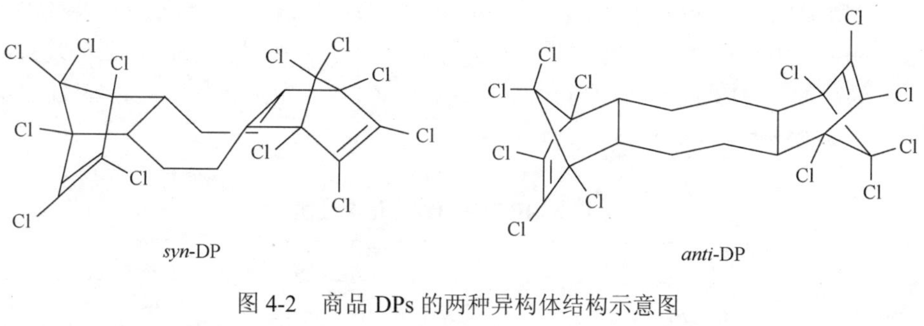

syn-DP　　*anti*-DP

图 4-2　商品 DPs 的两种异构体结构示意图

DP 由美国 Hooker Chemical Corporation(现 OxyChem 化学公司)在 20 世纪 60 年代中期作为灭蚁灵的替代产品进行开发生产。为了替代灭蚁灵，OxyChem 化学公司发明了一系列氯代环戊二烯类的阻燃剂，其中包括 dechlorane 602(dec-602)、dechlorane 603(dec-603)、dechlorane 604(dec-604)以及 DP(dec-605)。DP 具有可着

色性，优良的阻燃性、热稳定性、电气性能，低生烟量，廉价高效等特性，因而被广泛应用于电线、电缆、尼龙、电子元件、电视及计算机外壳等高分子材料中。

DP 的生产厂有美国的 Hooker Chemical Corporation[现名 Occidental Chemical Corporation (Oxychem)]和中国江苏淮安的安邦电化有限公司。商品 DP 都有三种不同类型：DP-25、DP-35 和 DP-515，其主要差别是颗粒大小有所不同。虽然目前准确的 DP 产量难以确定，但在美国，DP 被划分为高产量化学品(年产量或进口量大于 450 t 及以上)。据 Ren 等(2008)报道，全球 DP 年产量约为 5000 t。在中国，安邦电化有限公司的 DP 年产量为 300～500 t。

DP 的物理化学性质见表 4-2。其热稳定性高(耐温至 285℃)、水溶性较差。DP 的 K_{ow} 较高，亲脂性高，易被吸附在土壤和底泥等介质中，易于在生物脂肪组织中富集，具有潜在的生物放大效应。

表 4-2 DP 的物理化学性质

物化性质	参数(Feo et al., 2012)	参数(Sverko et al., 2011)
熔点(℃)	206	350
密度(g/cm^3)	1.8	1.8
蒸气压	4.71×10^{-8} Pa	0.006 mm Hg
水溶解度	0.04 ng/L	44～249 μg/L
辛醇-水分配系数(log K_{ow}，25℃)	9.0	9.3
气-水分配系数(log K_{aw}，25℃)	–3.24	
辛醇-空气分配系数(log K_{oa}，25℃)	12.26	

注：DP 的蒸气压、水溶解度、K_{ow}、K_{aw} 和 K_{oa} 为定量构效关系模型(quantitative structure-activity relationship models，QSAR)计算结果。

对 DP 的毒性认识尚存在较大争议。但近年来，对不同 DP 浓度暴露下的雄性大鼠肝脏氧化应激反应、DNA 损伤及转录组和代谢组学反应研究发现，DP 的经口暴露能够导致大鼠的肝脏氧化损伤及新陈代谢和信号传导的紊乱(Wu et al., 2012)。对幼年中华鲟的研究发现，在腹腔注射 14 天暴露之后，肝脏组织中与应激反应有关的两种蛋白显著增加而丰度有所下降，表明 DP 对一般应激反应有影响(Liang et al., 2014)。而对 Sprague-Dawley 大鼠进行 90 天不同浓度的商品 DP 暴露后，虽然实验过程中并没有观察到组织病理学变化或出现死亡的现象，但在低剂量组观察到一部分基因的 mRNA 表达显著降低、CYP 2B2 的活性增加的现象(Li et al., 2013)。此外，有研究首次发现 Dec-602 对成年雄性大鼠的免疫功能有损伤(Feng et al., 2016)。这表明 DP 及其类似物在分子水平具有一定的毒性效应，相关毒理学研究亟待深入开展。

4.1.4 新型溴代阻燃剂

由于传统溴代阻燃剂(PBDEs 等)的毒性水平相对较高，国际社会已纷纷禁止或限制其生产和使用，这导致市场上开始出现传统阻燃剂的替代品——新型溴代阻燃剂(NBFRs)。NBFRs 通常被认为是市场上新出现的，或者近期才在环境中发现的 BFRs。目前市场上生产的 NBFRs 一共大约有 75 种，一些重要的 NBFRs 包括 HBB、五溴甲苯(pentabromotoluene，PBT)、2-乙基己基-四溴苯甲酸(2-Ethylhexyl-2,3,4,5-tetrabromobenzoate，TBB)、1,2-二(2,4,6-三溴苯氧基)乙烷[1,2-bis(2,4,6-tribromophenoxy)ethane，BTBPE]、2,3,4,5-四溴-苯二羧酸双(2-乙基己基)酯[bis(2-ethylhexyl)2,3,4,5-tetrabro-mophthalate，TBPH]及 DBDPE 等(表 4-3 和图 4-3)。这些 NBFRs 与 PBDEs 具有许多相似的特性，均作为添加型阻燃剂使用，具有较低的水溶性和较高的脂溶性，且具有一定的环境持久性和生物可利用性(Covaci et al., 2011)。此外，毒理学实验结果表明，NBFRs 具有甲状腺和生殖系统的内分泌干扰效应，以及神经毒性和遗传毒性等(McGrath et al., 2017)。NBFRs 在生产和使用过程中释放进入周围环境中，并在大气、水体、沉积物和生物体等环境介质中普遍检出，引起了全球广泛关注。作为 BDE-209 的替代品，DBDPE 是中国第二大替代型溴代阻燃剂，年增长量高达 80%。而作为 octa-BDE 替代品的 BTBPE 在 1986～1994 年期间美国的年产量达 4500～22 500 t，之后降低至 450～4500 t/a。据估算，全球 NBFRs 的年产量大约在 100 000 t 以上(Covaci et al., 2011)。

表 4-3 10 种常见新型溴代阻燃剂的相关信息

现用缩写	曾用缩写	常用名称	CAS 号
EH-TBB	TBB	2-ethylhexyl 2,3,4,5-tetrabromobenzoate	183658-27-7
BEH-TEBP	TBPH	bis(2-ethylhexyl) tetrabromophthalate	26040-51-7
BTBPE	BTBPE	1,2-bis(2,4,6-tribromophenoxy)ethane	37853-59-1
TBP-DBPE	DPTE	2,3-dibromopropyl 2,4,6-tribromophenyl ether	35109-60-5
PBEB	PBEB	pentabromoethylbenzene	85-22-3
PBT	PBT	pentabromotoluene	87-83-2
HBB	HBB	hexabromobenzene	87-82-1
DBDPE	DBDPE	decabromodiphenyl ethane	84852-53-9
PBBz	PBBz	1,2,3,4,5-pentabromobenzene	608-90-2
DBE-DBCH	TBECH	1,2-dibromo-4-(1,2-dibromoethyl)-cyclohexane	3322-93-8

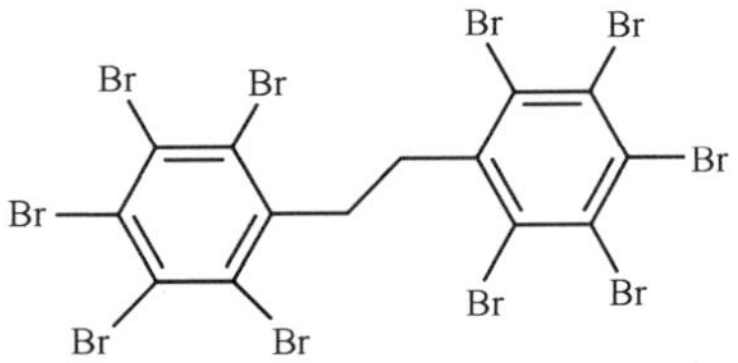

DBDPE 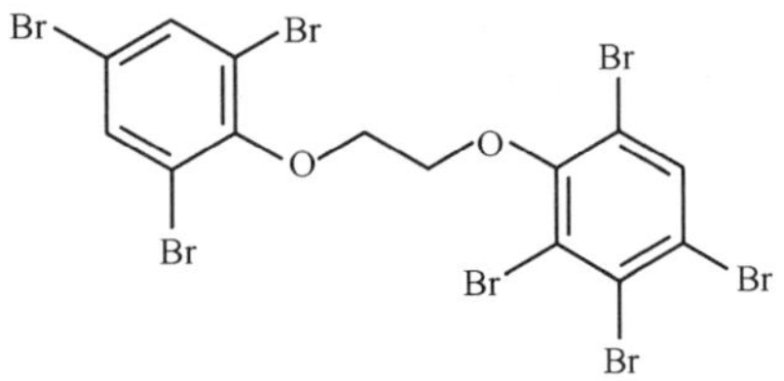　　BTBPE

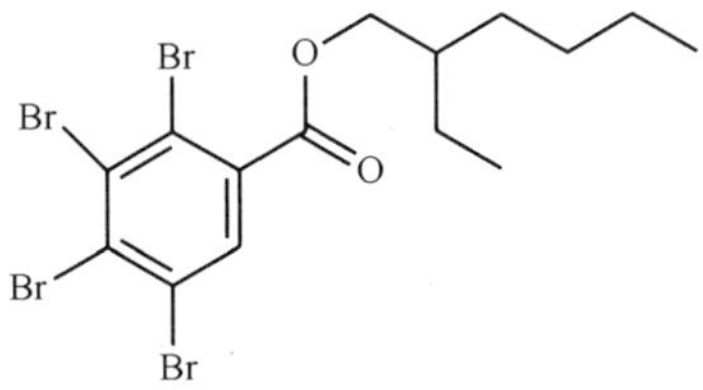

EH-TBB 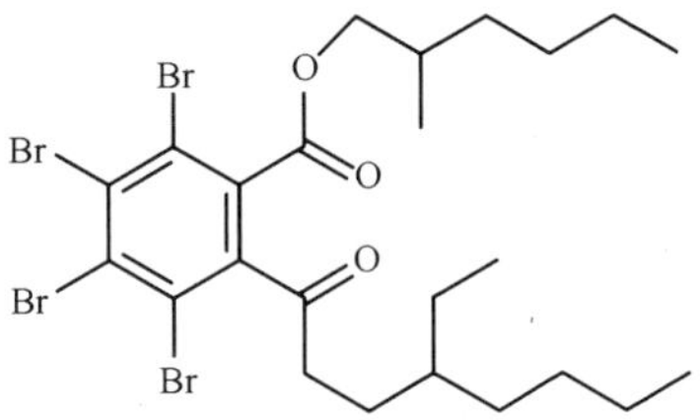　　BEH-TEBP

图 4-3　四种典型的 NBFRs

4.1.5　有机磷阻燃剂

OPFRs 具有低烟、低卤或无卤、低毒等优点，符合阻燃剂的发展方向，因此被认为具有良好的开发前景，近年来其相关应用已较为普遍。磷系阻燃剂在国内外市场的需求量逐年增加，2007 年中国生产的 OPFRs 总量为 7 万 t，而 2005 年欧洲的消费量已达 8.5 万 t，全球 OPFRs 的消费在 2011 年达到 50 万 t，到 2015 年需求高达 68 万 t(Hou et al., 2016)。OPFRs 主要包括磷酸酯、亚磷酸酯、磷酸酯和膦盐等。磷酸酯系列是阻燃剂的主要系列，大多属于添加型阻燃剂。由于有机磷系产品多为油状，在加工过程中不易添加到高聚物中，从而多应用在聚氨酯泡沫、软 PVC、变压器油、纤维素树脂、天然和合成橡胶中。这些添加 OPFRs 的产品在长期使用中可能导致 OPFRs 的释放，从而进入周围环境中。

OPFRs 属于合成磷酸衍生物，其化学结构根据不同酯键而变化，可以大致划分为 3 类：氯代 OPFRs、烷基 OPFRs 和芳基 OPFRs。环境中 OPFRs 的物化性质差异很大(表 4-4)，这对 OPFRs 造成的环境影响和人体暴露风险评价具有直接影响。具有高蒸气压的挥发性 OPFRs，如 TBP、TEP 和 TCEP 更易进入大气中，并吸附在灰尘中。烷基和芳基 OPFRs 具有较高分子量，疏水性较强，具有相似的生物富集因子和沉积物/土壤吸附能力，而氯代 OPFRs 具有更好的水溶解性，被认为对水生生物具有持久威胁。由于 OPFRs 在生物体和周围环境中被广泛检出，其相关毒理学研究也引起人们重视。毒理学证据表面，长期的 OPFRs 暴露对动物生殖、内分泌和系统都具有潜在的负面影响，而芳基 OPFRs 能够扰乱斑马鱼的转录调控因子表达，从而造成心脏毒性；此外，氯代 OPFRs(TCEP、TCIPP 和 TDCIPP)亦被证实具有神经毒性和致癌性(Hou et al., 2016)。

表 4-4　10 种常见 OPFRs 的物化性质

No.	化合物	缩写	化学结构	CAS编号	分子量	$\lg K_{ow}$	K_{oc}	蒸气压(Pa)	沸点(℃)
1	triethyl phosphate	TEP	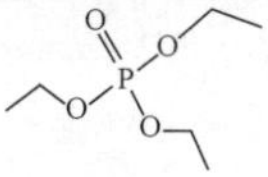	78-40-0	182.16	0.80	36	5.25×10	216
2	tripropyl phosphate	TPrP	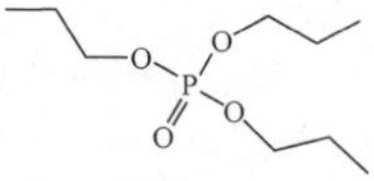	513-08-6	224.24	1.87	676	5.77×10^{-1}	254
3	tributyl phosphate	TBP	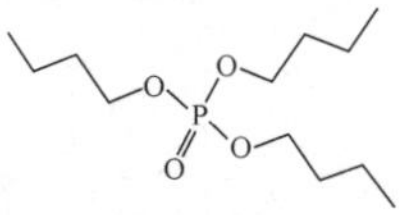	126-73-8	266.32	3.60	977	1.71	289
4	tris(2-chloroethyl) phosphate	TCEP	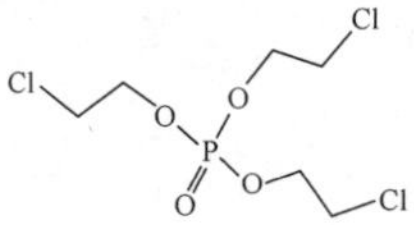	115-96-8	285.49	1.47	150	1.44×10^{-2}	351
5	tris(2-chloroisopropyl) phosphate	TCPP	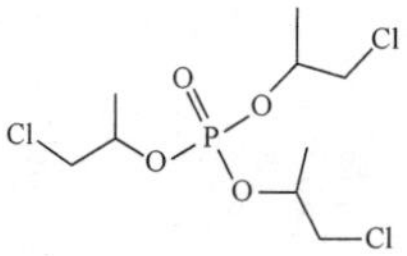	13674-84-5	327.56	2.59	275	2.69×10^{-3}	342
6	tris(1,3-dichloro-2-propyl) phosphate	TDCPP	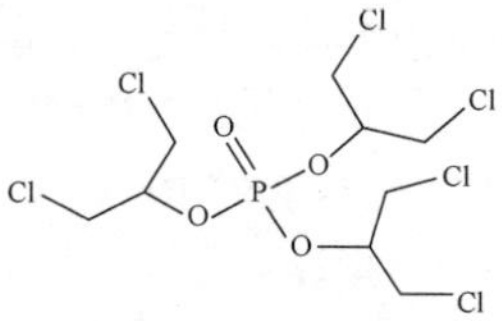	13674-87-8	430.90	3.27	1440	5.43×10^{-6}	457
7	tris(2-butoxyethyl) phosphate	TBEP	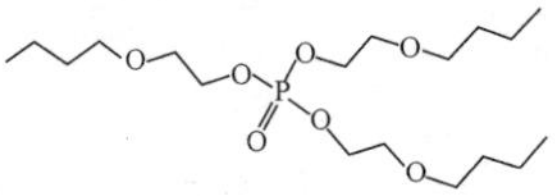	78-51-3	398.48	3.75	1020	3.33×10^{-6}	414
8	triphenyl phosphate	TPP	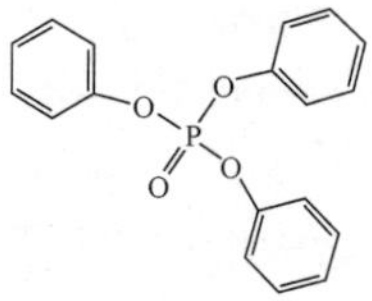	115-86-6	326.29	4.59	2630	8.37×10^{-3}	370
9	2-ethylhexyl diphenyl phosphate	EHDP	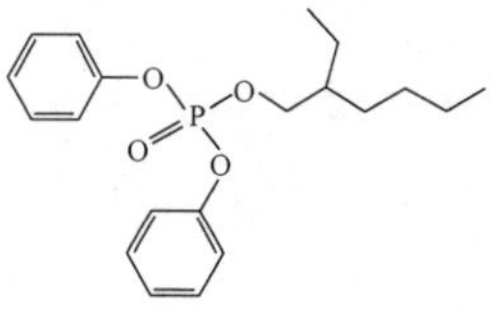	1241-94-7	362.40	5.73		6.20×10^{-4}	421
10	tris(2-ethylhexyl) phosphate	TEHP	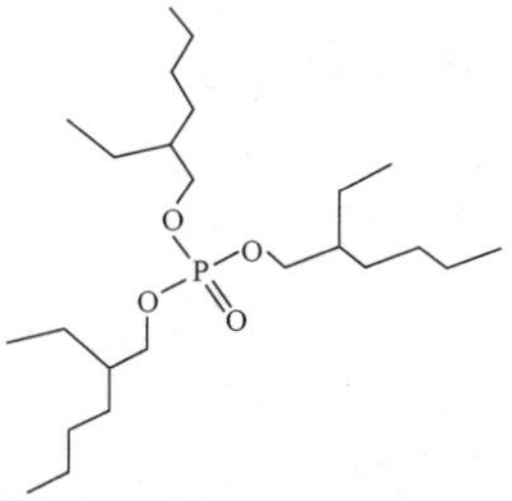	78-42-2	434.64	9.49	617000	1.10×10^{-5}	220

4.2　环境样品中有机阻燃剂的分析方法

4.2.1　多溴二苯醚

环境样品中 PBDEs 的分析方法比较成熟，通常采用 GC-MS，但由于 PBDEs 有 209 种同族体，且低溴和高溴代同族体的物化性质差异较大，要实现全部同族体的分析仍然具有很大的难度。此外环境中 PBDEs 浓度水平相对较低，要获得满意的检测结果，需要合适的样品预处理和富集浓缩。因此 PBDEs 的分析应根据目标物及样品属性进行方法优化，以满足检测要求。

PBDEs 采样和样品预处理与 PCBs 或二噁英(PCDD/Fs)具有相同或相似的步骤。样品通常在采集完成后需要进行萃取、净化或纯化、浓缩，最后进行仪器分析。区别主要在于高溴代单体尤其是 BDE-209 易见光分解，因此在整个样品处理过程中需尽量避光操作，降低目标物的损失和分析结果的不确定性。

传统的萃取方法主要包括 SE 和 LLE。SE 应用最为广泛，多用于土壤、沉积物等固体样品的提取。其操作简单可靠，能够比较有效地提取目标物，因此至今仍得到普遍应用。但其缺点是提取时间较长(6～48 h)、溶剂消耗量大(60～500 mL)等。近年来发展了多种不同的萃取方法，如加压流体萃取(pressured liquild extraction，PLE)、自动索氏萃取、MAE 或者 UAE 等技术，大大降低了样品萃取的时间或溶剂消耗量，同时提高了样品萃取效率。LLE 通常用于液体样品的萃取，其原理和操作都比较简单，但所需的有机溶剂量较大，萃取过程中溶剂界面易出现乳化现象，且需要多次萃取转移，样品结果的重复性较差。目前 SPE 的发展使得 SPE 基本可以替代 LLE 来完成液体样品中 PBDEs 的富集萃取，且操作比较简单方便，得到较好的应用。以下介绍几种常见的固体样品前处理和仪器分析方法。

1. 萃取

1) SE 萃取

萃取前用正己烷或丙酮对萃取筒进行 12 h 或 24 h 提取清洗。然后称取 3～10 g 土壤/沉积物样品(或生物样品)，加入 8～10 g 无水硫酸钠混合均匀，转移至萃取筒中，用 150 mL 正己烷/丙酮(1∶1，体积比)提取 24 h。萃取前加入 PBDEs 同位素替代内标作定量内标。

2) 加速溶剂萃取

加速溶剂萃取(accelerated solvent extraction, ASE)使用前，用正己烷或丙酮清洗不锈钢萃取池(亦可空提一遍)，之后将玻璃纤维膜垫于萃取池底部。称取 3～10 g 土壤样品(或生物样品)，加入 8～10 g 无水硫酸钠混合均匀，转移至萃取池中，加入 PBDEs 同位素替代内标作定量内标。ASE 萃取条件基于 USEPA 方法 3545。萃取溶剂为正己烷/丙酮或者正己烷/二氯甲烷(1∶1，体积比)100 mL；萃取温度：100～150℃；萃取压力：10.3 MPa(1500 psi)；加热时间：7 min；静态萃取时间：8 min；循环两次；吹扫时间：120 s。

3)MAE 萃取

MAE 萃取前，萃取筒用正己烷或丙酮进行清洗或提取。称取 3～10 g 土壤样品(或生物样品)，加入 8～10 g 无水硫酸钠混合均匀，转移至萃取筒中，加入 PBDEs 同位素替代内标作定量内标。萃取方法依照 USEPA 方法 3546。萃取溶剂：正己烷/丙酮或者正己烷/二氯甲烷(1∶1，体积比)30 mL；升温程序：10 min 升温至 115℃并保持 15 min，后在 20 min 内降至室温；微波功率：1200 W；萃取后基质和溶剂进行离心分离，溶剂转移至烧瓶中以备净化处理。

2. 净化/纯化

1)土壤/沉积物

萃取液经旋转蒸发浓缩仪浓缩后，溶剂置换为 5 mL 二氯甲烷，过 GPC 进行分离净化，去除色素、腐殖质及小分子硫等杂质。收集目标组分进行浓缩和溶剂置换(正己烷)，并过复合硅胶柱(自下而上为：1 g 活化硅胶、4 g 碱性硅胶、1 g 活化硅胶、8 g 酸性硅胶、2 g 活化硅胶、1 cm 无水硫酸钠)净化，采用 80 mL 正己烷预淋洗色谱柱，100 mL 正己烷洗脱目标物。洗脱液浓缩转移至 K-D 浓缩器中，氮吹至 0.2～0.3 mL 后再转移至带衬管的 GC 进样小瓶中，浓缩到大约 20 μL 壬烷中。加进样内标(用于计算回收率)后涡轮混匀，以备上机检测。

2)生物样品

样品萃取液蒸发至干测定脂肪含量后加 50 mL 正己烷溶解，添加 10～15 g 酸性硅胶去除脂肪，无水硫酸钠小柱过滤，过滤液浓缩后分别过复合硅胶柱(自下而上为：1g 活化硅胶、4 g 碱性硅胶、1g 活化硅胶、8 g 酸性硅胶、2 g 活化硅胶、1 cm 无水硫酸钠，80 mL 正己烷预淋洗，100 mL 正己烷洗脱)和碱性氧化铝柱[自下而上为：6 g 碱性氧化铝、1 cm 无水硫酸钠，40 mL 正己烷预淋洗，40 mL 正己烷/二氯甲烷(1∶1，体积比)洗脱]净化。洗脱液浓缩转移至 K-D 浓缩器中，氮吹至 0.2～0.3 mL 后再转移至带衬管的 GC 进样小瓶中，浓缩到 20 μL 壬烷中。加进样内标(用于计算回收率)后涡轮混匀，以备上机检测。

生物样品除脂肪亦可采用 GPC，避免了采用酸性硅胶除脂可能造成的目标物回收率不稳定现象。净化柱亦可采用复合硅胶柱与活性炭柱[自下而上为：1.5 g Carbon/Celite(18%)，1～2 cm 无水硫酸钠，50 mL 正己烷预淋洗，50 mL 正己烷洗脱目标物]的组合。

3. 仪器分析

PBDEs 分析可采用高分辨气相色谱/低分辨质谱法(GC-MS)，高分辨气相色谱/三重四极杆质谱法(GC-MS/MS)，或者同位素稀释-高分辨气相色谱/高分辨质谱法(USEPA 方法 1614)。由于设备成本的较大差异，GC-MS 法是大多数实验室采用的仪器分析方法。

PBDEs 分析色谱条件：色谱柱为 DB-5MS(30 m×250 μm i.d.×0.25 μm film)或同等分离效果的气体色谱柱(非极性或者弱极性毛细管色谱柱)；进样口温度为 280～290℃，无分流进样，进样量 1～2 μL；传输线温度为 270℃；载气(氦气)流速为 1 mL/min；典型的程序升温条件：初始温度为 90℃保持 2 min，以 25℃/min 的速度升到 210℃保持 1 min，以 10℃/min 升到 275℃并保持 10 min，以 25℃/min 升到 330℃并保持 10 min。

此外有研究报道应用二维气相色谱(GC×GC)进行 PBDEs 的分离，很好地提高了目标物的色谱分离效果(Pena-Abaurrea et al., 2011)。由于高溴代 BDEs(如 BDE-209)在高温条件下易发生降解，因此应限制进样口和色谱柱的温度并采用相对较短的色谱柱(如 10～15 m)进行单独分析。一些研究报道采用 HPLC 进行高溴代单体(如 BDE-209)的分离分析(Kierkegaard et al., 2009)，避免了 GC-MS 法分析高溴代单体时高温降解的现象。

GC-MS 法的质谱电离方式一般采用负化学离子源(negative chemical ionization, NCI)和电子轰击源(electron impact ionization, EI)。NCI 对溴具有很高的灵敏度，因此对 PBDEs 分析具有较好的效果。但是因为主要监测的特征离子为 79 和 81，检测过程可能会出现其他含溴化合物对 PBDEs 的干扰，从而造成对 PBDEs 的选择性相对较差。此外，NCI 受实验条件如载气、源温、源清洁程度等因素的影响较为明显，因此需要保障较好的仪器分析环境。EI^+模式监测的是化合物的分子离子峰或者相关碎片峰，可以较大程度地避免干扰，但缺点是对高溴代单体的分析灵敏度较低。串联质谱法(MS/MS)同时检测化合物的母离子和子离子，具有良好的去背景干扰能力，同时保证了良好的选择性，近年来得到推广应用(Mascolo et al., 2010; Pena-Abaurrea et al., 2011)。

高分辨气相色谱/高分辨质谱法(HRGC-HRMS)的电离方式一般为 EI^+，采集方式为选择离子监测模式。质谱调谐参数为：分辨率≥10000；电子能量为 35～45 eV；吸极(trap)电流为 500～600 mA，光电倍增器电压为 350 V，源温为 280℃。PBDEs 分析质谱采集质量碎片类型：tir-BDE，tetra-BDE：(M+2)/(M+4)；penta-BDE，hexa-BDE：(M-2Br+2)/(M-2Br+4)；hepta-BDE：(M-2Br+4)/(M-2Br+6)；deca-BDE：(M-2Br+6)/(M-2Br+8)。

4.2.2 六溴环十二烷

环境样品中 HBCDs 的浓度一般在 ng/g 或 pg/g 级或更低，因此 HBCDs 的检测属于复杂基体中痕量组分的分析检测。目前国际上还没有标准的分析方法，通常采用 GC-MS 和 LC-MS 方法进行检测，两种方法所得的结果并没有统计学差异(Abdallah et al., 2008)。但是由于HBCDs的热稳定性较差，GC-MS法只能得到HBCDs的总量，不能测定其异构体的含量，因此 LC-MS 已经成为 HBCDs 检测普遍采用的仪器方法。环境样品中 HBCDs 的检测同样包括样品预处理、提取、净化、仪器分析和数据处理等步骤，其中样品预处理、前处理和净化过程与 PBDEs 基本相同。

仪器分析方面，HPLC-MS/MS 法具有高选择性和灵敏度，是近年来测定 HBCDs 异构体含量的有效方法。离子源通常采用电喷雾电离(electrospray ionization，ESI)源和大气压化学电离(atmospheric pressure chemical ionization，APCI)源为接口，采用多重反应监测模式(MRM)，测定$[M-H]^-$(m/z 640.6)→Br^-(79.0 和 81.0)。HBCDs 标准溶液中 γ-HBCD、α-HBCD、β-HBCD 的 LOD 可达 0.5 pg、1 pg、5 pg，标准曲线在 2～200 ng/g 范围内线性良好(Janak et al., 2005)，而采用 LC/ESI-MS/MS 测得 γ-HBCD、α-HBCD 标准曲线的线性范围可达 0.1～100 ng/g，牛血清、人脂肪和母乳中 α-HBCD 的 LOD 分别为 30 ng/kg、500 ng/kg、500 ng/kg(Cariou et al., 2005)。采用 UPLC/ESI-MS/MS 方法比传统的 HPLC 方法提供了更大的色谱峰容量、更高的分辨率和灵敏度及更快的分析速度，标准曲线在 2.5～200 ng/mL 范围内线性良好(Shi et al., 2008)。ESI 源是目前普遍采用的离子源，但也有研究发现使用 APCI 源测定 HBCDs 时，得到的信号更强，灵敏度更高(Feng et al., 2010)。

除了经典的 HPLC-MS/MS 方法外，用微波辅助萃取-液相色谱离子阱质谱(HPLC-ESI-ITMS)方法亦可以检测到环境中痕量的 HBCDs，测定底泥中的 HBCDs 时，检出限可达 20～40 pg/g dw，回收率达 68%～91%(Wu et al., 2009)。此外，有研究报道单四极杆质谱测得 HBCDs 的 LOD 为 1.2 μg/kg，与三重四极杆质谱和离子阱质谱结果相当，其线性范围为 20～250 ng/μL，但当 HBCDs 浓度＞250 ng/μL 时，因分析物饱和而产生电荷竞争，导致响应信号明显下降(Morris et al., 2006)。

环境和生物样品复杂的基质和共流出物会影响 HBCDs 的离子化效率，造成离子拟制效应，而同位素稀释法可以补偿前处理过程、仪器波动和基体效应等因素对检测结果的影响，是目前最有效的方法。

4.2.3 得克隆

环境样品中 DP 的检测分析与 PBDEs 基本相同，包括相同的样品预处理、提取、净化、仪器分析等步骤。按照样品种类的不同，样品提取方法有 SE、PLE、LLE 和 MAE 等。DP 的萃取溶剂通常采样正己烷-丙酮(1∶1，体积比)，二氯甲烷-正己烷

(1∶1，体积比)，正己烷及其他溶剂如甲苯和乙醚等。提取液的净化方法中使用最多的是简单硅胶柱、氧化铝柱、复合硅胶柱及载有多种吸附剂的复合柱。对于生物样品，脂肪和其他生物质的去除通常使用 GPC 来进行，也有使用硫酸来去除脂肪。

目前，DP 的仪器分析采用最多的是 GC-NCI-MS，也有研究使用了 HRGC-HRMS 进行分析(Guerra et al., 2011)。目标物的色谱分离一般采用非极性或弱极性的毛细管色谱柱，如 DB-5 HT(15 m×0.25 mm×0.10 μm)、DBHT(15 m)或者 Rtx-1614 (15 m×250 μm×0.10 μm)。所有的目标物包括 *syn*-DP 和 *anti*-DP 在大约 35 min 的运行时间内可以完全分离。离子源与质谱配对方式有 ECNI(负化学电离，electron capture negative ionization)-MS、NCI-MS、NCI-MS-MS、EI-HRMS 等，ECNI(或者NCI)源分析时，通常选择分子离子峰 *m/z* 为 651.8 和 653.8 作为定性定量离子。过高的源温会引起分子离子峰强度的下降，因此 DP 分析时常采用相对较低的源温，如150℃、200℃。使用 EI 源分析时，由于逆狄尔斯–阿尔德裂解反应(retro-Diels-Alder fragmentation)容易导致产生 *m/z* 为 270 的离子碎片($C_5Cl_6^+$)，其强度往往高于 DP 的分子离子峰强度，因此 Feo 等(2012)并不建议使用 EI 源分析 DP。

HRGC-HRMS 具有极好的选择性和灵敏度，但是设备价格昂贵，并不是所有的实验室都可以配置。GC-MS 价格低，但是选择性和灵敏度不如 GC-HRMS。采用配有负化学源的 GC-MS/MS 进行 DP 分析，方法检出限(methocl detection limits, MDLs)和方法定量限(methocl quantitative limits, MQLs)要优于 GC-MS 法，最大可以降低 300 倍，表现出优良的灵敏度、选择性，可以作为替代 HRMS 的一种较好的选择(Baron et al., 2012)。

DP 的定性定量分析采用内标法，常采用与其性质相近的 PBDEs 的 ^{13}C 标记同位素内标。近年来 DP 的 ^{13}C 标记同位素内标(如 ^{13}C-*syn*-DP)已经出现，使用同位素稀释法分析 DP 成为可能。

4.2.4　新型溴代阻燃剂

NBFRs 的样品分析方法与 PBDEs、HBCDs 较为相似。对于液体样品，常用的萃取技术包括 LLE、SPE、SPME、搅拌子吸附(stir-bar sorptive extraction，SBSE)、半透膜被动采样装置(semi-permeable membrane device，SPMD)等(Papachlimitzou et al., 2012)。而对于固体样品，萃取方法与 PBDEs 完全相同。样品净化中最常用的是硅胶柱，包括酸性和碱性复合硅胶柱，此外亦可用氧化铝和弗罗里土柱及 GPC 等净化手段，洗脱溶剂通常用正己烷、二氯甲烷及不同体积配比的正己烷/二氯甲烷混合溶液等(Covaci et al., 2011)。

GC-ECNI-MS 是 NBFRs 最常用的检测分析方法，采用 SIM 扫描模式，监测离子碎片通常为溴同位素 *m/z* 为 79 和 81，具有较高的灵敏度。但亦有一些情况监测其他离子碎片，如 TBPH 采用 463 和 461(La Guardia et al., 2010)，或者 463

和 515(Stapleton et al., 2008)，此外，TBB 存在与 BDE-99 的共流出现象，因此需要监测 m/z 为 357 和 471 等碎片信息以提高选择性(Stapleton et al., 2008)。采用 EI 电离模式时，通常可检测分子离子峰，且具有较高的选择性。GC 色谱柱通常选择 15～60 m，液膜厚度为 0.10 μm。由于 DBDPE 存在热降解现象，TBECH 和 TBCO 存在异构体转化，因此使用 GC 方法检测时需谨慎。

LC-MS 为可能发生热降解的和大分子的 NBFRs 分析检测提供了可能的选择。LC-MS 分析 NBFRs 的离子模式主要包括 ESI、APCI 和大气压光电离(atmospheric pressure photo ionization，APPI)。但由于 LC-MS 对于 α 和 β 异构体的分辨率较差，且三种电离方式不能产生足够强度的分子离子峰，因此 LC-MS 并不适合 TBCO 的分析(Riddell et al., 2009)。

典型的 NBFRs 仪器分析方法举例如下(Möller et al., 2010)。

9 种 NBFRs 采用 GC-NCI-MS 方法进行分析，包括 PBBz、PBT、PBEB(penta bromo ethyl benzene)、DPTE、HBB、TBPH、EHTBB、BTBPE 和 HCDBCO。仪器配置 HP-5MS 色谱柱(30 m×0.25 mm i.d. ×0.25 μm 膜厚，J&W Scientific 公司)和大体积进样器(PTV)。载气为氦气，流速 1.3 mL/min。进样方式为脉冲无分流进样，进样口升温程序为：60℃保持 0.1 min，再以 500℃/min 升到 280℃并保持 20 min。色谱升温程序：初始温度 60℃保持 2 min，然后以 30℃/min 升到 180℃，再以 2℃/min 升到 280℃，随后以 30℃/min 升到 300℃并保持 6 min，接着 30℃/min 升到 310℃并保持 25 min。传输线温度为 280℃，质谱离子源温度为 150℃，四极杆温度为 150℃。质谱分析的 NCI 反应气为甲烷，SIM 监测模式。大气样品的 MDL 在 0.005～0.02 pg/m^3 之间，海水中 MDL 在 0.0004～0.12 pg/L^3 之间(Möller et al., 2011)。

4.2.5 有机磷阻燃剂

不同取代基的 OPFRs 物理化学性质差异较大，如磷酸三甲酯(TMP)易溶于水并且挥发性较强，而磷酸三(2-乙基己基)酯(TEHP)既难溶于水又难挥发，因此对 OPFRs 的样品前处理和检测技术提出了挑战。

对于不同的样品，前处理方法有所差异，但与其他 POPs 基本一致，一般包括预处理、萃取、净化和浓缩检测。对于水样品，SPE 小柱是萃取富集水样中 OPFRs 最常用的技术，由于 OPFRs 理化性质差异较大，如 TMP 极性较强，TEHP 极性较弱，因此 SPE 小柱的选择十分重要。目前常用的 HLB 小柱对水中大部分 OPFRs 具有良好的萃取效果。但 HLB 小柱对 TMP 的萃取效率较低，主要是由于该化合物具有很强的亲水性和挥发性，很难在 SPE 小柱上保留。此外，亦有采用 C_{18}、WAX 和 MAX 小柱进行富集萃取的研究报道，但萃取效果基本一致(Wang et al., 2011)。SPME 技术是富集水样中 OPFRs 的另一重要前处理技术。SPME 富集目标物无须过滤水，节省有机溶剂，且萃取后可直接进行 GC 分析，因此具有一定优势。应用 SPME 技术萃取水样中多种 OPFRs 的研究结果表明，PDMS-DVB 纤维对河水中大部分 8 种目标物具有良好的回收率(86%～119%)，仅对极性较弱的 TEHP 回收率较差(26.7%)。对于固体样品，ASE、SE、MAE 和 UAE 技术均可用作目标物萃取，通常采用极性较强的溶剂或不同极性的混合溶剂进行样品萃取，如丙酮、乙酸乙酯/环己烷(Cristale and Lacorte, 2013)、丙酮/正己烷等。萃取液一般需要经过硅胶柱(Garcia-Lopez et al., 2009)或弗罗里土柱(Cristale and Lacorte, 2013)净化，采用极性较强的溶剂进行洗脱，如丙酮/正己烷、乙酸乙酯等。

大多数 OPFRs 具有一定的挥发性，到目前为止，气相色谱法仍然是检测 OPFRs 较常用的技术。氮磷检测器(nitrogen-phosphorus detecter，NPD)对含磷化合物有较高的灵敏度及较低的检测限，在 OPFRs 的分析检测中广泛使用(Garcia et al., 2007)。但是 NPD 的稳定性较差，且该方法只能依赖保留时间定性，容易造成假阳性。火焰光度检测器(flame photometric detector，FPD)具有与 NPD 检测器相似的灵敏度和选择性，亦应用于定量测定 OPFRs 的研究(Otake et al., 2001)。GC-MS 是目前环境样品中 OPFRs 分析的常用方法。Cristale 等(2012)比较了两种离子化技术(EI 和 ECNI)和两种采集模式(SIM 和 SRM)的质谱特征、灵敏度和定量能力。GC-ECNI-MS/SIM 具有较高的灵敏度，而 GC-EI-MS/MS 在 SRM 模式下选择性更好，且对分析 TCEP、TCPP、TDCP 具有更低的检测限。但是应用 GC-EI-MS 分析时会产生过多碎片，对于部分磷酸酯类化合物(基峰是 m/z=99)，基质组分会干扰低质量离子(Bjorklund et al., 2004)，从而影响定量。此外，液相色谱-质谱联用技术(LC-MS)在 OPFRs 的分析检测中也有广泛应用。相较于 GC，LC-MS 分析 OPFRs 可以获得更高的选择性和灵敏度。LC-MS 适用于极性较强(如 TMP 等)和分子量较大且不易挥发的 OPFRs(如 TEHP 等)分析检测。LC-MS 特有的软电离方式可以获得目标化合物的分子离子信息，相比于 GC-MS 更具优势。LC-MS 分析 OPFRs 多采用正离子模式的 ESI 和 APCI。采用 LC-ESI-MS/MS 分析检测水样中 11 种 OPFRs 的结果显示，其方法定量限可达 3～80 ng/L，且对 OPFRs 浓度较低的水样可不经过萃取而直接进样测定，方法快捷简单(Rodil et al., 2005)。虽然 ESI 离子源易受到样品基质的干扰，但通过 SPE 等样品前处理步骤，可在一定程度上抑制基质效应，从而提高方法检出限(0.2～3.9 ng/L)(Bacaloni et al., 2007)。相比 ESI 电离模式，APCI 可以更有效地抑制基质效应，从而更适合血液样品中 OPFRs 的检测(Amini and Crescenzi, 2003)。

典型的 OPFRs 仪器分析方法举例如下(Li et al., 2017)。

采用 GC-MS/MS 仪器，配置 HP-5MS 色谱柱(30 m×0.25 mm i.d. ×0.25 μm 膜厚，J&W Scientific 公司)和大体积进样器(PTV)。载气为氦气，流速 1.3 mL/min。进样方式为脉冲无分流进样，进样口升温程序为：50℃保持 0.2 min，再以 300℃/min 升到 300℃并保持 20 min。色谱升温程序：初始温度 50℃保持 2 min，然后以 20℃/min 升到 80℃，再以 5℃/min 升到 250℃并保持 5 min，接着以 15℃/min 升到 300℃并保

持 10 min。传输线温度为 280℃，质谱离子源温度为 230℃，四极杆温度为 150℃。质谱分析采用 EI^+离子源，MRM 监测模式，碰撞气为氮气(1.5 mL/min)和氦气(2.25 mL/min)。可对 TCEP、TCPP、TDCP、TiBP、TnBP、TPhP、TPeP 和 TEHP 八种 OPFRs 进行定性定量分析，对于大气和颗粒物样品，其 MDL 在 0.0003～1.5 pg/m^3之间，对雪和海水样品，其 MDL 在 7～210 pg/L 之间。

4.3 南极地区有机阻燃剂的赋存与环境行为

4.3.1 南极大气和水体

南极大气中 POPs 的研究主要集中在传统 POPs 方面，包括 PBDEs，而对 HBCDs、DP 和 NBFRs 等卤代阻燃剂及 OPFRs 的研究报道相对较少。极地大气中 PBDEs 含量水平相对于其他人类活动区域明显较低。大流量空气采样器监测结果显示，2009～2010 年南半球夏季 Terra Nova Bay 大气中$\sum_{14}$PBDEs 浓度在 0.14～1.69 pg/m^3范围内(Piazza et al., 2013)，这与 2011 年东南极附近海域检测到的大气颗粒物中 PBDEs 浓度水平(0.14 pg/m^3)相一致(Möller et al., 2012b)。对采集自西南极的大气、冰雪和海冰样品分析发现(Dickhut et al., 2012)，大气中 PBDEs 主要分布在气溶胶(颗粒物相)中，PBDEs 主要单体如 BDE-47、BDE-99、BDE-100 和 BDE-209 的浓度水平都在 1 pg/m^3以下[除 Marguerite Bay 区域的 BDE-209 浓度为(103±54.2) pg/m^3]，冰雪和海冰中主要单体的分布特征与大气中相同，其浓度主要在几个至几百 pg/L，而 BDE-209 浓度明显较高，达到 5 ng/L。2007 年海冰中 BDE-47、BDE-99 和 BDE-100 浓度水平相比于 2001 年有所下降，而 BDE-209 的趋势则相反。BDE-47/100 和 BDE-99/100 计算结果反映出 penta-BDE 产品的影响，且可能存在 BDE-99 在长距离传输过程中的光降解行为。Vecchiato 等(2015)首次报道在南极冰雪中检测到 PBDEs，浓度在 130～340 pg/L 之间，BDE-47 和 BDE-99 是主要检出单体。此外，2010 年首次对中国南极长城站周边大气中 PBDEs 的研究结果表明(Li et al., 2012)，$\sum_{14}$PBDEs 的浓度为 0.67～2.98 pg/m^3，平均浓度为 1.52 pg/m^3，略高于东南极地区结果。距离科考站较近的采样点浓度相对较高，表明可能存在 PBDEs 的本地污染源。之后利用大流量空气采样器长期监测了 2011～2014 年长城站附近大气中 PBDEs 的变化特征(Wang et al., 2017)。$\sum_{27}$PBDEs 浓度在 0.60～16.1 pg/m^3[均值(3.28±3.31) pg/m^3]之间。污染物浓度水平在 3 年内并无明显的变化趋势(图 4-4)。单体分布特征表明，BDE-209 是主要的检出单体，浓度在 0.18～6.35 pg/m^3之间，约占 PBDEs 总浓度的 41%。此外，低溴代单体(如 BDE-28、BDE-17 和 BDE-47)也有较高检出水平，分别占总浓度的 14%、10%和 4%。一些商用 PBDEs 产品中的特征单体也有检出，如 BDE-99、BDE-100、BDE-153、BDE-154、BDE-183、BDE-206

和 BDE-207 等，这些特征单体的比例与商用产品中比较接近，且单体浓度之间存在显著相关性($p<0.05$)(表 4-5)，表明可能存在 Deca-BDE 的本地排放源及高溴代 BDE 单体的光降解行为。进一步对污染物的气粒分配行为研究发现，低溴代单体趋向分配在气相中，而高溴代单体则趋向分配在颗粒相中(图 4-5)。PBDEs 气粒分配更符合李一凡等(Li and Jia, 2014; Li et al., 2015)最近提出的稳态分配模型(steady-state-based model)，即随着化合物 $\lg K_{oa}$ 值的增加，其气粒分配系数(K_p)存在阈值，并不会完全趋向分配在颗粒相中(图 4-6)。这表明经典的平衡分配模型(equilibrium-state-based model)可能会高估 $\lg K_{oa}$ 值较大的化合物在颗粒相中的分布水平。这一研究结果与李一凡等(Li and Jia, 2014; Li et al., 2015)的实验观测和理论预测结果相一致。由于气粒分配影响到 POPs 的大气长距离传输，这一研究结果对深入理解极地地区 POPs 的来源与环境行为具有重要意义。

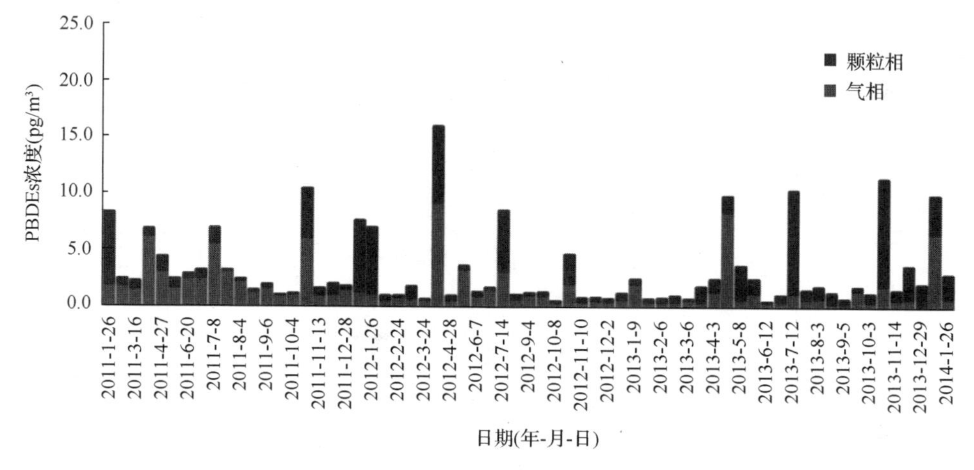

图 4-4　2011～2014 年大气中 PBDEs 水平变化特征(Wang et al., 2017)

表 4-5　南极大气中商用 BDE 特征单体浓度之间的相关性(Spearman 相关系数)(Wang et al., 2017)

	BDE-47	BDE-99	BDE-100	BDE-153	BDE-154	BDE-183	BDE-206	BDE-207	BDE-209
BDE-47	1.000								
BDE-99	0.724^{**}	1.000							
BDE-100	0.584^{**}	0.820^{**}	1.000						
BDE-153	0.680^{**}	0.773^{**}	0.529^{**}	1.000					
BDE-154	0.662^{**}	0.860^{**}	0.676^{**}	0.803^{**}	1.000				
BDE-183	0.446^{**}	0.323^{**}	0.074	0.541^{**}	0.521^{**}	1.000			
BDE-206	0.166	−0.016	−0.091	0.148	0.043	0.341^{**}	1.000		
BDE-207	0.205	0.018	−0.119	0.171	0.098	0.307^{*}	0.834^{**}	1.000	
BDE-209	0.152	0.080	0.030	0.203	0.183	0.262^{*}	0.417^{**}	0.599^{**}	1.000

** 显著性水平为 0.01(双尾检验)。

* 显著性水平为 0.05(双尾检验)。

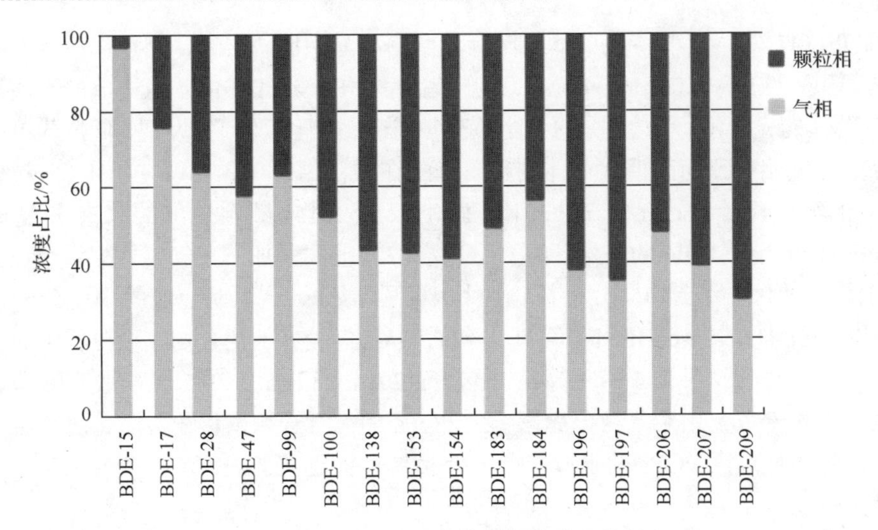

图 4-5 2011～2014 年大气中 PBDEs 单体的气粒分配特征(Wang et al., 2017)

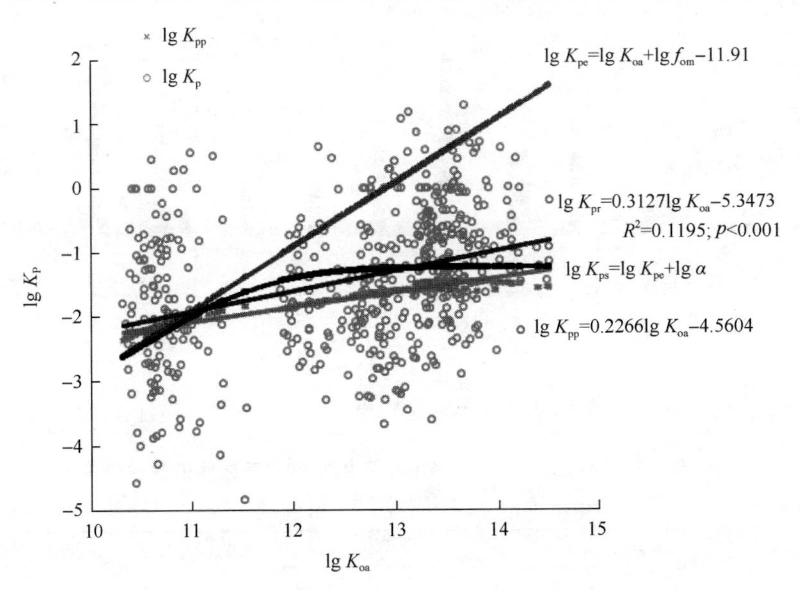

图 4-6 南极长城站大气中 PBDEs 气粒分配系数(K_p)与辛醇-气分配系数(K_{oa})之间关系图

lgK_{pr}(蓝色实线)表示实际检测结果与 lgK_{oa}之间的回归曲线；lgK_{pp}(绿色实线)表示经验预测结果与 lgK_{oa}之间的回归曲线；lgK_{pe}(红色实线)表示平衡分配理论预测结果；lgK_{ps}(黑色实线)表示基于稳态分配模型的预测结果

关于南极大气和水体中 DP 的研究结果主要由德国亥姆霍兹国家研究中心联合会海岸研究所报道。2008～2009 年格陵兰岛到南极洲的大西洋海水和大气中 DP 的检出浓度分别在 nd～1.3 pg/L 和 0.05～4.2 pg/m^3 之间(Möller et al., 2010)；而 2010～2011 年采集的东南亚到南极航线的大气样品中 DP 浓度在 0.26～11 pg/m^3 范围内

(Möller et al., 2012b)，这些浓度水平均处于全球背景水平。此外有关 DP 的研究报道集中在动物体内，这可能主要由于其具有生物富集和放大能力，从而能够在动物体内检出。

关于南极大气中 HBCD 和 NBFRs 的研究尚未见报道，而对水体中 NBFRs 的报道也十分有限。有研究报道在大西洋和南极海水中检测到 NBFRs，其中 DPTE 检出率较高，浓度在 0.008～0.77 pg/L 之间，而 PTBX 和 HBB 检出率相对较低(Xie et al., 2013)。

关于 OPFRs，研究发现 2013 年南大洋气溶胶中能够检测到 4 种 OPFRs 的存在，并在西南极半岛附近发现了较高水平的 OPFRs，浓度达到 141 pg/m^3，其中 TCPP 浓度最高，这可能归因于采样点靠近南极科考站，受到当地排放源的影响(Cheng et al., 2013b)。此外他们首次报道了南极冰盖和内陆冰雪中 OPFRs 的研究结果(Cheng et al., 2013a)。TCEP 检出率最高，且在沿海横断面的大部分样品中能够检出。在我国中山站到昆仑站的横断面上，EHDPP、TCPP、TBP 和 TBEP 都有不同程度的检出(图 4-7)。在中山站附近海水中检测到 TCEP 平均浓度为 0.2 ng/L，明显低于其他区域报道水平。

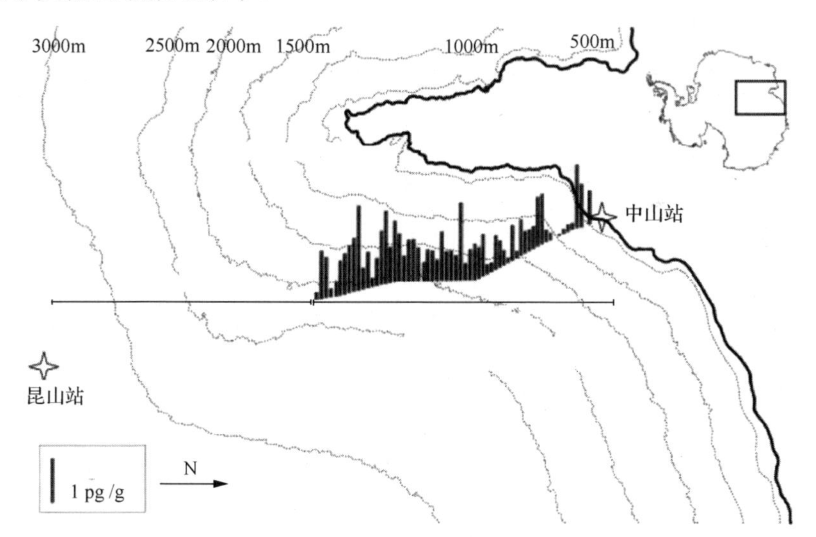

图 4-7 南极中国中山站—昆仑站横断面表层雪样中 OPFRs 分布(Cheng et al., 2013a)

4.3.2 南极土壤及植被

1. PBDEs

南极土壤和植被中 PBDEs 浓度水平总体较低。2009～2010 年采集的西南极各种环境样品分析结果表明，南极土中 PBDEs 平均浓度在(136±67.8)pg/g dw 和

(154±109) pg/g dw 之间(Mwangi et al., 2016)。而鸟粪土中浓度在(343±187) pg/g dw 和(383±230) pg/g dw 之间，且鸟粪土中含量显著较高($p<0.001$)，表明企鹅活动对于污染物分布有较大影响。然而在地衣样品中检测到的 PBDEs 含量相对较高(7.24～18.3 ng/g dw)，其中 BDE-209 平均浓度为 6.58 ng/g dw，是主要的贡献单体。西南极乔治王岛 Admiralty 湾沿岸苔藓和地衣样品的分析结果显示，PBDEs 浓度分别为(818±270) pg/g dw 和(168±75) pg/g dw，且这两种样品中浓度存在显著性差异($p<0.05$)(Yogui and Sericano, 2008)。单体分布特征显示，BDE-99、BDE-47 和 BDE-100 是地衣和苔藓中 PBDEs 的主要单体，此外，BDE-183 有所检出，表明可能存在其他商业 PBDEs 产品(如 penta-BDE 和 octa-BDE 产品)带来的影响。而 2010 年西南极乔治王岛菲尔德斯半岛土中 PBDEs 浓度在 2.76～51.4 pg/g dw 之间(图 4-8)，平均值为 24.0 pg/g dw(Wang et al., 2012)，这与西藏地区土壤中 PBDEs 水平基本一致(4.3～34.9 pg/g dw，平均值为 11.1 pg/g dw)。样品中 BDE-47 是主要的检出单体，占 PBDEs 总浓度 30%左右，其次为 BDE-99(约占 20%)。而粪土样品中 BDE-99 和 BDE-71 含量相对较高，但 BDE-209 并未检出。对该区域的地衣和苔藓分析发现，PBDEs 浓度分别在 7.51～22.3 pg/g dw(平均值 14.2 pg/g dw)和 6.54～36.7 pg/g dw(平均值 15.8 pg/g dw)范围内，低于其他研究结果报道。此外，研究报道在南极 McMurdo Sound 区域沉积物中 6 种 PBDEs 浓度在<LOD～677 ng/g TOC 之间，且 McMurdo 站区排污口附近的污泥、灰尘和沉积物样品中存在高含量的 BDE-209，表明当地源排放可能是 BDE-209 的主要来源(Hale et al., 2008)。

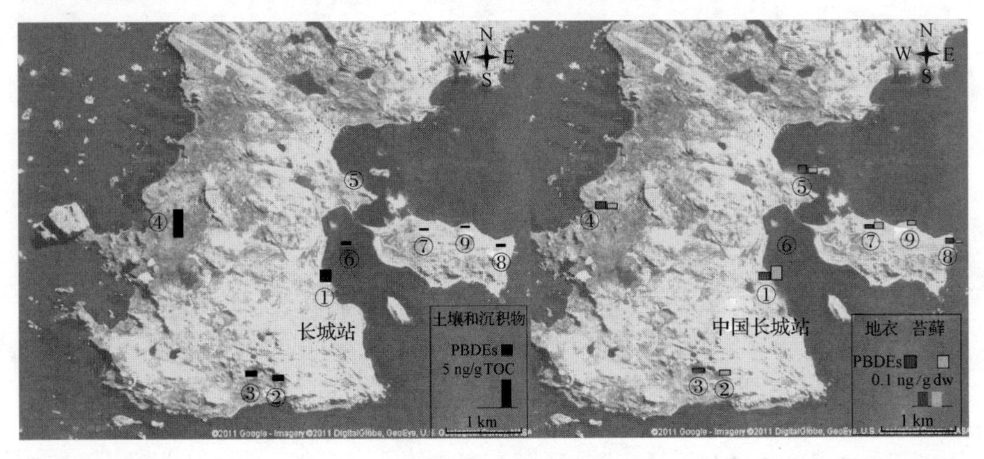

图 4-8 西南极菲尔德斯半岛土壤、沉积物、地衣、苔藓样品中 PBDEs 分布(Wang et al., 2012)

2. HBCDs

2010 年采集的西南极乔治王岛菲尔德斯半岛和阿德利岛的环境介质和生物样品中存在普遍的 HBCDs 污染，但浓度处于较低水平(图 4-9)。环境样品(土壤、粪土、海洋沉积物）中全部检测到 HBCDs，浓度范围为 7.1～792.2 pg/g dw。尽管粪土样品中总有机碳（TOC）含量远高于土壤，但两种环境介质中的污染物浓度水平相当，平均值分别为 157 pg/g dw 和 146 pg/g dw，略高于海洋沉积物中浓度。地衣和苔藓中 HBCDs 浓度分别在 23.4～105.8 pg/g dw 和 102～951.2 pg/g dw 范围内，且苔藓中浓度水平显著较高（p<0.05）。水生植物样品海草（<LOD～4082 pg/g dw）与褐藻（<LOD～5977 pg/g dw）中 HBCD 浓度水平相当，其平均浓度是地衣和苔藓的 6 倍。土壤、地衣、苔藓中 HBCDs 的浓度并无明显的空间变化趋势，但在阿德利岛的三个采样点，土壤、地衣、苔藓中全部检测到 HBCDs，表明动物活动对污染物的区域分布具有一定影响。此外，2005～2006 年采集自南极罗斯岛 McMurdo 和 Scott 科考站室内灰尘和污水处理厂污泥，以及站区附近海域沉积物的样品分析结果显示，两个科考站室内灰尘中 HBCDs 浓度分别为 226 ng/g dw 和 109 ng/g dw，这与美国家庭及其他国家室内水平基本一致（Chen et al., 2015）；灰尘中 α-HBCD 浓度最高，而污泥中 γ-HBCD 是主要单体；暴露评价结果表明，人体灰尘摄入量为 4.5 ng/d 和 2.2 ng/d；污泥中 HBCDs 浓度分别为 45 ng/g dw 和 69 ng/g dw，与其他人类活动区水平基本一致或较低。而沉积物中 HBCDs 浓度在 7.6～11.4 ng/g dw 之间，γ-HBCD 是主要贡献单体，这与污泥中一致。γ-HBCD 被认为不易发生光/热降解和

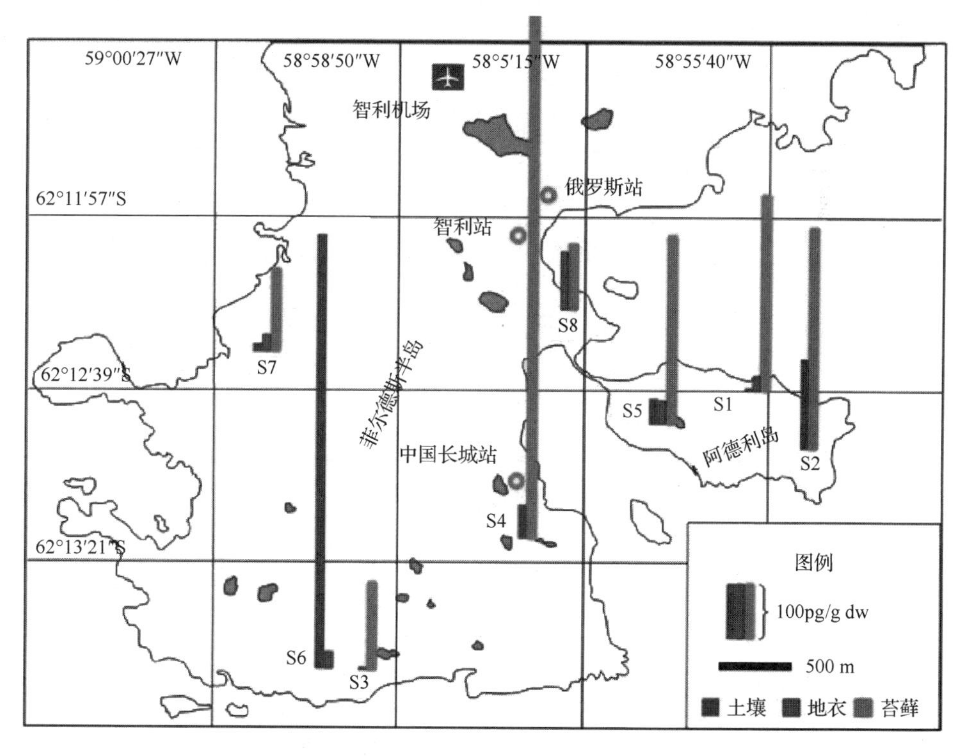

图 4-9　HBCDs 在南极菲尔德斯半岛和阿德利岛的土壤、地衣、苔藓中的浓度分布

代谢转化，具有好的环境稳定性，因此稳定存在于沉积物和污泥中。而灰尘中 α-HBCD 可能受到室内环境影响，能够存在较长时间。这一研究结果表明，科考站是南极地区 HBCDs 环境污染的一个重要来源。

4.3.3 南极动物

1. PBDEs

关于南极动物体内 PBDEs 的研究相对较多。2004 年即在三种南极企鹅血液中检测到 PBDEs，其平均浓度在(107±104) pg/g ww 和(291±477) pg/g ww 之间(Corsolini et al., 2005)。BDE-47 和 BDE-17 是主要的检出单体。对 2004～2006 年采集的企鹅蛋和贼鸥蛋样品分析发现，PBDEs 平均浓度在 3.13～558 ng/g lw 之间，贼鸥蛋中浓度水平明显较高，平均值为(146±164) ng/g lw(Yogui and Sericano, 2009)。企鹅蛋中 PBDEs 单体特征与商用 penta-BDE 产品中相一致，且以 BDE-99 和 BDE-47 为主要检出单体；而贼鸥蛋中中高溴代水平单体比例有所增加，表明可能受到其他 PBDEs 产品的污染暴露。对 2009～2010 年采集的企鹅样品分析发现，PBDEs 浓度在 186～2190 pg/g lw 之间，BDE-209 是最主要的检出单体，此外，BDE-47、BDE-49、BDE-100、BDE-153 和 BDE-154 亦有较高检出水平(Mwangi et al., 2016)。PBDEs 的生物放大因子(BMF)与其 lgK_{ow} 值之间存在抛物线关系，表明中溴代水平单体具有较高的生物放大能力。此外，在东南极海域磷虾中亦检测到 PBDEs，其中 BDE-99 和 BDE-47 是主要的检出单体，浓度分别在＜LOQ～3210 pg/g lw 和＜LOQ～1050 pg/g lw 范围内(Bengtson Nash et al., 2008)。而 2005 年采集的四种南极鱼体内 PBDEs 检测结果显示，其平均浓度在(0.09±0.02)ng/g ww 和(0.44±0.10)ng/g ww 之间(Borghesi et al., 2009)。BDE-15 是主要的检出单体，其次为 BDE-99，这与地中海鱼体内单体特征(以中溴代水平单体为主)并不相同。中国科学院生态环境研究中心(未发表数据)对 2011 年采集的南极长城站周边不同海洋生物体内 PBDEs 分析发现(图 4-10)，褐藻、海草、海星、帽贝、端足、南极蛤、鱼肉、鱼肝脏、企鹅肉、企鹅蛋、海豹肉中∑PBDEs 的平均浓度分别为 28 pg/g、18 pg/g、33 pg/g、62 pg/g、68 pg/g、78 pg/g、88 pg/g、139 pg/g、99 pg/g、67 pg/g 和 395 pg/g。海洋生物中 PBDEs 的浓度明显低于 PCBs(低 50 倍左右)。其生物蓄积水平呈现出随食物链不断升高的趋势，即海豹＞企鹅=南极鱼＞南极蛤=端足类=帽贝＞海星＞海藻类，这与其他研究结果相一致。处于相同或相似食物链水平的海洋生物呈现相似的 PBDEs 蓄积水平，例如，褐藻与海草中 PBDEs 的浓度接近；南极海星与帽贝、端足类体内的 PBDEs 蓄积水平相当。南极鱼肝脏中 PBDEs 的浓度明显高于鱼肉，说明肝脏是南极鱼体内 PBDEs 的主要蓄积器官。以上研究结果表明，南极生物体内 PBDEs 总体水平相对较低，但处于食物链高端的动物体内仍有较高的暴露水平。

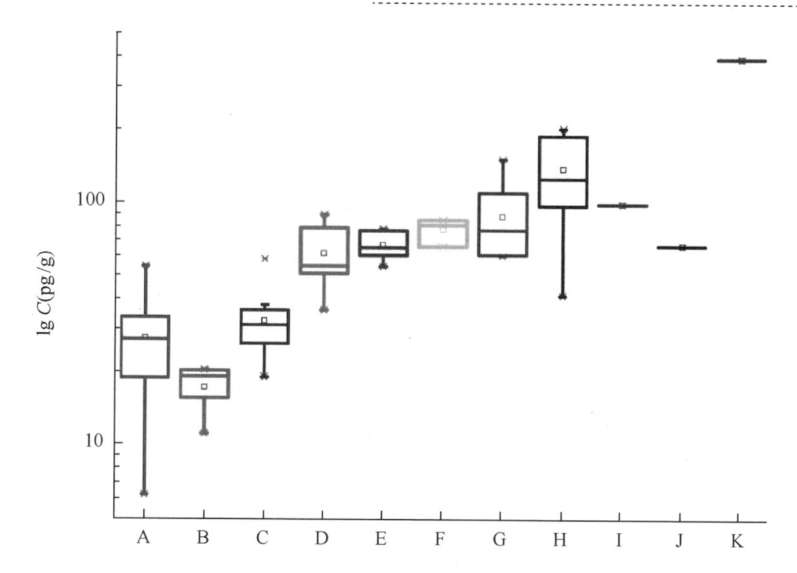

图 4-10　南极海洋生物中∑PBDEs 的浓度(A：褐藻；B：海草；C：海星；D：帽贝；E：端足；F：南极蛤；G：鱼肉；H：鱼肝脏；I：企鹅肉；J：企鹅蛋；K：海豹肉)(中国科学院生态环境研究中心，未发表数据)

2. HBCDs

关于南极生物样品中 HBCDs 的研究报道十分有限。对 2005～2006 年采集自南极罗斯岛 McMurdo 和 Scott 科考站附近的海洋生物分析发现，HBCDs 浓度在 60～554 ng/g lw 之间，且污染物水平随与 McMurdo 科考站距离的增加而逐渐降低(Chen et al., 2015)。企鹅、海胆、海星和双壳类体内以 γ-HBCD 为主，而蠕虫和石斑鱼体内以 α-HBCD 为主。对 2008～2009 年采集自西南极乔治王岛的企鹅和贼鸥组织样品分析发现，HBCDs 浓度在 1.67～713 pg/g lw 之间，相比于企鹅，贼鸥体内浓度高大约 1 个数量级(Kim et al., 2015)。企鹅体内 γ-HBCD 浓度最高，而贼鸥体内 α-HBCD 浓度最高，这可能与贼鸥处于食物链顶端有关。BMF 计算结果表明，α-HBCD 的 BMF 高达 11.5，表明 α-HBCD 在企鹅和贼鸥这条食物链中具有明显的生物放大能力，这与在其他生物体内的发现相一致。中国科学院生态环境研究中心(未发表数据)对南极食物网样品分析发现，端足类、南极蛤、海星、帽贝、鱼类、海豹样品与鸟类样品(企鹅肉、企鹅蛋、贼鸥蛋)中 HBCDs 浓度水平均较低(＜50 ng/g lw)，且无明显差异。企鹅蛋和贼欧蛋的浓度分别为 0.76 ng/g lw 和 0.52 ng/g lw。对于样本数量较多的端足、海星、帽贝和鱼肉样品，帽贝中 HBCDs 的检出比例最高，达 90%，其次为海星和端足，而鱼肉中的检出比例相对较低(38%)。总体来说，南极区域 HBCD 浓度水平处于全球背景水平，但高营养级动物体内存在相对较高的污染物暴露风险，值得进一步深入研究。

3. DP

生物体内 DP 的研究主要集中在西南极乔治王岛区域。研究报道该区域的鱼、企鹅和贼鸥样品中只有 Dec-602 有检出，且贼鸥体内浓度明显较高(0.32～12.4 ng/g dw)(Wolschke et al., 2015)。对 2010～2012 年西南极区域企鹅和贼鸥蛋中 POPs 进行调查的结果表明，相对于其他 POPs(HCBs、PCBs 和 DDTs)，DP 含量水平明显较低，企鹅蛋中 DP 浓度在＜LOD～0.19 ng/g lw 之间，贼鸥蛋中浓度在＜LOD～2.2 ng/g lw 之间，*anti*-DP 是主要的检出异构体(Mello et al., 2016)。由于贼鸥具有迁徙习性，因此其迁徙行为增加了南极环境中 DP 输入的可能性。对 2008～2009 年采集的企鹅和贼鸥组织样品分析发现，DP 均有检出且浓度水平最高，其次为 Dec-602，而 Dec-603 和 Dec-604 未有检出(Kim et al., 2015)。其中企鹅组织中 DP 浓度在 0.25～0.33 ng/g lw 之间，贼鸥组织中浓度在 2.12～11.1 ng/g lw 之间，而 Dec-602 浓度分别在 0.35～0.97 ng/g lw 和 4.46～36.3 ng/g lw 之间。企鹅和贼鸥组织中 f_{anti} 值(*anti*-DP/∑DP)分别在 0.71～0.78 和 0.69～0.89 之间，略高于商用产品中比值(0.65～0.75)。BMF 计算结果表明，DP 和 Dec-602 的 BMF 在 18.9～25.8 之间，表明 DP 具有较高的生物放大能力。对乔治王岛附近海洋食物网中 DP 的营养级放大现象进行研究发现，DP 浓度在 0.25～6.81 ng/g lw 之间，f_{anti} 值在 0.23～0.53 之间，低于商用产品中比值，表明长距离传输和生物选择性富集对 DP 组成特征具有重要影响(Na et al., 2017)。*anti*-DP 和 *syn*-DP 与生物营养级水平具有显著的正相关性($p<0.05$)，表明 DP 具有生物放大能力(图 4-11)。此外，研究

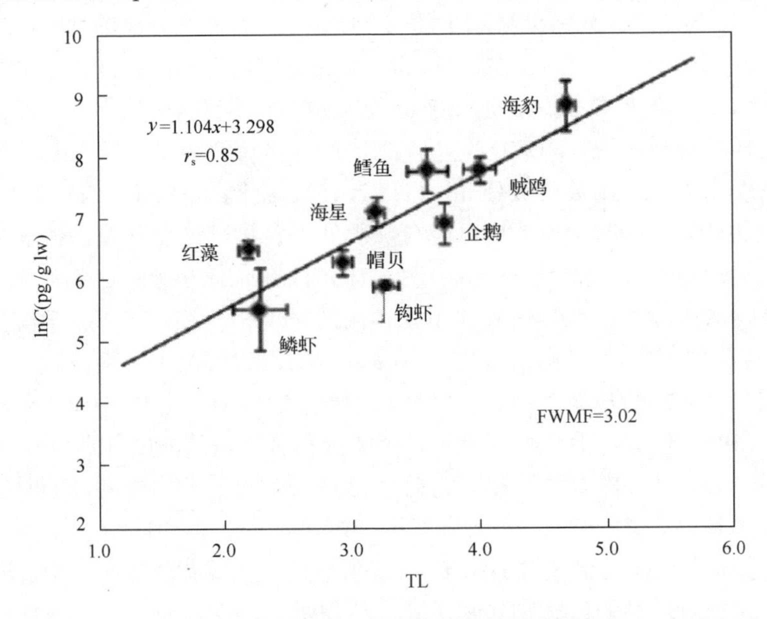

图 4-11　西南极海洋生物体内 DP 的生物营养级放大现象(Na et al., 2017)

发现 *anti*-DP 比 *syn*-DP 具有更高的生物放大能力，且 DP 的生物放大效应与高氯代 PCBs 相似。这些研究结果表明，DP 具有生物富集和放大能力，并在高营养级生物体内有明显蓄积。DP 的毒性效应尚不清楚，因此 DP 对南极生物的潜在影响值得进一步研究。

4. NBFRs

南极动物体内 NBFRs 的研究报道十分有限。有研究报道(Wolschke et al., 2015)对该区域的鱼、企鹅和贼鸥样品进行分析发现，NBFRs(包括 DP)总浓度平均值为 931 pg/g dw，与 PBDEs 浓度水平基本一致。鱼体内 PBBz 浓度在 2.5～17.0 pg/g dw 之间，但企鹅和贼鸥样品中并无检出。HBBz 和 DPTE 均无检出。PBT 浓度低于 7.3 pg/g dw，而 BTBPE 只有在贼鸥样品中有检出，浓度在＜LOD～26.3 pg/g dw 之间。总体而言，南极动物体内 NBFRs 浓度水平相对较低，对生物的潜在暴露风险尚不明确。

4.4　北极地区有机阻燃剂的赋存与环境行为

4.4.1　北极大气

1. PBDEs

相对于南极地区，北极环境中 PBDEs 的相关研究报道较多。早在 1994～1995 年的北极大气样品中就检测到 PBDEs 的存在(De Wit et al., 2006)。$\sum$PBDEs (Di-Hp BDEs)在俄罗斯北极 Dunai 采样点的平均浓度为 14 pg/m^3(nd～62 pg/m^3)，而在加拿大北极 Alert 和 Tagish 采样点的平均浓度分别为 240 pg/m^3(10～868 pg/m^3)和 424 pg/m^3(27～2127 pg/m^3)。单体分布以 BDE-47、BDE-99、BDE-100、BDE-153 和 BDE-154 为主，其中 BDE-99 浓度水平最高。2000～2001 年利用 XAD 树脂被动采样器在加拿大北极区域检测到的$\sum_5$PBDEs(BDE-47、BDE-99、BDE-100、BDE-153、BDE-154)浓度在 0.3～68 pg/m^3 之间(Shen et al., 2006)，与 2002～2004 年 Alert 采样点主动采样大气样品中 Σ_{11}PBDEs 浓度(0.40～47 pg/m^3)水平相一致(Su et al., 2007)。AMAP 监测数据显示，2002～2005 年 Alertover 采样点的 Σ_{14}PBDEs 浓度在 0.78～47 pg/m^3 之间，而 2005 年格陵兰岛西南部 Nuuk 采样点浓度在 0.14～3.3 pg/m^3 之间(Hung et al., 2010)。研究指出，近 20 年间全球大气 PBDEs 水平呈现下降趋势，主要原因是商用 penta-BDE 和 octa-BDE 的生产和使用逐步被禁止(Kong et al., 2014)。来自北极监测评估项目(AMAP)长达 20 年的监测结果显示(Hung et al., 2016)，欧洲北极区域 PBDEs 水平呈现与全球一致的下降趋势，而加拿大北极区域浓度水平则没有明显变化趋势，且普遍高于欧洲北极

区域，表明可能受到本地排放源的持续影响(图 4-12)。而加拿大西部北极区域大气监测结果表明，$\sum_{14}$PBDEs 浓度在 0.42～18 pg/m^{3}之间，且浓度在 2011～2013 年之间呈现下降趋势(Yu et al., 2015)。此外，北极大气中 PBDEs 均以 BDE-47 和 BDE-99 为主，反映了商用 penta-BDEs 的历史影响(Hung et al., 2016)。

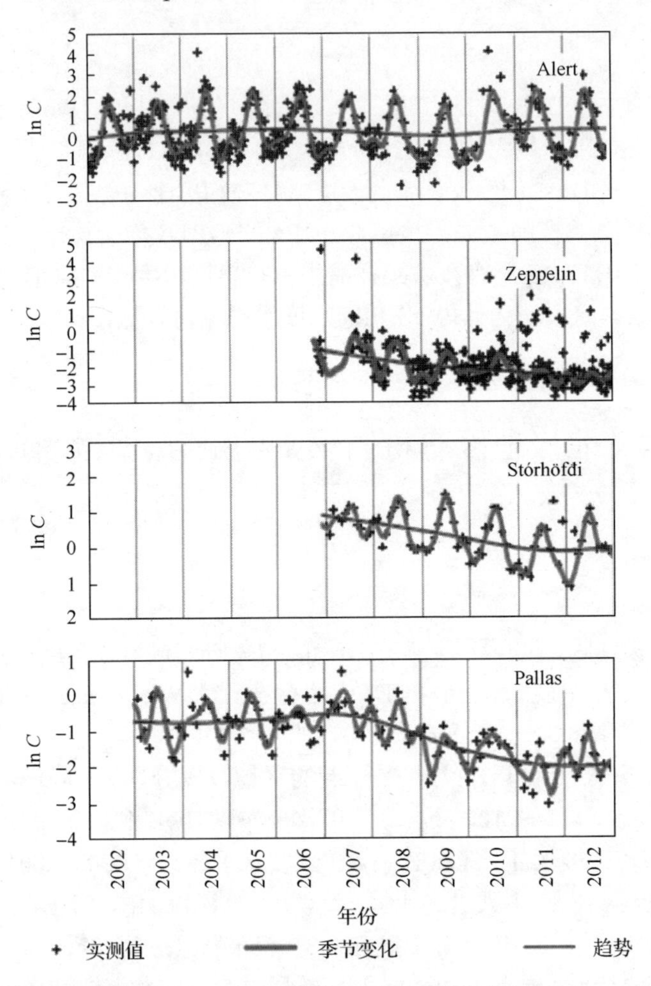

图 4-12　北极大气中 BDE-47 浓度水平历史变化趋势(Hung et al., 2016)

2. HBCDs

北极大气中 HBCDs 的研究报道较少，且浓度水平较低。2000～2001 年即有针对芬兰北部海域开展大气中 HBCDs 研究的报道。分析结果显示夏季样品中 HBCDs 浓度为 3 pg/m^3，而冬季浓度为 2 pg/m^3，大气沉降速率分别为 13 ng/(m^2·d) 和 5.1 ng/(m^2·d) (Remberger et al., 2004)。AMAP(2014)监测结果显示，加拿大

Alert 站点 2002 年以后大气样品和 2013 年以后芬兰 Pallas 站点样品中均能够检测到 HBCDs。斯瓦尔巴群岛的 Zeppelin 站点大气样品中 HBCDs 水平从 2006 年呈现下降趋势，这可能与 HBCDs 被列入欧盟 REACH 框架附件，其生产和使用受到限制有关。其他关于 HBCDs 的研究主要集中在生物特别是动物体内，相关研究进展见 4.3.3 小节。

3. DP

相对于 HBCDs，北极大气中 DP 的相关研究报道较多。对加拿大北极区域和青藏高原纳木错大气监测结果表明，只有加拿大 Alert 站点样品中检测到 DP，其浓度在＜0.05～2.1 pg/m^3 之间(Xiao et al., 2012)。而格陵兰岛到南极洲的大西洋大气样品中的 DP 浓度在 0.05～4.2 pg/m^3 之间(Möller et al., 2010)；东亚至北极航线的大气样品中 DP 浓度在 0.01～1.4 pg/m^3 之间(Möller et al., 2011a)。此外，在北极朗伊尔的大气颗粒物中检测到相似水平的 DP，其浓度在 0.05～5 pg/m^3 之间(Salamova et al., 2014)。而在加拿大西部北极地区大气样品中检测到 Dec-602、Dec-604 和 DP，其中 DP 浓度在 0.01～1.8 pg/m^3 之间，且在 2011～2013 年之间呈现下降趋势(Yu et al., 2015)。以上研究结果表明 DP 能够进行大气长距离传输，从而到达远离生产区域的北极地区。DP 异构体组成特征研究显示，极地大气中 f_{anti} 值普遍低于商用产品中(Wang et al., 2016)，表明 DP 异构体组成发生了改变，稳定性更高的 *syn*-DP 更易进行大气长距离传输从而到达极地环境中。

4. NBFRs

北极地区 NBFRs 的研究报道并不多见。针对我国东海到北极航线上空气及海水样品的分析结果表明，NBFRs 在北极地区检出的浓度为 0.6～15.4 pg/m^3，略高于 PBDEs 浓度水平，其中在大气样品中发现 7 种 NBFRs，包括 PBBz、PBT、DPTE、HBB、EHTBB、BTBPE 和 TBPH，且 PBBz、PBT、DPTE、HBB 在所有采样点均有检出(Möller et al., 2011a)。而针对 2013 年北极阿拉斯加大气样品中 PBDEs 和 BTBPE 的分析结果发现，BTBPE 只在颗粒物中有检出，浓度在 0.02～0.15 pg/m^3 之间，远低于 PBDEs 浓度(Davie-Martin et al., 2016)。

5. OPFRs

北极大气中 OPFRs 浓度水平明显较高。针对采集自挪威北极区域的大气样品分析发现，OPFRs 单体浓度中值在 9(TEHP)～85 pg/m^3(EHDPP)之间(Salamova et al., 2014)，而阿拉斯加北冰洋区域大气样品中检测到的 OPFRs 单体浓度在 1(TEHP)～289 pg/m^3(TCEP)之间(Möller et al., 2012a)。Sühring 等(2016)研究了 2007～2013 年加拿大北极区域大气中 14 种 OPFRs 的变化趋势及其长距离传输能力，其中四种 OPFRs 的检出率高达 97%，包括 TCEP、TCIPP、TnBP 和 TPhP。航线和陆地采样点 OPFRs 总浓度中值分别为 237 pg/m^3 和 50 pg/m^3，单体中值范围在＜LOD～119 pg/m^3 之间，而最高浓度值达到 2340 pg/m^3(TnBP)，此外氯代 OPFRs 浓度整体相对较高，且主要与河流输送作用有关，而非氯代 OPFRs 则与大气扩散密切相关，且 TPhP 呈现出明显增加的年际变化趋势。最近，有研究报道在北极和北大西洋海域大气中亦检测到 OPFRs，其总浓度在 35～343 pg/m^3 之间，3 种氯代 OPFRs 约占总量的 88%（Li et al., 2017）。TCEP 是最主要的检出单体，浓度在 30～227 pg/m^3 之间，其次为 TCPP、TnBP 和 TiBP。水-气交换计算结果表明，TCEP、TCPP、TiBP 和 TnBP 均以水相向大气的挥发过程为主。这表明 OPFRs 具有长距离传输能力，且由于其水溶性较强，极地地区可能存在较高的 OPFRs 环境负荷。

4.4.2 北极水体

1. PBDEs

关于北极水体中 PBDEs 的研究相对较少。针对欧洲北极区域海水的研究发现，PBDEs 浓度在 0.03~0.64 pg/L 之间，BDE-47 和 BDE-99 是主要检出单体(Möller et al., 2011b)。2001 年、2005 年和 2008 年采集的极地混合层海水样品中 $\sum_{14}$PBDEs 浓度在 0.3～11.2 pg/L 之间，BDE-209 是泛北极区域样品中的主要检出单体(除靠近北美区域一些采样点外)，而在深水区，$\sum_{14}$PBDEs 浓度上升高达一个数量级，BDE-209 浓度随水深而降低，与之相反，低溴代单体如 BDE-47 和 BDE-99 的水平则有所增加(Salvado et al., 2016)。质量传输模型计算结果表明，北冰洋中 PBDEs 负荷仅占 PBDEs 排放的很小一部分。这是首次针对大洋深水区开展的 POPs 特征研究。针对北极表层水溶解有机质(DOM)中的 PBDEs 分配特征研究结果表明，有机质-水分配系数 K_{DOC} 值($10^{3.97}$～$10^{5.16}$ L/kg 有机碳)比以往报道的土壤和商品 DOM 中低大约一个数量级，lgK_{DOC} 值随着单体疏水性增强而增大，这对了解极地水体中 POPs 环境行为具有重要意义(Weihaas et al., 2014)。此外针对斯瓦尔巴群岛西部冰盖冰芯中 BFRs 沉降历史的研究结果表明，HBCD 和 BDE-209 是主要的检出单体，最高浓度均出现在表层，最大沉降速率分别为 910 pg/(cm^2·a) 和 322 pg/(cm^2·a)(Hermanson et al., 2010)。而对 2005 年、2006 年和 2008 年取自加拿大北极区域冰盖的冰芯样品进行分析发现，BDE-209 是主要检出单体(89%)，其次为 BDE-207、BDE-206 和 BDE-208。BDE-209 与 3-9 溴代 BDE 单体具有显著相关性($p<0.05$)，且这种相关性随着溴代水平增加而增强，表明 BDE-209 沉降前后发生了脱溴作用(Meyer et al., 2012)。

2. DP

北极水体中 DP 浓度水平相对较低。格陵兰岛到南极洲的大西洋海水样品的分析结果显示，DP 浓度在 nd～1.3 pg/L 之间(Möller et al., 2010)；而在东亚至北极航线的海水样品中检测到的 DP 浓度在 0.006～0.4 pg/L 之间(Möller et al., 2011a)。针对新奥尔松附近海域沉积物样品分析发现，*syn*-DP 浓度在 nd～5.4 pg/g dw 之间，而 *anti*-DP 浓度在 nd～15.9 pg/g dw 之间，f_{anti} 均值为 0.72(Ma et al., 2015)。DP 空间分布呈现出湾区外浓度水平较高(均值 12.1 pg/g dw)，而湾区内浓度低(2.9 pg/g dw)的趋势，表明洋流作用对海水中 DP 空间分布有比较明显的影响。对该区域各种环境介质中 DP 和 Dec-602、Dec-603、Dec-604 进行研究发现，海水中总浓度为 93 pg/L，沉积物中浓度为 342 pg/g dw，水体中 DP 的空间分布趋势亦呈现出湾区外浓度水平较高的特点(Na et al., 2015)。海水和沉积物中 DP 的 f_{anti} 值分别为 0.36 和 0.21，与土壤、苔藓和沉积物中 f_{anti} 值相一致(图 4-13)。DP 疏水性强，而极地地区水体中 DP 的 f_{anti} 值通常低于商业产品中，但与大气中特征相一致，表明水体中 DP 与大气长距离传输和大气沉降等过程密切相关。

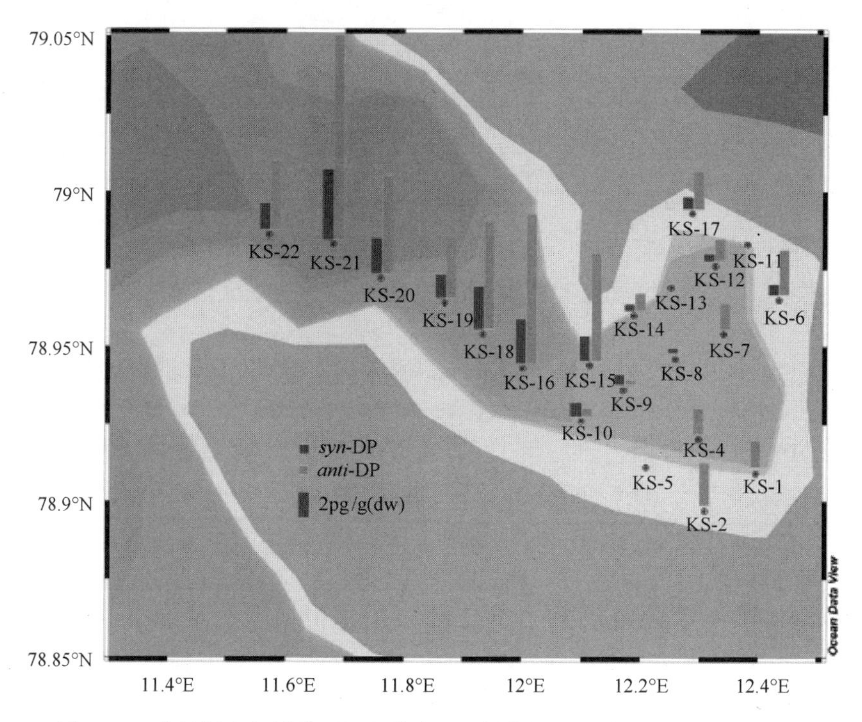

图 4-13　北极新奥尔松地区沉积物中 DP 的空间分布特征(Na et al., 2015)

3. NBFRs

北极水体中检测到的 NBFRs 总体水平接近或低于 PBDEs。在格陵兰岛海域海水中检测到HBB和DPTE，浓度水平和空间分布趋势与PBDEs基本一致（Möller et al., 2011b）。而针对斯瓦尔巴群岛西部冰盖的冰芯中 BFRs 沉降历史的研究结果显示，BTBPE、DBDPE 和 PBEB 均有检出，且 BTBPE 和 DBDPE 沉降速率在 1988 年达到最大值，分别为 5.1 和 3.6 pg/($cm^2 \cdot a$)，明显低于 PBDEs 和 HBCDs。针对 2005 年、2006 年和 2008 年加拿大北极区域冰盖的冰芯样品研究结果显示，BTBPE、PBEBz、PBBz、135-TBBz 和 DBDPE 均有不同程度的检出，但 BTBPE 和 DBDPE 并没有沉降的历史变化趋势（Meyer et al., 2012）。

4. OPFRs

关于北极水体中 OPFRs 的研究最近才有报道，但浓度水平相对较高。研究报道指出在北极和北大西洋海水和降雪中检测到 OPFRs，其总浓度分别在 348～8396 pg/L 和 4356～10561 pg/L 之间，大气颗粒相 TCEP 干沉降速率在 2～12 ng/($m^2 \cdot d$) 范围内（Li et al., 2017）。而在北太平洋至北冰洋海洋沉积物中亦检测到 OPFRs，7 种 OPFRs 总浓度在 159～4658 pg/g dw 之间，卤代 OPFRs 浓度相对较高，TCEP 和 TiBP 是主要的检出单体（Ma et al., 2017）。除白令海外，OPFRs 浓度随着纬度增高而增加，卤代 OPFRs 的贡献亦呈现相同趋势。负荷计算结果表明，北冰洋沉积物中 OPFRs 负荷相对于产量仍然较小，但高于 PBDEs 负荷，应引起关注。

4.4.3 北极土壤及植被

1. PBDEs

早期研究结果表明，北极土壤样品中能够检测到四～七溴代 BDEs，且浓度相对较低（0.16～1ng/g dw）（De Wit et al., 2006）。近年来一些研究指出，高溴代单体（如 BDE-209 等）亦能检出，且往往是主要的检出单体。加拿大北极区域土壤中 PBDEs浓度在0.19～2.7 ng/g dw之间，主要检出单体是BDE-47、BDE-85、BDE-99、BDE-153、BDE-154 和 BDE-209，其中 BDE-209 是主要贡献单体（de Wit et al., 2010）。在挪威地区不同点位苔藓样品中检测到的 PBDEs（BDE-28、BDE-47、BDE-99、BDE-100、BDE-153、BDE-154 和 BDE-183）浓度在 0.03～0.109 ng/g dw 范围内，而 BDE-209 范围在 0.052～0.64 ng/g dw 之间，占到总浓度的 80%左右（Mariussen et al., 2008）。而针对北极新奥尔松地区环境介质中 PBDEs 的研究结果显示，土壤、苔藓和鹿粪样品中平均浓度分别为 42 pg/g dw、122 pg/g dw 和 72 pg/g dw（Wang et al., 2015）。针对该区域土壤、鹿粪、苔藓及其他植物中 PBDEs 的分布特征研究显示，苔草中 Σ_{13}PBDEs 浓度水平相对较高（54.7～111 pg/g dw，均值

80 pg/g dw)，其次为苔藓(36.7～138 pg/g dw，均值 77.2 pg/g dw)和高山发草(73.4～75.3 pg/g dw，均值 74.4 pg/g dw)；土壤中的 Σ_{13}PBDEs 浓度在 1.7～416 pg/g dw 之间，而鹿粪样品中浓度在 28.1～104 pg/g dw 之间(图 4-14)(Zhu et al., 2015)。PBDEs 单体分布特征表明，BDE-47、BDE-99 和 BDE-183 是主要贡献者，约占 Σ_{13}PBDEs 的 51%、18%和 8%。土壤、苔藓和鹿粪中 BDE-47/99 的比值分别为 3.45±1.52、1.53±0.27 和 1.92±0.47，与商用 PBDEs 产品中比例差异较大，其原因可能与大气长距离传输过程有关，即污染物在大气传输过程中的质量分馏和光化学脱溴作用。

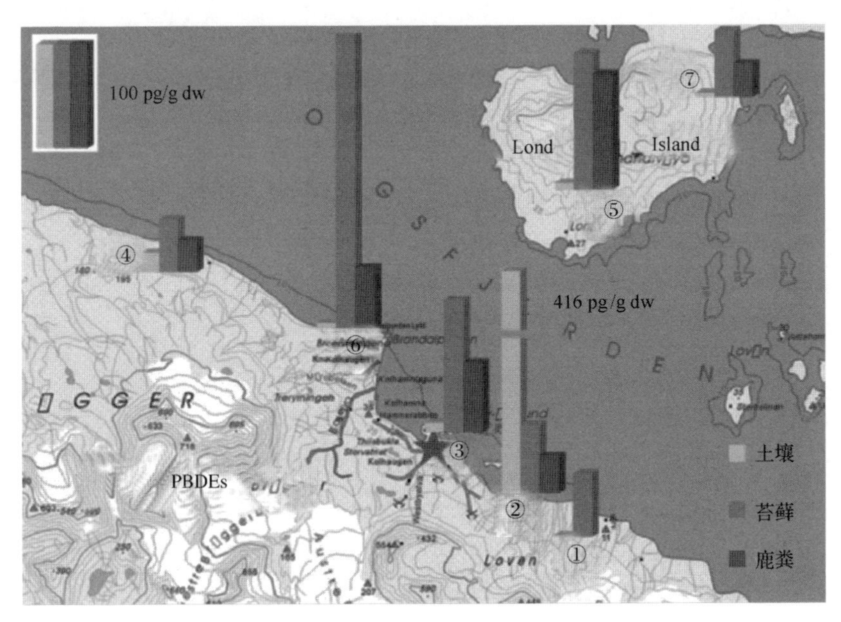

图 4-14 北极新奥尔松地区土壤、苔藓、鹿粪中 PBDEs 分布特征(Zhu et al., 2015)

2. DP

北极土壤和植被中 DP 的研究报道十分有限。针对北极新奥尔松区域各种环境介质中DP和Dec-602、Dec-603和Dec-604的研究发现，土壤中总浓度为325 pg/g dw，苔藓中浓度为 1.4 pg/g dw，鹿粪中浓度为 258 pg/g dw(图 4-15)(Na et al., 2015)。这与 PBDEs 浓度水平基本一致。f_{anti} 值分别为 0.18、0.27 和 0.66，土壤和苔藓中 f_{anti} 值明显低于商用产品中，表明大气长距离传输对极地环境中 DP 异构体组成有重要影响，而鹿粪中 f_{anti} 值不同于其他环境介质中，表明生物代谢能够影响 DP 的异构体组成特征(Wang et al., 2016)。

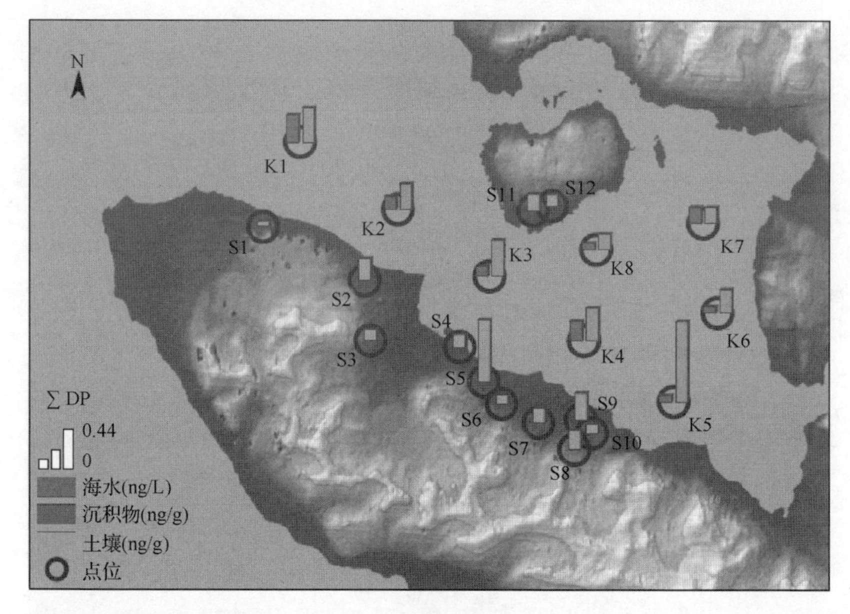

图 4-15 北极新奥尔松地区土壤、海水沉积物中 DP 空间分布特征(Na et al., 2015)

4.4.4 北极动物

1. PBDEs

北极生物尤其是动物体内往往能够检测到较高浓度水平的 PBDEs。针对加拿大西部北极海洋食物网样品的分析结果发现，7 种 PBDEs 总浓度在(2.6±0.4)(环海豹)～(205±52.7) ng/g lw(北极鳕鱼)之间，北极桡足类样品中 PBDEs 平均值(16.4 ng/g lw)比营养级顶端的哺乳动物体内明显较高，表明底栖生物是北极食物网中重要的 PBDEs 输入源(Tomy et al., 2009)。在 1981～2000 年间采集的海豹脂肪样品中，$\sum_{37}$PBDEs 浓度在 572～4622 pg/g lw 之间，0～15 岁之间的雄性海豹体内 PBDEs 浓度水平在 20 年间成倍增加，这是首次报道在加拿大北极地区海豹体内检出 PBDEs(Ikonomou et al., 2002)。对北极和北大西洋海洋哺乳动物体内 PBDEs 研究发现，巨头鲸和白边海豚体内 PBDEs 浓度最高，而环海豹和翅鲸体内水平最低，在 1986～2009 年的 20 多年间 PBDEs 浓度峰值出现在 20 世纪末至 21 世纪初(Rotander et al., 2012)。针对加拿大北极地区海鸟蛋的研究结果指出，BDE-47 是 5 种鸟蛋中主要检出单体。1975～2003 年 PBDEs 浓度在两种鸟蛋中呈指数增长，而在 2003～2008(2009)年，PBDEs 浓度快速下降到 1875 年和 1987 年的浓度水平，之后处于平稳期。这一趋势与北美市场上禁止 PBDEs 产品的时间相一致(Braune et al., 2015)。近年来，针对该区域环海豹体内 PBDEs 和其他阻燃剂的研究发现，PBDEs 平均浓度在(0.54±0.76) ng/g lw 和(28.8±10.2) ng/g lw 之间。PBDEs 含量水平在 1998～

2008 年之间总体呈现增加趋势，而在 2008～2011 年之间呈现下降趋势(Houde et al., 2017)。一项针对 2005～2008 年间阿拉斯加、加拿大、格陵兰岛东部和斯瓦尔巴北极熊肌肉组织中阻燃剂浓度水平的研究结果指出，PBDEs 总浓度在 4.6～78.4 ng/g lw 之间，平均最高值出现在东格陵兰岛(43.2 ng/g lw)，斯瓦尔巴(44.4 ng/g lw)，哈德逊湾西部(38.6 ng/g lw)和南部(78.4 ng/g lw)的样品中(Mckinney et al., 2011)。而针对斯瓦尔巴群岛北极狐体内羟基(OH—)PBDEs 的水平变化的研究结果表明，在 1997～2011 年的 100 个肝脏样品中 6-OH-BDE-47 是主要的检出单体，浓度在<LOD～1.82 ng/g ww，检出率 24%，与 BDE-47 和 $\delta^{13}C$ 的关系研究表明，6-OH-BDE-47 与海洋食物摄入密切相关(Routti et al., 2016)。此外，在加拿大因纽特产妇血液中也检测到 PBDEs，其中 BDE-47、BDE-99、BDE-100 和 BDE-153 的浓度在<LOD～120 ng/g lw 之间，但显著低于加拿大南部产妇血液中水平，表明北极人体的 PBDEs 暴露风险相对较低(Curren et al., 2014)。

2. HBCDs

关于极地生物样品中 HBCDs 的研究报道多集中在哺乳动物和鸟类样品中。对加拿大西部北极海洋食物网样品分析发现，HBCDs 在北极鳕鱼中浓度最高(中值 11.8 ng/g lw)，在营养级高端的海豹体内 HBCDs 平均浓度为 1.1 ng/g lw(Tomy et al., 2009)。而东格陵兰岛的游隼蛋中 HBCDs 的平均浓度为 17 ng/g lw(Vorkamp et al., 2005)；东格陵兰岛和挪威斯瓦尔巴群岛的北极熊脂肪中 HBCDs 浓度在 21.9～44.5 ng/g lw 之间(Muir et al., 2006; Mckinney et al., 2011)。对俄罗斯北极的 Domashny Colonies 和挪威北极 Svalbard 和 Nagurskoe、Cape Klyuv 地区的象牙鸥蛋研究发现，四个地区 HBCD 的中位数浓度分别为 38.1 ng/g lw、81.5 ng/g lw、136 ng/g lw、124 ng/g lw(Miljeteig et al., 2009)；挪威北极雌性绿灰鸥(*Glaucous Gulls*)的蛋黄中 HBCDs 平均浓度为 19.8 ng/g lw(Verreault et al., 2007)，这与东格陵兰岛青海鸥和海豹体内 HBCDs 时间变化趋势的研究结果基本一致(Vorkamp et al., 2012)。1986～2008 年之间青海鸥体内 HBCDs 浓度没有明显变化趋势(α-HBCD 浓度中值：22～120 ng/g lw)，而海豹体内浓度从 3.9 ng/g lw 增至 11 ng/g lw。青海鸥体内浓度明显高于海豹体内浓度，这与其较高的营养级水平相一致。针对加拿大北极地区海鸟蛋的研究结果表明，Murre 蛋中 HBCDs 浓度在 2003～2014 年有下降趋势，而 Fulmar 蛋中浓度在 2003～2006 年有所上升，之后有所下降(Braune et al., 2015)。而加拿大北极地区海豹体内 HBCDs 水平在过去 20 年间呈现增加趋势(Houde et al., 2017)。总体而言，北极哺乳动物体内 HBCDs 浓度水平相对较高，但其年变化趋势并不一致，海豹体内水平近年来呈现增加趋势，这一现象应引起关注。

3. DP

尽管对北极地区环境中 DP 的关注相对较多，但对其生物富集的研究报道并不多见。有报道在法罗群岛的黑海鸠蛋中检测到 DP，但在鱼样品中并未检出，在格陵兰鲨鱼肝脏亦未有检出(Vorkamp and Riget, 2014)。针对格陵兰岛的多种动物样品中 HFRs 的分析研究结果表明，其中 DP 普遍能够检出，但总体浓度水平较低，黑海鸽(Black guillemot)蛋、北极鸥(Glaucous gull)肝脏、环海豹脂肪和北极熊组织中 DP 异构体的浓度分别在 0.005～0.19 ng/g ww、0.01～0.18 ng/g ww、<0.013～1.84 ng/g ww 和 0.013～0.079 ng/g ww 范围内，总体浓度水平较低。此外，f_{anti} 值与商用产品中相一致或较高，体现出与环境样品中的较大差异。

4. NBFRs

北极动物体内 NBFRs 浓度水平相对较低。对加拿大北极区域的白鲸脂肪中 BFRs 的调查发现，2002～2005 年采集的样品中 BTBPE 浓度范围在 0.1～2.5 ng/g lw 之间(Tomy et al., 2007)。而在 2003～2006 年样品中亦能够检测到 TBECH 的存在(β-TBECH：1.1～9.3 ng/g lw)(Tomy et al., 2008)。此外在该区域环海豹脂肪中也能够检测到相同水平的 BTBPE(<0.1～2.9 ng/g lw)，这些 NBFRs 与 HBCD 浓度水平相一致，但普遍低于 PBDEs 浓度(Covaci et al., 2011)。2001～2003 年首次在北极格陵兰鲨鱼体内(肝脏组织)检测到五溴乙苯 PBEB、BTBPE 和 2,3,5,6-四溴对二甲苯(2,3,5,6-tetrabromo-p-xylene, TBX)，这些污染物浓度低于 BDE-47，但是与其他 BDE 单体水平基本一致(<MDL～13 ng/g lw)(Strid et al., 2013)。对 1986～2006 年采集自法罗群岛的多种海洋生物体内 NBFRs 进行筛查发现，其中 HBB 有检出，而 BTBPE 和 DBDPE 并未有检出(Bavel et al., 2010)，而在法罗群岛海鸟蛋中检测到低水平的 BTBPE(<0.11 ng/g lw)(Karlsson et al., 2006)。此外对挪威北极鸥血样和蛋黄中 HBB、BTBPE、PBEB 和 PBT 进行检测发现，这些污染物最高浓度分别为 0.15 ng/g ww 和 2.6 ng/g ww(HBB)；0.26 ng/g ww 和 1.0 ng/g ww(BTBPE)；nd 和 0.23 ng/g ww(PBEB)；0.15 ng/g ww 和 0.12 ng/g ww (PBT)，蛋黄中浓度水平相对较高，但占总 BFRs 的比例仍然较低(Verreault et al., 2007)。

5. OPFRs

关于极地动物体内 OPFRs 的研究报道十分有限。一项针对 2007～2010 年 8 种极地动物组织中 14 种 OPFRs 的分布调查研究结果表明，其中 10 种 OPFRs 有检出，包括 TCEP、TCIPP、TDCIPP、TPHP、EHDPP、TBOEP、TCrP、TIBP、TEHP 和 DPhBP，TECP 检出率最高，其次为 EHDPP。毛鳞鱼体内检出污染物种类最为丰富，北极狐体内 OPFRs 总浓度最高，且检测到单体浓度最高的 TBOEP

(<LOD～2198 ng/g lw)。营养级较高的哺乳动物和鸟类体内浓度与毛鳞鱼中水平基本一致，表明 OPFRs 具有生物富集能力，但没有明显的生物放大作用(Hallanger et al., 2015)。相关工作需进一步深入开展。

4.5 小　　结

由于 PBDEs 和 HBCDs 等具有 POPs 的特性，这些曾经被广泛生产和使用的传统 BFRs 已被列入《斯德哥尔摩公约》的 POPs 受控名单中，其生产和使用受到限制。近年来用于替代传统 BFRs 的一些新型产品如 NBFRs 和 OPFRs 等得到广泛应用，从而导致其在环境中被广泛检出。由于这些新型环境污染物的毒性及潜在的环境影响尚不明确，因此其环境水平和变化亦受到人们的广泛关注。极地地区被认为是 POPs 等环境污染物的一个重要的"汇"，目前关于极地 HFRs 和 OPFRs 的研究已成为环境科学领域的热点。

目前关于极地 HFRs 和 OPFRs 的研究集中在传统的 PBDEs 和 HBCDs 方面，主要涉及大气、土壤和生物等介质中。欧洲北极大气中 PBDEs 浓度水平总体呈现下降趋势，而加拿大北极区域的变化趋势并不明显；此外，生物体内 PBDEs 含量水平在 20 世纪末至 21 世纪初达到峰值，之后呈现下降趋势。由于生物富集和放大作用，高营养级生物体内(如海豹等)PBDEs 和 HBCDs 浓度水平相对较高，存在较高的暴露风险。南极地区的研究报道相对较少，且污染物总体水平相对较低，并无明显的变化趋势。针对 NHFRs 和 OPFRs 的研究主要集中在北极地区，且生物体内往往检测到较高含量的污染物，表明极地生物体内可能存在较高的暴露风险。此外，由于较高的水溶性，北极水体中能够检出较高浓度的 OPFRs，表明极地水体中可能存在较高的环境负荷，可能对水生生物造成较高的暴露风险，这与其他阻燃剂有所不同。由于 OPFRs 的毒性效应尚不明确，其对极地生态系统造成的潜在影响应持续关注和研究。

参 考 文 献

Abdallah M A, Ibarra C, Neels H, Harrad S, Covaci A. 2008. Comparative evaluation of liquid chromatography-mass spectrometry versus gas chromatography-mass spectrometry for the determination of hexabromocyclododecanes and their degradation products in indoor dust. Journal of Chromatography A, 1190: 333-341.

AMAP. 2014. Trends in Stockholm Convention Persistent Organic Pollutants (POPs) in Arctic Air, Human media and Biota. In: Wilson S, Hung H, Katsoyiannis A, Kong D, van Oostdam J, Riget F, Bignert A. AMAP Technical Report No. 7(2014). Arctic Monitoring and Asessment Programme (AMAP). Oslo: 54.

Amini N, Crescenzi C. 2003. Feasibility of an on-line restricted access material/liquid chromatography/tandem mass spectrometry method in the rapid and sensitive determination of organophosphorus triesters in human blood plasma. Journal of Chromatography B, 795: 245-256.

Bacaloni A, Cavaliere C, Foglia P, Nazzari M, Samperi R, Lagana A. 2007. Liquid chromatography/tandem mass spectrometry determination of organophosphorus flame retardants and plasticizers in drinking and surface waters. Rapid Communications in Mass Spectrometry : RCM, 21: 1123-1130.

Baron E, Eljarrat E, Barcelo D. 2012. Analytical method for the determination of halogenated norbornene flame retardants in environmental and biota matrices by gas chromatography coupled to tandem mass spectrometry. Journal of Chromatography A, 1248: 154-160.

Bavel B V, Rotander A, Lindström G, Polder A, Rigét F, Auðunsson GA, Dam M. 2010. BFRs in Arctic marine mammals during three decades. Not only a story of BDEs. Kyoto, Japan: 5th International Sympopsium on Flame Retardants: BFR2010.

Bengtson Nash S M, Poulsen A H, Kawaguchi S, Vetter W, Schlabach M. 2008. Persistent organohalogen contaminant burdens in Antarctic krill（Euphausiasuperba）from the eastern Antarctic sector: A baseline study. Science of the Total Environment, 407: 304-314.

Bjorklund J, Isetun S, Nilsson U. 2004. Selective determination of organophosphate flame retardants and plasticizers in indoor air by gas chromatography, positive-ion chemical ionization and collision-induced dissociation mass spectrometry. Rapid Communications in Mass Spectrometry: RCM, 18: 3079-3083.

Borghesi N, Corsolini S, Leonards P, Brandsma S, de Boer J, Focardi S. 2009. Polybrominateddiphenyl ether contamination levels in fish from the Antarctic and the Mediterranean Sea. Chemosphere, 77: 693-698.

Braune B M, Letcher R J, Gaston A J, Mallory M L. 2015. Trends of polybrominateddiphenyl ethers and hexabromocyclododecane in eggs of Canadian Arctic seabirds reflect changing use patterns. Environmental Research, 142: 651-661.

Cariou R, Antignac J P, Marchand P, Berrebi A, Zalko D, Andre F, Le Bizec B. 2005. New multiresidue analytical method dedicated to trace level measurement of brominated flame retardants in human biological matrices. Journal of Chromatography A, 1100: 144-152.

Chen D, Hale R C, La Guardia M J, Luellen D, Kim S, Geisz H N. 2015. Hexabromocyclododecane flame retardant in Antarctica: Research stations as sources. Environmental Pollution, 206: 611-618.

Cheng W, Sun L, Huang W, Ruan T, Xie Z, Zhang P, Ding R, Li M. 2013a. Detection and distribution of Tris(2-chloroethyl) phosphate on the East Antarctic ice sheet. Chemosphere, 92: 1017-1021.

Cheng W, Xie Z, Blais J M, Zhang P, Ming L, Yang C, Wen H, Rui D, Sun L. 2013b. Organophosphorus esters in the oceans and possible relation with ocean gyres. Environmental Pollution, 180: 159-164.

Corsolini S, Borghesi N, Schiamone A, Focardi S. 2005. Polybrominateddiphenyl ethers, polychlorinated dibenzo-dioxins,-furans, and-biphenyls in three species of antarctic penguins. Environmental Science and Pollution Research-International, 14: 421-429.

Covaci A, Gerecke A C, Law R J, Voorspoels S, Kohler M, Heeb N V, Leslie H, Allchin C R, De Boer J. 2006. Hexabromocyclododecanes (HBCDs) in the environment and humans: A review. Environmental Science &Technology, 40: 3679-3688.

Covaci A, Harrad S, Abdallah MA, Ali N, Law RJ, Herzke D, de Wit CA. 2011. Novel brominated flame retardants: A review of their analysis, environmental fate and behaviour. Environment International, 37: 532-556.

Cristale J, Lacorte S. 2013. Development and validation of a multiresidue method for the analysis of polybrominateddiphenyl ethers, new brominated and organophosphorus flame retardants in sediment, sludge and dust. Journal of Chromatography A, 1305: 267-275.

Cristale J, Quintana J, Chaler R, Ventura F, Lacorte S. 2012. Gas chromatography/mass spectrometry comprehensive analysis of organophosphorus, brominated flame retardants, by-products and formulation intermediates in water. Journal of Chromatography A, 1241: 1-12.

Curren M S, Davis K, Liang C L, Adlard B, Foster W G, Donaldson S G, Kandola K, Brewster J, Potyrala M, Van Oostdam J.2014. Comparing plasma concentrations of persistent organic pollutants and metals in primiparous women from northern and southern Canada. Science of the Total Environment, 479-480: 306-318.

Davie-Martin C L, Hageman K J, Chin Y P, Nistor B J, Hung H. 2016. Concentrations, gas-particle distributions, and source indicator analysis of brominated flame retardants in air at Toolik Lake, Arctic Alaska. Environmental Science: Processes & Impacts, 18: 1274-1284.

de Wit C A, Alaee M, Muir D C G. 2006. Levels and trends of brominated flame retardants in the Arctic. Chemosphere, 64: 209-233.

de Wit C A, Herzke D, Vorkamp K. 2010. Brominated flame retardants in the Arctic environment-trends and new candidates. Science of the Total Environment, 408: 2885-2918.

Dickhut R M, Cincinelli A, Cochran M, Kylin H. 2012. Aerosol-mediated transport and deposition of brominated diphenyl ethers to Antarctica. Environmental Science & Technology, 46: 3135-3140.

Feng J, Wang Y, Ruan T, Qu G, Jiang G. 2010. Simultaneous determination of hexabromocyclo-dodecanes and tris（2,3-dibromopropyl）isocyanurate using LC-APCI-MS/MS. Talanta, 82: 1929-1934.

Feng Y, Tian J, Xie H Q, She J, Xu S L, Xu T, Tian W, Fu H, Li S, Tao W, Wang L, Chen Y, Zhang S, Zhang W, Guo TL, Zhao B. 2016. Effects of acute low-dose exposure to the chlorinated flame retardant dechlorane 602 and Th1 and Th2 immune responses in adult male mice. Environmental Health Perspectives, 124: 1406-1413.

Feo M L, Barón E, Eljarrat E, Barceló D. 2012. Dechlorane Plus and related compounds in aquatic and terrestrial biota: a review. Analytical and Bioanalytical Chemistry, 404: 2625-2637.

Garcia-Lopez M, Rodriguez I, Cela R, Kroening K K, Caruso J A. 2009. Determination of organophosphate flame retardants and plasticizers in sediment samples using microwave-assisted extraction and gas chromatography with inductively coupled plasma mass spectrometry. Talanta, 79: 824-829.

Garcia M, Rodriguez I, Cela R. 2007. Microwave-assisted extraction of organophosphate flame retardants and plasticizers from indoor dust samples. Journal of Chromatography A, 1152: 280-286.

Guerra P, Fernie K, Jimenez B, Pacepavicius G, Shen L, Reiner E, Eljarrat E, Barcelo D, Alaee M. 2011. Dechlorane plus and related compounds in peregrine falcon（Falco peregrinus）eggs from Canada and Spain. Environmental Science & Technology, 45: 1284-1290.

Hale R C, Kim S L, Harvey E, Guardia M J L, Mainor T M, Bush E O, Jacobs E M. 2008. Antarctic research bases: local sources of polybrominated diphenyl ether（PBDE）flame retardants. Environmental Science & Technology, 42: 1452-1457.

Hallanger I G, Sagerup K, Evenset A, Kovacs K M, Leonards P, Fuglei E, Routti H, Aars J, Strøm H, Lydersen C. 2015. Organophosphorous flame retardants in biota from Svalbard, Norway. Marine Pollution Bulletin, 101: 442-447.

Hermanson M H, Isaksson E, Forsström S, Teixeira C, Muir DC, Pohjola VA, Rs VDW. 2010. Deposition history of brominated flame retardant compounds in an ice core from Holtedahlfonna, Svalbard, Norway. Environmental Science & Technology, 44: 7405-7410.

Hou R, Xu Y, Wang Z. 2016. Review of OPFRs in animals and humans: Absorption, bioaccumulation, metabolism, and internal exposure research. Chemosphere, 153: 78-90.

Houde M, Wang X, Ferguson S H, Gagnon P, Brown T M, Tanabe S, Kunito T, Kwan M, Muir DC. 2017. Spatial and temporal trends of alternative flame retardants and polybrominateddiphenyl ethers in ringed seals（Phocahispida）across the Canadian Arctic. Environmental Pollution, 223: 266-276.

Hung H, Kallenborn R, Breivik K, Su Y, Brorström-Lundén E, Olafsdottir K, Thorlacius JM, Leppänen S, Bossi R, Skov H, Manø S, Patton GW, Stern G, Sverko E, Fellin P. 2010. Atmospheric monitoring of organic pollutants in the Arctic under the Arctic Monitoring and Assessment Programme（AMAP）: 1993–2006. Science of the Total Environment, 408: 2854-2873.

Hung H, Katsoyiannis A A, Brorström-Lundén E, Olafsdottir K, Aas W, Breivik K, Bohlin-Nizzetto P, Sigurdsson A, Hakola H, Bossi R. 2016. Temporal trends of Persistent Organic Pollutants（POPs）in arctic air: 20years of monitoring under the Arctic Monitoring and Assessment Programme（AMAP）. Environmental Pollution, 217: 52-61.

Ikonomou M G, Rayne S, Addison R F. 2002. Exponential Increases of the Brominated Flame Retardants, PolybrominatedDiphenyl Ethers, in the Canadian Arctic from 1981 to 2000. Environmental Science & Technology, 36: 1886-1892.

Janak K, Covaci A, Voorspoels S, Becher G. 2005. Hexabromocyclododecane in marine species from the Western Scheldt Estuary: diastereoisomer- and enantiomer-specific accumulation. Environmental Science & Technology, 39: 1987-1994.

Karlsson M, Ericson I, Van B B, Jensen J K, Dam M. 2006. Levels of brominated flame retardants in Northern Fulmar（Fulmarusglacialis）eggs from the Faroe Islands. Science of the Total Environment, 367: 840-846.

Kierkegaard A, Sellstrom U, McLachlan MS. 2009. Environmental analysis of higher brominated diphenyl ethers and decabromodiphenyl ethane. Journal of Chromatography A, 1216: 364-375.

Kim J T, Son M H, Kang J H, Kim J H, Jung J W, Chang Y S. 2015. Occurrence of legacy and new persistent organic pollutants in avian tissues from King George Island, Antarctica. Environmental Science & Technology, 49: 13628-13638.

Kong D, MacLeod M, Hung H, Cousins IT. 2014. Statistical analysis of long-term monitoring data for persistent organic pollutants in the atmosphere at 20 monitoring stations broadly indicates declining concentrations. Environmental Science & Technology, 48: 12492-12499.

La Guardia M J, Hale R C, Harvey E, Chen D. 2010. Flame-retardants and other organohalogens detected in sewage sludge by electron capture negative ion mass spectrometry. Environmental Science & Technology, 44: 4658-4664.

Li J, Xie Z, Mi W, Lai S, Tian C, Emeis KC, Ebinghaus R. 2017. Organophosphate esters in air, snow, and seawater in the north Atlantic and the Arctic. Environmental Science & Technology, 51: 6887-6896.

Li Y, Geng D, Liu F, Wang T, Wang P, Zhang Q, Jiang G. 2012. Study of PCBs and PBDEs in King George Island, Antarctica using PUF passive air sampling. Atmospheric Environment, 51: 140-145.

Li Y, Yu L, Wang J, Wu J, Mai B, Dai J. 2013. Accumulation pattern of Dechlorane Plus and associated biological effects on rats after 90 d of exposure. Chemosphere, 90: 2149-2156.

Li Y F, Jia H L. 2014. Prediction of gas/particle partition quotients of Polybrominated Diphenyl Ethers（PBDEs）in north temperate zone air: an empirical approach. Ecotoxicology and Environmental Safety, 108: 65-71.

Li Y F, Ma W L, Yang M. 2015. Prediction of gas/particle partitioning of polybrominateddiphenyl ethers（PBDEs）in global air: A theoretical study. Atmospheric Chemistry and Physics, 15: 1669-1681.

Liang X, Li W, Martyniuk C J, Zha J, Wang Z, Cheng G, Giesy J P. 2014. Effects of dechlorane plus on the hepatic proteome of juvenile Chinese sturgeon（Acipensersinensis）. Aquatic Toxicology, 148: 83-91.

Ma Y, Xie Z, Halsall C, Möller A, Yang H, Zhong G, Cai M, Ebinghaus R. 2015. The spatial distribution of organochlorine pesticides and halogenated flame retardants in the surface sediments of an Arctic fjord: The influence of ocean currents vs. glacial runoff. Chemosphere, 119: 953-960.

Ma Y, Xie Z, Lohmann R, Mi W, Gao G. 2017. Organophosphate ester flame retardants and plasticizers in ocean sediments from the North Pacific to the Arctic Ocean. Environmental Science & Technology, 51: 3809-3815.

Mariussen E, Steinnes E, Breivik K, Nygård T, Schlabach M, Kålås JA. 2008. Spatial patterns of polybrominateddiphenyl ethers（PBDEs）in mosses, herbivores and a carnivore from the Norwegian terrestrial biota. Science of the Total Environment, 404: 162-170.

Mascolo G, Locaputo V, Mininni G. 2010. New perspective on the determination of flame retardants in sewage sludge by using ultrahigh pressure liquid chromatography-tandem mass spectrometry with different ion sources. Journal of Chromatography A, 1217: 4601-4611.

McGrath T J, Morrison P D, Ball AS, Clarke B O. 2017. Detection of novel brominated flame retardants（NBFRs）in the urban soils of Melbourne, Australia. Emerging Contaminants, 3: 23-31.

Mckinney M A, Letcher R J, Aars J, Born E W, Branigan M, Dietz R, Evans T J, Gabrielsen G W, Peacock E, Sonne C. 2011. Flame retardants and legacy contaminants in polar bears from Alaska, Canada, East Greenland and Svalbard, 2005–2008. Environment International, 37: 365-374.

Mello F V, Roscales J L, Guida YS, Menezes J F, Vicente A, Costa E S, Jimenez B, Torres J P. 2016. Relationship between legacy and emerging organic pollutants in Antarctic seabirds and their foraging ecology as shown by delta13C and delta15N. Science of the Total Environment, 573: 1380-1389.

Meyer T, Muir D C, Teixeira C, Wang X, Young T, Wania F. 2012. Deposition of brominated flame retardants to the Devon Ice Cap, Nunavut, Canada. Environmental Science & Technology, 46: 826-833.

Miljeteig C, Strøm H, Gavrilo M V, Volkov A, Jenssen B M, Gabrielsen G W. 2009. High levels of contaminants in ivory gull pagophila eburnea eggs from the Russian and Norwegian Arctic. Environmental Science & Technology, 43: 5521-5528.

Möller A, Sturm R, Xie Z, Cai M, He J, Ebinghaus R. 2012a. Organophosphorus flame retardants and plasticizers in airborne particles over the Northern Pacific and Indian Ocean toward the Polar Regions: Evidence for global occurrence. Environmental Science & Technology, 46: 3127-3134.

Möller A, Xie Z, Cai M, Sturm R, Ebinghaus R. 2012b. Brominated flame retardants and dechlorane plus in the marine atmosphere from Southeast Asia toward Antarctica. Environmental Science & Technology, 46: 3141-3148.

Möller A, Xie Z, Cai M, Zhong G, Huang P, Cai M, Sturm R, He J, Ebinghaus R. 2011a. Polybrominateddiphenyl ethers vs alternate brominated flame retardants and Dechloranes from East Asia to the Arctic. Environmental Science & Technology, 45: 6793-6799.

Möller A, Xie Z, Sturm R, Ebinghaus R. 2010.Large-scale distribution of dechlorane plus in air and seawater from the Arctic to Antarctica. Environmental Science & Technology, 44: 8977-8982.

Möller A, Xie Z, Sturm R, Ebinghaus R. 2011b. Polybrominateddiphenyl ethers（PBDEs）and alternative brominated flame retardants in air and seawater of the European Arctic. Environmental Pollution, 159: 1577-1583.

Morris S, Bersuder P, Allchin CR, Zegers B, Boon JP, Leonards PEG, de Boer J. 2006. Determination of the brominated flame retardant, hexabromocyclodocane, in sediments and biota by liquid chromatography-electrospray ionisation mass spectrometry.TrAC Trends in Analytical Chemistry, 25: 343-349.

Muir D C G, Backus S, Derocher A E, Dietz R, Evans T J, Gabrielsen G W, Nagy J, Norstrom R J, Sonne C, Stirling I, Taylor M K, Letcher R J. 2006. Brominated flame retardants in polar bears（Ursusmaritimus）from alaska, the Canadian Arctic, East Greenland, and Svalbard. Environmental Science & Technology, 40: 449-455.

Mwangi J K, Lee W J, Wang L C, Sung P J, Fang L S, Lee Y Y, Chang-Chien G P. 2016. Persistent organic pollutants in the Antarctic coastal environment and their bioaccumulation in penguins. Environmental Pollution, 216: 924-934.

Na G, Wei W, Zhou S, Gao H, Ma X, Qiu L, Ge L, Bao C, Yao Z. 2015. Distribution characteristics and indicator significance of Dechloranes in multi-matrices at Ny-Ålesund in the Arctic. Journal of Environmental Sciences, 28: 8-13.

Na G, Yao Y, Gao H, Li R, Ge L, Titaley IA, Santiago-Delgado L, Massey Simonich SL. 2017. Trophic magnification of Dechlorane Plus in the marine food webs of Fildes Peninsula in Antarctica. Marine Pollution Bulletin, 117: 456-461.

Otake T, Yoshinaga J, Yanagisawa Y. 2001. Analysis of organic esters of plasticizer in indoor air by GC-MS and GC-FPD. Environmental Science & Technology, 35: 3099-3102.

Papachlimitzou A, Barber JL, Losada S, Bersuder P, Law RJ. 2012. A review of the analysis of novel brominated flame retardants. Journal of Chromatography A, 1219: 15-28.

Pena-Abaurrea M, Covaci A, Ramos L. 2011. Comprehensive two-dimensional gas chromatography-time-of-flight mass spectrometry for the identification of organobrominated compounds in bluefin tuna. Journal of Chromatography A, 1218: 6995-7002.

Piazza R, Gambaro A, Argiriadis E, Vecchiato M, Zambon S, Cescon P, Barbante C. 2013. Development of a method for simultaneous analysis of PCDDs, PCDFs, PCBs, PBDEs, PCNs and PAHs in Antarctic air.Analytical &Bioanalytical Chemistry, 405: 917-932.

Remberger M, Sternbeck J, Palm A, Kaj L, Strömberg K, Brorström-Lundén E. 2004. The environmental occurrence of hexabromocyclododecane in Sweden. Chemosphere, 54: 9-21.

Ren N, Sverko E, Li YF, Zhang Z, Harner T, Wang D, Wan X, Mccarry BE. 2008. Levels and isomer profiles of dechloraneplus in Chinese air. Environmental Science & Technology, 42: 6476-6480.

Riddell N, Arsenault G, Klein J, Lough A, Marvin CH, McAlees A, McCrindle R, Macinnis G, Sverko E, Tittlemier S, Tomy GT. 2009. Structural characterization and thermal stabilities of the isomers of the brominated flame retardant 1,2,5,6-tetrabromocyclooctane（TBCO）. Chemosphere, 74: 1538-1543.

Rodil R, Quintana J B, Reemtsma T. 2005. Liquid chromatography-tandem mass spectrometry determination of nonionic organophosphorus flame retardants and plasticizers in wastewater samples. Analytical Chemistry, 77: 3083-3089.

Rotander A, van Bavel B, Polder A, Riget F, Auethunsson GA, Gabrielsen GW, Vikingsson G, Bloch D, Dam M. 2012. Polybrominateddiphenyl ethers（PBDEs）in marine mammals from Arctic and North Atlantic regions, 1986-2009. Environment International, 40: 102-109.

Routti H, Andersen M S, Fuglei E, Polder A, Yoccoz N G. 2016. Concentrations and patterns of hydroxylated polybrominated diphenyl ethers and polychlorinated biphenyls in arctic foxes（Vulpeslagopus）from Svalbard. Environmental Pollution, 216: 264-272.

Saegusa Y, Fujimoto H, Woo G H, Inoue K, Takahashi M, Mitsumori K, Hirose M, Nishikawa A, Shibutani M. 2009. Developmental toxicity of brominated flame retardants, tetrabromobisphenol A and 1,2,5,6,9,10-hexabromocyclododecane, in rat offspring after maternal exposure from mid-gestation through lactation. Reproductive Toxicology, 28: 456-467.

Salamova A, Hermanson M H, Hites R A. 2014. Organophosphate and halogenated flame retardants in atmospheric particles from a European Arctic site. Environmental Science & Technology, 48: 6133-6140.

Salvado J A, Sobek A, Carrizo D, Gustafsson O. 2016. Observation-based assessment of PBDE loads in Arctic Ocean waters. Environmental Science & Technology, 50: 2236-2245.

Sellström U, Kierkegaard A, Wit C D, Bo J. 1998. Polybrominated diphenyl ethers and hexabromocyclododecane in sediment and fish from a Swedish River. Environmental Toxicology & Chemistry, 17: 1065-1072.

Shen L, Wania F, Lei Y D, Teixeira C, Muir D C G, Xiao H. 2006. Polychlorinated biphenyls and polybrominated diphenyl ethers in the North American atmosphere. Environmental Pollution, 144: 434-444.

Shi Z, Feng J, Li J, Zhao Y, Wu Y. 2008. Analysis of hexabromocyclododecane diastereoisomers in foods of animal origin using ultra performance liquid chromatography-mass spectgrometry and isotope dilution. Chinese Journal of Chromatography, 26: 1-5.

Stapleton H M, Allen J G, Kelly S M, Konstantinov A, Klosterhaus S, Watkins D, McClean MD, Webster TF. 2008. Alternate and new brominated flame retardants detected in U.S. house dust. Environmental Science & Technology, 42: 6910-6916.

Strid A, Bruhn C, Sverko E, Svavarsson J, Tomy G, Bergman A. 2013. Brominated and chlorinated flame retardants in liver of Greenland shark（Somniosusmicrocephalus）. Chemosphere, 91: 222-228.

Su Y, Hung H, Sverko E, Fellin P, Li H. 2007. Multi-year measurements of polybrominated diphenyl ethers（PBDEs）in the Arctic atmosphere. Atmospheric Environment, 41: 8725-8735.

Sühring R, Diamond M L, Scheringer M, Wong F, Pucko M, Stern G, Burt A, Hung H, Fellin P, Li H, Jantunen L M. 2016. Organophosphate esters in Canadian Arctic air: occurrence, levels and trends. Environmental Science & Technology, 50: 7409-7415.

Tomy G T, Ismail N, Pleskach K, Danell R, Stern G. 2007. Temporal and spatial trends of brominated and chlorinated flame retardants in beluga（Delphinapterusleucas）from the Canadian Arctic.4th International Workshop on. Toronto, Canada: Brominated Flame Retardants（BFR 2007）.

Tomy G T, Pleskach K, Arsenault G, Potter D, Mccrindle R, Marvin C H, Sverko E, Tittlemier S. 2008. Identilication of the novel cycloaliphatic brominated flame retardant 1,2-dibromo-4-(1,2-dibromoethyl) cyclohexane in Canadian Arctic beluga (Delphinapterusleucas). Environmental Science & Technology, 42: 543-549.

Tomy G T, Pleskach K, Ferguson S H, Hare J, Stern G, Macinnis G, Marvin C H, Loseto L. 2009. Trophodynamics of some PFCs and BFRs in a Western Canadian Arctic marine food web. Environmental Science & Technology, 43: 4076-4081.

Vecchiato M, Argiriadis E, Zambon S, Barbante C, Toscano G, Gambaro A, Piazza R. 2015. Persistent organic pollutants (POPs) in Antarctica: occurrence in continental and coastal surface snow. Microchemical Journal, 119: 75-82.

Verreault J, Gebbink W A, Gauthier L T, Gabrielsen G W, Letcher R J. 2007. Brominated flame retardants in glaucous gulls from the Norwegian Arctic: more than just an issue of polybrominated diphenyl ethers. Environmental Science & Technology, 41: 4925-4931.

Vorkamp K, Bester K, Rigét FF. 2012. Species-specific time trends and enantiomer fractions of hexabromocyclododecane (HBCD) in biota from East Greenland. Environmental Science & Technology, 46: 10549-10555.

Vorkamp K, Riget F F. 2014. A review of new and current-use contaminants in the Arctic environment: Evidence of long-range transport and indications of bioaccumulation. Chemosphere, 111: 379-395.

Vorkamp K, Thomsen M, Falk K, Leslie H, Møller S, Sørensen PB. 2005. Temporal development of brominated flame retardants in peregrine Falcon (Falco peregrinus) eggs from South Greenland (1986-2003). Environmental Science & Technology, 39: 8199-8206.

Wang P, Li Y, Zhang Q, Yang Q, Zhang L, Liu F, Fu J, Meng W, Wang D, Sun H, Zheng S, Hao Y, Liang Y, Jiang G. 2017. Three-year monitoring of atmospheric PCBs and PBDEs at the Chinese Great Wall Station, West Antarctica: Levels, chiral signature, environmental behaviors and source implication. Atmospheric Environment, 150: 407-416.

Wang P, Zhang Q H, Wang T, Chen W H, Ren D W, Li Y M, Jiang G B. 2012. PCBs and PBDEs in environmental samples from King George Island and Ardley Island, Antarctica. RSC Advance, 2: 1350-1355.

Wang P, Zhang Q, Zhang H, Wang T, Sun H, Zheng S, Li Y, Liang Y, Jiang G. 2016. Sources and environmental behaviors of Dechlorane Plus and related compounds—A review. Environment International, 88: 206-220.

Wang X W, Liu J F, Yin Y G. 2011. Development of an ultra-high-performance liquid chromatography-tandem mass spectrometry method for high throughput determination of organophosphorus flame retardants in environmental water. Journal of Chromatography A, 1218: 6705-6711.

Wang Z, Na G, Ma X, Ge L, Lin Z, Yao Z. 2015. Characterizing the distribution of selected PBDEs in soil, moss and reindeer dung at Ny-Alesund of the Arctic. Chemosphere, 137: 9-13.

Weihaas M L, Hageman K J, Chin Y P. 2014. Partitioning of polybrominateddiphenyl ethers to dissolved organic matter isolated from Arctic surface waters. Environmental Science & Technology, 48: 4852-4859.

Wolschke H, Meng X Z, Xie Z, Ebinghaus R, Cai M. 2015. Novel flame retardants (N-FRs), polybrominateddiphenyl ethers (PBDEs) and dioxin-like polychlorinated biphenyls (DL-PCBs) in fish, penguin, and skua from King George Island, Antarctica. Marine Pollution Bulletin, 96: 513-518.

Wu B, Liu S, Guo X, Zhang Y, Zhang X, Li M, Cheng S. 2012. Responses of mouse liver to dechlorane plus exposure by integrative transcriptomic and metabonomic studies. Environmental Science & Technology, 46: 10758-10764.

Wu H H, Chen H C, Ding W H. 2009. Combining microwave-assisted extraction and liquid chromatography-ion-trap mass spectrometry for the analysis of hexabromocyclododecane diastereoisomers in marine sediments. Journal of Chromatography A, 1216: 7755-7760.

Xiao H, Shen L, Su Y, Barresi E, Dejong M, Hung H, Lei YD, Wania F, Reiner EJ, Sverko E. 2012. Atmospheric concentrations of halogenated flame retardants at two remote locations: The Canadian High Arctic and the Tibetan Plateau. Environmental Pollution, 161: 154-161.

Xie Z, Möller A, Ahrens L, Caba A, Sturm R, Ebinghaus R. 2013. Brominated flame-retardants and dechlorane plus in air and sea water of the Atlantic Ocean and the Antarctic.Sixth International Symposium on Flame Retardants（BFR2013）, Davis, USA.

Yogui G T, Sericano J L. 2008. Polybrominateddiphenyl ether flame retardants in lichens and mosses from King George Island, maritime Antarctica. Chemosphere, 73: 1589-1593.

Yogui G T, Sericano J L. 2009. Levels and pattern of polybrominateddiphenyl ethers in eggs of Antarctic seabirds: Endemic versus migratory species. Environmental Pollution, 157: 975-980.

Yu Y, Hung H, Alexandrou N, Roach P, Nordin K. 2015. Multiyear measurements of flame retardants and organochlorine pesticides in air in Canada's Western Sub-Arctic. Environmental Science & Technology, 49: 8623-8630.

Zhu C, Li Y, Wang P, Chen Z, Ren D, Ssebugere P, Zhang Q, Jiang G. 2015. Polychlorinated biphenyls（PCBs）and polybrominated biphenyl ethers（PBDEs）in environmental samples from Ny-Alesund and London Island, Svalbard, the Arctic. Chemosphere, 126: 40-46.

第 5 章　极地羟基和甲氧基多溴二苯醚的赋存与环境行为

本章导读

- 羟基和甲氧基多溴二苯醚在环境中的来源、毒性及浓度水平
- 羟基和甲氧基多溴二苯醚的实验室分析方法
- 羟基和甲氧基多溴二苯醚在极地环境介质中的污染特征及分布规律

多溴二苯醚(PBDEs)是一种典型的 POPs，其在环境中的赋存和转化行为是目前研究的热点。PBDEs 的衍生物羟基多溴二苯醚(hydroxylated polybrominated diphenyl ethers，OH-PBDEs)和甲氧基多溴二苯醚(methoxylated polybrominated diphenyl ethers，MeO-PBDEs)由于具有与 PBDEs 相似的 POPs 特性也引起了众多科研工作者的关注。近年来，OH-PBDEs 和 MeO-PBDEs 在不同地区的环境介质中陆续检出，目前已有关于极地地区环境介质中 PBDEs 衍生物的来源及浓度水平的研究，本章根据近几年的文献报道，对 OH-PBDEs 和 MeO-PBDEs 的分析方法及其在环境中的来源、赋存水平和在生物体内的蓄积放大作用等方面已取得的进展进行介绍。

5.1　概　　述

5.1.1　来源研究

OH-PBDEs 和 MeO-PBDEs 是指在 PBDEs 母体结构的基础上，氢原子被一个(或多个)羟基或甲氧基官能团取代的化合物，其结构通式见图 5-1。OH-PBDEs 和 MeO-PBDEs 部分同类物的结构式见图 5-2(本章中的 OH-PBDEs 和 MeO-PBDEs 仅指代单羟基或单甲氧基取代的 PBDEs)。而与 PBDEs 不同的是 MeO-PBDEs 和 OH-PBDEs 并非化学合成品或工业副产物。关于 OH-PBDEs 和 MeO-PBDEs 的来源目前还存在较大的争议，基于现有的研究推断环境中的

OH-PBDEs 和 MeO-PBDEs 主要来自于两种途径：海洋环境的天然产物和 PBDEs 的生物转化。

OH CH_3O

O O

Br_x Br_y Br_x Br_y

($1 \leqslant x+y \leqslant 9$) ($1 \leqslant x+y \leqslant 9$)

(a) OH-PBDEs (b) MeO-PBDEs

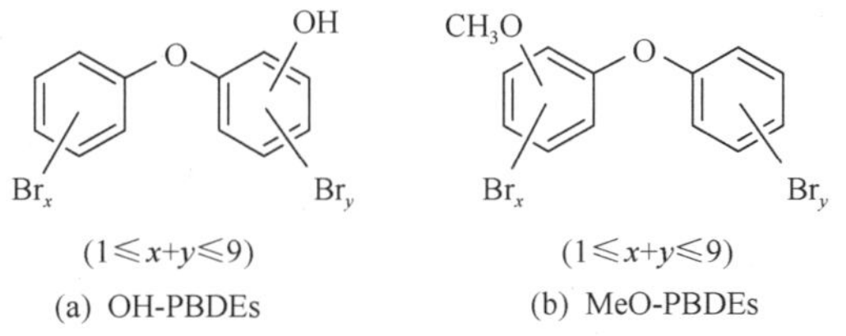

图 5-1 OH-PBDEs 和 MeO-PBDEs 的结构示意图

1. 海洋环境的天然产物

海水中富含卤素，海洋生物利用这些卤族元素合成了大量的天然有机卤化物。几乎所有已发现的天然有机卤化物都能由海洋生物（包括细菌和动植物）产生（Gribble, 2003）。研究表明，部分羟基或甲氧基位于醚键邻位（*ortho-*）的 OH-PBDEs 和 MeO-PBDEs 是海绵（*Dysidea herbacea*）及寄生其上的藻青菌（*Oscillatoria spongeliae*）、红藻（*Ceramium tenuicorne*）和束生刚毛藻（*Cladophora fascicularis*）的天然产物（Fu et al., 1995; Handayani et al., 1997; Malmvärn et al., 2005; 2008）。除在海洋植物中观测到 OH-PBDEs 和 MeO-PBDEs 为天然产物外，在鱼类样品的研究中也发现了其作为天然产物的佐证。在一份 1921 年采集的鲸油样品中检出了两种邻位取代的 MeO-PBDEs（6-MeO-BDE47 和 2′-MeO-BDE68），而此时 PBDEs 还未在工业上合成生产（Teuten and Reddy, 2007）。在 1967～2000 年间采集自瑞士水域的白斑狗鱼（*Esox lucius*）体内的 PBDEs 和 MeO-PBDEs（6-MeO-BDE47 和 2′-MeO-BDE68）呈现出不同的年代变化趋势：MeO-PBDEs 浓度的最大值出现在 1969 年，而 PBDEs 的浓度到 20 世纪 70 年代中后期才开始逐步上升（Kierkegaard et al., 2004）。

2. PBDEs 的生物转化

生物体内的 PBDEs 在细胞色素 P450 酶（CYP 450）的调控下，经由生物转化形成含有羟基或（和）甲氧基官能团的代谢物。PBDEs 的体内外暴露实验证实，PBDEs 可通过生物转化生成对位（*para-*）或间位取代（*meta*-substituted）的 OH-PBDEs 和 MeO-PBDEs，且 OH-PBDEs 和 MeO-PBDEs 间也存在相互转化（Sun et al., 2013d）。但现有结果也表明通过生物转化形成的 OH-PBDEs 和 MeO-PBDEs 的数量很少。在大鼠的活体和微粒体的 PBDEs 暴露实验中，OH-PBDEs 的同类物转化率不足 1%（Hamers et al., 2008; Malmberg et al., 2005）。Stapleton 等（2009）在

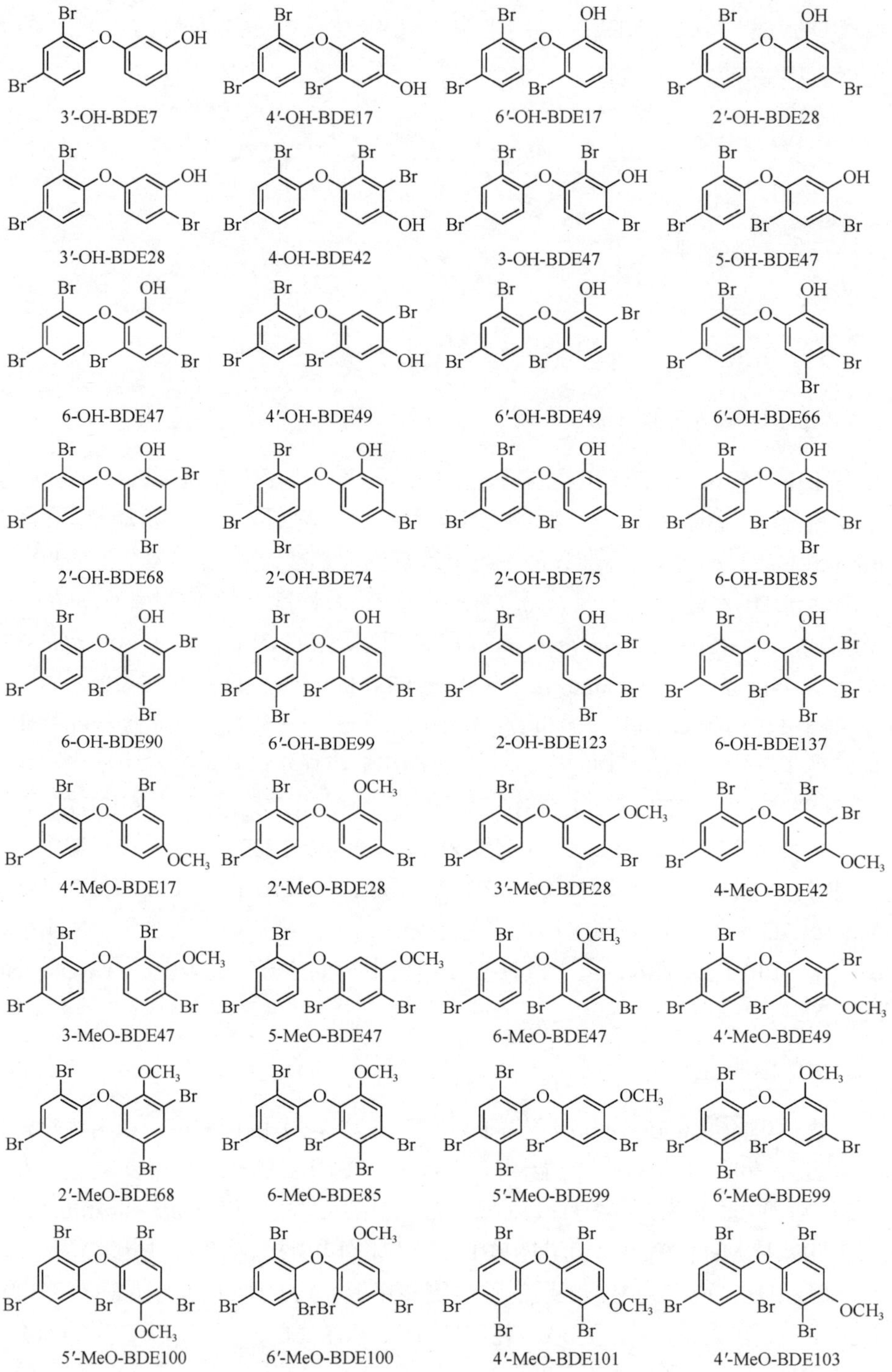

3′-OH-BDE7　4′-OH-BDE17　6′-OH-BDE17　2′-OH-BDE28

3′-OH-BDE28　4-OH-BDE42　3-OH-BDE47　5-OH-BDE47

6-OH-BDE47　4′-OH-BDE49　6′-OH-BDE49　6′-OH-BDE66

2′-OH-BDE68　2′-OH-BDE74　2′-OH-BDE75　6-OH-BDE85

6-OH-BDE90　6′-OH-BDE99　2-OH-BDE123　6-OH-BDE137

4′-MeO-BDE17　2′-MeO-BDE28　3′-MeO-BDE28　4-MeO-BDE42

3-MeO-BDE47　5-MeO-BDE47　6-MeO-BDE47　4′-MeO-BDE49

2′-MeO-BDE68　6-MeO-BDE85　5′-MeO-BDE99　6′-MeO-BDE99

5′-MeO-BDE100　6′-MeO-BDE100　4′-MeO-BDE101　4′-MeO-BDE103

图 5-2　部分 OH-PBDEs 和 MeO-PBDEs 同类物的结构式

暴露于 BDE-99 的人体肝细胞中检测到 5′-OH-BDE99 和一种未鉴定的五溴代 OH-PBDEs，其浓度仅为暴露量的 0.1%～3%。

对环境中 OH-PBDEs 和 MeO-PBDEs 的来源研究表明：部分邻位取代的 OH-PBDEs 和 MeO-PBDEs 是海洋低等动植物(海绵、海藻等)或细菌等合成的天然产物，这也是环境中 OH-PBDEs 和 MeO-PBDEs 的主要来源；此外，生物体也可通过自身的代谢反应生成对位或间位取代的 OH-PBDEs 和 MeO-PBDEs，但通过生物体自身代谢转化的生成量极少。

5.1.2　毒性研究

OH-PBDEs 和 MeO-PBDEs 除具有与 PBDEs 相类似的毒性特征外，OH-PBDEs 还具备某些特殊的毒性特征，使其可能表现出比 PBDEs 更强的毒性效应。

由于 OH-PBDEs 与甲状腺激素(T4)的结构相似，OH-PBDEs 能取代甲状腺激素与甲状腺激素转运蛋白(TTR)结合，干扰甲状腺激素荷尔蒙动态平衡(Qiu et al., 2009)。OH-PBDEs 还会影响雌二醇合成(Hamers et al., 2008)，阻碍氧化磷酸化作用(Legler, 2008)，引起神经毒性效应(Dingemans et al., 2008)。

5.1.3　浓度水平

随着对环境中 PBDEs 污染关注度的提高，OH-PBDEs 和 MeO-PBDEs 也在环境中被陆续检出(表 5-1)。在不同地区采集的沉积物、土壤、地表水和大气等非生物样品中均检测到不同浓度的 OH-PBDEs 和 MeO-PBDEs，其中在中国广东清远的电子垃圾拆解地周边土壤中检测到十余种 OH-PBDEs 和 MeO-PBDEs 同类物，∑OH-PBDEs 和∑MeO-PBDEs 的平均浓度分别为 6.0 ng/g dw 和 11.9 ng/g dw(Wang et al., 2014)，显著高于中国东部沿海城市(Sun et al., 2013c)和韩国釜山(Kim et al., 2014)土壤中 OH-PBDEs 和 MeO-PBDEs 的浓度。Sun 等(2013a)在对中国 36 个城市污水处理厂污泥中 PBDEs 及其衍生物的研究中发现天然产物 6-OH-BDE47 在 OH-PBDEs 中占比最高，沿海地区污泥中∑OH-PBDEs 的含量高于内陆地区。

表 5-1　OH-PBDEs 和 MeO-PBDEs 在环境中的赋存水平

物种	位置	∑OH-PBDEs	∑MeO-PBDEs	浓度单位[a]	参考文献
非生物样品					
工厂污泥	中国	0.04～2.24	nd[b]	ng/g dw	(Sun et al., 2013a)
沉积物岩心	美国马斯基根湖	NM[c]	3.6～120	pg/g dw	(Bradley et al., 2011)
沉积物	中国辽东湾	3.2～116	3.8～56	pg/g dw	(Zhang et al., 2012)
沉积物	韩国南部沿海	nd～1.27	0.006～1.56	ng/g dw	(Choo et al., 2018)

续表

物种	位置	∑OH-PBDEs	∑MeO-PBDEs	浓度单位[a]	参考文献
海水	韩国南部沿海	nd～20.2	nd～8.18	pg/L	(Choo et al., 2018)
地表水	北美安大略湖	2.2～70	NM	pg/L	(Ueno et al., 2008)
地表水	韩国釜山	34～390	13～36	pg/L	(Kim et al., 2014)
大气	韩国釜山	nd	15～87	pg/m^3	(Kim et al., 2014)
土壤	韩国釜山	15～230	11～120	pg/g	(Kim et al., 2014)
土壤	中国龙口	nd	60.6～635.6	pg/g	(Sun et al., 2013c)
土壤	中国清远	0.04～45.8	1.7～52.2	ng/g dw	(Wang et al., 2014)
植物					
松针	韩国釜山	43～120	14～42	pg/g	(Kim et al., 2014)
苦苣、玉米等(共36种)	中国清远	0.01～4.4	3.5～349.6	ng/g dw	(Wang et al., 2014)
荠菜、狗尾草等(共4种)	中国龙口	nd～14.3	nd～932.3	pg/g	(Sun et al., 2013c)
藻类(共14种)	菲律宾吕宋岛	nd～31.2	nd～232.6	ng/g ww	(Haraguchi et al., 2010)
红藻	欧洲波罗的海	110～220	4.1～5.5	ng/g dw	(Malmvärn et al., 2008)
藻类(共5种)	中国渤海	0.09～5	0.01～0.1	ng/g ww	(Liu et al., 2018)
无脊椎动物					
牡蛎和贻贝	韩国南部沿海	nd～30.6	4.68～939	ng/g lw	(Choo et al., 2018)
紫贻贝	欧洲	8.6～200	12～670	ng/g lw	(Löfstrand et al., 2010)
脉红螺、蝼蛄虾等(共5种)	中国辽东湾	1.7±0.002	NM	ng/g lw	(Zhang et al., 2012)
脉红螺、四角蛤蜊和菲律宾帘蛤	中国辽东湾	NM	16.0±11.8	ng/g lw	(Zhang et al., 2010a)
蝼蛄虾和中华绒螯蟹	中国辽东湾	NM	2.44±0.71	ng/g lw	(Zhang et al., 2010a)
扁玉螺、脉红螺和牡蛎	中国北方沿海	5.81±5.43	3.63±3.53	ng/g lw	(Sun et al., 2013b)
短蛸、毛蚶、青蛤等(共10种)	中国渤海湾	nd～63	nd～21	ng/g lw	(Liu et al., 2018)
鱼类					
半滑舌鳎、赤鼻棱鳀等(共9种)	中国辽东湾	NM	126±189	ng/g lw	(Zhang et al., 2010a)
半滑舌鳎、赤鼻棱鳀等(共8种)	中国辽东湾	0.28±0.001	NM	ng/g lw	(Zhang et al., 2012)

续表

物种	位置	∑OH-PBDEs	∑MeO-PBDEs	浓度单位[a]	参考文献
中华鲟	中国长江	0.18	0.14	ng/g ww	(Zhang et al., 2010b)
刀鲚、凤鲚、太湖湖鲚和短颌鲚	中国长江流域	NM	nd～48	ng/g lw	(Su et al., 2010)
赤鲈和比目鱼	欧洲波罗的海	NM	34	ng/g lw	(Haglund et al., 2010)
鲻鱼和舌齿鲈	突尼斯比塞大泄湖	NM	6.46～798	ng/g lw	(Ben Ameur et al., 2011)
鲻鱼和舌齿鲈	欧洲地中海	NM	190～578	ng/g lw	(Ben Ameur et al., 2011)
孔鳐、真鲷等(共 5 种)	中国渤海湾	nd～0.5	2～17	ng/g lw	(Liu et al., 2018)
鸟类					
白头海雕(血)	加拿大	nd～2.10	nd	ng/g ww	(McKinney et al., 2006a)
白尾海雕(血)	瑞典波罗的海沿岸	NM	0.081～1.9	ng/g	(Olsson et al., 2000)
海鸠(蛋)	冰岛	4.58	nd	ng/g lw	(Jorundsdottir et al., 2009)
海鸠(蛋)	法罗群岛	2.1	nd	ng/g lw	(Jorundsdottir et al., 2009)
海鸠(蛋)	瑞典	131	17.8	ng/g lw	(Jorundsdottir et al., 2009)
哺乳动物					
白鲸(肝脏)	加拿大圣劳伦斯河口	<0.5	20～25	ng/g lw	(McKinney et al., 2006b)
环斑海豹(血)	欧洲波罗的海	0.041～1.06	NM	ng/g ww	(Routti et al., 2009)
瓜头鲸和小抹香鲸	澳大利亚昆士兰	NM	460～3760	ng/g lw	(Vetter et al., 2002)
短吻真海豚和宽吻海豚	澳大利亚昆士兰	NM	230～2710	ng/g lw	(Vetter et al., 2002)
儒艮	澳大利亚昆士兰	NM	1～10	ng/g lw	(Vetter et al., 2002)
绿海龟	澳大利亚昆士兰	NM	10	ng/g lw	(Vetter et al., 2002)
僧海豹	毛里塔尼亚	NM	4–10	ng/g lw	(Vetter et al., 2002)
瓜头鲸、史氏中喙鲸等(8 种齿鲸)(血)	日本	35～3500	NM	pg/g ww	(Nomiyama et al., 2011)
布氏鲸、座头鲸和小鳁鲸(血)	日本	180～500	NM	pg/g ww	(Nomiyama et al., 2011)
鼬鲛(肝脏)	日本石垣海岸	0.21～1.19	65～615	ng/g lw	(Kato et al., 2009)
牛鲨(肝脏)	日本石垣海岸	14.6	843	ng/g lw	(Kato et al., 2009)
猫(肝脏)	日本	0.99	11.4	ng/g ww	(Nomiyama et al., 2017)
狗(肝脏)	日本	0.015	0.017	ng/g ww	(Nomiyama et al., 2017)

续表

物种	位置	∑OH-PBDEs	∑MeO-PBDEs	浓度单位 [a]	参考文献
人体					
孕妇(血)	美国印第安纳州	7	NM	ng/g lw	(Qiu et al., 2009)
胎儿(血)	美国印第安纳州	97	NM	ng/g lw	(Qiu et al., 2009)
孕妇(母乳)	西班牙巴塞罗那	nd～2.08	nd～25.7	ng/g lw	(Lacorte and Ikonomou, 2009)
工人(血)	中国贵屿	44.7～896	NM	ng/g lw	(Ren et al., 2011)
儿童(血)	尼加拉瓜	3.1～120	NM	pmol/g lw	(Athanasiadou et al., 2007)
妇女(血)	尼加拉瓜	5.4～11	NM	pmol/g lw	(Athanasiadou et al., 2007)
孕妇(血)	韩国	＜4～117	NM	pg/g ww	(Wan et al., 2010)
胎儿(血)	韩国	＜4～127	NM	pg/g ww	(Wan et al., 2010)
孕妇(血)	日本柏市	nd～51	NM	pg/g ww	(Kawashiro et al., 2008)
孕妇(脐带血)	日本柏市	nd～11	NM	pg/g ww	(Kawashiro et al., 2008)
孕妇(脐带)	日本柏市	0.71～19	NM	pg/g ww	(Kawashiro et al., 2008)

a. dw 表示干重，lw 表示脂重，ww 表示湿重

b. nd 表示未检出

c. NM 表示未检测

由于海洋环境可能是 OH-PBDEs 和 MeO-PBDEs 的主要来源，目前对 OH-PBDEs 和 MeO-PBDEs 在生物样品中的浓度报道主要集中在海洋生态系统中，关于陆地生物体内 PBDEs 衍生物的研究区域也多在沿海地区。研究表明在海洋生物体内检测到的 OH-PBDEs 和 MeO-PBDEs 的含量往往与 PBDEs 的含量处于同一数量级，有时甚至远大于 PBDEs 的含量。例如，在波罗的海紫贻贝(*Mytilus edulis*)体内发现 BDE-47 的含量为 0.89～1.5 ng/lw，而其体内 6-OH-BDE47 的含量却高达 600 ng/lw，6-MeO-BDE47 的含量也达到了 100 ng/lw，远高于 BDE-47 的含量(Löfstrand et al., 2011)。无论是海洋中的低级生物(如海藻、海绵等)(Malmvärn et al., 2005, 2008)、无脊椎动物(如紫贻贝)(Löfstrand et al., 2011)、鱼类(Haglund et al., 2010)，还是营养级较高的鸟类(Verreault et al., 2005)和哺乳动物(海豹、鲸鱼)(Vetter et al., 2002)体内均有 OH-PBDEs 和 MeO-PBDEs 被不同程度地检出。在南北极地区也有关于 OH-PBDEs 和 MeO-PBDEs 浓度的少量报道(北极熊、北极鸥、南极海豹等)(Verreault et al., 2005; Vetter et al., 2002)，其浓度从几至几千 ng/g 不等。

5.2　分 析 方 法

5.2.1　前处理方法概述

1. 样品提取

根据样品的不同形态，目前已发展了多种样品提取方法。其中，液态样品的提取通常使用固相萃取(solid-phase extraction，SPE)、分液漏斗提取和连续液液萃取(continuous liquid-liquid extraction，CLLE)等方法。

固态样品的提取方式主要包括索氏提取(SE)、加压液相萃取(PLE)、超临界流体萃取(SFE)、加速溶剂萃取(ASE)、微波辅助萃取(MAE)和超声辅助萃取(UAE)等。其中，加速溶剂萃取是使用常见溶剂在高温(50～200℃)加压(10～20 MPa)的条件下进行样品提取。样品的提取是在密封的不锈钢提取池中进行的，高温加压的条件不仅提高了分析物溶解和扩散能力，也使得溶剂在萃取过程中保持液态，更容易浸润和渗透进样品内部，实现较高的萃取效率。超声辅助萃取是通过机械波(20～50 Hz)在样品和溶剂之间产生声波空化作用增大溶液内气泡的接触面积，从而提高分析物从固相至液相的转移速率。超声波能够增大物质分子的振动频率，增强溶剂的穿透能力，从而提高分析物的溶出速度，缩短样品提取时间。加速溶剂萃取和超声辅助萃取都是目前分析 PBDEs 及其衍生物时应用最多的样品提取方式。

2. 净化

由于环境样品的成分复杂，样品提取液中除目标分析物外还存在大量的干扰物质，杂质的存在不仅会对分析仪器产生干扰，影响待测物定性定量的准确性，还可能造成色谱柱柱效降低和质谱检测器污染等严重后果。因而在对样品进行仪器分析前需要进行样品的净化，以便除去样品中的脂类、色素和蜡质等大分子物质，以及硫化物等杂质。环境和生物样品中大分子的去除常使用硫酸磺化法(浓硫酸或酸性硅胶)、层析柱净化法(多层复合硅胶柱和弗罗里土柱等)和凝胶渗透色谱法(gel permeation chromatography，GPC)。土壤、沉积物和污泥中硫化物的去除通常使用铜粉或硝酸银硅胶。

溴代二苯醚的结构特征使其本身极性很小，当多溴二苯醚中的氢原子被具有一定极性的甲氧基或者极性更强的羟基官能团取代之后，化合物的极性也发生了变化。因而对 OH-PBDEs 和 MeO-PBDEs 的净化方法的选择也需要考虑到极性变化带来的影响。首先，由于 OH-PBDEs 很难实现与 MeO-PBDEs 同步测定，在进行仪器分析前通常会将 OH-PBDEs 和 MeO-PBDEs 进行组分的分离：①传统方法采用碱洗有机溶剂使 OH-PBDEs 变成酚盐而溶解在水相中，从而实现其与中性组分 (MeO-PBDEs) 分离，随后向含有酚盐的水溶液中加入盐酸使其还原成 OH-PBDEs，再用有机溶剂进行液液萃取。②近年来也有研究基于 MeO-PBDEs 和 OH-PBDEs 极性的差异，利用层析柱分步洗脱的方法实现 OH-PBDEs 和 MeO-PBDEs 组分的分离。

5.2.2 仪器分析方法概述

气相色谱-质谱仪(GC-MS)、气相色谱-电子捕获检测器(GC-ECD)用于检测人体和动物组织中 MeO-PBDEs 的浓度，具有较高的灵敏度。而同位素稀释的气相色谱-高分辨质谱仪(GC-HRMS)由于灵敏度更高、稳定性更好，能够得到更为可靠的检测结果。但是 OH-PBDEs 不易挥发，在使用气相方法测定 OH-PBDEs 时需要预先将其衍生化（如烷基化或硅烷基化）为容易挥发的化合物。在进行 OH-PBDEs 的仪器分析时，许多研究使用 GC-ECD 或者气相色谱与低分辨质谱 (MS) 或高分辨质谱 (HRMS) 联用，质谱的离子化模式则选用电子轰击电离 (EI) 和负化学电离 (ECNI) 方式。然而衍生化反应的引入会使得样品分析成本增加；反应试剂通常具有毒性或危险性，反应操作也需要格外谨慎小心；由于衍生化的效率可能因样品基质的不同而存在差异，影响定量的准确性；衍生化反应导致引入额外的实验步骤，这也增加了待测物损失的可能。

液相色谱-质谱 (LC-MS) 作为灵敏度较高的分析技术也被用作多种羟基化代谢物的分析。超高效液相色谱的离子化模式有电喷雾电离 (ESI)、大气压化学电离 (APCI)、大气压光电离 (APPI) 和离子喷雾电离 (ion-spray ionization，ISP) 方式。使用 LC-MS 的优势为可以对 OH-PBDEs 进行直接测定，解决了 GC-MS 测定时需预先进行衍生化反应的弊端。使用 LC-MS 同时分析 MeO-PBDEs 和 OH-PBDEs 在理论上是可行的，但由于 MeO-PBDEs 较低的离子化效率导致其检出限显著高于 OH-PBDEs，无法进行痕量浓度的分析，因而仅使用 LC-MS 很难实现 OH-PBDEs 和 MeO-PBDEs 的同时测定。

目前测定环境样品中 OH-PBDEs 和 MeO-PBDEs 的分析方法见表 5-2 和表 5-3。

表 5-2　OH-PBDEs 在不同环境介质中的分析方法

样品类型	提取方式	衍生化反应	净化方法	仪器分析	参考文献
水（XAD-2 树脂/石英玻璃纤维膜）	固相萃取：甲醇+二氯甲烷	重氮甲烷	酸性硅胶柱	GC-EI-HRMS，DB-5MS（60 m）	（Ueno et al., 2008）
水	液液萃取：HCl+二氯甲烷/正己烷（1∶1）	*N,O*-双（三甲基硅烷基）三氟乙酰胺，90℃（0.5 h）	衍生前：无水硫酸钠柱（除水）	GC-EI-MS（SIM），DB-35MS（30 m）	（Yu et al., 2015）
沉积物	ASE（提取两次）：二氯甲烷/正己烷（1∶1）+甲基叔丁基醚/正己烷（1∶1）	氯甲酸甲酯，室温（1h）	酸性硅胶柱，正己烷+二氯甲烷	GC-EI-HRMS（SIM），DB-5MS（30 m）	（Zhang et al., 2012）
沉积物、土壤和植物等	超声萃取：异丙醇+甲基叔丁基醚/正己烷（1∶1）	无	酸性硅胶柱，二氯甲烷；去活硅胶柱，二氯甲烷	LC-ESI-MS/MS（MRM），C_{18}	（Sun et al., 2012）
土壤和植物	振荡提取：盐酸+异丙醇+己烷/甲基叔丁基醚（1∶1）	无	弗罗里土柱，二氯甲烷/己烷/甲醇（10∶9∶1）	LC-ESI-MS/MS（MRM），C_{18}	（Wang et al., 2014）
土壤和植物	基质固相萃取：C_{18}+硅胶+酸性硅胶	*N*-甲基-*N*-（三甲基硅烷基）三氟乙酰胺，室温	固相萃取柱，二氯甲烷	GC-ECNI-MS（SIM），DB-5 HT（15 m）	（Iparraguirre et al., 2014）
藻类	固相萃取：甲醇	重氮甲烷	GPC，BIO-Beads S-X3，二氯甲烷/正己烷（1∶1）	GC-EI-MS（SIM），HP-5MS（30 m）	（Haraguchi et al., 2010）
动物肝脏	基质固相萃取：二氯甲烷/正己烷（1∶1）	无	GPC，BIO-Beads S-X3，二氯甲烷/正己烷（1∶1）	APCI-LC/MS/MS（MRM），FC-ODS	（Kato et al., 2009）
海鸠蛋	均质提取：HCl+异丙醇/乙醚（2.5∶1）+异丙醇+正己烷/乙醚（9∶1）	重氮甲烷，室温（过夜）	复合硅胶柱，二氯甲烷/正己烷（1∶1）	GC-ECNI-MS，DB-5 HT（15 m）	（Jorundsdottir et al., 2009）
动物组织	均质提取：HCl+异丙醇+甲基叔丁基醚/己烷（1∶1）	三甲基硅烷基重氮甲烷，20℃（过夜）	衍生前：去活硅胶柱，二氯甲烷/己烷（1∶1）；衍生后：GPC，BIO-Beads S-X3，二氯甲烷/己烷（1∶1）；活性硅胶柱，二氯甲烷/己烷（1∶9）	GC-EI-HRMS（SIM），DB-5MS（60 m）+DB-1（30 m）	（Nomiyama et al., 2011）
动物组织	均质提取：NaCl+H_2SO_4+丙酮/环己烷（3∶4+1∶2）	乙酸酐+吡啶	硫酸	GC-ECNI-MS（SIM），DB-5 MS（60 m）	（Routti et al., 2016）
人体母乳	ASE：二氯甲烷/己烷（1∶2）	吡啶，60℃（0.5 h）	硫酸	GC-EI-HRMS（SIM），DB-5HT（15 m）	（Lacorte and Ikonomou, 2009）
人体血浆	振荡提取：HCl+异丙醇+甲基叔丁基醚/正己烷（1∶1）	重氮甲烷，室温（过夜）	硫酸；氧化铝柱，二氯甲烷/正己烷（2∶3）	GC-ECNI-MS（SIM），DB-5 HT（15 m）	（Qiu et al., 2009）
人体血浆	固相萃取（Oasis MAX SPE）	三甲基硅烷基重氮甲烷，40℃（0.5 h）	无	GC-ECNI-MS（SIM），HP-5MS（30 m）	（Dufour et al., 2016）
人体血浆	固相萃取（Oasis HLB）	无	无	LC-ESI-MS/MS（MRM），Acclaim Surfactant Plus	（Petropoulou et al., 2014）

表 5-3 MeO-PBDEs 在不同环境介质中的分析方法

样品类型	提取方式	净化方法	仪器分析	参考文献
沉积物	SE：二氯甲烷/丙酮(3∶1)	复合硅胶柱，二氯甲烷/正己烷(1∶1)；铜粒	GC-EI-HRMS(SIM)，DB-5MS(30 m)	(Bradley et al., 2011)
沉积物	ASE(提取两次)：二氯甲烷/正己烷(1∶1)+甲基叔丁基醚/正己烷(1∶1)	酸性硅胶柱，正己烷+二氯甲烷；中性氧化铝柱，二氯甲烷/正己烷(3∶2)	GC-EI-HRMS(SIM)，DB-5MS(30 m)	(Zhang et al., 2012)
沉积物	ASE：二氯甲烷/己烷(3∶1)	复合硅胶柱(+氧化铝柱/弗罗里土柱)	GC-EI-HRMS(SIM)，DB-5HT(15 m)	(Choo et al., 2018)
水	固相萃取(50 mm Atlantic® C_{18} 固相萃取盘片)，提取：二氯甲烷/己烷(1∶1)			(Choo et al., 2018)
沉积物、土壤和植物等	超声萃取：异丙醇+甲基叔丁基醚/正己烷(1∶1)	酸性硅胶柱，二氯甲烷；去活硅胶柱，二氯甲烷/正己烷(1∶4)	GC-EI-MS(SIM)，DB-5MS(30 m)	(Sun et al., 2012)
土壤和植物	SE：己烷/丙酮(1∶1)	硅胶-氧化铝柱，二氯甲烷/己烷(1∶1)	GC-EI-MS，DB-5HT(15 m)	(Wang et al., 2014)
土壤和植物	基质固相萃取：C_{18}+硅胶+酸性硅胶	固相萃取柱，二氯甲烷/正己烷(1∶3)	GC-ECNI-MS(SIM)，DB-5 HT(15 m)	(Iparraguirre et al., 2014)
藻类	固液萃取：甲醇	GPC，BIO-Beads S-X3，二氯甲烷/正己烷(1∶1)；硅胶柱，二氯甲烷/正己烷(3∶22)	GC-EI-MS(SIM)，HP-5MS(30 m)	(Haraguchi et al., 2010)
动物肝脏	基质固相萃取：二氯甲烷/正己烷(1∶1)	GPC，BIO-Beads S-X3，二氯甲烷/正己烷(1∶1)	APCI-LC/MS/MS(MRM)，FC-ODS	(Kato et al., 2009)
海鸠蛋	均质提取：HCl+异丙醇/乙醚(2.5∶1)+异丙醇+正己烷/乙醚(9∶1)	硫酸，复合硅胶柱，二氯甲烷/正己烷(1∶1)；硅胶柱，二氯甲烷	GC-ECNI-MS，DB-5 HT(15 m)	(Jorundsdottir et al., 2009)
鱼肌肉	索氏提取：正己烷/丙酮(4∶1)	硫酸；弗罗里土柱，二氯甲烷/正己烷(1∶9)	GC-ECNI-MS，HP-5MS(30 m)	(Ben Ameur et al., 2011)
动物组织	均质提取：HCl+异丙醇+甲基叔丁基醚/己烷(1∶1)	GPC，BIO-Beads S-X3，二氯甲烷/己烷(1∶1)；活性硅胶柱，二氯甲烷/己烷(1∶19)	GC-EI-HRMS(SIM)，DB-5MS(60 m)+DB-1(30 m)	(Nomiyama et al., 2011)
人体母乳	ASE：二氯甲烷/己烷(1∶2)	硫酸	GC-EI-HRMS(SIM)，DB-5HT(15 m)	(Lacorte and Ikonomou, 2009)
人体血浆	振荡提取：HCl+异丙醇+甲基叔丁基醚/正己烷(1∶1)	硫酸；氧化铝柱，二氯甲烷/正己烷(2∶3)	GC-ECNI-MS，Rxi-5ms(15 m)	(Qiu et al., 2009)

5.2.3　极地样品分析方法

经实验优化后的极地环境样品前处理流程如图 5-3 所示。

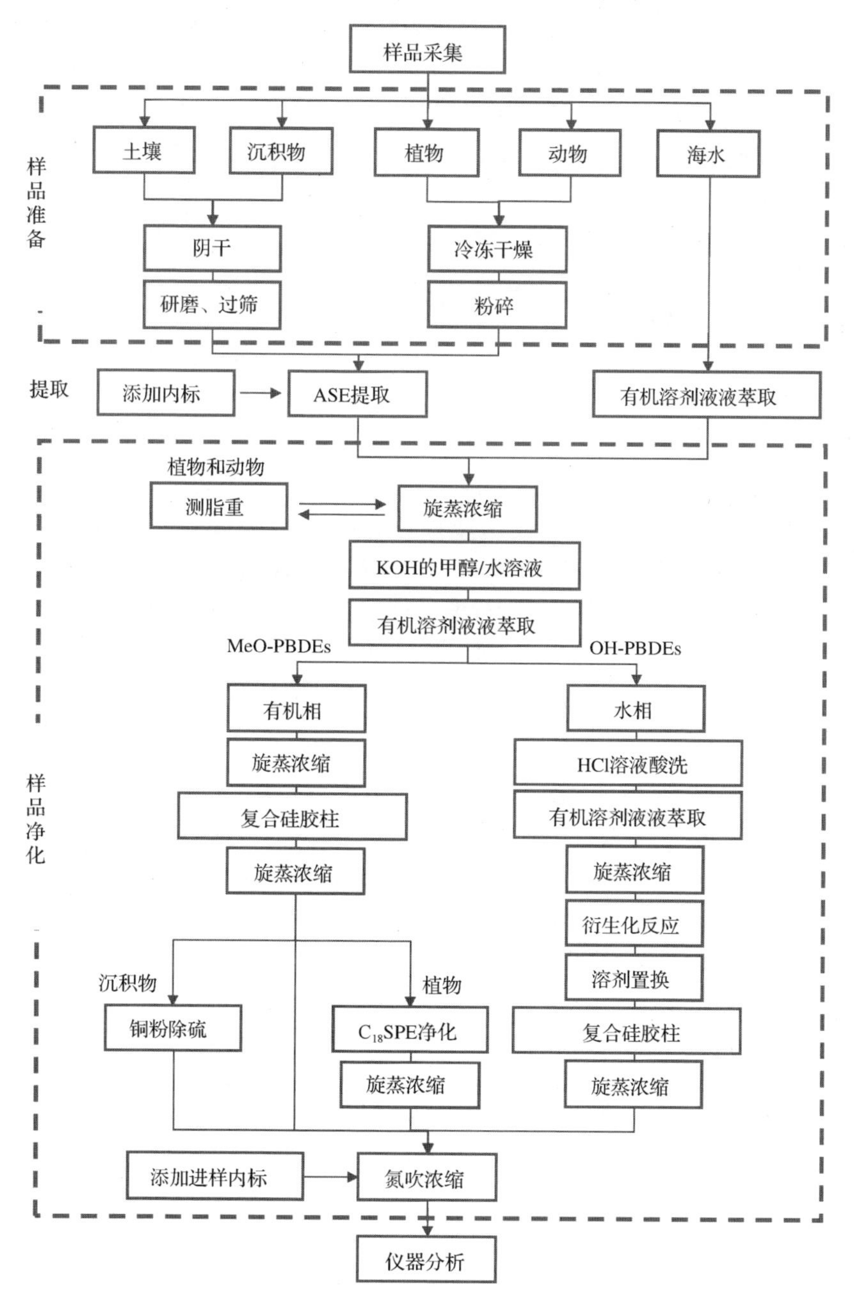

图 5-3　极地样品中 OH-PBDEs 和 MeO-PBDEs 分析的前处理流程图

1. 样品准备

土壤和沉积物样品首先在室温阴干，去除石块、植物根茎等大块杂质，研磨后过 40 目筛，备用。植物样品首先进行冷冻干燥，然后用搅拌机粉碎成粉末状样品，备用。土壤和沉积物样品测定其总有机碳含量。海洋动物样品解剖后进行冷冻干燥，根据样品数量和个体大小将样品单独(或多个个体混合成一个样品)用搅拌机粉碎成粉末状，备用。备用样品用铝箔包裹后放入自封袋内，在–20℃下冷冻保存。

2. 样品提取

生物样品、土壤和沉积物样品均采用加速溶剂萃取仪(ASE 300，Dionex)进行提取。生物样品和沉积物样品的取样量为 1～2 g，土壤样品的取样量为 5～8 g。适量样品与无水硫酸钠(5～10 g)混合均匀后装入 ASE 配套的不锈钢萃取池中[34 mL 规格，使用前分别用丙酮(1 次)、正己烷和二氯甲烷的混合液(2 次)超声清洗 3 次]，并在进行加速溶剂萃取前添加 ^{13}C 同位素标记的定量内标。定量内标：MeO-PBDEs 为 1 ng $^{13}C_{12}$-6-MeO-BDE47 和 1 ng $^{13}C_{12}$-6′-MeO-BDE100；OH-PBDEs 为 1 ng $^{13}C_{12}$-6-OH-BDE47 和 1 ng $^{13}C_{12}$-6′-OH-BDE100。为将目标污染物充分提取出来，先后用不同的溶剂在不同的提取条件下进行两次萃取。第一次萃取使用正己烷和二氯甲烷的混合液(体积比 1∶1)进行提取，提取温度为 120℃，压力为 1500 psi (1 psi=6.894×10^3 Pa)，静态提取时间为 8 min，提取 3 个循环。第二次萃取使用正己烷和甲基叔丁基醚的混合液(体积比 1∶1)进行提取，提取温度为 100℃，压力为 1500 psi，静态提取时间为 8 min，提取 2 个循环。两次萃取的提取液合并后进行初步浓缩，以便进行后续净化。

海水样品采用液液萃取法进行提取。将 500 mL 海水样品加入 2 L 分液漏斗中，向分液漏斗中添加定量内标后，用 200 mL 二氯甲烷进行三次液液萃取。将三次萃取液合并后进行初步浓缩，以便进行后续净化。

3. 样品净化

生物样品在进行净化操作前，需先将萃取液经旋转浓缩后氮吹至干，用重量法测定样品中的脂肪含量。用 50 mL 正己烷将吹干的样品复溶，根据样品中的脂肪含量，加入适量的浓硫酸(1～3 mL)除脂。取上清液并进行旋蒸浓缩，以便进行后续前处理流程。

使用酸碱液液萃取的方式，实现组分的分离：向浓缩液中加入 3 mL 0.5 mol/L 氢氧化钾的甲醇-水溶液，OH-PBDEs 的酚羟基与碱液反应生成酚钾盐溶于水相，中性组分(MeO-PBDEs)仍溶解在有机相中，用正己烷进行多次液液萃取。待有机相移取后，向水相中加入 2 mL 2 mol/L 盐酸溶液，使酚钾盐重新形成 OH-PBDEs，并用正己烷和甲基叔丁基醚的等体积混合溶液进行多次液液萃取，得到 OH-PBDEs 组分。两组分分别旋转蒸发至 1～2 mL，待后续净化。

中性组分经多层复合硅胶柱(从下至上依次为：5 g 5%水失活中性硅胶，5 g 酸性硅胶和 5 g 无水硫酸钠)净化：先用 60 mL 正己烷和二氯甲烷(体积比为 4∶1)混合液对复合柱进行预淋洗，加入旋蒸液后，用 100 mL 正己烷和二氯甲烷(4∶1)混合液洗脱。向土壤和沉积物样品的洗脱液中需加入铜粉，并在后续的浓缩过程中按量补充铜粉，以除去硫化物杂质。北极部分植物样品中含有蜡质，需使用 C_{18} 固相萃取柱进行进一步净化：C_{18} 柱先用 6 mL 乙腈预淋洗，加样之后再用 12 mL 乙腈洗脱，洗脱液浓缩并将溶剂置换为正己烷。样品溶液最后浓缩至带衬管(250 μL)的进样小瓶中，并在平稳的氮气流下浓缩至 20～30 μL。向浓缩液中加入回收率内标(1 ng BDE-128)后，使用涡旋振荡器充分混匀后，上机待测。

OH-PBDEs 组分萃取后浓缩并进行衍生化反应：三甲基硅烷基重氮甲烷(TMSDM)，在 *N*,*N*-二异丙基乙胺作催化剂，甲醇/甲苯(体积比为 1∶4)作溶剂的条件下，避光反应过夜，衍生化反应后 OH-PBDEs 生成其对应的 MeO-PBDEs。过夜反应后向反应液中加入乙酸猝灭尚未反应的 TMSDM，氮吹浓缩，并将溶剂置换为正己烷。经多层复合硅胶柱净化后将洗脱液旋蒸浓缩。洗脱液最后浓缩至带衬管的进样小瓶中，加入回收率内标 1 ng BDE-128 后，使用涡旋振荡器充分混匀后，上机待测。

4. 仪器分析

MeO-PBDEs 的仪器分析方法选用气相色谱-三重四极杆质谱法(GC-MS/MS)，气相色谱-质谱联用仪型号为岛津 GCMS-TQ8050。

1) 气相色谱条件

色谱柱选用 DB-5MS (30 m × 250 μm × 0.10 μm，美国 J&W Scientific 公司)；进样口温度为 270℃；进样量为 1μL(不分流进样模式)，高压进样(150 kPa，2 min)；色谱柱升温程序设定：初始温度为 100℃(保持 2 min)，以 10℃/min 速率升温至 230℃，再以 5℃/min 速率升温至 270 ℃，最后以 10℃/min 速率升温至 310℃(保持 4 min)。载气(氦气)柱流量为 1.0 mL/min。

2) 串联质谱条件

三重四极杆质谱使用电子轰击离子源(EI)，离子源温度为 250℃，离子化电压为 70 V，灯丝发射电流为 150 μA。质谱监测模式为多重反应监测模式(multiple reaction monitoring，MRM)，碰撞诱导解离(collision induced dissociation，CID)压力为 150 kPa。每个目标分析物选取两个 MRM 离子对(母离子>子离子)分别作为定量和定性离子对，并对碰撞能量(collision energy，CE)在 10～40 V 范围内进行优化。四极杆的分辨率分别为 Unit(Q1)和 Low(Q3)。检测器电压为 1.6 kV。MRM 离子对优化后的相关参数见表 5-4。监测的 MRM 离子对的母离子选取的是化合物的分子离子($[M]^+$)的质量数，子离子选取脱去 2 个溴的碎片离子($[M\text{-}2Br]^+$)的质量数。在仪器分析条件下，17 种 MeO-PBDEs 可以实现完全分离(图 5-4)。

表 5-4　MeO-PBDEs 的质谱分析参数

目标物	分子式	定量 MRM 离子对	定性 MRM 离子对	碰撞能量(V)
MeO-tri-BDE	$C_{13}H_9O_2Br_3$	436.0 > 276.0	438.0 > 278.0	15
MeO-tetra-BDE	$C_{13}H_8O_2Br_4$	515.5 > 355.5	513.5 > 353.5	15
MeO-penta-BDE	$C_{13}H_7O_2Br_5$	595.5 > 435.5	593.5 > 433.5	15
$^{13}C_{12}$-MeO-tetra-BDE	$^{13}C_{12}{}^{12}CH_8O_2Br_4$	527.5 > 367.5	525.5 > 365.5	15
$^{13}C_{12}$-MeO-penta-BDE	$^{13}C_{12}{}^{12}CH_8O_2Br_5$	605.5 > 445.5	607.5 > 447.5	15

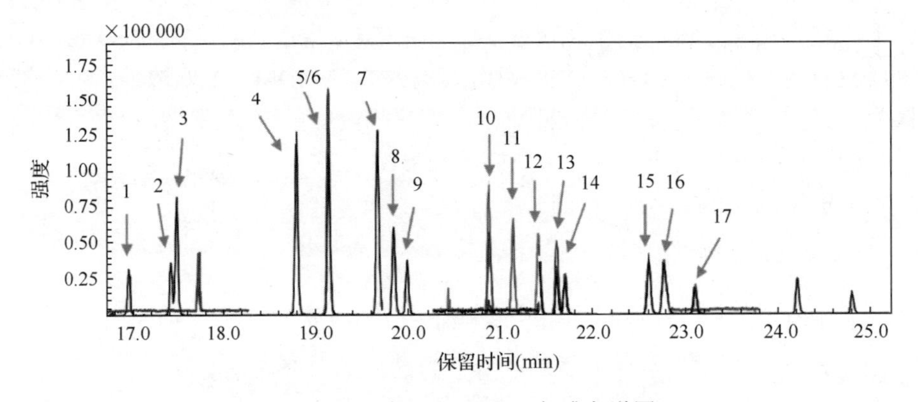

图 5-4　17 种 MeO-PBDEs 标准色谱图

色谱峰：1. 2′-MeO-BDE28；2. 4′-MeO-BDE17；3. 3′-MeO-BDE28；4. 2′-MeO-BDE68；5. $^{13}C_{12}$-6-MeO-BDE47；6. 6-MeO-BDE47；7. 3-MeO-BDE47；8. 5-MeO-BDE47；9. 4′-MeO-BDE49；10. $^{13}C_{12}$-6′-MeO-BDE100；11. 4-MeO-BDE42；12. 5′-MeO-BDE100；13. 4′-MeO-BDE103；14. 6′-MeO-BDE99；15. 5′-MeO-BDE99；16. 4′-MeO-BDE101；17. 6-MeO-BDE85

5.3　极地环境中的赋存和环境行为

5.3.1　OH-PBDEs 的赋存水平

近年来已报道的 OH-PBDEs 在北极生物体内的浓度水平如表 5-5 所示。

表 5-5　OH-PBDEs 在北极生物体内的赋存水平

物种	学名	位置		浓度水平	浓度单位	参考文献
植物						
墨角藻	*Fucus gardneri*	Hudson 湾		＜MDL（0.06～0.2）	ng/g lw	（Kelly et al., 2008）
软体动物						
紫贻贝	*Mytilis edulis*	Hudson 湾		＜MDL（0.05～0.3）	ng/g lw	（Kelly et al., 2008）
鱼类						
白令海北鳕	*Boreogadus saida*	Hudson 湾		＜MDL（0.09～0.5）	ng/g lw	（Kelly et al., 2008）
北极床杜父鱼	*Myoxocephalus scorpioides*	Hudson 湾		＜MDL（0.08～0.4）	ng/g lw	（Kelly et al., 2008）
鲑鱼	*Salmo* sp.	Hudson 湾		＜MDL（0.02～0.09）	ng/g lw	（Kelly et al., 2008）
鸟类						
欧绒鸭	*Somateria mollissima sedentaria*	Hudson 海峡	肝脏	＜MDL（0.03～0.1）	ng/g lw	（Kelly et al., 2008）
海番鸭	*Melanitta fusca*	Hudson 海峡	肝脏	＜MDL（0.02～0.09）	ng/g lw	（Kelly et al., 2008）
北极鸥	*Larus hyperboreus*	新奥尔松	血	nd ～13.2	ng/g ww	（Verreault et al., 2007）
北极鸥	*Larus hyperboreus*	新奥尔松	肝脏	nd～54.4	ng/g ww	（Verreault et al., 2007）
北极鸥	*Larus hyperboreus*	新奥尔松		nd～0.57	ng/g ww	（Verreault et al., 2007）
北极鸥	*Larus hyperboreus*	斯瓦尔巴群岛	血	nq[a]～1.05	ng/g ww	（Verreault et al., 2005）
哺乳动物						
北极狐	*Vulpes lagopus*	斯瓦尔巴群岛	肝脏	＜MDL ～1.82	ng/g ww	（Routti et al., 2016）
北极熊	*Ursus maritimus*	东格陵兰岛	脂肪	＜0.3～10	ng/g ww	（Gebbink et al., 2008）
北极熊	*Ursus maritimus*	东格陵兰岛	血	＜0.5～13	ng/g ww	（Gebbink et al., 2008）
北极熊	*Ursus maritimus*	东格陵兰岛	脑	＜0.2	ng/g ww	（Gebbink et al., 2008）
北极熊	*Ursus maritimus*	东格陵兰岛	肝脏	＜0.5	ng/g ww	（Gebbink et al., 2008）
北极熊	*Ursus maritimus*	Alaska 北部和西部	肝脏	＜MDL～0.032	ng/g ww	（Wan et al., 2009）
北极熊	*Ursus maritimus*	斯瓦尔巴群岛	血	nq～0.54	ng/g ww	（Verreault et al., 2005）
白鲸	*Delphinapterus leucas*	Hudson 湾	肝脏	＜0.5	ng/g lw	（McKinney et al., 2006b）

续表

物种	学名	位置		浓度水平	浓度单位	参考文献
白鲸	*Delphinapterus leucas*	Hudson 湾	脂肪	0.01～1	ng/g lw	（Kelly et al., 2008）
白鲸	*Delphinapterus leucas*	Hudson 湾	肝脏	<MDL（0.03～0.1）	ng/g lw	（Kelly et al., 2008）
白鲸	*Delphinapterus leucas*	Hudson 湾	乳汁	0.02～0.2	ng/g lw	（Kelly et al., 2008）
白鲸	*Delphinapterus leucas*	Hudson 湾	血	<MDL（0.3～1.3）	ng/g lw	（Kelly et al., 2008）
环斑海豹	*Pusa hispida*	斯瓦尔巴群岛	血	<0.02～0.11	ng/g ww	（Routti et al., 2009）
环斑海豹	*Pusa hispida*	Hudson 海峡	脂肪	<MDL（0.001～0.007）	ng/g lw	（Kelly et al., 2008）

a. nq 表示未定量

目前关于极地环境中 OH-PBDEs 的浓度研究主要以极地海洋生物作为研究对象。与其他区域相比，北极海洋生物体内 OH-PBDEs 的含量整体处于较低的水平。Kelly 等（2008）报道了加拿大 Hudson 湾和 Hudson 海峡采集的多种海洋生物（墨角藻、紫贻贝、3 种鱼类、2 种鸟类和 2 种环斑海豹）体内∑OH-PBDEs 的浓度均低于检出限。

已有几项研究均在白鲸、海豹和北极熊等高级哺乳动物和北极鸥体内检测到多种 OH-PBDEs 同类物。斯瓦尔巴群岛上采集的雄性和雌性北极鸥（*Larus hyperboreus*）血浆中∑OH-PBDEs 的平均浓度（±标准误差）分别为 0.43（±0.07）ng/g ww 和 0.37（±0.07）ng/g ww，其中 6-OH-BDE47、3-OH-BDE47、4′-OH-BDE49、6′-OH-BDE49 和 2′-OH-BDE68 在北极鸥血浆样品中均有检出（Verreault et al., 2005）。Verreault 等（2007）在之后的研究中进一步发现北极鸥血浆、肝脏和个体（不含羽毛）中∑OH-PBDEs 的浓度范围分别为 nd～13.2 ng/g ww、nd～54.4 ng/g ww 和 nd～0.57 ng/g ww。

Hudson 湾的白鲸（*Delphinapterus leucas*）肝脏中可检出 6-OH-BDE47 和 2′-OH-BDE68，但二者浓度均低于定量限（McKinney et al., 2006b）。另一项关于白鲸的研究结果显示白鲸的脂肪和乳汁样品中∑OH-PBDEs 的浓度范围分别为 0.01～1 ng/g lw 和 0.02～0.2 ng/g lw（Kelly et al., 2008）。

Gebbink 等（2008）分析了采集自 1999～2001 年的北极熊（*Ursus maritimus*）脂肪和血液中 OH-PBDEs 的平均浓度（±标准误差）分别为 0.9（±0.5）ng/g ww 和 2.9（±1.0）ng/g ww，而脑和肝脏组织中 OH-PBDEs 的浓度均低于检出限，在实验测定的 14 种 OH-PBDEs 中仅两种同类物有检出：3-OH-BDE47 在脂肪和血液样品中均有检出，而 6-OH-BDE47 仅在脂肪组织中检出。另一项研究中北极熊肝脏内∑OH-PBDEs 的平均浓度为 0.012 ng/g ww，6-OH-BDE47、4′-OH-BDE49 和

2′-OH-BDE68 均有检出（Wan et al., 2009）。Verreault 等（2005）在雌性北极熊血浆内检测到∑OH-PBDEs 的浓度范围从未定量至 0.54 ng/g ww，主要检出单体为 4-OH-BDE42 和 4′-OH-BDE49。

Routti 等（2009）研究了环斑海豹血浆样品中 OH-PBDEs 的含量，OH-PBDEs 的同类物中仅 6-OH-BDE47 检出，其浓度为<0.02～0.11 ng/g ww。几年后，Routti 等（2016）又对采集自北极斯瓦尔巴群岛上北极狐（*Vulpes lagopus*）样品进行了分析。结果显示，北极狐肝脏内 6-OH-BDE47 的平均浓度为 0.38 ng/g ww（仅计算高于检出限的样品），是最主要的 OH-PBDEs 同类物。4′-OH-BDE49 仅在一个样品中检出，而其他 OH-PBDEs 同类物在样品中均未检出。同时该研究也推测北极狐体内较高的 6-OH-BDE47 主要来源于其从海洋食物中摄入的高浓度的 6-OH-BDE47。

5.3.2 MeO-PBDEs 的赋存水平

近年来已报道的 MeO-PBDEs 在北极生物体内的浓度水平如表 5-6 所示。

表 5-6　MeO-PBDEs 在南北极生物体内的赋存水平

物种	学名	位置		浓度水平	浓度单位	参考文献
植物						
墨角藻	*Fucus gardneri*	Hudson 湾		<MDL（0.06～0.2）	ng/g lw	（Kelly et al., 2008）
软体动物						
紫贻贝	*Mytilis edulis*	Hudson 湾		3.4～54	ng/g lw	（Kelly et al., 2008）
鱼类						
白令海北鳕	*Boreogadus saida*	Hudson 湾		3.3～30	ng/g lw	（Kelly et al., 2008）
北极床杜父鱼	*Myoxocephalus scorpioides*	Hudson 湾		0.7～12	ng/g lw	（Kelly et al., 2008）
鲑鱼	*Salmo* sp.	Hudson 湾		12～150	ng/g lw	（Kelly et al., 2008）
鸟类						
欧绒鸭	*Somateria mollissima sedentaria*	Hudson 海峡	肝脏	0.3～5.1	ng/g lw	（Kelly et al., 2008）
海番鸭	*Melanitta fusca*	Hudson 海峡	肝脏	0.34～13	ng/g lw	（Kelly et al., 2008）
北极鸥	*Larus hyperboreus*	斯瓦尔巴群岛	血	0.30～4.30	ng/g ww	（Verreault et al., 2007）
北极鸥	*Larus hyperboreus*	新奥尔松	血	0.39～13.4	ng/g ww	（Verreault et al., 2007）

续表

物种	学名	位置		浓度水平	浓度单位	参考文献
北极鸥	*Larus hyperboreus*	新奥尔松	肝脏	4.37～233	ng/g ww	(Verreault et al., 2007)
北极鸥	*Larus hyperboreus*	新奥尔松		5.43～40.3	ng/g ww	(Verreault et al., 2005)
哺乳动物						
北极熊	*Ursus maritimus*	东格陵兰岛	脂肪	<0.3～25	ng/g ww	(Gebbink et al., 2008)
北极熊	*Ursus maritimus*	东格陵兰岛	血	<0.5～0.78	ng/g ww	(Gebbink et al., 2008)
北极熊	*Ursus maritimus*	东格陵兰岛	脑	<0.5	ng/g ww	(Gebbink et al., 2008)
北极熊	*Ursus maritimus*	东格陵兰岛	肝脏	<0.5	ng/g ww	(Gebbink et al., 2008)
北极熊	*Ursus maritimus*	Alaska 北部和西部	肝脏	0.006～0.056	ng/g ww	(Wan et al., 2009)
北极熊	*Ursus maritimus*	斯瓦尔巴群岛	血	nq～0.17	ng/g ww	(Verreault et al., 2005)
环斑海豹	*Pusa hispida*	Hudson 海峡	脂肪	1.7～26	ng/g lw	(Kelly et al., 2008)
威德尔海豹	*Leptonychotes weddelli*	Weddell 海	脂肪	0.2～0.6	ng/g lw	(Vetter et al., 2002)
白鲸	*Delphinapterus leucas*	Hudson 湾	脂肪	26～1700	ng/g lw	(Kelly et al., 2008)
白鲸	*Delphinapterus leucas*	Hudson 湾	肝脏	52～1800	ng/g lw	(Kelly et al., 2008)
白鲸	*Delphinapterus leucas*	Hudson 湾	乳汁	20～190	ng/g lw	(Kelly et al., 2008)
白鲸	*Delphinapterus leucas*	Hudson 湾	血	2.6～200	ng/g lw	(Kelly et al., 2008)
白鲸	*Delphinapterus leucas*	Hudson 湾	肝脏	<MDL～100	ng/g lw	(McKinney et al., 2006b)

极地地区的 MeO-PBDEs 的浓度整体处于较低水平。Kelly 等(2008)测定了北极海洋生物体内∑MeO-PBDEs 的含量：紫贻贝(*Mytilis edulis*)为 3.4～54 ng/g lw，三种鱼类样品白令海北鳕(*Boreogadus saida*)、北极床杜父鱼(*Myoxocephalus scorpioides*)和鲑鱼(*Salmo* sp.)体内∑MeO-PBDEs 的浓度范围分别为 3.3～30 ng/g lw、0.7～12 ng/g lw 和 12～150 ng/g lw。

在关于北极地区鸟类体内 MeO-PBDEs 的研究中发现，Husdon 海峡采集的海番鸭(*Melanitta fusca*)、欧绒鸭(*Somateria mollissima sedentaria*)体内∑MeO-PBDEs 的浓度分别为 0.3～5.1 ng/g lw 和 0.34～13 ng/g lw(Kelly et al., 2008)。Verreault 等 (2005)研究了斯瓦尔巴群岛上雄性和雌性北极鸥血浆中∑MeO-PBDEs 的平均

浓度分别为 0.95 ng/g ww 和 0.69 ng/g ww，在 MeO-PBDEs 的同类物中：3-MeO-BDE47 和 4′-MeO-BDE49 在所有北极鸥血浆样品中均有检出，6-MeO-BDE47 和 6-MeO-BDE90/6-MeO-BDE99 在血浆中检出率较高，2′-MeO-BDE28 和 4-MeO-BDE42 在少量样品中也被检出。Verreault 等(2007)的另一项研究是对新奥尔松采集的北极鸥的血浆、肝脏和个体(不含羽毛)中 MeO-PBDEs 的含量进行了测定，∑MeO-PBDEs 的平均浓度分别为 2.78 ng/g ww、32.2 ng/g ww 和 19.4 ng/g ww。

MeO-PBDEs 在极地高级哺乳动物的组织中也有不同程度的检出。McKinney 等(2006b)在 Hudson 湾采集的白鲸肝脏样品中检出了 2′-MeO-BDE68 和 6-MeO-BDE47，∑MeO-PBDEs 的浓度范围为＜方法检出限～100 ng/g lw。在加拿大北极地区采集的环斑海豹脂肪样品中∑MeO-PBDEs 的浓度为 1.7～26 ng/g lw，白鲸的脂肪、肝脏、乳汁和全血样品中∑MeO-PBDEs 的浓度范围分别为 26～1700 ng/g lw、52～1800 ng/g lw、20～190 ng/g lw 和 2.6～200 ng/g lw(Kelly et al., 2008)。MeO-PBDEs 在北极熊体内的浓度存在组织间的差异性：脂肪和血液中 MeO-PBDEs 的平均浓度(±标注误差)分别为 4.3(±1.7)ng/g ww 和 0.16(±0.06)ng/g ww，而肝脏和脑组织中 MeO-PBDEs 的浓度均低于检出限(＜0.5ng/g ww)(Gebbink et al., 2008)。Wan 等(2009)测定了于阿拉斯加采集的北极熊肝脏中∑MeO-PBDEs 的浓度范围为 0.006～0.056 ng/g ww，其中 6-MeO-BDE47、2′-MeO-BDE68 和 5′-MeO-BDE100 检出率较高。一项关于北极熊体内 MeO-PBDEs 的研究显示雌雄北极熊血浆中∑MeO-PBDEs 的浓度范围为未定量～0.17 ng/g ww，6-MeO-BDE47、3-MeO-BDE47、4′-MeO-BDE49 和 6-MeO- BDE90/6-MeO-BDE99 在北极熊血浆中均有检出(Verreault et al., 2005)。

5.3.3　生物富集特征

由于持久性有机污染物具有较强的亲脂性，生物体很容易从环境中富集这些污染物，当污染物在生物体内的浓度超过了最低可致不良浓度时，会对生物体产生危害。同时，由于这些化合物难以被生物体自身代谢降解，极易在脂肪组织中蓄积，并通过食物链或食物网向高营养级(trophic level，TL)生物体内传递，进一步通过食物链(网)的生物放大作用达到致毒的浓度。因此，营养级放大因子(TMFs)通常用于评估环境污染物在食物链上的生物放大潜能。

Zhang 等(2012)研究了中国辽东湾 3 种软体动物(菲律宾帘蛤、白蛤和脉红螺)和 2 种节肢动物(中华绒螯蟹和蝼蛄虾)对 OH-PBDEs 和 MeO-PBDEs 同类物的生物富集能力，6-OH-BDE47、2′-OH-BDE68、6-MeO-BDE47 和 2′-MeO-BDE68 的生物-沉积物富集因子(BSAF)的范围分别为 0.017～0.96、0.19～6.3、0.14～7.2 和 0.14～2.1，生物对 MeO-PBDEs 的富集能力高于 OH-PBDEs。Zhang 等(2010a)研究了 8 种 MeO-PBDEs 同类物在辽东湾海洋食物网(该食物网主要由 3 种软体动物、

2 种甲壳动物、9 种鱼类和 2 种海鸟组成）上的生物放大情况，结果显示6-MeO-BDE47 和2′-MeO-BDE68 的浓度在无脊椎动物和鱼类中呈现出随营养级增大轻度上升的趋势，但两者间不具有统计学意义。6-OH-BDE47 和 2′-OH-BDE68 在辽东湾海洋食物网(菲律宾帘蛤、白蛤、脉红螺、中华绒螯蟹和蝼蛄虾)上呈现出显著的营养级稀释作用，TMF 值分别为 0.21(r^2=0.414，p=0.010) 和 0.15(r^2=0.384，p=0.014) (Zhang et al., 2012)。

Kelly 等(2008)计算了 MeO-PBDEs 在加拿大 Hudson 湾海洋食物网(海藻、紫贻贝、3 种鱼类、2 种鸭科动物和 3 种哺乳动物)上的营养级放大作用：6-MeO-BDE47 和 2′-MeO-BDE68 在该海洋食物网上具有显著的生物放大效应(TMF 值分别为 2.6 和 2.3)，2′-MeO-BDE28、6′-MeO-BDE49 和 2′-MeO-BDE66 的 TMF 值均小于 1 但不具有统计意义($p>0.05$)，而 OH-PBDEs 则被认为在测定的北极海洋生物中未被保留或浓度可以忽略。污染物在生物体内及食物链(网)上的生物富集和放大效应可能受生物自身生理生化条件、污染物理化性质及环境条件等多种因素影响(Geyer et al., 2000)。食物链(网)组成的复杂性、生物对污染物富集模式的多样性及代谢能力的差异性可能是影响 TMF 值的原因(吴江平等, 2009)。

5.4 小　　结

(1)北极海洋生物体内的 OH-PBDEs 和 MeO-PBDEs 浓度整体处于较低水平，且海洋生物体内∑MeO-PBDEs 的浓度高于∑OH-PBDEs 的浓度，已检出的分析物主要为天然来源的 OH-PBDEs 和 MeO-PBDEs 同类物。

(2)目前关于OH-PBDEs和MeO-PBDEs在不同环境介质中的赋存状况已有一些报道，但主要集中在北半球地区，南极地区尚未有系统性的关于 OH-PBDEs 和 MeO-PBDEs 的研究工作。

(3)OH-PBDEs 和 MeO-PBDEs 的环境行为研究还处于起步阶段，对于其来源、生物毒性及其随食物链迁移与生物放大的规律及机制还需要更为深入的研究。

参考文献

吴江平, 张荧, 罗孝俊, 陈社军, 麦碧娴. 2009. 多溴联苯醚的生物富集效应研究进展. 生态毒理学报, 4(2): 153-163.

Athanasiadou M, Cuadra S N, Marsh G, Bergman Å, Jakobsson K. 2007. Polybrominated diphenyl ethers (PBDEs) and bioaccumulative hydroxylated PBDE metabolites in young humans from Managua, Nicaragua. Environmental Health Perspectives, 116(3): 400-408.

Ben Ameur W, Ben Hassine S, Eljarrat E, El Megdiche Y, Trabelsi S, Hammami B, Barcelo D, Driss M R. 2011. Polybrominated diphenyl ethers and their methoxylated analogs in mullet (*Mugil cephalus*) and sea bass (*Dicentrarchus labrax*) from Bizerte Lagoon, Tunisia. Marine Environmental Research, 72(5): 258-264.

Bradley P W, Wan Y, Jones P D, Wiseman S, Chang H, Lam M H W, Long D T, Giesy J P. 2011. PBDEs and methoxylated analogues in sediment cores from two Michigan, USA, Inland Lakes. Environmental Toxicology and Chemistry, 30(6): 1236-1242.

Choo G, Kim D H, Kim U J, Lee I S, Oh J E. 2018. PBDEs and their structural analogues in marine environments: Fate and expected formation mechanisms compared with diverse environments. Journal of Hazardous Materials, 343: 116-124.

Dingemans M M L, de Groot A, van Kleef R G D M, Bergman A, van den Berg M, Vijverberg H P M, Westerink R H S. 2008. Hydroxylation increases the neurotoxic potential of BDE-47 to affect exocytosis and calcium homeostasis in PC12 cells. Environmental Health Perspectives, 116(5): 637-643.

Dufour P, Pirard C, Charlier C. 2016. Validation of a novel and rapid method for the simultaneous determination of some phenolic organohalogens in human serum by GC-MS. Journal of Chromatography B, 1036: 66-75.

Fu X, Schmitz F J, Govindan M, Abbas S A, Hanson K M, Horton P A, Crews P, Laney M, Schatzman R C. 1995. Enzyme inhibitors: New and known polybrominated phenols and diphenyl ethers from four indo-Pacific Dysidea sponges. Journal of Natural Products, 59(10): 1002.

Gebbink W A, Sonne C, Dietz R, Kirkegaard M, Riget F F, Born E W, Muir D C G, Letcher R J. 2008. Tissue-specific congener composition of organohalogen and metabolite contaminants in East Greenland polar bears (*Ursus maritimus*). Environmental Pollution, 152(3): 621-629.

Geyer H J, Rimkus G G, Scheunert I, Kaune A, Schramm K W, Kettrup A, Zeeman M, Muir D C G, Hansen L G, Mackay D. 2000. Bioaccumulation and occurrence of Endocrine-Disrupting Chemicals (EDCs), Persistent Organic Pollutants (POPs), and other organic compounds in fish and other organisms including humans. Bioaccumulation – New Aspects and Developments. Berlin: Springer Press, 1-166.

Gribble G W. 2003. The diversity of naturally produced organohalogens. Chemosphere, 52(2): 289-297.

Haglund P, Lofstrand K, Malmvarn A, Bignert A, Asplund L. 2010. Temporal variations of polybrominated dibenzo-p-dioxin and methoxylated diphenyl ether concentrations in fish revealing large differences in exposure and metabolic stability. Environmental Science & Technology, 44(7): 2466-2473.

Hamers T, Kamstra J H, Sonneveld E, Murk A J, Visser T J, Van Velzen M J M, Brouwer A, Bergman A. 2008. Biotransformation of brominated flame retardants into potentially endocrine-disrupting metabolites, with special attention to 2,2′,4,4′-tetrabromodiphenyl ether (BDE-47). Molecular Nutrition & Food Research, 52(2): 284-298.

Handayani D, Edrada R A, Proksch P, Wray V, Witte L, Van Soest R W M, Kunzmann A, Soedarsono. 1997. Four new bioactive polybrominated diphenyl ethers of the sponge Dysidea herbacea from west Sumatra, Indonesia. Journal of Natural Products, 60(12): 1313-1316.

Haraguchi K, Kotaki Y, Relox Jr J R, Romero M L, Terada R. 2010. Monitoring of naturally produced brominated phenoxyphenols and phenoxyanisoles in aquatic plants from the Philippines. Journal of Agricultural and Food Chemistry, 58(23): 12385-12391.

Iparraguirre A, Rodil R, Quintana J B, Bizkarguenaga E, Prieto A, Zuloaga O, Cela R, Fernandez L A. 2014. Matrix solid-phase dispersion of polybrominated diphenyl ethers and their hydroxylated and methoxylated analogues in lettuce, carrot and soil. Journal of Chromatography A, 1360: 57-65.

Jorundsdottir H, Bignert A, Svavarsson J, Nygard T, Weihe P, Bergman A. 2009. Assessment of emerging and traditional halogenated contaminants in Guillemot (Uria aalge) egg from North-Western Europe and the Baltic Sea. Science of the Total Environment, 407(13): 4174-4183.

Kato Y, Okada S, Atobe K, Endo T, Matsubara F, Oguma T, Haraguchi K. 2009. Simultaneous determination by APCI-LC/MS/MS of hydroxylated and methoxylated polybrominated diphenyl ethers found in marine biota. Analytical Chemistry, 81(14): 5942-5948.

Kawashiro Y, Fukata H, Omori-Inoue M, Kubonoya K, Jotaki T, Takigami H, Sakai S, Mori C. 2008. Perinatal exposure to brominated flame retardants and polychlorinated biphenyls in Japan. Endocrine Journal, 55(6): 1071.

Kelly B C, Ikonomou M G, Blair J D, Gobas F A P C. 2008. Hydroxylated and methoxylated polybrominated diphenyl ethers in a Canadian Arctic marine food web. Environmental Science & Technology, 42(19): 7069-7077.

Kierkegaard A, Bignert A, Sellstrom U, Olsson M, Asplund L, Jansson B, de Wit C A. 2004. Polybrominated diphenyl ethers (PBDEs) and their methoxylated derivatives in pike from Swedish waters with emphasis on temporal trends, 1967-2000. Environmental Pollution, 130(2): 187-198.

Kim U J, Yen N T H, Oh J E. 2014. Hydroxylated, methoxylated, and parent polybrominated diphenyl ethers (PBDEs) in the inland environment, Korea, and potential OH- and MeO-BDE Source. Environmental Science & Technology, 48(13): 7245-7253.

Lacorte S, Ikonomou M G. 2009. Occurrence and congener specific profiles of polybrominated diphenyl ethers and their hydroxylated and methoxylated derivatives in breast milk from Catalonia. Chemosphere, 74(3): 412-420.

Legler J. 2008. New insights into the endocrine disrupting effects of brominated flame retardants. Chemosphere, 73(2): 216-222.

Liu Y, Liu J, Yu M, Zhou Q, Jiang G. 2018. Hydroxylated and methoxylated polybrominated diphenyl ethers in a marine food web of Chinese Bohai Sea and their human dietary exposure. Environmental Pollution, 233: 604-611.

Löfstrand K, Liu X, Lindqvist D, Jensen S, Asplund L. 2011. Seasonal variations of hydroxylated and methoxylated brominated diphenyl ethers in blue mussels from the Baltic Sea. Chemosphere, 84(4): 527-532.

Löfstrand K, Malmvarn A, Haglund P, Bignert A, Bergman A, Asplund L. 2010. Brominated phenols, anisoles, and dioxins present in blue mussels from the Swedish coastline. Environmental Science and Pollution Research, 17(8): 1460-1468.

Malmberg T, Athanasiadou M, Marsh G, Brandt I, Bergmant A. 2005. Identification of hydroxylated polybrominated diphenyl ether metabolites in blood plasma from polybrominated diphenyl ether exposed rats. Environmental Science & Technology, 39(14): 5342-5348.

Malmvärn A, Marsh G, Kautsky L, Athanasiadou M, Bergman A, Asplund L. 2005. Hydroxylated and methoxylated brominated diphenyl ethers in the red algae Ceramium tenuicorne and blue mussels from the Baltic Sea. Environmental Science & Technology, 39(9): 2990-2997.

Malmvärn A, Zebuhr Y, Kautsky L, Bergman A, Asplund L. 2008. Hydroxylated and methoxylated polybrominated diphenyl ethers and polybrominated dibenzo-p-dioxins in red alga and cyanobacteria living in the Baltic Sea. Chemosphere, 72(6): 910-916.

McKinney M A, Cesh L S, Elliott J E, Williams T D, Garcelon D K, Letcher R J. 2006a. Brominated flame retardants and halogenated phenolic compounds in North American west coast bald eaglet (*Haliaeetus leucocephalus*) plasma. Environmental Science & Technology, 40(20): 6275-6281.

McKinney M A, De Guise S, Martineau D, Beland P, Lebeuf M, Letcher R J. 2006b. Organohalogen contaminants and metabolites in beluga whale (*Delphinapterus leucas*) liver from two Canadian populations. Environmental Toxicology and Chemistry, 25(5): 1246-1257.

Nomiyama K, Eguchi A, Mizukawa H, Ochiai M, Murata S, Someya M, Isobe T, Yamada T K, Tanabe S. 2011. Anthropogenic and naturally occurring polybrominated phenolic compounds in the blood of cetaceans stranded along Japanese coastal waters. Environmental Pollution, 159(12): 3364-3373.

Nomiyama K, Takaguchi K, Mizukawa H, Nagano Y, Oshihoi T, Nakatsu S, Kunisue T, Tanabe S. 2017. Species and tissue-specific profiles of polybrominated diphenyl ethers and their hydroxylated and methoxylated derivatives in cats and dogs. Environmental Science & Technology, 51(10): 5811-5819.

Olsson A, Ceder K, Bergman Å, Helander B. 2000. Nestling blood of the white-tailed sea eagle (*Haliaeetus albicilla*) as an indicator of territorial exposure to organohalogen compounds—an evaluation. Environmental Science & Technology, 34(13): 2733-2740.

Petropoulou S S E, Duong W, Petreas M, Park J S. 2014. Fast liquid chromatographic-tandem mass spectrometric method using mixed-mode phase chromatography and solid phase extraction for the determination of 12 mono-hydroxylated brominated diphenyl ethers in human serum. Journal of Chromatography A, 1356: 138-147.

Qiu X H, Bigsby R M, Hites R A. 2009. Hydroxylated metabolites of polybrominated diphenyl ethers in human blood samples from the United States. Environmental Health Perspectives, 117(1): 93-98.

Ren G, Yu Z, Ma S, Zheng K, Wang Y, Wu M, Sheng G, Fu J. 2011. Determination of polybrominated diphenyl ethers and their methoxylated and hydroxylated metabolites in human serum from electronic waste dismantling workers. Analytical Methods, 3(2): 408-413.

Routti H, Andersen M S, Fuglei E, Polder A, Yoccoz N G. 2016. Concentrations and patterns of hydroxylated polybrominated diphenyl ethers and polychlorinated biphenyls in arctic foxes (*Vulpes lagopus*) from Svalbard. Environmental Pollution, 216: 264-272.

Routti H, Letcher R J, Chu S, Van Bavel B, Gabrielsen G W. 2009. Polybrominated diphenyl ethers and their hydroxylated analogues in ringed seals (*Phoca hispida*) from svalbard and the Baltic sea. Environmental Science & Technology, 43(10): 3494-3499.

Stapleton H M, Kelly S M, Pei R, Letcher R J, Gunsch C. 2009. Metabolism of polybrominated diphenyl ethers (PBDEs) by human hepatocytes *in vitro*. Environmental Health Perspectives, 117(2): 197-202.

Su G Y, Gao Z S, Yu Y, Ge J C, Wei S, Feng J F, Liu F Y, Giesy J P, Lam M H, Yu H X. 2010. Polybrominated diphenyl ethers and their methoxylated metabolites in anchovy（*Coilia sp.*）from the Yangtze River Delta, China. Environmental Science and Pollution Research, 17(3): 634-642.

Sun J, Liu J, Liu Q, Qu G, Ruan T, Jiang G. 2012. Sample preparation method for the speciation of polybrominated diphenyl ethers and their methoxylated and hydroxylated analogues in diverse environmental matrices. Talanta, 88: 669-676.

Sun J, Liu J, Liu Q, Ruan T, Yu M, Wang Y, Wang T, Jiang G. 2013a. Hydroxylated polybrominated diphenyl ethers（OH-PBDEs）in biosolids from municipal wastewater treatment plants in China. Chemosphere, 90(9): 2388-2395.

Sun J, Liu J, Liu Y, Jiang G. 2013b. Hydroxylated and methoxylated polybrominated diphenyl ethers in mollusks from Chinese coastal areas. Chemosphere, 92(3): 322-328.

Sun J, Liu J, Liu Y, Jiang G. 2013c. Levels and distribution of methoxylated and hydroxylated polybrominated diphenyl ethers in plant and soil samples surrounding a seafood processing factory and a seafood market. Environmental Pollution, 176: 100-105.

Sun J, Liu J, Yu M, Wang C, Sun Y, Zhang A, Wang T, Lei Z, Jiang G. 2013d. *In vivo* metabolism of 2,2′,4,4′-tetrabromodiphenyl ether（BDE-47）in young whole pumpkin plant. Environmental Science & Technology, 47(8): 3701-3707.

Teuten E L, Reddy C M. 2007. Halogenated organic compounds in archived whale oil: A pre-industrial record. Environmental Pollution, 145(3): 668-671.

Ueno D, Darling C, Alaee M, Pacepavicius G, Teixeira C, Campbell L, Letcher R J, Bergman A, Marsh G, Muir D. 2008. Hydroxylated Polybrominated diphenyl ethers（OH-PBDEs）in the abiotic environment: Surface water and precipitation from Ontario, Canada. Environmental Science & Technology, 42(5): 1657-1664.

Verreault J, Gabrielsen G V, Chu S G, Muir D C G, Andersen M, Hamaed A, Letcher R J. 2005. Flame retardants and methoxylated and hydroxylated polybrominated diphenyl ethers in two Norwegian Arctic top predators: Glaucous gulls and polar bears. Environmental Science & Technology, 39(16): 6021-6028.

Verreault J, Shahmiri S, Gabrielsen G W, Letcher R J. 2007. Organohalogen and metabolically-derived contaminants and associations with whole body constituents in Norwegian Arctic glaucous gulls. Environment International, 33(6): 823-830.

Vetter W, Stoll E, Garson M J, Fahey S J, Gaus C, Muller J F. 2002. Sponge halogenated natural products found at parts-per-million levels in marine mammals. Environmental Toxicology and Chemistry, 21(10): 2014-2019.

Wan Y, Choi K, Kim S, Ji K, Chang H, Wiseman S, Jones P D, Khim J S, Park S, Park J. 2010. Hydroxylated polybrominated diphenyl ethers and bisphenol A in pregnant women and their matching fetuses: Placental transfer and potential risks. Environmental Science & Technology, 44(13): 5233-5239.

Wan Y, Wiseman S, Chang H, Zhang X, Jones P D, Hecker M, Kannan K, Tanabe S, Hu J, Lam M H W, Giesy J P. 2009. Origin of hydroxylated brominated diphenyl ethers: natural compounds or man-made flame retardants? Environmental Science & Technology, 43(19): 7536-7542.

Wang S, Zhang S, Huang H, Niu Z, Han W. 2014. Characterization of polybrominated diphenyl ethers（PBDEs）and hydroxylated and methoxylated PBDEs in soils and plants from an e-waste area, China. Environmental Pollution, 184: 405-413.

Yu B, Zhang R, Liu P, Zhang Y, Zhang Y, Bai Y. 2015. Determination of nine hydroxylated polybrominated diphenyl ethers in water by precolumn derivatization-gas chromatography-mass spectrometry. Journal of Chromatography A, 1419: 19-25.

Zhang K, Wan Y, An L, Hu J. 2010a. Trophodynamics of polybrominated diphenyl ethers and methoxylated polybrominated diphenyl ethers in a marine food web. Environmental Toxicology and Chemistry, 29(12): 2792-2799.

Zhang K, Wan Y, Giesy J P, Lam M H W, Wiseman S, Jones P D, Hu J. 2010b. Tissue concentrations of polybrominated compounds in Chinese Sturgeon (*Acipenser sinensis*): Origin, hepatic sequestration, and maternal transfer. Environmental Science & Technology,44(15):5781-5786.

Zhang K, Wan Y, Jones P D, Wiseman S, Giesy J P, Hu J. 2012. Occurrences and fates of hydroxylated polybrominated diphenyl ethers in marine sediments in relation to trophodynamics. Environmental Science & Technology, 46(4): 2148-2155.

第 6 章　极地全氟化合物及短链氯化石蜡的赋存与环境行为

本章导读

- 全氟化合物在南北极多环境介质中的赋存、污染特征及其分析方法，对污染来源及传输途径进行解析
- 全氟化合物在南北极生物体内的分布特征、生物富集效应及变化趋势
- 短链氯化石蜡在南北极地区的赋存、污染特征及环境行为的研究进展

工农业的不断发展催生了大量化学品的出现，截至 2017 年 6 月，已有 130 000 000 种化合物在化学文摘社(CAS)网站中登记，化学品日登记量多达 50 000 种。面对数量如此之多的新化学品，相关机构和科研工作者显然无法对其环境行为及生态效应进行一一评估。2001 年，国际社会通过《斯德哥尔摩公约》，将具有生物富集性、环境持久性、长距离传输和毒性等特性的 12 类化学污染物列为 POPs。无论是工业区，还是极地等人迹罕至的偏远区域，都有 POPs 的检出，最新研究在远离大陆、距海平面 10 500 m 的深海生物中发现了高达 500ng/g lw 的 PCBs 污染(Jamieson et al., 2017)。POPs 在全球范围内的广泛分布，有可能给全球生态安全和人类健康造成极大的隐患。

POPs 及与 POPs 性质类似的污染物一直是近阶段环境科学工作者关注的热点，2005～2017 年期间，不断有新 POPs 被添加至控制名单。2009 年，PFOS 及其前驱体被列入《斯德哥尔摩公约》控制名单，正式成为 POPs。2015 年，PFOA 及其前驱体也被列入公约候选化合物名单。2017 年 5 月，第 8 次《斯德哥尔摩公约》缔约方大会将经历 10 年马拉松式论证的短链氯化石蜡(short chain chlorinated paraffins，SCCPs)列入公约附件 A 的受控 POPs 清单。本章将对全氟化合物(PFASs)和短链氯化石蜡 SCCPs 在南北极的环境赋存及其环境行为进行介绍。

6.1 PFASs 背景介绍

Giesy 和 Kannan(2001)于 2001 年首次在全球范围内的野生动物组织中发现 PFOS 的污染，随后的研究表明 PFASs 污染在普通人群血清中也普遍存在(Hansen et al., 2001)，PFASs 的关注度迅速增长，以 PFOS 为例[图 6-1(a)]，相关研究论文从 21 世纪初每年几篇增长到现在每年几百篇。

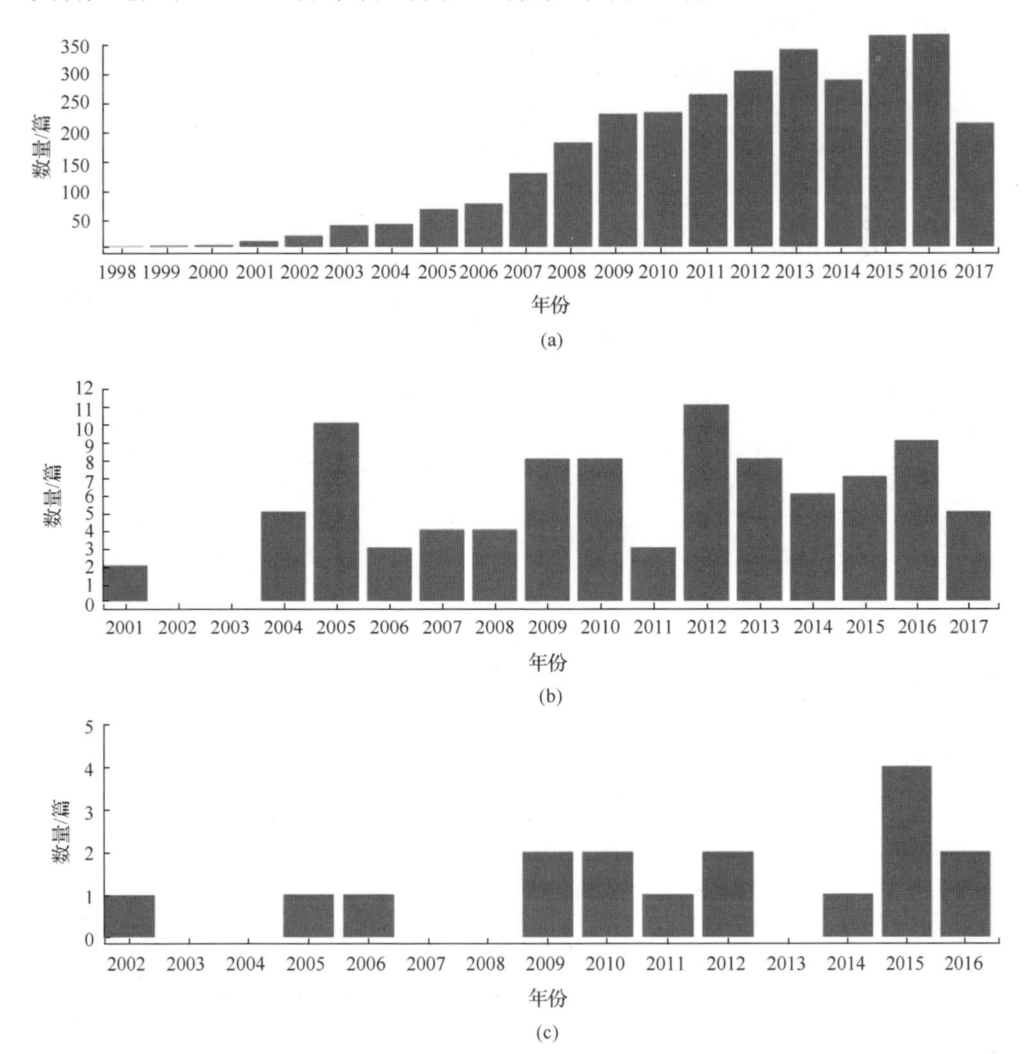

图 6-1 1998～2017 年 7 月 PFOS 相关文章发表数量

(a)所有区域；(b)北极；(c)南极；数据来源：Web of Science，2017 年 7 月 10 日查询

极地地区，高海拔高寒山区等偏远区域一般工业少、人口密度小、污染物很

少有本地源，是研究 PFASs 长距离传输机理及生物富集等环境行为的理想天然实验室，然而与其他区域相比，极地区域存在采样难度大、样品分析要求高等缺点，当前极地区域 PFASs 的研究仍然很少[图 6-1(b)、图 6-1(c)]，北极的相关研究每年只有 10 篇左右，南极 PFASs 的相关研究更少。从发表论文的引用情况来说，极地区域相关研究较少，但其在 PFASs 的研究中具有突出的重要性，受到了广泛的关注，PFOS 整体文章平均引用次数为 27.2 次，而北极和南极区域 PFOS 相关文章的平均引用次数分别达到 83.6 次和 58.9 次。

6.2 PFASs 分析方法

PFASs 是一类在环境中广泛存在的化合物，目前已在多种环境介质包括水、大气、土壤、沉积物、生物体、人体血清及尿样等样品中有检出，分析方法如前处理及仪器分析方法都较为成熟。

6.2.1 离子型全氟化合物(ionic PFASs)前处理方法

1)水样

环境水样通常经过过滤或离心等预处理后进行萃取，最常用的萃取方法为固相萃取(SPE)。常用的固相萃取小柱包括 Oasis HLB 柱(Naile et al., 2010)、Oasis WAX 小柱(Zhou et al., 2013)以及 C_{18} 柱(Taniyasu et al., 2003)等。对于短链 PFCAs($C_4 \sim C_6$)，WAX 柱较其他方法有较好的加标回收率。液液萃取(Gonzalez-Barreiro et al., 2006)、固相微萃取(Alzaga and Bayona, 2004)、在线固相萃取(Gosetti et al., 2010)等方法也被应用于水样中 PFASs 的前处理中。

2)土壤、沉积物、污泥、灰尘样品

土壤及沉积物中的全氟化合物的提取方法包括振荡提取、超声提取、索氏提取等，前两种方法比较常用。根据溶剂的不同包括甲醇提取(Benskin et al., 2011)、酸消解(甲醇中加入乙酸)(Kelly et al., 2009)、碱消解(甲醇或乙腈中加入 NaOH 等强碱)(Loi et al., 2013; Ahrens et al., 2009)、离子对提取(TBA+MTBE, pH=10)(Bao et al., 2010)等。萃取液浓缩后过膜或者过 envi-carb 柱、SPE 柱等进一步净化。

3)生物、食品样品

生物样品包括生物体、组织、器官及食物样品的提取方法多采用振荡提取，包括甲醇提取(Müller et al., 2011)、乙腈提取(Wang et al., 2013)、碱消解(Zhou et al., 2013; So et al., 2006)、酸消解(Wang et al., 2010)、离子对提取(Loi et al., 2011)的方法，提取后过膜或者过 SPE 小柱进一步净化。

4) 血液、血清样品

全血/血清样品的前处理方法最常用的是离子对提取后过膜或固相萃取进一步净化(Yeung et al., 2006)。近年来中国科学院生态环境研究中心傅建捷等对血清样品开发了在线固相萃取直接进样的方法，方法仅需 25μL 样品，可在 19min 内对血清中 10 大类，43 种 PFASs 进行精确测定，各个 PFASs 检出限基本在一个数量级，不存在对短链 PFASs 的歧视效应，测定结果和 NIST 标准参考物质的定值之间具有很好的一致性(Gao et al., 2016, 2018)。尿液样品可以采用与水样相似的固相萃取的方法进行前处理(Zhang et al., 2013; Gao et al., 2015)。

6.2.2　中性全氟化合物(neutral PFASs)前处理方法

中性 PFASs 种类较多，而其中 PFOSA 等化合物的前处理方法及仪器分方法与离子型 PFASs 一致。挥发性较强的 FTOHs、FOSEs 等中性 PFASs 的分析方法则略有不同。

1) 大气样品

大气样品的采集一般是应用 XAD、PUF 等材料或者固相萃取小柱，玻璃纤维滤膜常用来采集大气颗粒物样品。对于大气样品的萃取采用的方法有冷阵列萃取、流化床萃取、索氏提取等，萃取溶剂包括乙酸乙酯、丙酮和 MTBE、二氯甲烷或者甲醇等(Barber et al., 2007; Del Vento et al., 2012; Schlummer et al.,2013; Dreyer et al., 2009)。

2) 其他样品

对于其他样品中中性 PFASs 的报道相对较少，Schlummer 等(2013)对于纺织品中的 8∶2FTOH 采用超声提取的方法，溶剂为正己烷，过硅胶柱净化。Szostek 和 Prickett(2004)对鼠的血浆、组织中 8∶2FTOH 提取选择 MTBE 作为提取溶剂，提取方式为涡旋振荡，肝脏、肾、脂肪组织样品采用硅胶柱进行进一步净化。

6.2.3　仪器分析方法

1. 离子型 PFASs

对于离子型 PFASs 的检测方法主要包括高效液相色谱-串联质谱法(HPLC-MS/MS)(Gao et al., 2015; Fu et al., 2015)；高效液相色谱-质谱联用(HPLC-MS)(Dolman and Pelzing, 2011)；高效液相色谱/四极杆/飞行时间串联质谱法(HPLC/Q-TQF)（郭睿等，2006)。

HPLC-MS/MS 是目前文献报道中最常见的一种 PFASs 检测方法。它可以定量检测环境及生物体中的全氟化合物，优点是选择性和灵敏度高，前处理要求较低，线性范围较宽，检测限较低，在浓度较低、介质复杂的情况下具有显著优势。与串联质谱法相比，HPLC/MS 的缺点是选择性较差，基质复杂时容易出现干扰，会增加样品处理时间和难度以及检测成本。HPLC/Q-TOF 具有高分辨率和高质量准确度，可以降低共流出物及基质干扰，但由于 Q-TOF 灵敏度稍低，线性范围小，在实际环境样品的检测中应用较少。离子型 PFASs 自身是非挥发的，因此要通过衍生的方法才可以进行 GC/MS 检测，步骤较为复杂，并且在衍生化的过程中有可能产生有毒物质，且线性范围窄，因此 GC/MS 方法在 ionic PFASs 的检测中应用较少，但 GC 峰容量高于 HPLC，Chu 和 Letcher(2009)将 GC/MS 分析应用于工业品和环境样品中的多种 PFASs 碳链异构体分析。

2. 中性 PFASs

中性 PFASs 难以质子化和去质子化，不适合采用 LC-MS/MS 方法进行分析。目前挥发性 PFASs 前驱体的仪器分析最常见的方法是 GC-MS。正化学电离源(positive chemial ionization, PCI)、负化学电离源以及电子轰击电离源(EI)都可以应用于 neutral PFASs 的电离，其中 PCI 有较高的选择性，应用更为广泛(Schlummer et al., 2013; Zhang et al., 2011; Shoeib et al., 2005，2006)。

6.3 南北极环境中 PFASs 的赋存

6.3.1 南极

南极区域样品的获取基本由各国科考队在科考过程中采集，《南极条约》等一系列公约对极地区域高等生物进行了严格的保护，因此人类在该区域的活动受到很大限制。目前南极环境样品基质主要集中在大气、海水等环境样品，生物样品只有零星报道，尚无完整的南极生态系统中关于 PFASs 环境行为方面的研究。

2001 年，Giesy 和 Kannan(2001)对南极特拉诺瓦湾的威德尔海豹及南极贼鸥样品中的PFOS赋存情况进行了研究，首次在南极贼鸥的血浆样品中检出了1.4 ng/mL 的 PFOS，鉴于早期 PFOS 分析方法检出限较高的限制，PFOS 在南极威德尔海豹肝脏中低于 35 ng/g 的检出限。尽管与其他区域相比，南极生物中 PFASs 浓度相对较低，但其确实存在，这也揭开了南极区域 PFASs 研究的序幕。

PFASs 中的离子型 PFASs 具有较高的水溶性，可以通过洋流传输至偏远区域。Wei 等(2007)对靠近南极大陆的南印度洋和太平洋表层海水中的 PFASs 进行了分析，发现海水中主要的 PFASs 为 PFOS，浓度在 nd～22.6 pg/L 之间，Yamashita 等(2008)在 60°S 以上的南太平洋海水表层水及纵向水柱中未检出 PFASs (LOD=10 pg/L)。在 Ahrens 等(2010)的研究中，南太平洋海水中 PFOS 是唯一检出的 PFASs，浓度在 nd～51 pg/L 之间。Zhao 等(2012)于 2009 年对南极海域中

PFASs 进行了研究，只能零星检出 PFOA 和 PFOS，浓度范围在 15～45 pg/L 之间。除海水外，Wang 等(2015b) 对南极菲尔德斯半岛表层雪样品中的 neutral PFASs 进行了研究，在表层雪中 neutral PFASs 浓度在 125～303 pg/L 之间，FTOH 为主要的 PFASs，菲尔德斯半岛雪样中浓度要明显低于北极雪样中 523 pg/L 的浓度(Xie et al., 2015)。虽然南极附近区域 PFASs 浓度很低，但其普遍检出也说明了其在全球水体中的广泛分布，PFASs 已成为一类全球性的污染物。

2008 年 Dreyer 等(2009) 首次报道了南极海域大气中的 PFASs 的赋存情况：该海域大气中均能检出 PFASs，其中主要成分为 PFASs 的前驱体 FTOH，6∶2FTOH、8∶2FTOH 和 10∶2FTOH，总浓度为 4 pg/m^3，和相近纬度大气中 PCBs、OPCs 的浓度处于同一数量级(Choi et al., 2008; Montone et al., 2005)。Del Vento 等(2012) 在两年后对南极半岛大气中 PFASs 进行了研究，与 Dreyer 等的研究一致：南极区域大气中最主要的 PFASs 是 FTOH，其中 8∶2FTOH 和 10∶2FTOH 分别为 9.9 pg/m^3 和 7.4 pg/m^3。Del Vento 等还在大气中检出了 *N*-甲基全氟丁基磺酰胺(MeFBSA) 与 *N*-甲基全氟丁基磺酰氨基乙醇(MeFBSE)，浓度为 3～4 pg/m^3，这是首次在南极大气中检出 4 碳的 PFASs。Wang 等(2015) 于 2010～2011 年随德国 Polarstern 科考船，采集从北大西洋至南极菲尔德斯半岛附近大气样品，南极半岛大气中 PFASs 平均浓度 29.8 pg/m^3，较北半球 PFASs 浓度要低，主要的 PFASs 为 8∶2FTOH，此外，还有较低浓度的 12∶2FTOH 检出。与 Dreyer(2009) 和 Del Vento 等(2012) 的研究相比，南极大气 PFASs 浓度有所上升，这可能与最近几年挥发性 PFASs 的大量生产使用有关，值得引起注意。

南极区域动物中 PFASs 的相关研究较少，除 Giesy 和 Kannan 的研究外，Tao 等(2006) 分析了 1995～2005 年采集自南大洋及南极大陆的信天翁、象海豹、企鹅及南极贼鸥等动物的血液、肝脏及蛋等样品中的 10 种 PFASs。PFOS 和 PFOA 在这些样品中被普遍检出，南极贼鸥、象海豹血液中 PFOS 浓度低于 3.5ng/g，与其他区域生物相比，浓度处于较低水平。Schiavone 等(2009) 研究了 2004 年采集自南极南设得兰群岛毛皮海豹幼崽及两种企鹅蛋里的十种 PFASs，在这些样品中，PFOS 均有检出。PFOS 是海豹组织中主要的污染物，肝脏和肌肉中 PFOS 平均值分别为 9.4 ng/g 和 1.3 ng/g。海豹和企鹅蛋中 PFASs 的污染特征并不一致，企鹅蛋中主要以 PFCAs 为主，海豹中的 PFOS 浓度要显著高于企鹅蛋。此外，阿德莱德企鹅和金图企鹅蛋中 PFASs 的污染水平和污染特征均存在差异，阿德莱德企鹅蛋中 PFHpA 占主要成分，而金图企鹅蛋中 PFUdA 浓度最高，分别为 2.53 ng/g 和 0.59 ng/g。海豹和企鹅蛋采集地一致，不同样品间污染水平和污染特征的差异一方面源于其样品类型(肌肉 vs 蛋)的差异，另一方面源于其摄食习性的不同。蛋和海豹幼崽中 PFASs 的检出，也说明 PFASs 能通过母体直接传递至子体，与成体相比，幼体往往对污染物更为敏感，因此在 PFASs 的环境阈值研究中，必须考虑其对子体的毒性效应。Routti 等检测了南极麦克默多海峡威德尔海豹血浆中 19 种 PFASs，其中 PFUdA 全部检出，浓度在 0.08～0.23 ng/g 之间。其他只有 PFOS、PFHxA 及 PFTrA 有零星检出(Routti et al., 2016)。

南极地区远离 PFASs 工业源和人类主要活动区域，受人类活动和 PFASs 直接排放和使用的影响较小，区域内环境样品中 PFASs 浓度水平较低，因此南极地区样品中 PFASs 检测对灵敏度的要求极高。不同研究组在 PFASs 分析方法上存在较大的差异，分析方法灵敏度也存在数量级上的差异。现有报道中南极样品中 PFASs 各类单体未检出样品比例较高，这种数据分布导致当前 PFASs 在南极环境中的迁移转化过程存在不确定因素。

6.3.2 北极

北冰洋周边被欧亚大陆及北美大陆环绕，POPs 在北极区域的污染水平及环境行为是北冰洋周边环绕国家关注的焦点，因此 PFASs 在北极区域的研究远多于南极，数据更为丰富。

Yamashita 等(2008)分析了 2003～2004 年采集自北大西洋和南极大陆附近海域表层水体及纵向水柱样品中的 PFASs，PFOA 和 PFOS 在表层水中分别为 55 pg/L 和 20 pg/L，是主要的 PFASs。在纵向水柱样品中，PFASs 在 2000m 深以上浓度相对稳定，但在 2000m 以下，PFBS 和 PFOA 的浓度均有所上升，可能受到了来自低纬度区域的深水洋流影响，而在南极大陆附近海域海水中的表层水及纵向水柱中均未检出 PFASs。Yeung 等(2017)研究了北冰洋中部海水中 PFASs 的纵向分布，虽然北冰洋表层海水中 PFASs 含量在 11～174 pg/L 之间，与 Yamashita 等在北大西洋的研究结果处于同一个数量级，但与北大西洋不同，PFASs 基本只能在北冰洋中部区域 150 m 以上的海水层中检测到，这说明 PFASs 还未大量进入北冰洋的深水区，可能是深层海水的稀释作用导致样品中 PFASs 低于分析方法的检测限。此外，北极海域的 PFASs 浓度还受到当地人类活动的影响，冰岛和法罗群岛都有人类的永久居留地存在，PFOA 是格陵兰海、冰岛和法罗群岛附近海域中主要的 PFASs，PFOA 浓度高达 5000 pg/L(Butt et al., 2010)。

北极陆地表层雪、冰盖及极区内陆湖泊中也有 PFASs 的检出。格陵兰岛表层雪中 PFOA 和 PFOS 浓度范围分别为 50.9～520 pg/L 和 25.2～137 pg/L，要高于格陵兰海海水中 PFOA(＜30～111 pg/L)和 PFOS(＜10～90 pg/L)浓度(Butt et al., 2010)。Stock 等(2007)对加拿大康沃利斯岛上四个湖的表层水中 PFASs 进行了研究，除有可能被人为污染的 Resolute 湖外，其他三个湖水中也均能检出 ng/L 水平的 PFASs。Young 等(2007)在 2005～2006 年之间采集了加拿大极区四个冰盖上的雪样，对其中的 PFASs 进行了分析，这些雪样中均检出了 PFOA、PFNA、PFDA、PFUnDA 等长链 PFCAs 和 PFOS，浓度在 1.1～53.7 pg/L 之间，其中纬度最低的丹佛岛冰盖中 PFASs 的浓度最高。Macinnis 等(2017)通过加拿大极区丹佛冰盖上的雪层样品，研究了 1993～2007 年 PFASs 在该区域的沉降情况。雪样中 PFASs 污染水平略高于 Young 等(2007)的研究，MacInnis 等还在雪样中检测到了一种具有环状结构的全氟化合物——全氟四乙基环己基磺酸(PFECHS)，其浓度与 PFOS 相似。虽然 PFECHS 在北极区域一个湖泊中也有检测到，但湖泊中的 PFECHS 来自附近机场点源排放(Lescord et al., 2015)。这是 PFECHS 首次在远离污染源区域被检出，一方面，PFECHS 无挥发性前驱体，另一方面，检测雪样中的钠氯离子特征与海水差别很大，因此，海洋气溶胶也不是该污染物的来源，丹佛冰盖上的 PFECHS 和部分 PFOS 有可能是陆地点源区域的颗粒物直接进行长距离传输导致。

挪威大气研究所(NILU)于 2006 年和 2007 年分别检测了斯瓦尔巴群岛大气颗粒物中的 PFOS 和 PFOA，颗粒物中 PFOA 的含量要高于 PFOS，但平均浓度都小于 1 pg/m^3(Butt et al., 2010)。Shoeib 等(2006)研究了北大西洋和加拿大北极群岛大气中的挥发性 PFASs——FTOH 和 FSAE，发现北极大气中普遍存在这两类 PFASs 前驱体，但浓度比工业区基本低一个数量级以上，其中 8∶2FTOH 浓度达 26 pg/m^3，占气相 FTOH 的 50%，MeFOSE 浓度在 2.6～31pg/m^3 之间，是 FSAE 中的主要成分。Stock 等(2007)也对加拿大北部雷索卢特湾大气中 PFASs 前驱体及降解产物进行了研究，在 50%的大气样品中检测到了 FTOH，平均含量为 28 pg/m^3，其中 8∶2FTOH 为 14 pg/m^3。颗粒相中的主要成分为 PFOS 和 PFOA，浓度分别为 5.9 pg/m^3 和 1.4 pg/m^3。FTOH 和 FSAE 等 PFASs 的前驱体在环境中主要以气相形式存在，颗粒相中检出率较低，而 PFOS 等离子型 PFASs 则主要存在于颗粒相。

北极生物中 PFASs 的研究数据相对系统，从浮游生物、底栖生物、鱼类、海鸟到海洋哺乳动物，甚至还有北极冰原上的陆生哺乳动物都有 PFASs 浓度及污染特征的研究。北极区域生物中的 PFOS 也是由 Giesy 和 Kannan 等首次报道的，他们发现加拿大和挪威极地区域的海豹血液中 PFOS 浓度在 3～50 ng/mL 之间，尽管该浓度低于地中海、波罗的海等区域海洋哺乳动物，但却要远高于南极贼鸥血液中的浓度(Giesy and Kannan, 2001)。Martin 等(2004)通过两种质谱手段进一步对加拿大极区北极熊、北极狐、海豹、貂、鸟类及鱼类等生物肝脏中的长链全氟烷酸(PFAAs)进行了甄别，发现 PFOS 是该区域最主要的 PFASs，该区域生物中 ∑PFCAs 在 ng/g 水平，除貂之外，∑PFCAs 浓度要小于 PFOS。PFOS 在北极熊肝脏里的浓度高达 3200 ng/g ww，浓度甚至高于北极熊脂肪中 PCBs、氯丹、HCHs 等传统 POPs。加拿大极区的浮游动物、虾、双壳类、鱼、海鸟及海洋哺乳动物中都能检出 PFOS。浮游动物中 PFOS 浓度为 1.8 ng/g ww，虾和双壳类中为 0.35 ng/g ww 和 0.28 ng/g ww，鱼类中 1.3～1.4 ng/g ww，海鸟 10～20.2 ng/g ww，海洋哺乳动物则在 2.4～12.6 ng/g ww。PFOA 在这些样品中浓度较为一致，平均浓度最高的是浮游动物中 2.6 ng/g ww。EtFOSA 浓度分布与 PFOS 具有较大差异，浮游动物体内只有 0.39 ng/g ww，虾和双壳类分别为 10.4 ng/g ww 和 20.1 ng/g ww，两种鱼类和海洋哺乳动物中情况迥异，北极鳕鱼中高达 92.8 ng/g ww，而另一种深水鱼北极红鲑体内低于检出限。在分析的样品中，EtFOSA 和 PFOSA 只在两种鲸类中被检出，浓度分别为 6.2 ng/g ww 和 20.9 ng/g ww，前驱体在不同动物体内的污染特征可能与其对 PFASs 前驱体的代谢能力有关(Tomy et al., 2004)。Bossi 等(2005)研究了欧洲极区(格陵兰岛、法罗群岛)鱼类、鸟类及海洋哺乳动物肝脏样品中的 PFASs 浓度及空间分布特征，PFOS 同样也是该区域最主要的 PFASs。格陵兰岛上的北极熊肝脏中 PFOS 浓度高达 1285 ng/g ww，在这两个区域采集的鲸鱼肝脏中，也有 PFOSA 的检出，浓度在 28～62 ng/g ww 之间，在空间分布上，PFASs 在东格陵兰岛的污染水平高于西格陵兰岛，与该区域其他持久性有机卤代物类似。

PFOS 和 PFOA 分别于 2009 年和 2015 年列入《斯德哥尔摩公约》，其生产使用逐渐受到限制，但其替代策略一般有缩短碳链长度和在碳链中间添加醚键两种方式，这些替代品仍具有大量的 C—F 键(Wang et al., 2015a)，在环境中仍具有极强的持久性。Gebbink 等(2016)对 2012～2013 年采集自格陵兰岛海洋哺乳动物肝脏中传统 PFASs 及两种新型 PFASs(PFBS 和 F-53B)进行了分析。海豹、北极熊和虎鲸肝脏中都能检出 F-53B，但浓度比 PFOS 低 3～4 个数量级，且在海豹和虎鲸中与 PFOS 呈显著正相关。PFBS 则只在北极熊和虎鲸中有微量检出。海豹、北极熊和虎鲸肝脏中的传统 PFASs 浓度分别为 138 ng/g ww、269 ng/g ww 和 2336 ng/g ww，三种动物中污染特征也有差异，海豹和北极熊均是 PFSAs 大于 PFCAs，而虎鲸中 PFSAs 和 PFCAs 浓度相当。

目前 PFASs 在北极生物圈中的污染状况研究大部分聚焦于北极海洋生物及作为海洋生态系统一部分的陆生哺乳动物(北极熊等)，对于北极区域淡水生态系统及陆地生态系统中的 PFASs 的赋存研究较少。Lescord 等(2015)对加拿大高纬度区域靠近雷索卢特湾 6 个淡水湖中生物系统中 PFASs 进行了研究，这六个湖中有两个湖已被当地机场排污所污染，因此本节对这两个湖中样品 PFASs 污染情况不再赘述。四个内陆湖中底栖和浮游无脊椎动物中 PFASs 含量分别在 12～19 ng/g ww、1.4～34 ng/g ww 之间。北极嘉鱼肌肉中 PFASs 含量在 0.28～3.7 ng/g ww，PFOS 和 PFNA 为主要污染物，并且肌肉中 PFASs 含量要低于整鱼。Aas 等(2014)对 Svalbard 群岛上北极狐体内不同组织中 PFASs 的分布及污染特征进行了研究，PFASs 在其肝脏含量最高，含量在 100 ng/g ww 左右，其次为血液，在脂肪和肌肉组织中，含量最低，均在 5 ng/g ww 左右。PFOS 和 PFNA 分别是 PFASs 和 PFCAs 的主要单体。Müller 等(2011)研究了加拿大极区一个完全陆生生态系统中的地衣—驯鹿—狼食物链中的 PFASs 传递情况，与海洋生物样品中有所不同，该食物链生物中 PFCAs 的浓度要高于 PFSAs，狼和驯鹿肝脏中 PFASs 含量较高，PFCAs

浓度在 6～18 ng/g ww 之间，但 PFOS 含量只有 0.7～2.2 ng/g ww。

北极区域周边还存在永居人群，Dallaire 等(2009)在 2004 年研究了加拿大极区 Nunavik Inuit 人血浆中的 PFOS，该人群中 PFOS 的检出率达 100%，最高浓度为 470 ng/mL，平均值为 18.7 ng/mL，PFOS 的浓度要比 PCB、PBDEs 等其他传统污染物高一个数量级左右。Audet-Delage 等(2013)于同一年对该区域人群中血清中的 PFOS 进行了研究，血清中 PFOS 检出率也达 100%，平均浓度为 10.9 ng/mL。欧洲北极圈内的 Greenlandic Inuits 人血清中，PFOS 和 PFOA 浓度分别为 52 ng/mL 和 4.8 ng/mL，高于加拿大北极圈内的 Nunavik Inuit 人(Lindh et al., 2012)。Hanssen 等(2013)测定了俄罗斯极区城市诺里尔斯克产妇和新生儿体内 PFASs，PFOS 是该人群中主要的 PFASs，母体和新生儿血清中 PFOS 的中值分别为 11.0 ng/mL 和 4.11 ng/mL，PFOA 中值分别为 1.61 ng/mL 和 1.00 ng/mL。诺里尔斯克人群中 PFOS 浓度远远高于乌兹别克斯坦咸海附近人群(0.23 ng/mL)。极区人群血清中的 PFASs 浓度整体上高于波兰和乌克兰等一般工业国家人群，基本与发达工业国家人群血清中浓度一致，这可能与极区人群高比例肉食摄入的膳食结构有关。Ostertag 等(2009)对加拿大 Nunavut Inuit 人的膳食中 PFASs 进行了分析，认为驯鹿肉是当地人摄取 PFASs 的主要途径，占所有 PFASs 摄入的 43%～75%。

6.4　极地 PFASs 源解析

极地区域 PFASs 的高频检出表明 PFASs 已从人类生产生活区域通过各种途径传输至极地。传统 POPs 在水中几乎不溶解，且具有一定的挥发性，主要通过大气圈进行长距离传输，而 PFASs 中的 ionic PFASs，如 PFSAs 和 PFCAs，其中 PFOS 和 PFOA 的溶解度都能达到 mg 水平，在环境中基本以离子态形式存在，其挥发性可以忽略不计(Stock and Muir, 2010)。离子型 PFASs 的这种特性可通过水圈在大洋中伴随洋流长距离传输，本章前面部分内容介绍了极地海洋水体中 PFASs 的污染情况，离子型 PFASs 在极地水圈中的普遍检出证明了其长距离传输的能力，但在极地内陆湖泊，表层雪等样品中 PFASs 的普遍存在并不能用水圈进行长距离传输解释。中性 PFASs 具有一定的挥发性，在环境中主要以气相方式存在(Stock et al., 2007)，且在大气环境中具有一定的持久性(Ellis et al., 2003)。一般认为，南极大陆、北极冰盖及高山区域等洋流直接到达不了的区域中 PFASs 由中性 PFASs 的长距离传输导致(Shoeib et al., 2006)。这种传输方式与传统 POPs 的长距离传输行为比较相似。已有很多研究在南极和北极区域大气中发现 FTOH、PFSA、PFSE 等挥发性较强的中性 PFASs(Stock et al., 2007)，这足以证明中性 PFASs 能够通过大气进行长距离传输，这些中性 PFASs 沉降至高纬度、高海拔、高寒地区以后，最终降解成 PFCAs 和 PFSAs 等污染物(Ellis et al., 2004)。事实上，中性 PFASs 通过大气干湿沉降有可能是这些区域 PFASs 的主要来源。Casal 等(2017)在南极半岛的利文斯顿岛样品中发现新雪中离子型 PFASs 含量水平在 760～3600 pg/L 之间，比沿岸海水中对应 PFASs 高出一个数量级，这说明降雪过程中带 PFASs 的海盐气溶胶协同沉降也有可能是南极海洋 PFASs 的重要输入源。

极地区域并非完全无人为活动，尤其是北极区域，Lescord 等(2015)和 Macinnis 等(2017)在加拿大高纬度区域湖泊中检测到的高浓度 PFASs 就来源于周边机场等设施的污染。Kwok 等(2013)在挪威极区斯瓦尔巴群岛表层积雪中检出了较高浓度的长链 PFCAs(PFDoA 和 PFTeA)，它们的浓度分别为 15.8 pg/L 和 7.17 pg/L，这两种 PFASs 在极地其他区域中基本未检出，Freberg 等(2010)的研究发现滑雪蜡中具有较高浓度的 PFDoA 和 PFTeA(分别为 61 μg/L 和 9.7 μg/L)，因此极区的滑雪活动也可能是长链 PFASs 的重要引入来源。同样，极地区域建设的科考站，也有可能成为极区 PFASs 的当地源，Cai 等(2012)在菲尔德斯半岛近岸海水中检测到高达 15096 pg/L 的 PFOA，相比其他南极海水 10 pg/L 左右的浓度，该区域受到人为影响非常明显，并且他们在距离科考站较近的南极积雪、湖水和地表径流中都检出了较高浓度的 PFASs。Wild 等(2014)在澳大利亚南极凯西站污水处理装置出水中检测到了 ng/L 量级的 PFASs，并且只在距离科考站最近的样品中检出 PFOS，样品点距离科考站越远，样品中可测得的 PFASs 浓度越低，进一步证实了科考站对其周边环境中的 PFASs 赋存会产生一定影响。

动物的大规模迁徙可能也是 POPs 在偏远区域的一个重要来源(Ewald et al., 1998)。季节性迁徙动物在迁入极地地区时可能从原栖息地携带大量 PFASs 污染物，这些携带的 PFASs 有可能随着这些排泄、脱毛(鸟类)、死亡等途径进入极地区域。北极海鸟体内 PFASs 含量普遍高于陆生鸟类，且 C_{11}～C_{15} 的 PFCAs 所占比例较高，与北极地区陆生生物体内 PFASs 分布不同，这一方面可能与海鸟捕食海洋鱼类的习性有关，另一方面也可能是迁入北极地区前的积累(Butt et al., 2007)。Llorca 等(2012)在巴布亚企鹅(*Pygoscelis*)粪便中检出了较高浓度的 PFASs，PFHxA、PFOA、PFNA、PFBS、PFOS 都能被检出，其中 PFHxA 浓度在 19.9～237 ng/g 之间，而 PFOS 浓度则更是高达 95.2～603 ng/g，是当前关于极地和偏远区域研究中所有样品的最高值，企鹅在排泄过程中必然将大量的 PFASs 带入极地陆地生态系统。

PFASs 通过大气圈和水圈两种长距离传输方式同时存在，环境基质中 PFASs 的污染特征可以部分反映其来源。近年来北极地区的研究发现，PFNA 在 PFASs 中比例有所提高，而 PFNA 的生产使用则鲜有报道。Kwok 等(2013)发现北极地区雪芯中 PFOA 和 PFNA 含量具有显著相关性，具有相似的来源，这种污染特征可能与长链 FTOH 经大气传输至极地环境后降解有关，实验表明 *n*:2FTOH 可通过过氧自由基氧化生成奇数碳链(*n*)和偶数碳链(*n*+1)的 PFCAs，如 8∶2 FTOH 可经降解生成 PFOA 和 PFNA，且生成 PFOA 和 PFNA 摩尔比在 1 左右，但这种降解效率不高，一般仅占 8∶2 FTOH 总碳比例 1%～10%(Ellis et al., 2003; Wallington et al., 2006)。北极地区北极熊肝脏中部分 PFCAs 之间也存在显著的相关性，其中 PFDA 和 PFUA 的相关性最强，这说明该区域这些污染物很有可能来自同一个源(Smithwick et al., 2005)，此外，Ellis 等(2004)发现北极熊肝脏中 PFOA 直链和支链 PFASs 比例为 23∶1，而且 PFNA 全为直链化合物，表明 FTOH 降解有可能是极地地区 PFNA 的唯一来源。FTOH、PFSA、PFSE 等经长距离传输在偏远地区降解生成 PFCAs 和 PFSAs 等离子型 PFASs，如果这个过程发生在陆地，这些离子型 PFASs 将进入当地淡水系统和陆生生态系统。一方面，FTOH 是全球生产量最大的 PFASs；另一方面，Ellis 等(2003, 2004)发现带磺酰基的 PFASs 前驱体(如 FOSE)在大气中与羟基自由基氧化至 PFSAs 的速度要快于 FTOH 氧化至 PFCAs 的速度，因此传输进入极地的 PFSAs 前驱体会少于 PFCAs 的前驱体；因此在偏远淡水及陆地系统中，理论上 PFCAs 会比 PFSAs 所占比例更多。北极陆地区域雪水、地表水中也是 PFCAs 占据主导地位(Young et al., 2007; Macinnis et al., 2017; Kwok et al.,2013)，Bossi 等(2015)在格陵兰岛和法罗群岛的北极嘉鱼和陆生动物体内也发现 PFCAs 浓度高于 PFSAs。Lescord 等(2015)的研究中发现，与其他受污染的湖比较，Nine Mile 湖无论是水体，还是鱼类体内，PFCAs 都高于 PFSAs。Müller 等(2011)对加拿大极区地衣、驯鹿、狼等陆生生物中 PFASs 污染特征进行了研究，发现陆生生物中 PFCAs 浓度远高于 PFOS。此外，格陵兰岛驯鹿和麝牛肝脏中 PFASs 污染特征也与此相一致(Bossi et al., 2015)。Aas 等(2014)在挪威斯瓦尔巴群岛北极狐(*Alopex lagopus*)组织中 PFASs 进行了分析，发现北极狐肝脏中 PFOS 含量高达 80 ng/g，PFNA 则是北极狐体内主要的 PFCAs，其次是 PFUnDA 和 PFTriDA，浓度分别为 14 ng/g、5.2 ng/g 和 6.0 ng/g。与同样作为北极地区捕食者的狼相比，北极狐体内的主要 PFASs 为 PFOS，这可能与其食物组成中同时包括陆生动物和海洋动物有关，其体内的 PFASs 来源不仅包括 PFASs 前驱体大气沉降/降解，也包括海洋洋流传输。北极熊是处于北极生态系统顶端的捕食动物，其食物组成主要为海洋哺乳动物及鱼类，因此 PFOS 在北极熊体内 PFASs 占比达 85%，高于其在北极狐及狼体内所占比例。PFASs 不同的传输途径导致极地区域陆地和海洋中污染特征有所不同，极地区域大气中 8∶2FTOH 所占比重较高，可以推测大气传输至陆生生态系统中 PFASs 以 PFOA 和 PFNA 为主，本章前面总结显示大洋中的 PFASs 以离子型 PFASs 为主，一般 PFOS 是主要成分。极地大洋中 PFASs 的来源也有两部分，一部分是工业区域直接以离子型 PFASs 形式排放进入水圈经长距离传输至极地区域，另一部分则是以中性 PFASs 排放进入环境，在传输过程逐渐降解并通过干湿沉降至水圈，继续随水圈长距离传输的离子型 PFASs。在大气环境中中性 PFASs 氧化降解的效率并不高(Ellis et al., 2004; Wallington et al.,

2006)，因此，水圈中长链 PFCAs 可能含量较低，而生产量巨大的 PFSAs 则会丰度较高。北极附近对大洋生物中 PFASs 污染特征的研究中发现，无论是浮游生物，还是鱼类，甚至是海洋哺乳动物，PFOS 都是其主要单体(Tomy et al., 2004; Bossi et al., 2005; Haukas et al., 2007)。PFNA 和 PFOS 氟化碳链长度一致，在生物中的富集能力类似，根据极地生物体内 PFNA 和 PFOS 的污染特征，一方面可以对其生活习性及食物来源进行初步判断，另一方面，也能判断极地区域环境样品是否受到人类活动点源污染。

南极区域生物中 PFASs 含量要远低于北极区域，这说明南极受到的 PFASs 污染相对要小得多。南极大陆远离人口密集的工业国家，FTOH 在大气中的半衰期大概为 20 天(Ellis et al., 2003)，结合全球平均风速，FTOH 从周边污染源长距离传输至南极大陆的比例会较小。Jahnke 等(2007)的研究发现，赤道以南 FTOH 的最高浓度仅为 14 pg/m^3，Dreyer 等(2009)在南极洲附近海域大气中检测到 FTOH 总浓度仅为 4 pg/m^3，这也表明大气传输 PFASs 至南极大陆的传输量非常有限，南极环境样品中长链 PFASs 的缺乏，也说明了长链全氟前驱体经过大气长距离传输过程后，其传输到最远端的南极地区数量较北极要少。南极大陆周围存在着一条环状洋流，也称南极绕极流(antarctic circumpolar current)，绕极流的存在，使得其他海域的水体和南极大陆附近水体的交换速度变得极其缓慢，因此污染物通过洋流传输至南极大陆周围的速度比较缓慢。Nash 等(2010)根据南极生物习性及采样位点，以南极绕极流为分界线，对现有文献报道的绕极流南北的生物样品中 PFASs 情况进行了总结，发现绕极流南边生物中 PFASs 低于绕极流北边生物，因此他们进一步认为 PFASs 通过洋流直接大量传输到南极，但至今还没有确切的证据。目前，关于南极大陆 PFASs 污染状况的研究极少，尚缺乏真正南极大陆冰盖 PFASs 的关键数据，很多结论都需进一步研究论证。

6.5 PFASs 在极地的环境行为及变化趋势

PFASs 具有疏水疏油性，而传统 POPs 一般具有较强的亲脂性，因此从事污染物生物富集研究的科学家一开始对 PFASs 在全球不同生态系统中普遍检出及 PFOS 具有的生物富集能力感到意外。PFOS 在环境 pH 条件下一般以非挥发性的离子态存在，而当时的知识系统一般认为，除甲基汞、三丁基锡等少数有机金属化合物以外，只有中性卤代化合物才有可能在环境中长距离传输并生物富集放大。目前主要有两种模型对 PFASs 在生物体内的富集机理进行解释(Ng and Hungerbuhler, 2014)：一种称为磷脂模型，该模型建立在磷脂对含电荷的分子的亲和力要高于普通脂肪的基础上。PFASs 由于其 pK_a 值较小，在自然条件下一般以带电荷的离子形式存在，因此该模型认为 PFASs 和磷脂的结合是导致其具有较强生物富集能力的原因(Armitage et al., 2012)，这个模型能成功地预测7～13个碳原子的PFCAs在动物体内的整体富集因子。另一种模型称为蛋白质结合模型，该模型认为PFASs与各种相关蛋白质之间的相互作用是揭示其在生物体内富集代谢的关键，PFASs对蛋白质具有极强的亲和力，众多的研究也表明生物体肝脏、血液是PFASs富集的主要组织器官(Salvalaglio et al., 2010; Conder et al., 2008)，相对于磷脂模型，目前关于PFASs和蛋白质结合模型方面研究更多(Ng and Hungerbuhler, 2013)。PFASs和转运蛋白的高亲和力导致其一般在动物肝脏组织和血液中含量相对较高，南北极的生物也不例外，动物肝脏或血液是研究PFASs污染的理想样品(Aas et al., 2014; Greaves et al., 2012; Riget et al., 2013)。但南北极高等生物大部分属于保护动物，因此将鸟类羽毛和动物毛发等非损伤性样品指示这些生物中的PFASs污染状况具有很好的应用前景。

PFASs在全球各区域的生态系统生物中均有检出(Houde et al., 2011, 2006)，部分长链PFASs(尤其是PFOS)和PCBs、PBDEs、DDTs、HCHs等POPs具有类似的生物富集能力(Haukas et al., 2007; Kelly et al., 2009; Tomy et al., 2009)。中性PFASs在环境及生物体内能降解成离子型的PFASs，因此生物体内一般以离子型PFASs为主要PFASs。Conder等(2008)总结了众多PFASs生物富集放大研究，认为氟化碳链长度大于7的离子型PFASs在环境中具有潜在生物富集放大效应。PFASs在不同物种中的富集能力存在差异，北极海洋生态系统(鱼-海洋哺乳动物/鸟类生态系统)中PFASs的生物放大研究中发现碳链长度在8～11的PFCAs、PFOS和PFOSA存在生物放大现象，但鳕鱼对PFOS几乎没有生物放大效应，而其他生物对PFOS的BMF在4.0以上；对于PFOA，只有哺乳动物对PFOA的BMF大于1，而鸟类和鱼类则都小于1(Tomy et al., 2004, 2009)。北极海洋哺乳动物中的PFASs含量要高于鱼类等海洋生物，这固然与海洋哺乳动物所处的营养级较高有关系，但鱼类中也不乏鲨鱼等高营养级生物，Corsolini等(2016)研究了PFASs、PCBs、PBDEs在格陵兰岛东北海域包括鲨鱼在内的海洋生物中的污染状况，发现鲨鱼中富集了较高浓度的PCBs和PBDEs，但PFASs却低于检出限。PFASs尤其是前驱体在动物体内的富集行为还与物种之间的代谢能力差异有一定的关系，PFOS的前驱体*N*-EtPFOSA，在鱼类中的BMF(238)要远高于哺乳类动物，这可能与哺乳动物在体内能够将其代谢并转化为PFOS，从而导致*N*-EtPFOSA的富集效应不明显(Tomy et al., 2004)有关，Gebbink等(2016)在虎鲸样品中发现了高比例的FOSA/PFOS，认为虎鲸对FOSA的代谢能力要低于海豹和北极熊，而体外实验也证实了鲸类对FOSA类物质代谢能力要远低于同为北极海洋捕食者的北极熊和海豹(Letcher et al., 2014)。

水生和陆生生态系统中同一种PFASs的富集能力并不完全一致。Kelly等(2009)在研究北极“藻类-双壳类-鱼-海鸟/海洋哺乳动物”食物网时发现，PFASs

在整体食物网中存在生物放大效应，但在水生食物链（藻类—双壳类—鱼）中并没有生物放大。加拿大极区地衣—驯鹿—狼这一简单陆生食物链中 PFASs 的富集放大行为表明，PFOS 和碳链长度为 9～11 的 PFCAs 在该食物链中的营养级放大系数（TMFs）在 2.2～2.9 之间，证明了 PFASs 在完全的陆生生态系统也可富集（Müller et al., 2011）。吴江平等（2010）在总结 PFASs 生物富集效应方面研究时也发现哺乳动物和爬行动物等高营养级生物的富集能力要高于无脊椎动物和鱼类，这可能与 PFASs 自身物化特性有关。一方面，大部分的 PFASs 的 K_{ow} 小于 10^5，并且其具有较强的溶解能力，水生生物呼吸时有可能通过鳃将体内 PFASs 排出体外。另一方面，PFASs 的 K_{oa} 却高于 10^6，陆生生物则很难通过呼吸作用将 PFASs 排出体内。Kelly 等（2007）认为 K_{ow} 在 10^5 以上，或者同时满足 K_{ow} 在 10^2～10^5 之间及 K_{oa} 在 10^6 以上的化合物也具有生物富集能力，因此符合这部分条件的 PFASs 极有可能在通过肺呼吸的生物中富集。

3M 公司从 2000 年自愿停止生产 C_8 的 PFASs 以来，PFASs 在全球的排放数量锐减。然而一方面，新型 PFASs 不断涌现，另一方面，由于 PFASs 在环境中极强的持久性，PFASs 不会在很短时间内从环境中消失。北极熊、海豹和鲸类处于北极食物网顶部，是最受关注的生物，与其他生物相比，它们体内的 PFASs 浓度相对较高，通过比较不同时间段采集的这些样品中的 PFASs 能够了解极地区域 PFASs 随时间变化的趋势。PFOS 是北极熊和海豹肝脏中主要的 PFASs 污染物，北极熊和海豹肝脏中 PFOS 浓度从 1984 年开始随着时间逐年上升，至 2006 年 PFOS 浓度均达到峰值，之后呈下降趋势。1984～2011 年期间对东格陵兰岛北极熊中 PFASs 的研究发现，2006 年北极熊 PFOS 浓度持续上升至 2966 ng/g，之后 PFOS 浓度显著下降。东西格陵兰岛 PFOA、PFNA、PFDA 和 PFUnA 变化趋势不同，西格陵兰岛海豹体内 PFOA、PFNA、PFDA 和 PFUnA 在 2005～2006 年前后达到峰值，之后持续下降，而东格陵兰岛海豹体内 PFNA、PFDA 和 PFUnDA 近年来却保持稳定或呈上升趋势（Riget et al., 2013）。Routti 等（2016）分析了 1990～2010 年间采集自北极 Svalbard 群岛王湾区域环斑海豹血浆中的 PFASs 趋势，PFOS 和 PFNA 是海豹血浆中主要的 PFSAs 和 PFCAs。PFASs 在这 20 年间的趋势不明显，PFASs 基本在 2004 年达到峰值，2004～2010 年期间有一定的下降趋势。鲸类与北极熊和海豹不同，其体内缺乏将 FOSA 等前驱体代谢成 PFOS 的酶，因此与其他生物相比，其体内前驱体浓度更能指示环境中 PFASs 前驱体的污染状况。Dassuncao 等（2017）研究了 1994～2013 年之间北大西洋领航鲸鱼肌肉中包含 FOSA 在内的 15 种 PFASs，发现除 FOSA 外，其他的 PFASs 之间相关性较为显著。在时间趋势上，PFASs 总量变化不大，但组成特征发生了较大的变化：FOSA 在 PFASs 中比例极高，1999 年达到峰值 84%，随后逐渐减少，2013 年仅占 PFASs 总量的 34%。鲸鱼体内的 FOSA 在 2006 年达到峰值后开始下降，这可能与 FOSA

产品的减少和控制有关，而其他的长链 PFASs，如 PFOS、PFNA、PFDA 等在采样时间段内始终在增加。鲸鱼肌肉中长链 PFCAs 的年增长率在 6.1%～8.2%之间，与瑞士海水獭(Roos et al., 2013)，阿拉斯加白鲸(Reiner et al., 2011)类似。PFOS 的年增长率只有 2.8%，低于长链 PFCAs，这一方面可能与 PFOS 相关产品的限制生产时间较早有关，另一方面，极地的长链 PFCAs 目前一般认为是 FTOH 通过长距离传输并降解所产生，这些长链 PFCAs 的浓度和比例在极地生物中的稳步上涨，说明 PFASs 大气传输途径对极地区域 PFASs 的贡献也在加大(Dassuncao et al., 2017)。

PFASs 可通过大气圈和水圈进行长距离传输，与其他区域相比，极地区域 PFASs 浓度水平较低，北极地区 PFASs 的赋存及环境行为研究相对比较系统，长链 PFASs 在部分生态系统中表现出较强的生物累积性。但受限于采样难度，PFASs 在南极地区的研究主要集中在非生物样品基质，其在南极区域生态系统(食物链、食物网)中的系统研究目前尚为空白，亟须相关研究。

6.6　极地环境中 SCCPs 的赋存及环境行为

生产、存储、运输、工业应用和消费者使用，以及产品的最终处置过程均有可能造成 SCCPs 向环境中释放。一般认为，在大气中半衰期在 2 天以上的污染物，就可能进行长距离传输，Meylan 和 Howard(1993)根据使用 AOPWIN 计算机程序估算 SCCPs 在大气中的半衰期在 0.81～10.5 天之间，可能具有长距离传输能力。SCCPs 可吸附在大气颗粒物相上，在高纬度低温度条件下，SCCPs 在大气中的氧化途径受到限制，更加有利于 SCCPs 随颗粒物进行长距离传输。Wania(2003)根据多种 SCCPs 同类物的 K_{oa} 和 K_{aw} 值，预测了它们的北极污染潜力(Arctic pollution potential，ACP)，通过与一系列模型化合物的 ACP 结果对比，SCCPs 的 ACP 与四取代至七取代 PCBs 类似。除了长距离传输模型数据，现场实验结果也均支持 SCCPs 可以通过长距离传输迁移到偏远地区这一结论，SCCPs 在极地大气、土壤、沉积物、生物等中都有检出(Ma et al., 2014; Li et al., 2016, 2017)。

1999 年 Borgen 等(2000)在挪威斯瓦尔巴群岛齐柏林山测得的 SCCPs 浓度介于 9.0～57 pg/m^{3}之间，但在斯瓦尔巴群岛与挪威本土之间的熊岛采集到的空气样本，Borgen 等(2002)却测到了高含量的 SCCPs 浓度，SCCPs 浓度范围为 1800～10600 pg/m^3，在较小的区域出现如此大的偏差，说明斯瓦尔巴群岛区域可能存在人为排放源。据挪威环境署报告，2013 年齐柏林山的年度 SCCPs 浓度平均值为 360 pg/m^3，月度均值区间为 185.8～596.5 pg/m^3 (Norwegian Environmental Agency, 2014)，2014 年 SCCPs 的年度平均值为 240 pg/m^3，区间为 140～480 pg/m^3 (Dick et al., 2010)。与 1999 年的结果相比，有一定的增长。马新东等通过我国第 29 次南极科考活动，在南极菲尔德斯半岛乔治王岛采集了大气气相和颗粒相样品，系统研究了 CPs 在南极大气中的含量水平、同族体分布特征、污染来源及气/固分配行为。SCCPs 在南极全部大气样品中均有检出，南极乔治王岛大气颗粒相和气相中∑SCCPs 的浓度范围在 9.6～20.8 pg/m^3 之间，平均值为 14.9 pg/m^3。气相中 C_{10}-CPs 和 C_{11}-CPs 是两个最主要的同系物组，二者之和占总量的 56.9%。颗粒相中同族体的特征与气相不同，其中 C_{12}-CPs 同系物组的平均相对密度最高，为 24.1%(Dick et al., 2010)，与 Borgen 等(2000)报道的挪威斯瓦尔巴半岛地区大气中 SCCPs 的分布特征相似。

加拿大北极区 Nunavut 地区伊魁特市的垃圾填埋地附近的土壤中测得的 SCCPs 平均浓度为(60.4±54.9)ng/g dw，该结果表明垃圾填埋地可能充当着伊魁特市当地的 SCCPs 污染源(Dick et al., 2010)。Tomy 等(1998, 1999)在加拿大从中纬度到高纬度的湖泊底泥中测出了 SCCPs，且湖泊底泥中 SCCPs 普遍高于 DDTs 的浓度，北极圈内的两个湖泊表层底泥中 SCCPs 浓度仅为 1.6～4.5 ng/g dw，远低于其他几个湖泊表层底泥中 SCCPs 的浓度。格陵兰岛附近海域和加拿大极区海域鲸脂中 SCCPs 浓度在 0.16～0.23 μg/g，比人类活动密集的 St. Lawrence 河湾所采集的鲸脂中含量要低，也说明人为活动对极区 SCCPs 的污染水平具有一定的影响(Tomy et al., 2000)。另外，除环斑海豹、白鲸、海象、红点鲑和海鸟体外，北极内陆湖泊中的淡水鱼样品中都能检测到 SCCPs (Jansson et al., 1993; Reth et al.,2006)。挪威环境署 2013 年的报告显示在三趾鸥蛋和绒鸭蛋分别检出了 7.8 ng/g ww 和 3.2 ng/g ww 的 SCCPs，表明 SCCPs 可以从母体向后代传递(Herzke et al., 2013)。

张庆华和傅建捷等通过中国第二十九次南极科考和第七次北极科考获取了南极菲尔德斯半岛和北极斯瓦尔巴群岛生态系统环境样品，对南北极系列样品中 SCCPs 污染水平进行了研究。南极菲尔德斯半岛和阿德利岛上的环境样品中 SCCPs 的含量水平介于 3.5～256.6 ng/g dw 之间，平均浓度为 76.6 ng/g(Li et al., 2016)。SCCPs 在北极斯瓦尔巴群岛生态系统中的浓度范围为 6.0～610.9 ng/g dw，平均值为 165.2 ng/g，其中水生物种的 SCCPs 浓度水平比陆地植物样品中略高(Li et al., 2017)。与中低纬度及工业区样品比较(Yuan et al., 2017; Zeng et al.,2015; Yuan et al.,2012)，极地区域 SCCPs 含量水平相对较低。Li 等进一步通过 SCCPs 在南极、北极地区的同类物组成特征，对其长距离传输机制进行了研究。南极和北极样品中的氯代同类物主要为 Cl_6 同类物为主，分别占 SCCPs 总含量的 38.0% 和 34.8%。从碳链长度上来看，南极、北极样品中短碳链($<C_{10}$)同类物都占主要成分，分别占 SCCPs 总量的 56.1%、48.6%(Li et al., 2016, 2017)，与北极海洋哺乳动物体内 SCCPs 污染特征一致(Tomy et al., 2000)，同样，Reth 等(2005)也发现北海中生物群中检测到的 SCCPs 的 C_{10} 同类物比波罗的海丰度要高。南北极环境样品与中低纬度环境样品及工业产品相比，出现了短碳链同类物的分馏现象(图 6-2)。

这主要是因为短碳链同类物相比长碳链同类物具有更高的挥发性(Drouillard et al., 1998a)，因此它们比较容易随着大气进行长距离传输。C_{10}同类物比其他长碳链同类物具有较低的K_{ow}和较高的水溶性(Drouillard et al., 1998b)，不容易吸附在水中颗粒物上沉降，因而更容易随着洋流进行全球性的迁移，短碳链和低氯代同类物在南北极环境样品中的富集就是 SCCPs 不同同类物物化性质的具体体现。

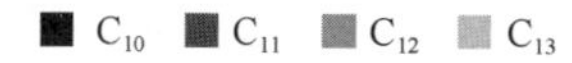

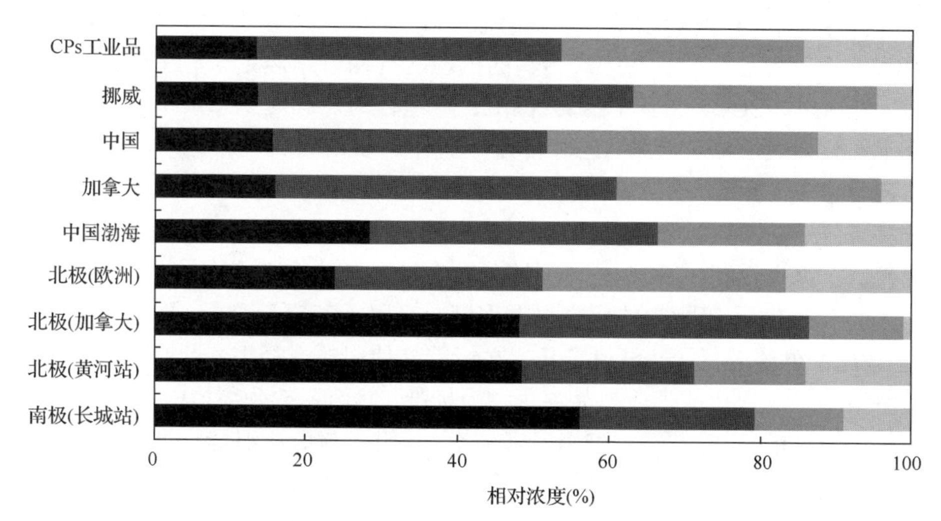

图 6-2　不同地理区域 SCCPs 污染特征

SCCPs 在生态系统中的富集放大行为备受关注。南极和北极地区水生生物样品中 SCCPs 含量与其脂肪含量呈现显著的正相关性($p<0.05$)，但这种相关性在陆生植物样品中并不显著($p>0.05$)。这与 SCCPs 的亲脂性有关，SCCPs 可能通过摄食和分配途径从环境进入生物体，水-脂分配过程可能是水生生态系统中的主要途径，分配过程与 SCCPs 的K_{ow}值密切相关，因而水生生物体中的 SCCPs 浓度与脂肪含量显示了显著的相关性。但是在陆生生态系统中，SCCPs 进入陆生生物的过程摄食可能占主导地位，因而与生物体脂肪含量并没有显示出相关性。通过现场观察及进一步的同位素判据，Li 等(2016)对南北极生态系统样品中的捕食关系进行了判定，SCCPs 在南极骨螺和南极帽贝食物链中 BMF 为 1.9，具有生物放大效应。北极的鳕鱼和钩虾食物链之间的 BMF 仅为 0.46，不存在生物放大效应。从其他区域的研究来看，SCCPs 的生物放大效应也存在争议，Ma 等(2014)研究了渤海浮游动物-虾-鱼食物链中 SCCPs 的 TMF 为 2.38，表明 SCCPs 在这些水生生物网中具有生物放大效应，而 Yuan 等(2012)在渤海地区软体动物体内也没有发现 SCCPs 生物富集放大现象。SCCPs 在不同地区和食物网中不同的生物放大行为的原因尚不清晰，SCCPs 在食物链中的富集/放大作用除了受到生物与环境交互作用影响外，可能还受到生物自身生长稀释、代谢能力、是否依赖肺呼吸等因素影响，极地高寒区域生态系统中的生物体长期生活在低温环境下，动植物的生长速率低于捕食速率(Muijs and Jonker, 2009; Honkanen and Kukkonen, 2006)，从而导致了污染物可能对生物体造成更高的富集，因此开展极地生态系统中 SCCPs 生物富集放大行为研究具有重要意义。

SCCPs 在极地等偏远区域生态系统中的检出能够确认其长距离传输的能力，极地各种介质中 SCCPs 的浓度均与传统的 POPs 相当甚至更高。根据极地样品中 SCCPs 的污染特征可对其长距离传输的机理进行探讨。但无论是在极地环境，还是在工业区域，SCCPs 的环境化学特性、环境行为及其对生态系统的风险方面的研究工作整体上还非常有限，已有研究甚至对于 SCCPs 在生态系统中的富集放大行为还没达成一致。从 SCCPs 进入《斯德哥尔摩公约》控制名单的历程上看，2006 年 SCCPs 被列入控制候选化学品，2016 年通过科学性审查，至 2017 年才列入公约附件 A，这也说明了 SCCPs 作为持久性有机污染物在某些方面存在争议。

目前 SCCPs 环境行为的研究很大程度上受限于其定量分析，现有分析方法无法对 SCCPs 单体进行一一甄别分析。在标准品使用的选择上，目前国际上大多数实验室主要以商业化的工业产品混合物为标准，然而释放到环境中的 SCCPs 大多经过了选择性的环境迁移和生物代谢转化，其组成与商业混合物可能存在较大的差异，这种差异最终体现在分析标准品和实际样品中 SCCPs 的特征不一致，继而传递至仪器检测器对不同 SCCPs 响应的差异，最终造成分析误差。由于分析过程中不同实验室测定的样品、采用的分析标准品、前处理及仪器分析方法等方面存在不同，当前 SCCPs 在不少生态系统赋存及环境行为的研究之间横向比较存在困难，亟须发展更高灵敏度和准确度的分析方法，并通过测定比对样品的方式评估不同实验室间 SCCPs 分析结果差异特征。

参考文献

郭睿, 蔡亚岐, 江桂斌. 2006. 高效液相/四极杆-飞行时间串联质谱法分析活性污泥中的全氟辛烷磺酸及全氟辛酸. 环境化学, 25(6): 674-677.

吴江平, 管运涛, 李明远, 靳军涛, 张锡辉. 2010. 全氟化合物的生物富集效应研究进展. 生态环境学报, 19(5): 1246-1252.

Aas C B, Fuglei E, Herzke D, Yoccoz NG, Routti H. 2014. Effect of body condition on tissue distribution of perfluoroalkyl substances(PFASs) in arctic fox (Vulpeslagopus). Environmental Science & Technology, 48(19): 11654-11661.

Ahrens L, Xie Z, Ebinghaus R. 2010.Distribution of perfluoroalkyl compounds in seawater from Northern Europe, Atlantic Ocean, and Southern Ocean. Chemosphere, 78(8): 1011-1016.

Ahrens L, Yamashita N, Yeung L W Y, Taniyasu S, Horii Y, Lam P K S, Ebinghaus R. 2009. Partitioning behavior of Per- and polyfluoroalkyl compounds between pore water and sediment in two sediment cores from Tokyo Bay, Japan. Environmental Science & Technology, 43 (18): 6969-6975.

Alzaga R, Bayona J M. 2004. Determination of perfluorocarboxylic acids in aqueous matrices by ion-pair solid-phase microextraction-in-port derivatization-gas chromatography-negative ion chemical ionization mass spectrometry. Journal of Chromatography A, 1042 (1-2): 155-162.

Armitage J M, Arnot J A, Wania F. 2012. Potential role of phospholipids in determining the internal tissue distribution of perfluoroalkyl acids in Biota. Environmental Science & Technology, 46 (22): 12285-12286.

Audet-Delage Y, Ouellet N, Dallaire R, Dewailly E, Ayotte P. 2013. Persistent organic pollutants and transthyretin-bound thyroxin in plasma of inuit women of childbearing age. Environmental Science & Technology, 47 (22): 13086-13092.

Bao J, Liu W, Liu L, Jin Y, Ran X, Zhang Z. 2010. Perfluorinated compounds in urban river sediments from Guangzhou and Shanghai of China. Chemosphere, 80 (2): 123-130.

Barber J L, Berger U,Chaemfa C, Huber S, Jahnke A,Temme C, Jones K C. 2007. Analysis of per- and polyfluorinated alkyl substances in air samples from Northwest Europe.Journal of Environmental Monitoring, 9 (6): 530-541.

Benskin J P, Phillips V, St Louis V L, Martin J W. 2011. Source elucidation of perfluorinated carboxylic acids in remote alpine lake sediment cores. Environmental Science & Technology, 45 (17): 7188-7194.

Borgen A R, Schlabach M, Gundersen H. 2000. Polychlorinated alkanes in arctic air.Organohalogen Compounds, 47: 272-275.

Borgen A R, Schlabach M, Kallenborn R, Christensen G, Skotvold T. 2002. Polychlorinated alkanes in ambient air from Bear Island.OrganohalogenCompounds, 59: 303-306.

Bossi R, Dam M, Rigét F F. 2015. Perfluorinated alkyl substances (PFAS) in terrestrial environments in Greenland and Faroe Islands. Chemosphere, 129: 164-169.

Bossi R, Riget F F, Dietz R, Sonne C, Fauser P, Dam M, Vorkamp K. 2005. Preliminary screening of perfluorooctanesulfonate (PFOS) and other fluorochemicals in fish, birds and marine mammals from Greenland and the Faroe Islands. Environmental Pollution, 136 (2): 323-329.

Butt C M, Berger U, Bossi R, Tomy G T. 2010. Levels and trends of poly-and perfluorinated compounds in the arctic environment. Science of the Total Environment, 408 (15): 2936-2965.

Butt C M, Mabury S A, Muir D C, Braune B M. 2007. Prevalence of long-chained perfluorinated carboxylates in seabirds from the Canadian Arctic between 1975 and 2004. Environmental Science & Technology, 41 (10): 3521-3528.

Cai M, Yang H, Xie Z, Zhao Z, Wang F, Lu Z, Sturm R, Ebinghaus R. 2012. Per-and polyfluoroalkyl substances in snow, lake, surface runoff water and coastal seawater in Fildes Peninsula, King George Island, Antarctica. Journal of Hazardous Materials, 209: 335-342.

Casal P, Zhang Y, Martin J W, Pizarro M, Jiménez B, Dachs J. 2017. The role of snow deposition of perfluoroalkylated substances at coastal Livingston Island (maritime Antarctica). Environmental Science & Technology, 51 (15): 8460-8470.

Choi S D, Baek S Y, Chang Y S, Wania F, Ikonomou M G, Yoon Y J, Park B K, Hong S. 2008. Passive air sampling of polychlorinated biphenyls and organochlorine pesticides at the Korean Arctic and Antarctic research stations: Implications for long-range transport and local pollution. Environmental Science & Technology, 42 (19): 7125-7131.

Chu S G, Letcher R J. 2009. Linear and branched perfluorooctane sulfonate isomers in technical product and environmental samples by in-Port derivatization-gas chromatography-mass spectrometry. Analytical Chemistry, 81（11）: 4256-4262.

Conder J M, Hoke R A, De W W, Russell M H, Buck RC. 2008. Are PFCAs bioaccumulative? A critical review and comparison with regulatory criteria and persistent lipophilic compounds. Environmental Science & Technology, 42(4): 995-1003.

Corsolini S, Pozo K, Christiansen J S. 2016. Legacy and emergent POPs in the marine fauna of NE Greenland with special emphasis on the Greenland shark Somniosusmicrocephalus. RendicontiLincei-ScienzeFisiche E Naturali, 27: 201-206.

Dallaire R, Ayotte P, Pereg D, Déry S, Dumas P, Langlois É, Dewailly É. 2009. Determinants of plasma concentrations of perfluorooctanesulfonate and brominated organic compounds in nunavik inuit adults（Canada）. Environmental Science & Technology, 43(13): 5130-5136.

Dassuncao C, Hu XC, Zhang X, Bossi R, Dam M, Mikkelsen B, Sunderland E M. 2017. Temporal shifts in poly- and perfluoroalkyl substances（PFASs）in north Atlantic pilot whales indicate large contribution of atmospheric precursors. Environmental Science & Technology, 51(8): 4512-4521.

Del Vento S, Halsall C, Gioia R, Jones K, Dachs J. 2012. Volatile per-and polyfluoroalkyl compounds in the remote atmosphere of the western Antarctic Peninsula: An indirect source of perfluoroalkyl acids to Antarctic waters? Atmospheric Pollution Research, 3(4): 450-455.

Dick T A, Gallagher C P, Tomy G T. 2010. Short-and medium-chain chlorinated paraffins in fish, water and soils from the Iqaluit, Nunavut（Canada）, area. World Review of Science, Technology and Sustainable Development, 7(4): 387-401.

Dolman S, Pelzing M. 2011. An optimized method for the determination of perfluorooctanoic acid, perfluorooctanesulfonate and other perfluorochemicals in different matrices using liquid chromatography/ion-trap mass spectrometry. Journal of Chromatography, 879（22）: 2043-2050.

Dreyer A, Ebinghaus R. 2009. Polyfluorinated compounds in ambient air from ship- and land-based measurements in northern Germany. Atmospheric Environment, 43(8): 1527-1535.

Dreyer A, Weinberg I, Temme C, Ebinghaus R. 2009. Polyfluorinated compounds in the atmosphere of the Atlantic and Southern Oceans: Evidence for a global distribution. Environmental Science & Technology, 43(17): 6507-6514.

Drouillard K G, Hiebert T, Tran P, Tomy G T, Muir D C, Friesen K J. 1998a. Estimating the aqueous solubilities of individual chlorinated n-alkanes（C10－C12）from measurements of chlorinated alkane mixtures. Environmental Toxicology and Chemistry, 17(7): 1261-1267.

Drouillard K G, Tomy G T, Muir D C, Friesen K J. 1998b. Volatility of chlorinated n-alkanes（C10-C12）: Vapor pressures and Henry's law constants. Environmental Toxicology and Chemistry, 17(7): 1252-1260.

Ellis D A, Martin J W, De Silva A O, Mabury S A, Hurley M D, Sulbaek Andersen MP, Wallington TJ. 2004. Degradation of fluorotelomer alcohols: A likely atmospheric source of perfluorinated carboxylic acids. Environmental Science & Technology, 38(12): 3316-3321.

Ellis D, Martin J, Mabury S, Hurley M, Sulbaek Andersen M, Wallington T. 2003. Atmospheric lifetime of fluorotelomer alcohols. Environmental Science & Technology, 37(17): 3816-3820.

Ewald G, Larsson P, Linge H, Okla L, Szarzi N. 1998. Biotransport of organic pollutants to an inland Alaska lake by migrating sockeye salmon（Oncorhynchusnerka）. Arctic, 51(1): 40-47.

Freberg B I, Haug L S, Olsen R, Daae H L, Hersson M, Thomsen C, Thorud S, Becher G, Molander P, Ellingsen D G. 2010. Occupational exposure to airborne perfluorinated compounds during professional ski waxing. Environmental Science & Technology, 44(19): 7723-7728.

Fu J J, Gao Y, Wang T, Liang Y, Zhang A Q, Wang Y W, Jiang G B. 2015. Elevated levels of perfluoroalkyl acids in family members of occupationally exposed workers: The importance of dust transfer. Scientific Reports, 5: 9313.

Gao K, Fu J J, Xue Q, Li Y L, Liang Y, Pan Y Y, Zhang A Q, Jiang G B. 2018. An integrated method for simultaneously determining 10 classes of per- and polyfluoroalkyl substances in one drop of human serum.AnalyticaChimicaActa, 999: 76-86.

Gao K,Gao Y, Li Y L, Fu J J, Zhang A Q. 2016. A rapid and fully automatic method for the accurate determination of a wide carbon-chain range of per- and polyfluoroalkyl substances (C4-C18) in human serum. Journal of Chromatography A, 1471: 1-10.

Gao Y, Fu J J, Cao H M, Wang Y W, Zhang A Q, Liang Y,Thanh W, Zhao C Y, Jiang G B. 2015. Differential accumulation and elimination behavior of perfluoroalkyl acid isomers in occupational workers in a manufactory in China. Environmental Science & Technology, 49 (11): 6953-6962.

Gebbink W A, Bossi R, Riget F F, Rosing-Asvid A, Sonne C, DietzR. 2016. Observation of emerging per- and polyfluoroalkyl substances (PFASs) in Greenland marine mammals. Chemosphere, 144: 2384-2391.

Giesy J P, Kannan K. 2001.Global distribution of perfluorooctanesulfonate in wildlife. Environmental Science & Technology, 35(7): 1339-1342.

Gonzalez-BarreiroC, Martinez-Carballo E, Sitka A, Scharf S, Gans O. 2006. Method optimization for determination of selected perfluorinated alkylated substances in water samples. Analytical and Bioanalytical Chemistry, 386 (7-8): 2123-2132.

Gosetti F,Chiuminatto U, Zampieri D, Mazzucco E, Robotti E, Calabrese G, Gennaro M C, Marengo E. 2010. Determination of perfluorochemicals in biological, environmental and food samples by an automated on-line solid phase extraction ultra high performance liquid chromatography tandem mass spectrometry method. Journal of Chromatography A, 1217 (50): 7864-7872.

Greaves A K, Letcher R J, Sonne C, Dietz R, Born E W. 2012. Tissue-specific concentrations and patterns of perfluoroalkyl carboxylates and sulfonates in east greenland polar bears. Environmental Science & Technology, 46(21): 11575-11583.

Hansen K J, Clemen L A, Ellefson M E, Johnson H O. 2001. Compound-specific, quantitative characterization of organic fluorochemicals in biological matrices. Environmental Science & Technology, 35(4): 766-770.

Hanssen L, Dudarev A A, Huber S, Odland J O, Nieboer E, Sandanger T M. 2013. Partition of perfluoroalkyl substances (PFASs) in whole blood and plasma, assessed in maternal and umbilical cord samples from inhabitants of arctic Russia and Uzbekistan. Science of the Total Environment, 447: 430-437.

Haukas M, Berger U, Hop H, Gulliksen B, Gabrielsen G W. 2007. Bioaccumulation of per- and polyfluorinated alkyl substances (PFAS) in selected species from the Barents Sea food web. Environmental Pollution, 148(1): 360-371.

Herzke D, Kaasa H, Gravem F, Gregersen H, Jensen J B, Horn J, Harju M, Borgen A, Enge E, Warner N. 2013. Perfluorinated alkylated substances, brominated flame retardants and chlorinated paraffins in the norwegian environment-screening 2013, in norwegian environment agency. SWECO, Tromsø, Norway: NILU–Norsk Institutt for Luftforskning.

Honkanen J O, Kukkonen J V. 2006. Environmental temperature changes uptake rate and bioconcentration factors of bisphenol A in tadpoles of RanaTemporaria. Environmental Toxicology and Chemistry, 25(10): 2804-2808.

Houde M, De Silva A O, Muir D C G, Letcher R J. 2011. Monitoring of perfluorinated compounds in aquatic biota: An updated review PFCs in aquatic biota. Environmental Science & Technology, 45(19): 7962-7973.

Houde M, Martin J W, Letcher R J, Solomon K R, Muir D C G. 2006. Biological monitoring of polyfluoroalkyl substances: A review. Environmental Science & Technology, 40(11): 3463-3473.

Jahnke A, Berger U, Ebinghaus R, Temme C. 2007. Latitudinal gradient of airborne polyfluorinated alkyl substances in the marine atmosphere between Germany and South Africa (53°N-33°S). Environmental Science & Technology, 41(9): 3055-3061.

Jamieson A J, Malkocs T, Piertney S B, Fujii T, Zhang Z. 2017. Bioaccumulation of persistent organic pollutants in the deepest ocean fauna. Nature Ecology and Evolution, 1: 0051.

Jansson B, Andersson R, Asplund L, Litzen K, Nylund K, Sellstrom U, Uvemo U B, Wahlberg C, Wideqvist U, Odsjo T, Olsson M. 1993. Chlorinated and brominated persistent organic-compounds in biological samples from the environment. Environmental Toxicology and Chemistry, 12(7): 1163-1174.

Kelly B C, Ikonomou M G, Blair J D, Morin A E, Gobas FAPC. 2007. Food web-specific biomagnification of persistent organic pollutants. Science, 317(5835): 236-239.

Kelly B C, Ikonomou M G, Blair J D, Surridge B, Hoover D, Grace R, Gobas F A P C. 2009. Perfluoroalkyl contaminants in an arctic marine food web: Trophic magnification and wildlife exposure. Environmental Science & Technology, 43(11): 4037-4043.

Kwok K Y, Yamazaki E, Yamashita N, Taniyasu S, Murphy M B, Horii Y, Petrick G, Kallerborn R, Kannan K, Murano K. 2013. Transport of perfluoroalkyl substances (PFAS) from an arctic glacier to downstream locations: implications for sources. Science of the Total Environment, 447: 46-55.

Lescord G L, Kidd K A, De Silva A O, Williamson M, Spencer C, Wang X, Muir D C G. 2015. Perfluorinated and polyfluorinated compounds in lake food webs from the Canadian high arctic. Environmental Science & Technology, 49(5): 2694-2702.

Letcher R J, Chu S G, McKinney M A, Tomy G T, Sonne C, Dietz R. 2014. Comparative hepatic *in vitro* depletion and metabolite formation of major perfluorooctanesulfonate precursors in arctic polar bear, beluga whale, and ringed seal. Chemosphere, 112: 225-231.

Li H J, Fu J J, Pan W X, Wang P, Li Y M, Zhang Q H, Wang Y W, Zhang A Q, Liang Y, Jiang G B. 2017. Environmental behaviour of short-chain chlorinated paraffins in aquatic and terrestrial ecosystems of Ny-Alesund and London Island, Svalbard, in the Arctic. Science of the Total Environment, 590: 163-170.

Li H, Fu J, Zhang A, Zhang Q, Wang Y. 2016. Occurrence, bioaccumulation and long-range transport of short-chain chlorinated paraffins on the Fildes Peninsula at King George Island, Antarctica. Environment International, 94: 408-414.

Lindh C H, Rylander L, Toft G, Axmon A, Rignell-Hydbom A, Giwercman A, Pedersen H S, Góalczyk K, Ludwicki J K, Zvyezday V. 2012. Blood serum concentrations of perfluorinated compounds in men from Greenlandic Inuit and European populations. Chemosphere, 88(11): 1269-1275.

Llorca M, Farré M, Tavano M S, Alonso B, Koremblit G, Barceló D. 2012. Fate of a broad spectrum of perfluorinated compounds in soils and biota from Tierra del Fuego and Antarctica. Environmental Pollution, 163: 158-166.

Loi E I H,Yeung L W Y, Taniyasu S, Lam P K S, Kannan K, Yamashita N. 2011. Trophic magnification of poly-and perfluorinated compounds in a subtropical food web. Environmental Science & Technology, 45 (13): 5506-5513.

Loi E I, Yeung L W, Mabury S A, Lam P K. 2013. Detections of commercial fluorosurfactants in Hong Kong marine environment and human blood: A pilot study. Environmental Science & Technology, 47 (9): 4677-4685.

Ma X D, Zhang H J, Wang Z, Yao Z W, Chen J W, Chen J P. 2014. Bioaccumulation and trophic transfer of short chain chlorinated paraffins in a marine food web from Liaodong bay, North China. Environmental Science & Technology, 48(10): 5964-5971.

Ma X, Zhang H, Zhou H, Na G, Wang Z, Chen C, Chen J, Chen J. 2014. Occurrence and gas/particle partitioning of short- and medium-chain chlorinated paraffins in the atmosphere of Fildes Peninsula of Antarctica. Atmospheric Environment, 90: 10-15.

Macinnis J J, French K, Muir D C G, Spencer C, Criscitiello A, De Silva A O, Young C J. 2017.Emerging investigator series: A 14-year depositional ice record of perfluoroalkyl substances in the High Arctic. Environmental Science: Processes & Impacts, 19(1): 22-30.

Martin J W, Smithwick M M, Braune B M, Hoekstra P F, Muir D C, Mabury S A. 2004. Identification of long-chain perfluorinated acids in biota from the Canadian Arctic. Environmental Science & Technology, 38(2): 373-380.

Meylan W M, Howard P H. 1993.Computer estimation of the Atmospheric gas-phase reaction rate of organic compounds with hydroxyl radicals and ozone. Chemosphere, 26(12): 2293-2299.

Montone R C, Taniguchi S, Boian C, Weber R R. 2005. PCBs and chlorinated pesticides (DDTs, HCHs and HCB) in the atmosphere of the southwest Atlantic and Antarctic oceans. Marine Pollution Bulletin, 50(7): 778-782.

Muijs B, Jonker M T. 2009. Temperature-dependent bioaccumulation of polycyclic aromatic hydrocarbons. Environmental Science & Technology, 43(12): 4517-4523.

Müller C E, De Silva A O, Small J, Williamson M, Wang X, Morris A, Katz S, Gamberg M, Muir D C G. 2011. Biomagnification of perfluorinated compounds in a remote terrestrial food chain: lichen-caribou-wolf. Environmental Science & Technology, 45 (20): 8665-8673.

Naile J E, Khim J S, Wang T, Chen C, Luo W, Kwon B O, Park J, Koh C H, Jones P D, Lu Y,Giesy J P. 2010. Perfluorinated compounds in water, sediment, soil and biota from estuarine and coastal areas of Korea. Environmental Pollution, 158 (5): 1237-1244.

Nash S B, Rintoul S R, Kawaguchi S, Staniland I, van den Hoff J, Tierney M, Bossi R. 2010. Perfluorinated compounds in the Antarctic region: Ocean circulation provides prolonged protection from distant sources. Environmental Pollution, 158(9): 2985-2991.

Ng C A, Hungerbuhler K. 2013.Bioconcentration of perfluorinated alkyl acids: How important is specific binding? Environmental Science & Technology, 47(13): 7214-7223.

Ng C A, Hungerbuhler K. 2014. Bioaccumulation of perfluorinated alkyl acids: Observations and models. Environmental Science & Technology, 48(9): 4637-4648.

Norwegian Environmental Agency. 2014.Environmental Contaminants in an Urban Fjord. M: 205.

Ostertag S K, Tague B A, Humphries M M, Tittlemier S A, Chan H M. 2009. Estimated dietary exposure to fluorinated compounds from traditional foods among Inuit in Nunavut, Canada. Chemosphere, 75(9): 1165-1172.

Reiner J L, O'Connell S G, Moors A J, Kucklick J R, Becker P R, Keller J M. 2011. Spatial and temporal trends of perfluorinated compounds in beluga whales (Delphinapterusleucas) from Alaska. Environmental Science & Technology, 45(19): 8129-8136.

Reth M, Ciric A, Christensen G N, Heimstad E S, Oehme M. 2006.Short- and medium-chain chlorinated paraffins in biota from the European Arctic-differences in homologue group patterns. Science of the Total Environment, 367(1): 252-260.

Reth M, Zencak Z, Oehme M. 2005. First study of congener group patterns and concentrations of short- and medium-chain chlorinated paraffins in fish from the North and Baltic Sea. Chemosphere, 58(7): 847-854.

Riget F, Bossi R, Sonne C, Vorkamp K, Dietz R. 2013. Trends of perfluorochemicals in Greenland ringed seals and polar bears: Indications of shifts to decreasing trends. Chemosphere, 93(8): 1607-1614.

Roos A, Berge, U, Järnberg U, Dijk J V, Bignert A. 2013. Increasing concentrations of perfluoroalkyl acids in scandinavian otters (Lutralutra) between 1972 and 2011: A new threat to the otter population? Environmental Science & Technology, 47(20): 11757.

Routti H, Gabrielsen G W, Herzke D, Kovacs K M, Lydersen C. 2016.Spatial and temporal trends in perfluoroalkyl substances (PFASs) in ringed seals (Pusahispida) from Svalbard. Environmental Pollution, 214: 230-238.

Salvalaglio M, Muscionico I, Cavallotti C. 2010. Determination of energies and sites of binding of PFOA and PFOS to human serum albumin. Journal of Physical Chemistry B, 114(46): 14860-14874.

Schiavone A, Corsolini S, Kannan K, Tao L, Trivelpiece W, Torres D, Focardi S. 2009. Perfluorinated contaminants in fur seal pups and penguin eggs from South Shetland, Antarctica. Science of the Total Environment, 407(12): 3899-3904.

Schlummer M, Gruber L, Fiedler D, Kizlauskas M, Muller J. 2013. Detection of fluorotelomer alcohols in indoor environments and their relevance for human exposure. Environment International, 58(3): 42-49.

Shoeib M, Harner T, Vlahos P. 2006. Perfluorinated chemicals in the Arctic atmosphere. Environmental Science & Technology, 40(24): 7577-7583.

Shoeib M, Harner T,Wilford B H, Jones K C. Zhu J. 2005. Perfluorinated sulfonamides in indoor and outdoor air and indoor dust: occurrence, partitioning, and human exposure. Environmental Science & Technology, 39 (17): 6599-6606.

Smithwick M, Mabury S A, Solomon K R, Sonne C, Martin J W, Born E W, Dietz R, Derocher A E, Letcher R J, Evans T J, Gabrielsen G W, Nagy J, Stirling I, Taylor M K, Muir DCG. 2005.Circumpolar study of perfluoroalkyl contaminants in polar bears (Ursusmaritimus). Environmental Science & Technology, 39(15): 5517-5523.

So M, Taniyasu S, Lam P, Zheng G, Giesy J, Yamashita N. 2006. Alkaline digestion and solid phase extraction method for perfluorinated compounds in mussels and oysters from South China and Japan. Archives of Environmental Contamination and Toxicology, 50 (2): 240-248.

Stock N L, Furdui V I, Muir D C, Mabury S A. 2007.Perfluoroalkyl contaminants in the Canadian Arctic: evidence of atmospheric transport and local contamination. Environmental Science & Technology, 41(10): 3529-3536.

Stock N L, Muir D C G. 2010. Mabury M. Persistent organic pollutants, chapter: Perfluoroalkyl compounds. Edited by Stuart Harrad. New Jersey: John Wiley & Sons. Znc.

Szostek B, Prickett K B. 2004. Determination of 8:2 fluorotelomeralcohol in animal plasma and tissues by gas chromatography-mass spectrometry. Journal of Chromatography B, 813 (1-2): 313-321.

Taniyasu S, Kannan K, Horii Y, Hanari N, Yamashita N. 2003. A survey of perfluorooctanesulfonate and related perfluorinated organic compounds in water, fish, birds, and humans from Japan. Environmental Science & Technology, 37 (12): 2634-2639.

TaoL, Kannan K, Kajiwara N, Costa M M, Fillmann G, Takahashi S, Tanabe S. 2006. Perfluorooctanesulfonate and related fluorochemicals in albatrosses, elephant seals, penguins, and polar skuas from the Southern Ocean. Environmental Science & Technology, 40 (24): 7642-7648.

Tomy G T, Budakowski W, Halldorson T, Helm P A, Stern G A, Friesen K, Pepper K, Tittlemier S A, Fisk A T. 2004. Fluorinated organic compounds in an eastern Arctic marine food web. Environmental Science & Technology, 38 (24): 6475-6481.

Tomy G T, Fisk A T, Westmore J B, Muir D C. 1998. Environmental chemistry and toxicology of polychlorinated n-alkanes. Reviews of Environmental Contamination and Toxicology, 158 (158): 53-128.

Tomy G T, Muir D C G, Stern G A, Westmore J B. 2000. Levels of C-10-C-13 polychloro-n-alkanes in marine mammals from the Arctic and the St. Lawrence River estuary. Environmental Science & Technology, 34 (9): 1615-1619.

Tomy G T, Pleskach K, Ferguson S H, Hare J, Stern G, Macinnis G, Marvin C H, Loseto L. 2009. Trophodynamics of some PFCs and BFRs in a western Canadian arctic marine food web. Environmental Science & Technology, 43 (11): 4076-4081.

Tomy G, Stern G, Lockhart W, Muir D. 1999.Occurrence of C10-C13 polychlorinated n-alkanes in Canadian midlatitude and arctic lake sediments. Environmental Science & Technology, 33 (17): 2858-2863.

Wallington T J, Hurley M D, Xia J, Wuebbles D J, Sillman S, Ito A, Penner J E, Ellis D A, Martin J, Mabury S A, NielsenO J, Sulbaek Andersen M P. 2006.Formation of C7F15COOH (PFOA) and other perfluorocarboxylic acids during the atmospheric oxidation of 8:2 fluorotelomer alcohol. Environmental Science & Technology, 40 (3): 924-930.

Wang J, Zhang Y, Zhang F,Yeung L W, Taniyasu S, Yamazaki E, Wang R, Lam P K, Yamashita N, Dai J. 2013. Age-and gender-related accumulation of perfluoroalkyl substances in captive Chinese alligators (Alligator sinensis). Environmental Pollution, 179: 61-67.

Wang L, Sun H, Yang L, He C, Wu W, Sun S. 2010. Liquid chromatography/mass spectrometry analysis of perfluoroalkyl carboxylic acids and perfluorooctanesulfonate in bivalve shells: Extraction method optimization. Journal of Chromatography A, 1217 (4): 436-442.

Wang Z, Cousins I T, Scheringer M, Hungerbuehler K. 2015a. Hazard assessment of fluorinated alternatives to long-chain perfluoroalkyl acids (PFAAs) and their precursors: status quo, ongoing challenges and possible solutions. Environment International, 75: 172-179.

Wang Z, Xie Z, Mi W, Mȍller A, Wolschke H, Ebinghaus R. 2015b. Neutral poly/per-fluoroalkyl substances in air from the Atlantic to the Southern Ocean and in Antarctic snow. Environmental Science & Technology, 49 (13): 7770-7775.

Wania F. 2003. Assessing the potential of persistent organic chemicals for long-range transport and accumulation in polar regions. Environmental Science & Technology, 37 (7): 1344-1351.

Wei S, Chen L, Taniyasu S, So M, Murphy M, Yamashita N, Yeung L, Lam P. 2007. Distribution of perfluorinated compounds in surface seawaters between Asia and Antarctica. Marine Pollution

Bulletin, 54(11): 1813-1818.

Wild S, McLagan D, Schlabach M, Bossi R, Hawker D, Cropp R, King C K, Stark J S, Mondon J, Nash S B. 2014. An Antarctic research station as a source of brominated and perfluorinated persistent organic pollutants to the local environment. Environmental Science & Technology, 49(1): 103-112.

Xie Z, Wang Z, Möller A, Wolschke H, Ebinghaus R. 2015.Neutral poly-/perfluoroalkyl substances in air and snow from the Arctic. Scientific reports, 5.

Yamashita N, Taniyasu S, Petrick G, Wei S, Gamo T, Lam P K, Kannan K. 2008. Perfluorinated acids as novel chemical tracers of global circulation of ocean waters. Chemosphere, 70(7):1247-1255.

Yeung L W Y, Dassuncao C, Mabury S, Sunderland E M, Zhang X, Lohmann R. 2017. Vertical profiles, sources, and transport of PFASs in the Arctic ocean. Environmental Science & Technology, 51(12): 6735-6744.

Yeung L W Y, So M K, Jiang G,Taniyasu S, Yamashita N, Song M Y, Wu Y, Li J,Giesy J P,Guruge K S, Lam P K S. 2006. Perfluorooctanesulfonate and related fluorochemicals in human blood samples from China. Environmental Science & Technology, 40(3): 715-720.

Young C J, Furdui V I, Franklin J, Koerner R M, Muir D C, Mabury S A. 2007.Perfluorinated acids in arctic snow: new evidence for atmospheric formation. Environmental Science & Technology, 41(10): 3455-3461.

Yuan B, Fu J J, Wang Y W, Jiang G B. 2017.Short-chain chlorinated paraffins in soil, paddy seeds (Oryza sativa) and snails (Ampullariidae) in an e-waste dismantling area in China: Homologue group pattern, spatial distribution and risk assessment. Environmental Pollution, 220: 608-615.

Yuan B, Wang T, Zhu N L, Zhang K G, Zeng L X, Fu J J, Wang Y W, Jiang G B. 2012. Short chain chlorinated paraffins in mollusks from coastal waters in the Chinese bohai Sea. Environmental Science & Technology, 46(12): 6489-6496.

Zeng L X, Lam J C W, Wang Y W, Jiang G B, Lam P K S. 2015. Temporal trends and pattern changes of short- and medium-chain chlorinated paraffins in marine mammals from the South China Sea over the past decade. Environmental Science & Technology, 49(19): 11348-11355.

Zhang W, Lin Z K, Hu M Y, Wang X D, Lian Q Q, Lin K F, Dong Q X, Huang C J. 2011. Perfluorinated chemicals in blood of residents in Wenzhou, China. Ecotoxicology and Environmental Safety, 74 (6): 1787-1793.

Zhang Y, Beesoon S, Zhu L, Martin J W. 2013. Biomonitoring of perfluoroalkyl acids in human urine and estimates of biological half-life. Environmental Science & Technology, 47(18): 10619-10627.

Zhao Z, Xie Z, Möller A, Sturm R, Tang J, Zhang G, Ebinghaus R. 2012. Distribution and long-range transport of polyfluoroalkyl substances in the Arctic, Atlantic Ocean and Antarctic coast. Environmental Pollution, 170: 71-77.

Zhou Z, Liang Y, Shi Y L, Xu L, Cai Y Q. 2013. Occurrence and transport of perfluoroalkylacids (PFAAs), including short-chain PFAAs in Tangxun Lake, China. Environ. Environmental Science & Technology, 47 (16): 9249-9257.

第 7 章　青藏高原 POPs 的环境行为

本章导读

- 持久性有机污染物长距离传输行为和偏远地区持久性有机污染物研究概况
- 青藏高原地区持久性有机污染物研究进展和研究意义
- 近年来青藏高原典型环境介质中持久性有机污染物的浓度水平和空间分布特征
- 湖芯沉积物和冰芯在污染物随时间变化趋势方面的应用
- 从大气-地表分配、高山冷凝效应和森林过滤效应等方面重点归纳青藏高原持久性有机污染物的大气传输过程和环境归趋行为

7.1　高山/高海拔区域 POPs 研究概况

7.1.1　概述

POPs 的大气长距离传输研究是环境科学领域持续关注的重要前沿课题。一些偏远地区如极地、远海等区域 POPs 排放源非常有限，是进行 POPs 长距离传输与沉降行为研究的典型区域(Wania and Mackay, 1993)。在 POPs 的全球分配研究中，意大利学者 Calamari 等(1991)发现 HCBs 的最高浓度发生在低纬度的高海拔区，这一现象引起了人们对偏远高山/高海拔偏远地区 POPs 环境行为的关注。与 POPs 的全球蒸馏效应(Wania and Mackay, 1993)类似，高山区域随海拔变化存在相应的温度梯度变化，这种污染物浓度随海拔升高而增加或发生组分分馏的现象被称为“高山冷凝效应”(Wania and Westgate, 2008)。近年来越来越多的证据表明高山/高海拔区域成为 POPs 的汇聚地，对其全球分配产生重要影响(Daly and Wania, 2005)。

高山地区与极地地区 POPs 迁移与沉降机制有显著不同。首先，离 POPs 污染源的距离远近不同，高山离污染源的距离较极地地区相对较短，因此在极地地区

沉降的挥发性强的 POPs，在高山地区可能并不发生显著沉降，而较难挥发 POPs 易于在高海拔地区沉降。实地观测研究发现，欧洲高山水体中发现较高浓度的较难挥发 POPs(Grimalt et al., 2001)，而较轻组分的 POPs 优先在极地地区富集(Gallego et al., 2007)。其次，高海拔地区和极地地区湿沉降所发挥的作用不同。通常高海拔区域湿沉降随海拔增加，而且湿沉降的形式也会随海拔发生变化，因此伴随湿沉降作用从大气中去除的污染物是有差异的(Wania and Westgate, 2008)。

地球上大约 27%的陆地为高山区域，大约 22%的世界人口居住在高山区域。由于山地高海拔区域生态系统的脆弱性和敏感性，这些污染物的累积会对高山/高海拔区域的生态系统造成一定的威胁，而且随着食物链的传递进入人体，可能直接造成人体健康影响。因此研究高山区域 POPs 的环境行为具有重要的理论价值和现实意义。

在过去近 20 年，偏远高海拔山地 POPs 的研究取得了重要的进展。加拿大学者 Blais 等(1998)首次在 *Nature* 发表文章证实了污染物的“高山冷凝效应”。随后很多学者在欧洲和北美的高海拔山地对 POPs 的环境行为开展了广泛的研究，包括大气(Gai et al., 2014; Gong et al., 2015)、冰雪(Kang et al., 2002; Wang et al., 2008a, 2008b)、水体(张伟玲, 2003; Ren et al., 2017)、沉积物(Han et al., 2015; Yang et al., 2017)、植被(Yang et al., 2008; Wang et al., 2015; Yang et al., 2016a)、土壤(Yuan et al., 2015a, 2015b; Luo et al., 2016)以及鱼(Yang et al., 2007; Zhu et al., 2013)等各种环境介质已用于研究高山 POPs 的污染状况和环境行为。

7.1.2 青藏高原 POPs 研究概况

青藏高原是地球的一个低温区，并且具有复杂的空气对流模式，主要受到夏季印度季风和冬季西风影响(Xu et al., 2009)，因此它对 POPs 全球迁移过程中可能产生的作用不容忽视。青藏高原偏远地区本地 POPs 人为输入源非常有限，然而青藏高原位于欧亚大陆交接的地方，与其他高海拔区域不同的是受印度洋气候和大陆性气候的影响，这些区域的污染物通过大气输送直接迁移到青藏高原。例如，我国学者于 2002 年监测到喜马拉雅山北坡空气中 DDTs 的浓度大约高出加拿大位于北极区域空气浓度的 5 倍以上(Li et al., 2006)。在冰芯样品也发现了 DDTs，其最高浓度发生在 1978～1983 年，这正与当时我国和印度 OCPs 的大量使用有关(Wang et al., 2008a)。因此，青藏高原是 POPs 的大气长距离输送与沉降规律研究的理想地理单元。

然而，相对于北美与欧洲偏远山区，青藏高原地区 POPs 的较系统的研究开始较晚。但近年来研究者对该地区的关注程度日益增大，我国学者在过去十余年积累了很多青藏高原地区 POPs 的时间和空间分布数据，为该地区 POPs 的传输规律和环境行为及其来源解析提供了重要的数据支持，并为研究 POPs 在全球的分布和传输过程提供了重要的理论依据(张淑娟, 2014)。从整体上看，青藏高原 POPs 浓度要低于多数其他偏远高山区域，但对于一些 OCPs 如 HCHs 和 DDTs 等污染物，其浓度水平则显著高于世界上其他偏远山区(Wang et al., 2016)。表明大气环流将 POPs 从青藏高原周边人口密集、迅速工业化的地区传输至偏远高海拔地区，而后随着大气沉降和湿沉降作用，储存到青藏高原土壤及植被等环境介质中，并且通过食物链的传递对生态环境的健康造成不利影响。

7.2　青藏高原典型环境介质 POPs 浓度与分布

7.2.1　大气

大气 POPs 的长距离传输及干、湿沉降是 POPs 从低海拔源区向偏远高海拔地区迁移的重要途径。研究青藏高原地区大气中 POPs 的浓度水平及组成成分，对了解其污染特征、传输过程及来源具有重要的意义。青藏高原大气 POPs 样品的采集方法分为大流量主动采样(active air sampler, AAS)和被动采样。大流量主动采样器主要使用聚氨酯泡沫(PUF)吸附气态 POPs，使用石英滤膜收集大气颗粒物，这样可以分别收集大气气相和颗粒物样品，但是大流量采样器的电力需求导致其无法满足在偏远地区采样的需要。为了克服大流量采样器的弊端，近年来基于 PUF 和树脂(XAD-2)的被动采样技术得到了长足发展(Wania et al., 2003; Xiao et al., 2010)。被动采样器具有造价低、不需要动力、操作简便等优点，被广泛应用在偏远地区大气采样中。

大气 POPs 观测表明大气环流可能是 POPs 向青藏高原传输的重要驱动力。我国学者于 2005 年 5～6 月南亚季风盛行期在珠峰地区开展了为期 20 天的大气主动采样，并对其中 OCPs 进行了分析，结果显示，HCHs 的总浓度(∑HCHs)平均值为 38 pg/m^3，HCBs 为 8.9 pg/m^3，DDTs 的总浓度(∑DDTs)平均值为 14 pg/m^3。经气团轨迹分析，发现大气中 HCHs 和 DDTs 主要来源于印度北部、尼泊尔及巴基斯坦等地区(Li et al., 2006)。对青藏高原瓦里关台站 2005 年 4～5 月(西风盛行区)的大气主动采样进行分析，结果表明大气 PBDEs 浓度范围为 2.2～15 pg/m^3，处于较低浓度水平，且主要为轻组分 BDE，而 OCPs γ-HCH 和 DDTs 浓度高于全球其他典型偏远高山地区，可能原因是受西风影响将俄罗斯和哈萨克斯坦等地的污染物传输到了青藏高原(Cheng et al., 2014)。另外，通过研究青藏高原东部边缘大气 POPs 的传输过程，发现较低海拔(成都平原)排放的大气 POPs 污染物可以到达较高海拔的青藏高原东缘(Chen et al., 2008)。

青藏高原大气 POPs 浓度呈现明显的季节性变化特征。通过对青藏高原南部的拉萨进行大气 POPs 观测，发现 HCHs 较高浓度出现在 6 月，与印度季风盛行期的大气传输有关；而大气中 DDTs、硫丹和 PCBs 较高浓度出现在 8 月，受到东亚季风传输的影响。同时研究发现大气中 DDTs 和 β-硫丹的浓度与温度存在一定的相关性，而 HCHs 和 PCBs 的浓度与温度相关性较弱，说明拉萨地区大气中 POPs 既有本地源释放，也有大气长距离传输源的贡献(Gong et al., 2010)。对青藏高原中南部的纳木错观测站使用被动采样器进行了为期一年的大气 POPs 季节变化观测，结果显示大气 POPs 的浓度峰值出现在印度季风盛行的夏季，表明印度季风对 POPs 传输产生显著影响(Xiao et al., 2010)。也有学者对藏东南色季拉山地区的大气中多种类 POPs 展开了较全面的调查研究，分析了大气样品中 28 种 OCPs、25 种 PCBs、13 种 PBDEs 和 3 种 HBCDs 的浓度水平及其分布特征。结果显示 α-硫丹、六氯苯、HCHs 和 DDTs 是色季拉山大气环境中主要的 POPs 污染物，而 PBDEs 和 HBCDs 浓度处于背景浓度水平。由于夏季 POPs 具有较高的挥发速率，以及盛行的印度季风能够传输高浓度 POPs 在藏东南地区沉降，使得上述 POPs 在夏季的浓度水平显著高于冬季(Zhu et al., 2014)。在藏东南进行为期3年(2008～2011 年)的大气 POP 观测中，DDTs 和 PCBs 的浓度同样具有显著的季节性变化，较高浓度出现在季风期(5～9 月)，较低浓度出现在非季风期(12 月～次年 3 月)(Sheng et al., 2013)。

POPs 的空间分布特征也能够反映大气环流对青藏高原 POPs 传输的影响。借助大气被动采样器能够建立青藏高原大气 POPs 浓度的空间分布特征(Wang et al., 2010a)。研究结果显示 PCBs、HCB 和 PBDEs 与北极 Alert 监测站的大气浓度处于相当的浓度水平。从 POPs 浓度区域分布来看，青藏高原南部及东部地区的大气 POPs 浓度普遍高于高原北部和西部地区的浓度，这种空间分布趋势可归因于印度季风和西风环流分别控制青藏高原的不同区域，从而导致高原南部和北部 POPs 来源不同。如 HCHs 的最高值出现在中印边境附近，说明青藏高原大气 HCHs 的空间分布可能受到南亚 POPs 大气长距离传输的影响(Wang et al., 2010a)。

在大气环流的影响下，除了长距离传输对青藏高原 POPs 分布具有显著影响外，对于一些污染物如 PAHs 等，也存在本地源排放的影响。研究者对拉萨大气 PAHs 进行了分析研究，结果表明大气 PAHs 的浓度(气态+颗粒态)范围为 11～73 pg/m^3。与远离市区大气相比，拉萨市大气中 PAHs 浓度显著较高，成分分析表明市区 PAHs 主要来源于机动车的尾气释放。此外，宗教活动如烧香等可能是苯并芘的主要来源(Gong et al., 2011)。研究发现青藏高原地区采矿活动区也能够产生 PAHs 的本地源排放，对大气长距离传输 PAHs 的空间分布产生影响(Li et al., 2017a)。此外，森林大火也能产生一些 POPs 的释放，如在藏东南森林火灾点附近也发现一些 POPs 如 HCB 和 PBDEs 浓度的升高(Wang et al., 2010a)。

7.2.2　土壤

偏远地区土壤中的 POPs 主要来自大气干、湿沉降。土壤中 POPs 的研究能够反映偏远地区污染物的传输过程及其高山环境行为。青藏高原不同地区环境气候条件差异较大，土壤类型各异，文献报道的土壤中 POPs 的浓度差别较大，其中 OCPs 和 PAHs 是研究最多的两类污染物，表 7-1 和表 7-2 分别总结了 OCPs 和 PAHs 在青藏高原土壤中的浓度水平和其他偏远地区的比较。

表 7-1　青藏高原地区土壤 OCPs 浓度与其他偏远地区比较(ng/g)

采样点	采样时间(年)	HCBs	∑HCHs	∑DDTs	文献
青藏高原	1993～1994	—	0.18～5.4	nd～2.8	(Fu et al., 2001)
青藏高原东部	2010	—	0.22～1.45	0.20～6.7	(Xing et al., 2010)
藏东南	2010	0.03～0.56	0.04～12.6	0.15～18	(Yang et al., 2013b)
藏东南	2011	—	0.012～0.92	0.012～5.2	(Zhu et al., 2015)
青藏高原	2005～2006	—	0.09～0.51	0.10～0.72	(Tao et al., 2011)
青藏高原	2007	—	0.024～0.56	0.013～7.7	(Wang et al., 2012)
青藏高原东部	2006	0.07～0.54	0.11～1.20	0.08～1.3	(Chen et al., 2008)
阿尔卑斯山	2007	0.02～0.68	0.04～1.93	—	(Grimalt et al., 2004b)
北美落基山	2003～2004	0.003～0.24	0.003～7.89	—	(Daly et al., 2007b)
欧洲比利牛斯山	—	0.004～3.4	0.007～0.44	1.7～3.4	(Grimalt et al., 2004b)
塔特拉山	—	0.06～0.40	0.13～0.80	4.5～13	(Grimalt et al., 2004b)
南极	2009～2010	—	0.006～0.23	0.018～0.31	(Zhang et al., 2015)

表 7-2　青藏高原地区土壤 PAHs 浓度与其他偏远地区比较(ng/g)

采样点	采样时间(年)	浓度范围	参考文献
藏东南	2010	64～770	(Yang et al., 2013b)
藏东南	2012	59.8～1163	(罗东霞等, 2016)
青藏高原	2007	5.54～389	(Wang et al., 2014)
青藏高原	2010	1.50～29.9[a]	(He et al., 2015)
青藏高原	2011	56.3±45.8	(Wang et al., 2013a)
青藏高原中部	2010	0.43～26.6	(Yuan et al., 2015b)
青藏高原北部	2005～2006	51.8[a]	(Tao et al., 2011)
喜马拉雅山北坡	2013～2014	2.3～327	(Bi et al., 2016)
喜马拉雅山南坡	2013～2014	6～800	(Bi et al., 2016)
青藏高原南部	2015	26.3～126	(Li et al., 2017)
喜马拉雅山地区	—	15.3～4762	(Devi et al., 2016)
尼泊尔	2013～2014	27～1600	(Luo et al., 2016)
阿斯达黎加	2004～2005	1～36	(Daly et al., 2007a)
加拿大落基山	2003～2004	2～789	(Choi et al., 2009)

a. USEPA 中 PAHs 单体之和，但不包括萘。

青藏高原土壤中的HCHs和DDTs研究最早报道于2001年，它们的浓度范围分别为0.18～5.4 ng/g和nd～2.8 ng/g（Fu et al., 2001）。报道西南地区∑HCHs的浓度在0.22～1.45 ng/g之间（Xing et al., 2010），与青藏高原其他土壤中浓度（Wang et al., 2012）和北美落基山土壤浓度一致（Daly et al., 2007b），但比欧洲比利牛斯山土壤浓度高（Grimalt et al., 2004b），也略高于青藏高原中部和北部区域HCHs浓度（Tao et al., 2011）。而∑DDTs在0.20～6.7 ng/g之间，青藏高原中部和北部土壤浓度稍高，但比欧洲比利牛斯山土壤浓度稍低。值得注意的是藏东南森林土壤中HCHs和DDTs浓度显著高于青藏高原其他区域（Yang et al., 2013b）。

PAHs产生于各种燃烧活动，青藏高原土壤PAHs的浓度与分布受到大气长距离传输和本地源排放的影响。研究发现受印度季风显著影响的区域PAHs浓度明显较高，表明长距离传输对PAHs沉降的影响（Wang et al., 2013b）。青藏高原土壤中$\sum_{16}$PAHs的平均浓度为52 ng/g，拉萨地区较高浓度PAHs可能和较密集的人口和交通排放有关，东北部边缘较高浓度PAHs可能与兰州、西宁等城区污染物的输入有关（Tao et al., 2011），这与其他研究报道的土壤$\sum_{16}$PAHs的浓度水平相当（Wang et al., 2013a）。

藏东南土壤中$\sum_{16}$PAHs的浓度水平（64～770 ng/g）一般高于高原其他区域（He et al., 2015），该浓度与加拿大落基山土壤PAHs（Choi et al., 2009）处于同一水平。藏东南土壤$\sum_{15}$PAHs浓度（US EPA16种PAHs，但不包括萘）要比青藏高原北部高出一倍以上（Tao et al., 2011）。可能的原因是藏东南地区在显著的印度季风控制下，将来自于东南亚发展中国家如印度等国家的污染物带到该研究区域，而青藏高原北部地区受到印度季风的影响较小。

青藏高原土壤中除了较多报道OCPs和PAHs之外，PCBs和PBDEs也是受到较多关注的两类POPs物质。研究报道喜马拉雅北坡表层土中∑PCBs的平均干重浓度为186 pg/g，其中低氯代PCBs占90%以上，这与全球背景土壤浓度水平的研究结果一致（Meijer et al., 2002; Wang et al., 2009），但低于其他研究者于2007年所报道的该地区的平均干重浓度（280 pg/g）（Wang et al., 2012）。研究报道的∑PBDEs的干重浓度为4.3～34.9 pg/g（Wang et al., 2009），远低于其他偏远地区如欧洲背景土壤浓度（0.07～12 ng/g）（Hassanin et al., 2005a）和俄罗斯北极地区土壤浓度（0.16～0.23 ng/g）（de Wit et al., 2010），说明青藏高原中部和西南部地区，特别是喜马拉雅山北坡土壤中PCBs和PBDEs浓度水平可以视作北半球中纬地区背景值。

青藏高原不同区域土壤性质差别较大，对土壤污染物的浓度和分布具有重要的作用（Sweetman et al., 2005; Nam et al., 2008a）。研究报道藏东南土壤中TOC在0.16%～25.31%之间，其中高山土壤TOC含量较低，而森林土壤显著较高（Yang et al., 2013b），这与其他研究报道的青藏高原土壤TOC含量一致（0.02%～17.21%）

(Wang et al., 2013a)，但低于挪威和英国森林土壤 TOC(8.6%～46%)(Nam et al., 2008a)。研究报道藏东南土壤 OCPs，除 β-HCH 和 δ-HCH 单体外，其他化合物均表现出与 TOC 显著的正相关关系，说明土壤 TOC 含量对 OCPs 在土壤中的分配具有显著的影响(Yang et al., 2013b)。

类似的，其他有机污染物如 PAHs 在土壤中的浓度分布也受到有机质含量的显著影响。Yang 等(2013b)研究发现藏东南森林土壤中 PAHs 单体化合物与其 TOC 具有较显著的线性关系($P<0.05$)(图 7-1)，而且较轻分子量 PAHs 如萘(NAP)、

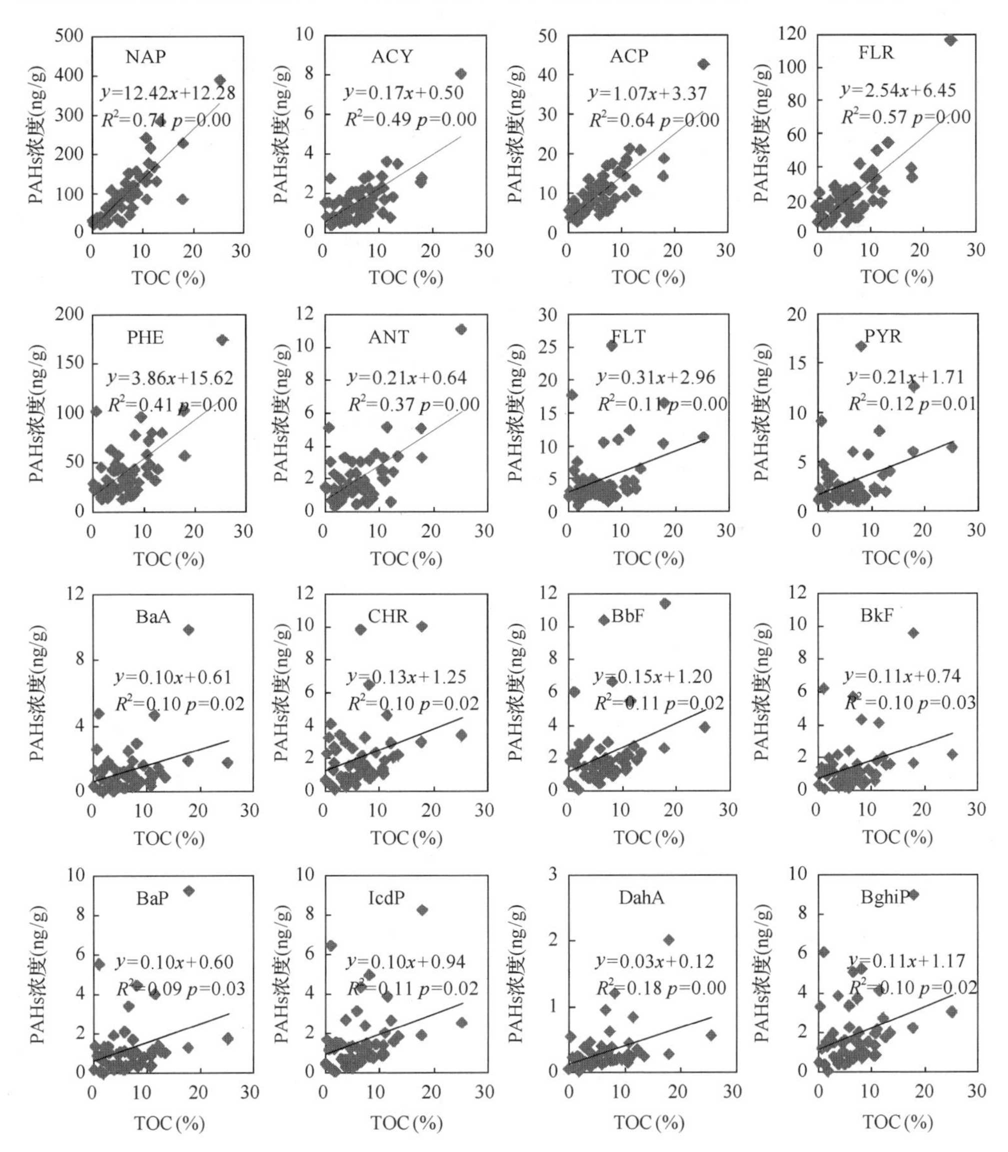

图 7-1　藏东南土壤 PAHs 单体浓度与土壤 TOC 相关性分析(Yang et al., 2013b)

苊烯(ACY)、苊(ACP)、芴(FLR)、菲(PHE)、蒽(ANT)、荧蒽(FLT)等单体与TOC的相关性更强,可能的原因是低分子量PAHs在大气中主要以气态形式存在,并通过反复的大气-土壤交换过程而逐渐达到平衡,与土壤有机质处于一个动态平衡中,而较高分子量PAHs主要以颗粒态吸附于大气颗粒物,它们一旦沉降到土壤,就很难再挥发,因此受土壤有机碳的影响作用不如较轻PAHs显著(Yang et al., 2013b)。这一结果和其他文献报道相类似,如报道的瑞士土壤中TOC与较重PAHs同样也没有显著的线性关系(Bucheli et al., 2004);在挪威和英国土壤PAHs研究中较小分子量PAHs(3环PAHs)与TOC具有显著相关关系,而较大分子量PAHs(4～6环PAHs)与TOC均没有显著线性关系,而与土壤中黑炭含量呈显著的正相关,可能因为黑炭附着了较多的大分子量PAHs,共沉降于土壤中(Nam et al., 2008b)。

通过研究青藏高原中部土壤PBDEs,发现土壤黏土组分显著影响PBDEs单体浓度,其中黏土含量与中等分子量BDEs浓度呈正相关,而与较小分子量和较大分子量BDEs的浓度呈负相关(Sun et al., 2015)。另外,通过研究青藏高原中部44个土壤样品,发现OCPs浓度与土壤粒径大小具有正相关关系,进一步通过主成分分析结合多元线性回归的方法,估算了不同环境因素对污染物浓度影响的相对贡献(Yuan et al., 2014)。

7.2.3 植被

植被作为天然被动采样器,常常能够反映大气长期污染水平,成为偏远地区指示大气污染的有力工具(Ockenden et al., 1998)。用于大气被动采样器的植被种类较广泛,实际运用中要综合考虑采样难易程度、植被分布的普遍性及污染物富集能力对其适用性作出评价。自20世纪80年代起,利用植被作为大气POPs被动采样器进行的污染监测已有较多的研究。大多数亲脂性POPs难以通过植物根部沿着以水为基础的木质部运输通道向地上部分迁移,因此植物地上部分中的POPs主要来源于大气沉降,而根部从土壤中吸收进入植被体内的贡献很小(Schrlau et al., 2011)。常被用来作为大气被动采样器的植被包括松针(Schrlau et al., 2011; Odabasi et al., 2015)、树皮(Zhu and Hites, 2006; Li et al., 2016)、苔藓/地衣等(Grimalt et al., 2004a; Liu et al., 2005; Zhang et al., 2015)。植被对污染物的富集特征比较复杂,概括来说,主要受植被吸收POPs方式、污染物性质和环境因素的影响。

青藏高原东南部受到夏季印度洋暖湿气流的影响,降雨量充沛,森林植被非常丰富。通常POPs污染物在植被中的富集浓度与多种因素相关,如植被种类、污染物暴露时间及化合物的物化性质等,因此比较偏远地区不同环境介质中污染物富集特点,并评价其作为大气POPs被动采样器的可行性很有必要。针对这一问题，我国学者在藏东南 5 个高山坡面同时采集了树皮、针叶、苔藓和土壤介质，对比研究了这些天然被动介质作为偏远高山地区监测大气 POPs 的适用性特点（图 7-2）(Yang et al., 2013b)。

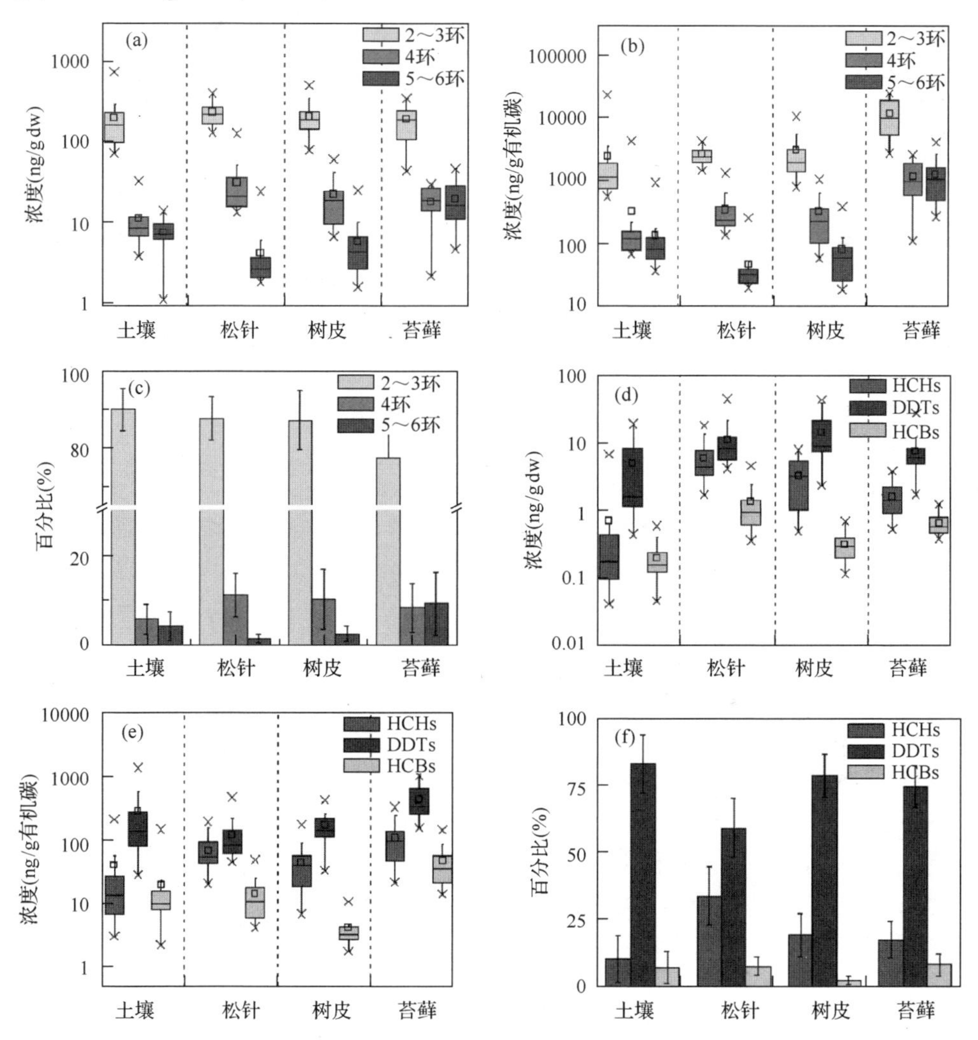

图 7-2　藏东南四种环境介质对 PAHs(a～c)和 OCPs(d～f)的富集特征比较(Yang et al., 2013b)

为了比较不同性质 PAHs 的富集特点，将 16 种 PAHs 按照苯环数分为三类：轻分子量 PAHs(2～3 环)、中等分子量 PAHs(4 环)和重分子量 PAHs(5～6 环)。结果表明 2 环 PAHs 在四种介质中的干重浓度并无差异，松针中 2～3 环 PAHs 干重浓度要显著高于土壤和苔藓，树皮中 4 环 PAHs 干重浓度要显著高于土壤，苔藓中 5～6 环 PAHs 干重浓度要显著高于其他三种介质[图 7-2(a)]。经土壤 TOC 或植被脂质含量校正后，苔藓中各类 PAHs 均要显著高于其他三种介质，而其他三种介质之间并无显著性差异[图(6-2)b]，说明苔藓对以气态形式存在的小分子量PAHs和吸附于颗粒态的较大分子量PAHs都有较高的富集浓度。

另外，为了比较四种介质富集PAHs的相对能力，对化合物浓度进行了百分比校正，如图7-2(c)所示。松针中4环PAHs所占的百分比最高，而苔藓中5～6环PAHs的相对含量较高，表明苔藓优先富集挥发性较低的大分子量PAHs，而松针优先富集3环和4环较小分子量PAHs。因此，松针与苔藓对不同PAHs单体的富集特性不同。

同时，对比研究了藏东南四种环境介质中OCPs的富集浓度。松针中∑HCHs和HCBs的干重浓度要显著高于其他三种介质，树皮中∑HCHs浓度要高于苔藓和土壤，而在苔藓和土壤中的浓度并没有显著差异。松针中DDTs浓度显著高于土壤，树皮中DDTs浓度要显著高于土壤和苔藓中的浓度。苔藓中HCBs干重浓度显著高于土壤和树皮[图7-2(d)]。经土壤TOC或植被脂质校正后，苔藓中HCHs、DDTs和HCBs浓度均要显著高于其他三种介质；土壤中DDTs浓度高于松针，土壤中HCBs浓度要显著高于树皮[图7-2(e)]。苔藓对三类OCPs的富集浓度高于其他三种介质，可能的原因是苔藓在大气中暴露的时间长，倾向于吸附更多的污染物。各类OCPs在四种介质中的百分含量关系[图7-2(f)]。可以看出松针中HCHs的百分含量最高而DDTs百分含量最低，而土壤中DDTs的相对含量最高，HCHs的含量较低，表明松针易于富集易挥发更强的HCHs，而较难挥发的DDTs更易与大气颗粒物结合随干、湿沉降作用沉降到土壤中(张淑娟, 2014)。

研究者将藏东南典型地衣-长松萝(*Usnea longissima Ach.*)用于大气POPs被动采样器(Zhu et al., 2015)，在所检测的OCPs单体化合物中，*α*-硫丹浓度最高，平均值为10.5 ng/g，硫丹两种单体比值(*α*-硫丹/*β*-硫丹)的范围为1.5～6.2，平均值为3.0，略高于工业产品中二者的比值(2～2.3)，认为是进入大气环境中的硫丹在其远距离传输过程中异构体转化所导致。在所有松萝样品中均能检出相对较高浓度的DDTs，其平均总浓度值为15.7 ng/g。并通过大气XAD被动采样进行对比研究，发现各目标污染物在藏东南大气和地衣相对浓度水平、污染物组分都具有很好的相似性。

由环境介质或植被种类自身的差异性导致的富集特征非常复杂。相比较偏远地区这几种植被介质，苔藓/地衣没有真正的根、茎、叶的分化，不具有维管组织，没有角质层，因此对大气中POPs进入苔藓/地衣中没有阻碍作用，而且其在环境中暴露时间较长，可用于长期的和大范围的环境监测(Blasco et al., 2011; Augusto et al., 2013)。通常树皮因其比表面积大、含脂量高，并广泛分布且易于采集，因而普遍应用于大气POPs被动采样器(Zhu and Hites, 2006)。而松针的年龄易于辨认，对于连续检测大气污染具有很好的指示作用(Tremolada et al., 1996; Villa et al., 2003)。鉴于每种天然被动采样介质具有各自特点，因此同时采集多种介质能够综合全面地反映偏远地区大气 POPs 污染状况。

用植被作为指示物来研究青藏高原 POPs 的浓度水平、分布特征及其环境行为近年来也有较多文献报道。表 7-3 和表 7-4 分别总结了青藏高原植被中 OCPs 和 PAHs 与其他偏远地区的浓度比较。

表 7-3 青藏高原地区植被 OCPs 浓度与其他偏远地区比较(ng/g)

采样点	采样时间(年)	环境介质	HCBs	∑HCHs	∑DDTs	文献
藏东南	2008	松针	0.69～4.3	0.55～3.92	0.2～2.19	(Yang et al., 2008)
藏东南	2010	松针	0.25～4.37	1.50～17.4	1.10～42	(Yang et al., 2013b)
喜马拉雅山	2005	云杉	na	1.3～2.9	1.7～11	(Wang et al., 2006)
藏东南	2010	苔藓	0.30～1.27	0.33～3.94[a]	1.16～27	(Yang et al., 2013b)
藏东南	2010	松萝	NA	0.54～5.44	1.05～38	(Zhu et al., 2015)
安第斯山	1999	地衣	0.6～7	0.9～7.9	1.6～7.2	(Grimalt et al., 2004a)
喜马拉雅山	2005	草本	na	0.35～7.8	1.1～7.0	(Wang et al., 2006)
青藏高原	2006	牧草	na	0.55～3.92	0.2～2.19	(谢婷等, 2014)

注：na 表示文章未给出数据。

表 7-4 青藏高原地区植被 PAHs 浓度与其他偏远地区比较(ng/g)

采样点	采样时间(年)	环境介质	浓度范围	文献
藏东南	2010	松针	86～637[a]	(Yang et al., 2013b)
奥地利森林	1993	云杉	28～412[b]	(Weiss et al., 2000)
喜马拉雅山	2005	云杉	<600[a]	(Wang et al., 2006)
俄亥俄州，美国	2009～2010	松针	127～589[a]	(Tomashuk et al., 2012)
藏东南	2010	苔藓	81～2754[a]	(Yang et al., 2013b)
比利牛斯山	2005	苔藓	238～6240[c]	(Blasco et al., 2011)
南岭山	2003	地衣	310～1340[a]	(Liu et al., 2005)
青藏高原	2006	牧草	262～519	(谢婷等, 2014)

a. 16 种 USEPA PAHs。
b. 15 种 USEPA PAHs(不包括萘)。
c. 16 种 PAHs(不包括茚并[1,2,3-cd]芘在内的 15 种 USEPA PAHs 和二苯并呋喃)。

藏东南松针中的 PAHs 浓度水平与奥地利(Weiss et al., 2000)和喜马拉雅山地区云杉(Wang et al., 2006)的浓度相当，但比美国俄亥俄州松针 PAHs 浓度低(Tomashuk et al., 2012)。藏东南苔藓中 PAHs 浓度与欧洲比利牛斯山山脉浓度水平相当(Blasco et al., 2011)。另外，研究报道藏东南松萝样品中∑PCBs、∑PBDEs

和∑HBCDs 的浓度水平分别为 0.14～0.83 ng/g、0.001～3.0 ng/g 和 nd～1.1 ng/g，并且指示性 PCBs 和∑PBDEs 的脂肪归一化浓度与海拔高度之间呈现显著正相关($p<0.05$)(Zhu et al., 2015)。

藏东南松针中∑HCHs、∑DDTs 和 HCBs 的含量分别在 0.39～4.9 ng/g，1.9～20.5 ng/g 和 0.69～4.3 ng/g 范围内，并且∑HCHs 和∑DDTs 在较低海拔的两个峡谷通道中的分布由南向北呈递减的趋势，表明污染物的分布受到印度季风的影响(图 7-3)(Yang et al., 2008)。研究发现喜马拉雅山中部云杉中部分 OCPs 化合物浓度与海拔具有正相关关系，珠峰地区草本植物对 POPs 的生物富集因子随海拔升高而增大(Wang et al., 2006)，这表明更高海拔地区植被对 POPs 的富集能力更强。牧草是当地牛、羊等食草动物的主要食物来源，POPs 会随摄食过程进入动物体内，研究者在酥油中已经检测到较高浓度的 PCBs 和 PBDEs，可见通过生物富集和食物链的传递作用，POPs 最终对当地居民的健康造成潜在影响(Wang et al., 2010)。

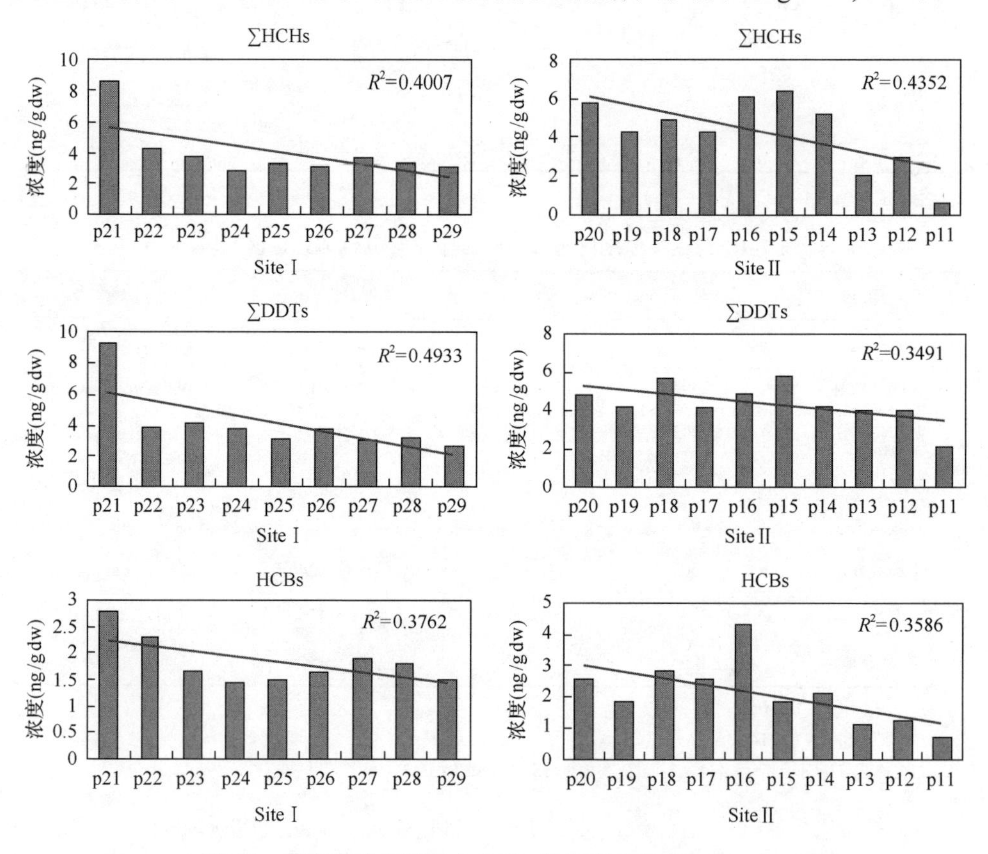

图 7-3 藏东南峡谷通道中 OCPs 的浓度分布(Yang et al., 2008)

7.2.4　水生生物

鱼体可以富集各类 POPs，通常用来指示水体的污染状况。青藏高原湖泊营养贫瘠，水温较低，导致高原鱼体较慢的生长速率，从而能够富集更高浓度的 POPs(Donald et al., 1998)，这使得高山湖泊鱼对污染物更加敏感(Yang et al., 2013a)。

我国学者对青藏高原鱼体肌肉组织多种 POPs 包括 OCPs 和 PCBs(图 7-4)以及 PBDEs(图 7-5)的浓度水平和分布特征进行了较系统的调查研究(Yang et al., 2007, 2010, 2011, 2013a)。其中∑HCHs、∑DDTs 和 HCBs 的浓度分别为 0.13～2.6 ng/g、0.78～23 ng/g 和 0.31～3.2 ng/g，与欧洲高山地区(Grimalt et al., 2001; Vives et al., 2004a)和加拿大落基山鱼体肌肉中 OCPs 浓度水平相当(Demers et al., 2007)。根据西藏羊卓雍湖水体 OCPs 浓度估算(张伟玲等, 2003)，高原湖泊鱼体的

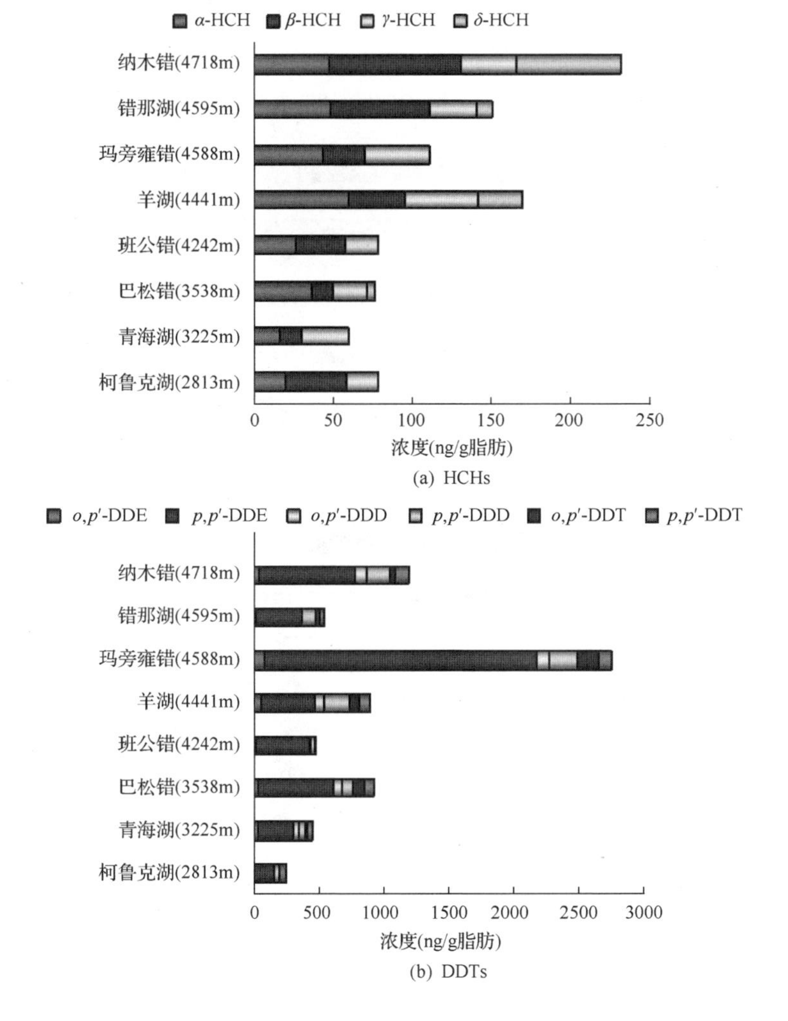

(a) HCHs

(b) DDTs

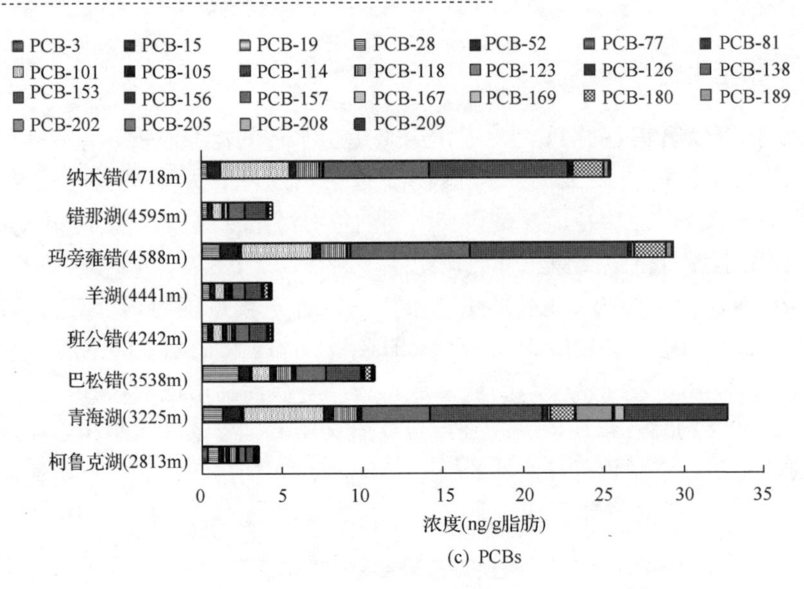

(c) PCBs

图 7-4 青藏高原湖泊鱼体肌肉组织中 OCPs 浓度分布(Yang et al., 2010)

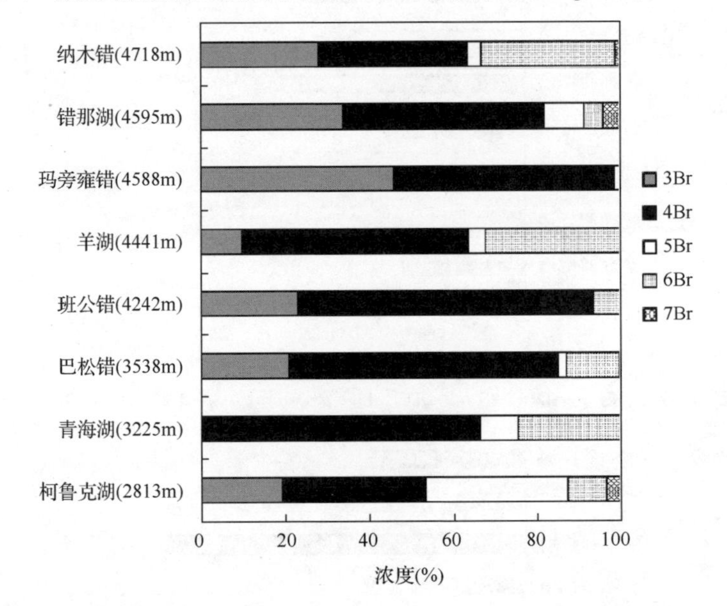

图 7-5 青藏高原湖泊鱼体肌肉中 PBDEs 浓度分布(Yang et al., 2011)

PBDEs 按照溴原子数目分组，其中 3Br 包括 BDEs17、BDEs28；4Br 包括 BDEs47、BDEs66、BDEs77；5Br 包括 BDEs85、BDEs99、BDEs100；6Br 包括 BDEs138、BDEs153、BDEs154；7Br 包括 BDEs183、BDEs190

生物富集倍数大约为 10000 倍(Yang et al., 2007)。青藏高原鱼体肌肉中∑PCBs 的平均浓度为 1.64 ng/g，比欧洲高山鱼体肌肉(Hofer et al., 2001)和落基山鱼体肌肉浓度要偏低(Donald et al., 1998)。青藏高原鱼体肌肉中∑PBDEs 在 0.01～2.1 ng/g 之间，与欧洲高山鱼体 0.07～1.1 ng/g 具有相似浓度水平(Vives et al., 2004b)。

为了考察 POPs 在鱼体组织器官的分布状况，Yang 等(2007)将羊卓雍湖鱼解剖分为肌肉、鳃、脑、肠、肝脏和鱼卵，它们的浓度分布如图 7-6 所示。根据鱼的体重与体长，实验样品中鱼龄接近 10 年，因此此鱼样反映了湖水中 OCPs 长期暴露的结果。可以看出鱼体各组织器官的富集浓度具有显著性差异。但 DDTs、HCHs 和 HCBs 三类化合物具有相似的分布规律，鳃、脑和肝脏富集较高浓度的污染物。值得注意的是脑组织中能够富集较高浓度的 DDTs，是否对其引起神经毒性或功能损伤需要进一步研究，另外鱼卵中较高含量的污染物可能对下一代的健康造成潜在的影响。鳃组织中的 OCPs 浓度最高，可能与其具有相对较大的比表面积有关，能够吸附水体或颗粒物上附存的大量污染物。

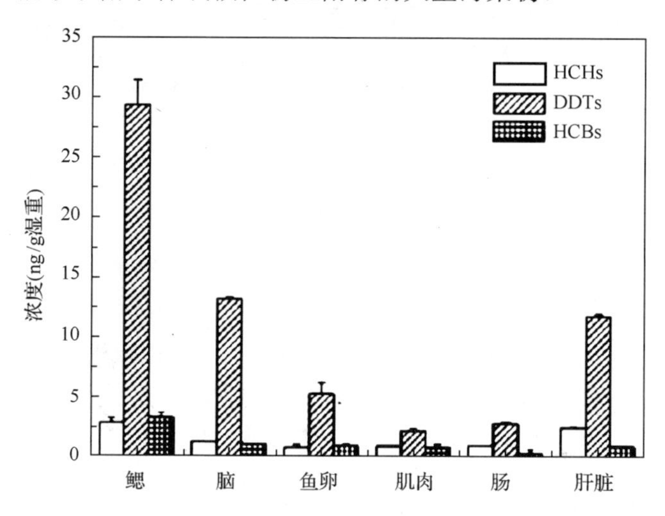

图 7-6 OCPs 在鱼体组织器官中的分布(Yang et al., 2007)

新型 POPs 的高山环境行为研究具有重要意义。通过对青藏高原鱼体中新型溴代阻燃剂 HBCDs 的生物富集、空间分布及单体分布特征进行调查研究(图 7-7)(Zhu et al., 2013)，发现在 79 个野生鱼样肌肉组织中，HBCDs 的检出率为 65.8%，平均脂肪归一化浓度为 2.12 ng/g lw，较高的检出率和浓度水平反映了青藏高原水生生物体内普遍存在着 HBCDs 污染。在 HBCDs 的 3 种单体组成中，α-HBCD 是主要成分，占总浓度的 78.9%，而 β-HBCD 在所有样品中都未检出。HBCDs 总浓度(干重)与鱼体脂肪含量呈显著正相关性($p<0.05$)。α-HBCD 浓度随鱼营养级的升高而降低，但 γ-HBCD 浓度与鱼营养级之间没有明显相关性。鱼体内 HBCDs 总浓度水平与采样点年降水量之间呈现显著正相关性，一定程度上说明了西藏地区 HBCDs 的长距离传输受干/湿沉降影响较为显著。

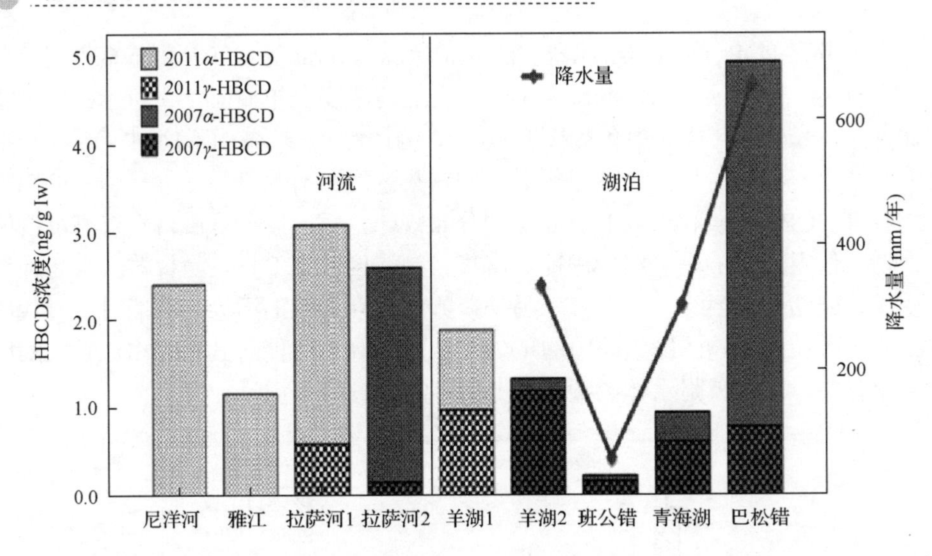

图 7-7 青藏高原鱼体肌肉 HBCDs 的脂肪归一化浓度及其与降水量的关系(Zhu et al., 2013)

在污染物空间分布上，不同位置湖泊 HBCDs 浓度差异较为显著，其浓度水平顺序排列为巴松错＞羊湖＞青海湖＞班公错。其中位于藏东南的巴松错鱼体中∑HBCDs 的含量(1.04±0.11 ng/g dw)及鱼体内 HBCDs 的检出率(100%)均显著高于其他的湖泊(p＜0.0001)，但研究的 3 条河流间鱼体 HBCDs 浓度差异并不显著(p＞0.05)。另外，青藏高原河流鱼体中 HBCDs 浓度水平略高于湖泊鱼体(图 7-7)。

对比研究发现，青藏高原鱼体内 HBCDs 的浓度水平与我国沿海岸地区的海洋鱼体内 HBCDs 的浓度(0.57～10.1 ng/g lw)相当(Xia et al., 2011)；但显著低于我国经济发达地区淡水鱼体内 HBCDs 的含量，如长江流域(11～330 ng/g lw)(Xian et al., 2008)及我国电子垃圾拆卸地区(199～728 ng/g lw)(Zhang et al., 2009)。在全球范围内，青藏高原鱼体内 HBCDs 的浓度水平略低于加拿大北极地区(Tomy et al., 2009)和美国东部地区鱼体内的含量(Tomy et al., 2004)，比欧洲(Janak et al., 2005)和日本(Kakimoto et al., 2012)地区的浓度含量低 2～3 个数量级。对比于青藏高原鱼体中检测到的其他 POPs，HBCDs 的含量处于较低浓度水平，略低于 PBDEs (Yang et al., 2011)和六氯苯(Yang et al., 2010)，但比 PCBs 和 HCHs 低约一个数量级，比 DDTs 低约 2～3 个数量级(Yang et al., 2010)。目前在青藏高原地区还未发现 HBCDs 污染源的存在，因而大气长距离传输被认为是导致这些高山鱼类体内富集 HBCDs 的可能原因(朱娜丽, 2013)。

7.2.5 水体/冰雪

湿沉降是高山地区去除大气 POPs 的重要途径(Wania and Westgate, 2008)。青藏高原喜马拉雅北坡新降雪中 OCPs 的浓度表现出随海拔梯度分布的特征(Wang et al., 2007)，表明 POPs 随降雪沉降到地表。青藏高原降雪、雪坑和冰芯中都检测到了多类 POPs 物质(Wang et al., 2008a, 2008b, 2013)，表明 POPs 沉降到地表后在雪冰中不断富集，因此青藏高原冰芯被认为是研究污染物演变历史的重要载体。

相比其他环境介质，青藏高原水体/冰雪中 POPs 数据较少。研究报道西藏羊卓雍湖和错鄂湖水体中∑DDTs 和∑HCHs 的浓度分别为 0.2～0.3 ng/L 和 1.8～3.8 ng/L (张伟玲等, 2003)。研究者在青藏高原的祁连山七一冰川、东昆仑山玉珠峰冰川、唐古拉山小冬克玛底冰川和念青唐古拉山古仁河口冰川总共采集了 20 个冰雪样品，对其中的 PAHs 进行分析，结果表明雪冰中 PAHs 的浓度范围在 20.5～60.6 ng/L 之间，主要以 2～4 环低分子量的 PAHs 为主。结合因子分析和 PAHs 特征单体组成分析，研究区域冰川中 PAHs 主要来自煤和生物质的低温燃烧，机车尾气也有所贡献。通过气团轨迹分析发现，这 4 条冰川雪坑所代表时段内的 PAHs 主要源自西风环流途径的中亚及中国西北干旱区(李全莲等, 2008; 王宁练等, 2010)。

通过对喜马拉雅山中部冰芯中 DDTs、HCHs 和 PAHs 浓度随时间的变化趋势研究，发现 20 世纪 60 年代中期到 70 年代中期，∑DDTs 浓度较高，然后显著下降直到 20 世纪 90 年代，随后冰芯中 DDTs 化合物浓度显著下降。DDTs 在冰芯中浓度随时间的变化趋势与印度等南亚主要国家 DDTs 农药的使用历史密切相关。20 世纪 90 年代以后 DDTs 下降与印度于 1989 年禁用 DDTs 相一致，20 世纪 70 年代为防治疟疾曾大量使用 DDTs。HCHs 化合物中只有 α-HCH 被检出，最高浓度 6.5 ng/L，出现在 20 世纪 90 年代，α-HCH 的变化与 DDTs 相似，也是在 20 世纪 70 年代达到最高点，之后逐渐降低，直到 90 年代以后 HCHs 浓度很低，这与 HCHs 农药在南亚主要国家的使用历史一致(Wang et al., 2008a)。

∑PAHs 浓度随时间的变化趋势与南亚主要国家的经济发展能源消耗情况相一致。20 世纪 70 年代以前，∑PAHs 浓度较低且变化幅度不大，南亚主要国家的经济发展缓慢，随着印度等南亚国家的工业化进程，各种燃烧活动不可避免地释放较多的 PAHs，直到 90 年代快速工业化发展的阶段，冰芯中 PAHs 浓度也相应呈显著增加趋势。2000 年以后，PAHs 的浓度有所降低，这可能跟这些国家工业转型和能源结构的改变有关，即以煤为主的化石燃料逐渐被清洁能源如天然气等替代(Wang et al., 2008b)。

7.2.6　沉积物

偏远高山地区环境中的 POPs 主要来源于大气沉降过程，通常由于其受到人为干扰较小，高山湖泊沉积物能较好地保存大气污染物的沉降信息及年代信息，被称为记录环境变化过程的“天然档案室”，常被用于研究污染物的沉降历史和演变规律(Han et al., 2015; Lin et al., 2016)。湖泊沉积物能富集较高浓度的 POPs，且污染主要发生在近百年内，其定年技术主要是通过测定 ^{210}Pb 和 ^{137}Cs 两种放射性核素的放射性强度随湖芯深度的变化来实现，该方法已被成功地用于研究污染物的沉降历史和演变规律(Qiu et al., 2007; Yang et al., 2012; Cheng et al., 2014)。

表 7-5 给出了青藏高原及其他偏远地区湖泊沉积物中 PAHs 的浓度水平及比较。可以看出青藏高原与两极、南美洲及喜马拉雅地区具有相似浓度水平，但显著低于欧洲北美偏远高山湖泊沉积物的含量，而这种空间差异与相应区域的经济发展水平、能源结构以及历史积累量有关。

表 7-5　青藏高原及其他偏远地区沉积物中 PAHs 的浓度比较

采样区域	沉积物	采样时间(年)	PAHs	浓度(ng/g 干重)	参考文献
青藏高原	湖芯	2006～2007	$\sum_{16}PAH^a$	98～595	Yang et al., 2016b
青海湖	湖芯	2006	$\sum_{15}PAH^b$	11～279	Wang et al., 2010b
喜马拉雅山南坡	表层	2007	$\sum_{15}PAH^b$	68±22	Guzzella et al., 2011
安第斯山脉	湖芯	2002	$\sum_{15}PAH^b$	32～862	Barra et al., 2006
欧洲高塔特拉	表层	2001	$\sum_{15}PAH^c$	1800～30000	van Drooge et al., 2011
苏格兰	湖芯	1996	$\sum_{16}PAH^a$	626～1719	Rose and Rippey, 2002
北美落基山	湖芯	2003	$\sum_{16}PAH^a$	31～280	Usenko et al., 2007
北极新奥尔松	表层	2005	$\sum_{15}PAH^d$	27～140	Jiao et al., 2009
南极	表层	2005	$\sum_{16}PAH^a$	1.4～205	Martins et al., 2004

a. 16 USEPA PAHs。

b. 16 USEPA PAHs 不包括萘。

c. 16 USEPA PAHs 不包括萘、苊和苊烯，但包括苝和苯并[*e*]芘。

d. 16 EPA PAHs 不包括苯并[*a*]蒽。

湖芯中 PAHs 所呈现的时间趋势整体上符合区域尺度的排放历史，但地区之间及湖泊之间存在差异，这与湖泊所在区域的污染物排放历史、气象条件、湖泊水文特征及沉降特征等综合因素有关。通过研究青藏高原湖泊的湖芯沉积物中 PAHs 的时间变化趋势(图 7-8)，可以看出不同湖泊中 PAHs 随年代的变化特征有所不同，但经沉积速率和聚集因子(focusing factor, FF)校正之后，其富集通量(flux)均在 20 世纪 50 年代之前保持稳定，之后出现明显的上升趋势，尤其在 20 世纪 80 年代以后呈现显著增加趋势[图 7-8(a)](Yang et al., 2016b)。而在青藏高原东北部的青海湖研究中，发现 PAHs 自 20 世纪 70 年代中后期开始到采样年(2005～2006 年)出现显著的增加(增长了 45%，从 234 ng/g 到 340 ng/g)，反映了中国能源消耗及能源结构的变化情况(Wang et al., 2010b)。

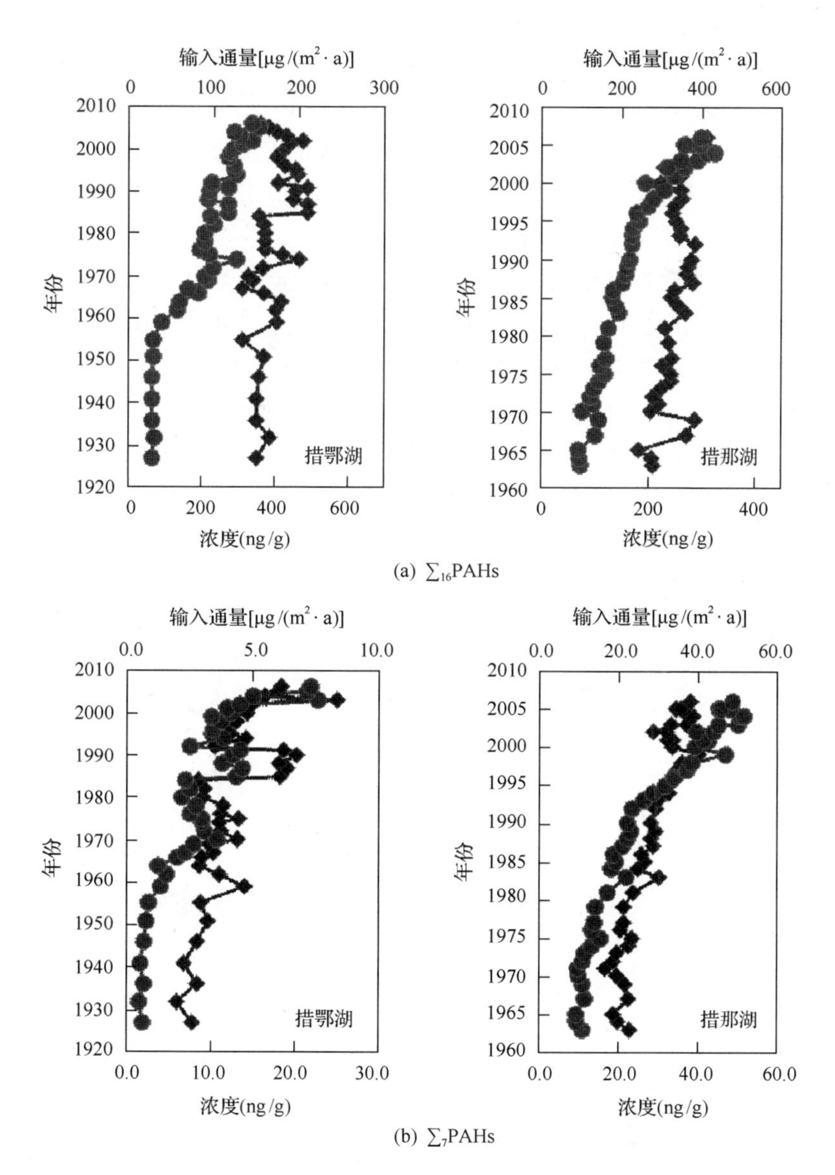

图 7-8　青藏高原湖芯中Σ_{16}PAHs (a) 和Σ_7PAHs (b) 的浓度（菱形）和沉降通量（圆形）的时间变化趋势（Yang et al., 2016b）

较大分子量 PAHs 能更好地反映外源性人类活动的影响。通过分析 7 种大分子量单体（BaA、CHR、BbF、BkF、BaP、IcdP 和 DahA）的浓度及输入通量随时间和深度的变化[图 7-8 (b)]，可以看出$\sum_7$PAH 的增长趋势相对于$\sum_{16}$PAH 更加明显。以错那湖为例，1966 年$\sum_7$PAH 浓度为 8.88 ng/g，之后持续增长到 18.3 ng/g（至

2006 年)。尤其是在 2000 年以后，$\sum_7$PAH 的增长速率在 5 个湖泊中均进一步加快，表层浓度最高，表明人类活动对青藏高原的环境影响仍在加强。青藏高原湖泊沉积物中$\sum_7$PAHs 的变化趋势与 Guo 等(Guo et al., 2010)的研究结果相似，但是与欧洲北美的 PAHs 变化趋势显著不同，例如，美国密歇根湖中 PAHs 的峰值出现在 1930～1975 年间(Simcik et al., 1996)，而欧洲湖泊中热解产生的 PAHs 浓度在 1960～1980 年间达到峰值(Fernandez et al., 2000)，这种差异体现了青藏高原周边国家与发达国家社会经济发展历程、能源结构的差异。

不同燃烧过程产生的 PAHs 单体存在差异，因此部分特征单体可用于指示特定的燃烧过程，例如，苯并荧蒽(BbF)是高温燃烧的产物 (Mai et al., 2003)，而茚并芘(IcdP)和苯并苝(BghiP)可以作为机动车废气排放的示踪单体 (Harrison et al., 1996)。以错那湖为例，可以看出机动车尾气排放示踪单体 IcdP 和 BghiP 的富集通量从 20 世纪 80 年代初开始出现显著增长(图 7-9)，这与西藏地区机动车数量的增长趋势一致(Yang et al., 2016b)。

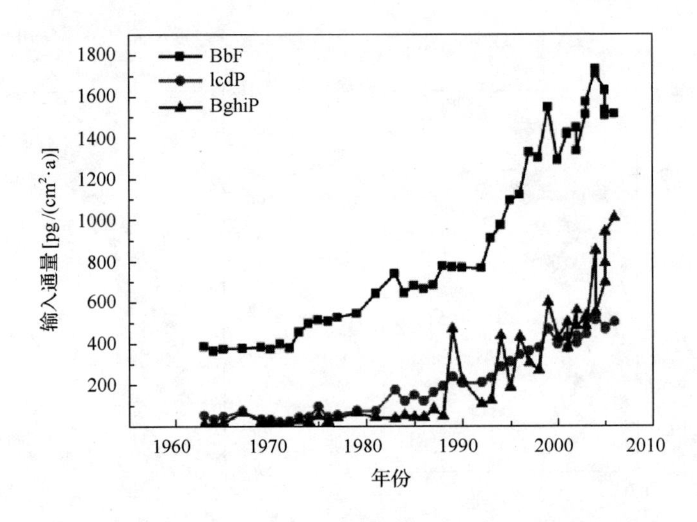

图 7-9 西藏错那湖沉积物中 PAHs 特征单体化合物输入通量的时间变化趋势 (Yang et al., 2016b)

青藏高原周边国家 OCPs 的使用历史能够显著影响其在湖芯中的沉降记录。有关偏远地区湖芯中 OCPs 研究相对于 PAHs 较少。表 7-6 对比了青藏高原及其他偏远地区沉积物中 OCPs 的浓度。研究表明青藏高原湖芯沉积中$\sum$DDTs 和$\sum$HCHs 的浓度变化趋势及输入通量趋势，与青藏高原周边如印度等南亚国家 OCPs 的使用历史密切相关(Yang et al., 2018)。

表 7-6　青藏高原及其他偏远地区沉积物中 OCPs 的浓度比较(ng/g 干重)

采样区域	采样时间(年)	沉积物	∑DDTs	∑HCHs	参考文献
青藏高原	2006～2007	湖芯	<BDL[a]～2.5[b]	<BDL～1.9[c]	(Yang et al., 2017)
青藏高原中部	2003	湖芯	0.4～6.3[d]	0.3～9.0[c]	(张伟玲等, 2003)
安第斯山脉、智利	1999	湖芯	0.019～4.1[e]	0.005～0.23[c]	(Barra et al., 2001)
北美落基山	2003	湖芯	1.8～9.8[f]	NA	(Usenko et al., 2007)
北极、挪威	2001	湖芯	1.6～4.0[g]	NA	(Evenset et al., 2007)
北极、加拿大	—	湖芯	<BDL～2.0[b]	<BDL～0.33[c]	(Muir et al., 1996)
青藏高原	2006～2007	表层	0.28～1.0[b]	0.69～1.4[c]	(Yang et al., 2018)
喜马拉雅南、尼泊尔	2007	表层	0.19±0.27[b]	＜BDL	(Guzzella et al., 2011)
南极	2005	表层	0.19～1.15	0.14～0.76[c]	(Klanova et al., 2008)
北极新奥尔松	2005	表层	0.12～5.9[d]	0.21～7.0[c]	(Jiao et al., 2009)
欧洲	2004	表层	0.27～54[h]	<BDL	(Grimalt et al., 2004b)

a. BDL 小于检出限。
b. *p,p'*-DDE、*p,p'*-DDD、*p,p'*-DDT、*o,p'*-DDE、*o,p'*-DDD、*o,p'*-DDT 之和。
c. *α*-HCH、*β*-HCH、*γ*-HCH 和 *δ*-HCH 之和。
d. *p,p'*-DDE、*p,p'*-DDD、*p,p'*-DDT、*o,p'*-DDT 之和。
e. *p,p'*-DDE。
f. *p,p'*-DDE,*p,p'*-DDD 之和。
g. *p,p'*-DDE、*p,p'*-DDT、*o,p'*-DDE、*o,p'*-DDD、*o,p'*-DDT 之和。
h. *p,p'*-DDE、*p,p'*-DDT、*o,p'*-DDT 之和。

然而，随着全球变暖，近年来青藏高原的冰川退缩加剧，冰川融化能够释放 POPs 进入湖泊，成为 POPs 的二次污染源。研究表明青藏高原中部湖泊沉积物的 OCPs 的浓度峰值，对应 20 世纪 70～80 年代的农药使用高峰，与其周边农药的使用关系密切，而随着 OCPs 在世界范围内的禁止使用，20 世纪 90 年代后期或近年来 OCPs 浓度显著的增加被认为与冰川融化引起的污染物再释放有关(Cheng et al., 2014)。类似地，在青藏高原中部湖泊沉积物也发现 HCHs 和 DDTs 的双峰现象，认为与冰川融化引起的 POPs 再释放有关(Li et al., 2017b)；在意大利高山湖泊的研究中也发现冰川融水的二次污染导致 DDTs 浓度从 20 世纪 90 年代出现急剧升高的现象(Bettinetti et al., 2011)。

青藏高原湖泊沉积物中 OCPs 浓度变化与欧洲偏远高山湖泊的时间趋势不同。欧洲高山湖泊沉积物 DDTs 的污染历史表明 DDTs 主要从第二次世界大战后开始增长，反映出 DDTs 在战后疾病控制方面的广泛使用，而浓度峰值出现在 1976 年，也对应着欧洲国家在农业方面的大量应用。1997～1999 年的第二个峰值反映出已沉降 DDTs 的再挥发再分配过程，而这种再释放也使湖芯表层沉积物出现了一定程度的浓度增加(Grimalt et al., 2004)。在南美洲智利的偏远湖泊沉积物研究中

(Barra et al., 2006), p, p'-DDT 的最高浓度出现在 1993～1996 年，但 DDE 与 DDD 的最高浓度在 1972～1978 年达到峰值。而∑HCHs 的浓度从 20 世纪 90 年代开始增加，反映了林丹(γ-HCH)在智利的使用历史。

7.3 青藏高原 POPs 沉降行为

7.3.1 大气-地表分配

大气 POPs 与地表的交换是双向的，即大气向地表的沉降与地表向大气的挥发两个过程同时存在(Jantunen and Bidleman, 1996)。当沉降通量大于挥发通量时，大气是地表 POPs 的来源；当挥发通量大于沉降通量时，地表可能成为 POPs 的“二次源”(Wilkinson et al., 2005)。高山地区 POPs 大气-地表交换过程受到浓度、温度、湿度和土壤有机碳等多种因素的共同影响。高海拔地区的低温和湿沉降因素能加速 POPs 从大气向地表沉降(Chen et al., 2008)。大气-地表交换过程直接影响 POPs 在环境中的“源-汇”关系，对 POPs 的空间分布及全球循环起到重要作用。

青藏高原土壤中的 POPs 主要来源于大气沉降，POPs 在大气和土壤两种环境介质间长时间不断交换。这种气-土交换过程通常可以用逸度模型来描述，它为比较气、土两相 POPs 的逃逸能力提供了可能(Gouin et al., 2002)。POPs 的气-土交换过程除受温度影响外，还与土壤自身性质有关。温度和土壤性质的差异也能导致大气和土壤 POPs 空间分布的差异(Backe et al., 2000, 2004)。

基于逸度模型能够估算青藏高原 POPs 的气-土交换趋势和通量，研究表明青藏高原土壤是 DDTs 和大分子量 PAHs 的“汇”，其中 p, p'-DDE 和 p,p'-DDT 的沉降通量分别为 0.5 ng/(m^2·h)和 0.3 ng/(m^2·h)。而小分子量 POPs(如 HCHs、HCBs、小分子量 PCBs 和 PAHs)则呈现气-土界面平衡或向大气净挥发的特征，其中 γ-HCH 的挥发通量达到 7.7 ng/(m^2·h)，这使得青藏高原土壤成为小分子 POPs 的“二次源”(王传飞, 2015)。

青藏高原 PAHs 类化合物的大气-土壤逸度比 *F/F* 见图 7-10。可以看出大分子量 PAHs(HMW-PAHs)的 *F/F* 值都小于 0.3，这说明 HMW-PAHs 从大气向土壤净沉降，土壤成为这类物质的“汇”。小分子量 PAHs(LMW-PAHs)的 *F/F* 值都大于 0.7，这说明土壤中 LMW-PAHs 已经饱和并且在从土壤向大气挥发(Wang et al., 2014)。LMW-PAHs 比 HMW-PAHs 移动性更强，这样的特征更能促使它们从土壤向大气迁移(Hippelein and McLachlan, 1998)。相比之下，中等分子量 4 环 PAHs，如 FLA 和 PYR 对温度的变化更加敏感，它们在青藏高原 *F/F* 值变化较大，分别为 0.02～0.9 和 0.03～0.92，表明在青藏高原大气-土壤界面，受不同季节温度变化的影响，FLA 和 PYR 可能处于不断沉降和挥发的交替循环状态(王传飞, 2015)。

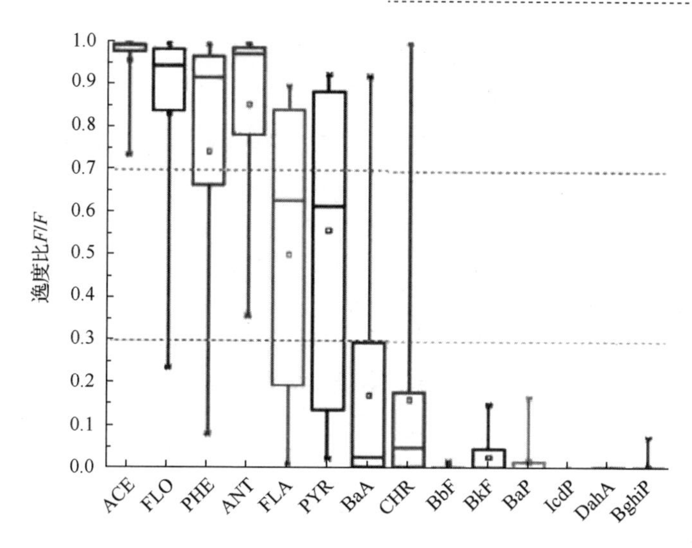

图 7-10 青藏高原 PAHs 大气-土壤交换的逸度比 *F/F*（王传飞, 2015）

7.3.2 高山冷凝效应

POPs 全球蒸馏效应表明，由低纬度向高纬度的温度变化梯度使得半挥发性 POPs 倾向于向低温的两极地区富集，而高山/高海拔地区同样随海拔变化存在温度变化梯度，因此也有可能是一些 POPs 的重要富集区域。研究发现加拿大高山积雪中 OCPs 和 PCBs 的浓度随着海拔的升高而显著增加，当海拔从 770m 升高到 3100m，它们的浓度增加 1～2 数量级，并首次在 *Nature* 发表文章证实了 POPs“全球蒸馏效应”（Blais et al., 1998）。通常在远离高山的平原地区，由于温度相对较高，源区 POPs 挥发进入大气，随风迁移至高海拔低温地区，发生冷凝沉降。相对于全球蒸馏效应，POPs 迁移过程中更易发生高山冷凝效应，因为化合物可以通过相对较短距离的迁移经历较大的温度变化，大大缩短了化合物从高温环境到低温环境的迁移富集时间，因此，对于长距离传输能力相对较低的化合物也能在高山地区发生全球蒸馏效应(Davidson et al., 2003; Daly and Wania, 2005)。

研究 POPs 高山环境行为的一个重要方面就是污染物随海拔的变化趋势。污染物在迁移过程中，离污染源的距离越来越远，因此在不断的稀释和降解作用下，污染物的浓度预期会逐渐降低。但是大量的文献报道显示，高山环境中 POPs 浓度会随着海拔的升高而增大，表现出与预期相反的情况，表明 POPs 倾向于在温度较低的高海拔地区富集放大。然而不同的 POPs 沿不同山坡的海拔效应往往表现不同(Daly and Wania, 2005)。

高山地区作为有机污染物的蓄积库的潜力取决于以下几个方面：本地气象条件，如湿沉降速率和种类、风向、湿度及环境温度等；高山地形，即侧重于研究沿海拔梯度污染物的分布情况；离污染源或人类活动密集地区的距离；地质条件和植被覆盖情况等。除了区域性特征，不同理化性质的 POPs 在高山环境的迁移行为也表现出差异性(Daly and Wania, 2005)。调查研究表明 HCBs 在热带高海拔地区树叶中的浓度随海拔升高而增大，而在安第斯山脉的土壤中并没有发现类似趋势。这种差异可能是因为所采集的环境介质不同，如苔藓或积雪是与大气直接接触的，因此能在相对较短的时间进行反复交换达到动态平衡；而鱼、沉积物或土壤这些介质与大气的交换需要更长时间(张淑娟, 2014)。PAHs 在地衣中的含量随海拔升高而现降低，主要是分子量大的 PAHs 更容易沉降在距离污染源更近的区域；而较低分子量化合物倾向于在大气中经历更长距离传输，表现为随海拔升高浓度增加的现象(Liu et al., 2005)。

各国学者对 POPs 在高海拔山区的冷凝沉降行为开展了广泛的研究。通过对加拿大西部高山地区 POPs 的全球蒸馏效应研究，发现蒸气压大于 0.1 Pa 的易挥发性有机氯化合物的浓度水平随海拔的升高而增加，而较难挥发的有机氯化合物没有表现出类似趋势(Davidson et al., 2003)。通过对比比利牛斯山(Pyrenees)和阿尔卑斯山(Alps)等高山区域有机氯化合物大气沉降的研究，发现在高山湖泊系统中，挥发性更强的有机污染物更容易富集在温度较低的地区，同时其冷凝富集效应也随着大气气温的降低而增强(Carrera et al., 2002)。在有关北美大气 OCPs 污染分布的调查研究中，同样发现 POPs 更容易进行大气长距离传输(Shen et al., 2005)。

我国学者对比研究了藏东南色季拉山迎风坡和背风坡 OCPs 的海拔分布行为(图 7-11)(Yang et al., 2013b)。发现迎风坡污染物浓度与海拔线性回归的斜率较背风坡大，而且具有显著相关关系的化合物的数量多于背风坡，可能原因是色季拉山迎风坡受印度季风的影响更加显著，湿沉降在迎风坡也显著大于背风坡(杜军等, 2009)。化合物在迎风坡和背风坡分布的差异性表明印度次大陆国家所产生的 OCPs 污染物随印度季风长距离传输，并趋向于沉降到较冷的高海拔地区。另外，该高山系统除了受到强的印度季风作用外，还受到山谷风影响。白天山坡的温度上升快，气流上升，山谷的气流沿山峰向山坡流动；晚上则相反，风从山坡吹向山谷，这种沿山坡的气流作用可能会影响污染物的迁移和沉降作用，而且研究表明山谷风的作用对背风坡的影响相对强于迎风坡(Lavin and Hageman, 2013)，从而一定程度上削弱了背风坡的全球蒸馏效应的沉降作用。

由于高山环境的复杂性，污染物浓度分布与海拔的关系往往表现不同。在我国四川西部山区土壤中 POPs 的全球蒸馏效应研究中，结果显示所有目标化合物(包括 DDT、HCH、PCB 和 HCB)的浓度水平都随着海拔的升高呈现指数增长趋势(Chen et al., 2008)。而在我国珠穆朗玛峰地区土壤中 PCBs 和 PBDEs 的浓度水平和海拔分布研究显示，在海拔 4500 m 以上各目标化合物浓度与海拔高度之间存在显著正相关，表现出典型的高山冷凝效应现象，而在较低海拔时（3200～4500 m）污染物的浓度随海拔升高而降低（Wang et al., 2009）。

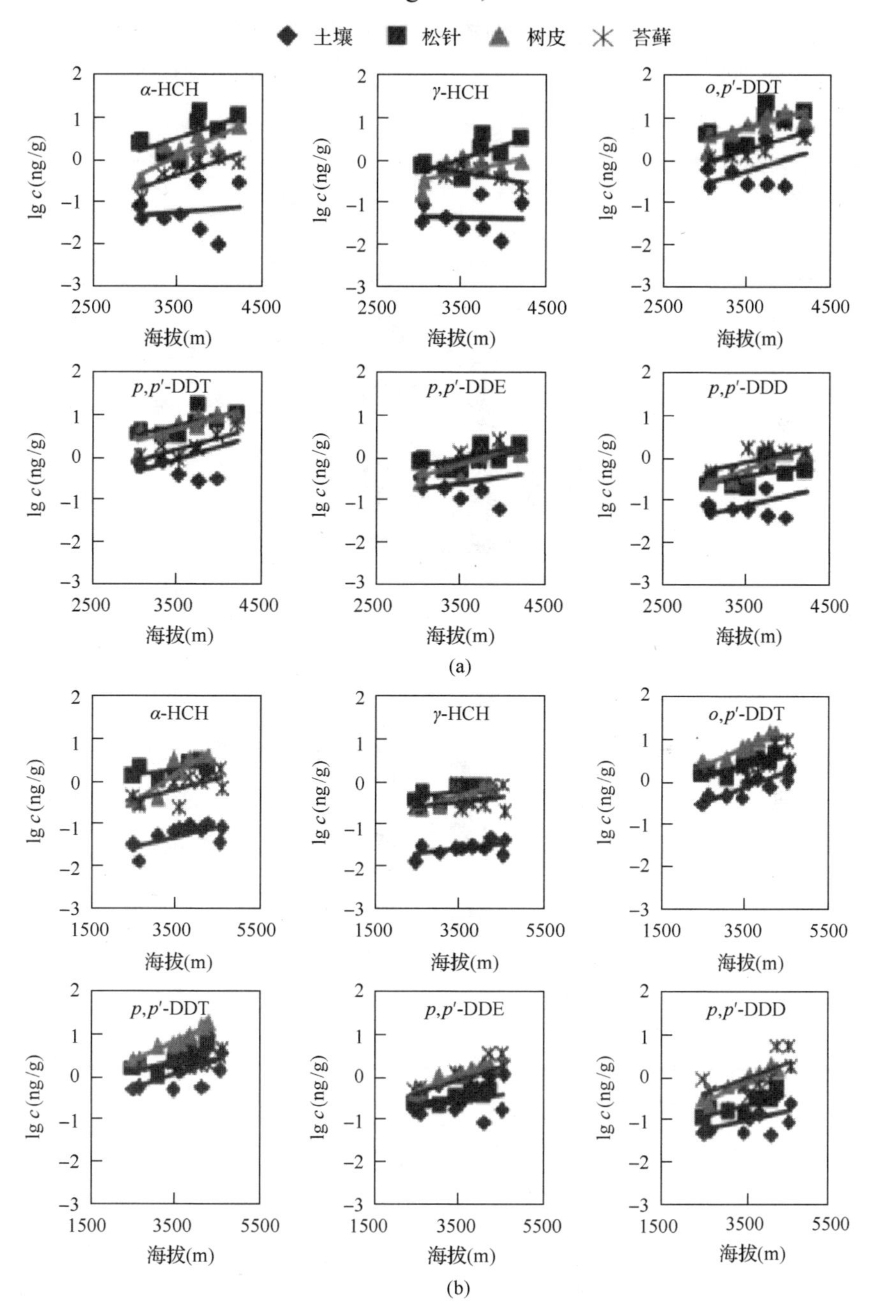

图 7-11　藏东南色季拉山背风坡（a）和迎风坡（b）OCPs 的浓度海拔分布（Yang et al., 2013b）

化合物的物化特性被认为是决定其高山环境行为的重要因素。研究者以大气被动采样(XAD)和松萝介质为研究对象，通过对藏东南地区 POPs 海拔梯度分布的影响进行研究，发现大多数化合物浓度与海拔存在正相关关系，表现为典型的高山冷凝效应现象，而且 $\lg K_{oa}$ 和 $\lg K_{wa}$ 值分别在 8～11 和 2～4 的半挥发性有机污染物更容易在高海拔处沉降富集(图 7-12) (Zhu et al., 2015)。以上结果与化合物的高山蓄积潜能模型的预测结果一致(Schrlau et al., 2011)。

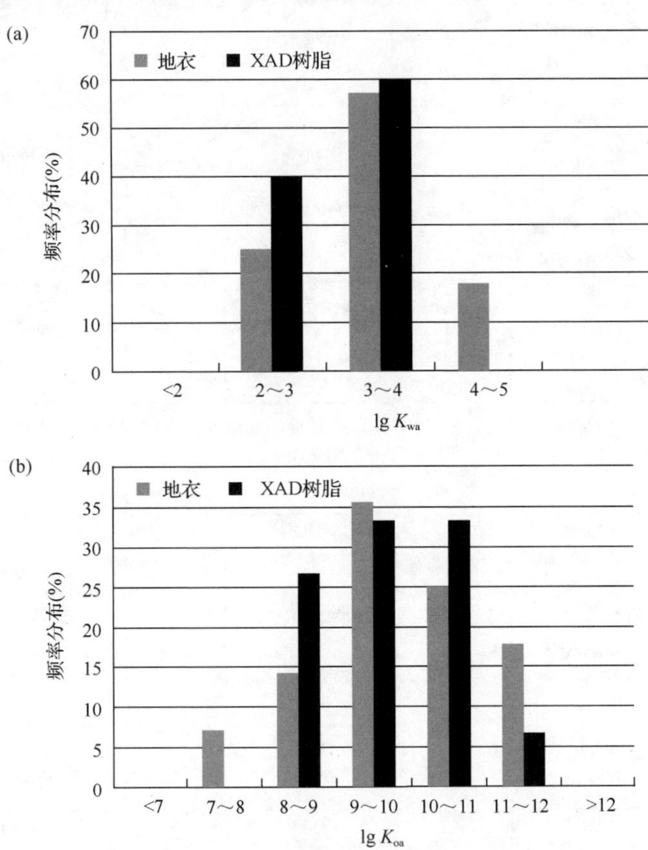

图 7-12　藏东南大气和地衣中 POPs 浓度与海拔高度呈显著正相关性($p<0.05$)的 POPs 的 K_{wa}(a)和 K_{oa}(b)的频率分布直方图(Zhu et al., 2015)

7.3.3　森林过滤效应

森林代表一种重要的环境组分，森林植被叶片富含有机质，可吸附大气中的 POPs，随着叶片的凋落沉降到林下土壤，使得森林像“泵”一样加剧了 POPs 从大气向森林土壤的转移，这一效应被称为森林过滤效应(Horstmann and McLachlan, 1998)。森林过滤效应的研究从 20 世纪 90 年代开始，研究发现相对于直接沉降到水体和土壤的 PAHs 量，植被蓄积大气中污染物的量明显更大(Simonich and Hites, 1994)。在意大利阿尔卑斯山观测的 PCBs 沉降通量显示，在森林内沉降通量比林外高 1～3 倍，表明森林过滤效应显著增强了大气 POPs 向地表的沉降(Moeckel et al., 2009)。加拿大北方森林中的气象塔上观测的大气 PAHs 浓度的垂直分布显示，在树冠所在高度(16.7 m 和 29.1 m)，气态 PAHs 的浓度在林内(1.5 m)的浓度比林外(44.4 m)的浓度平均减少了 42%(Choi et al., 2008)。其他研究也发现，森林地区 POPs 的沉降通量高于非森林区 10 倍以上(Horstmann and McLachlan, 1998)；森林内二噁英类 POPs 的沉降量是林外对照区的 5 倍(Horstmann et al., 1997)。这些都是 POPs 发生森林过滤效应的实验观测证据。

森林过滤效应研究的另一个重要方面利用模型模拟。早在 1998 年德国学者 McLachlan 和 Horstmann(1998)建立模型计算了森林区与对照区域污染物沉降量的比值。该模型只与化合物的两个参数有关，即辛醇-大气分配系数 K_{oa} 和大气-水分配系数 K_{aw}，该模型得出对于 $7<\lg K_{oa}<11$ 和 $\lg K_{aw}>-6$ 的化合物具有较强的森林过滤效应。模型研究发现森林过滤效应对 POPs 长距离传输具有重要影响，定量结果表明森林过滤效应能够使 POPs 大气长距离传输的能力减小一半以上(Su and Wania, 2005)。森林能够阻截大气中 POPs 迁移，而将其截留在富含有机碳的森林土壤中，从而植被扮演着大气和土壤 POPs 交换的重要作用。以上实地观测(Horstmann and McLachlan, 1998; Meijer et al., 2002)和模型方法(Horstmann and McLachlan, 1998)都已证明森林对大气 POPs 迁移和沉降过程所发挥的重要作用。

青藏高原东南部及喜马拉雅山南麓覆盖着较为可观的原始森林，植被构成丰富。在海拔 2000～4400 m 的跨度上，囊括了落叶阔叶林、落叶阔叶/常绿阔叶/常绿针叶混交林、常绿针叶林及灌木林。森林植被从大气中吸收 POPs 类物质，在降低大气 POPs 浓度的同时，通过落叶将污染物转移到林下土壤，增加了土壤中污染物的含量，因此藏东南高山森林将对 POPs 类物质区域大气浓度的缓冲和全球转运过程具有重要的影响。

森林过滤效应可以通过比较森林地区土壤和无森林覆盖的土壤中半挥发性有机污染物的浓度水平来研究。通过藏东南林内土芯和林外土芯对比研究，发现森林土壤 OCPs 和较大分子量 PAHs 的浓度均要高于林外对照土壤(图 7-13)(Yang et al., 2013b)，这与文献报道的森林土壤中 PCDD/Fs 含量比草地中的显著较高相一致(Hassanin et al., 2005b)，说明 POPs 污染物在传输过程中发生了森林过滤效应。森林土壤浓度与无森林覆盖地区土壤浓度的比值定义为森林过滤效应因子(Horstmann and McLachlan, 1998)，用 F/C 表示，来表征森林过滤效应的强弱，即 F/C 值越大，森林将大气污染物转移到土壤中的能力越强。从 PAHs 单体林内林外土壤浓度对比来看，发现分子量越大的化合物 F/C 值越大，并进一步分析了 F/C 值与 16 种 PAHs 的 $\lg K_{oa}$ 和 $\lg K_{aw}$ 的关系，可以看出 PAHs 森林过滤效应随化合物

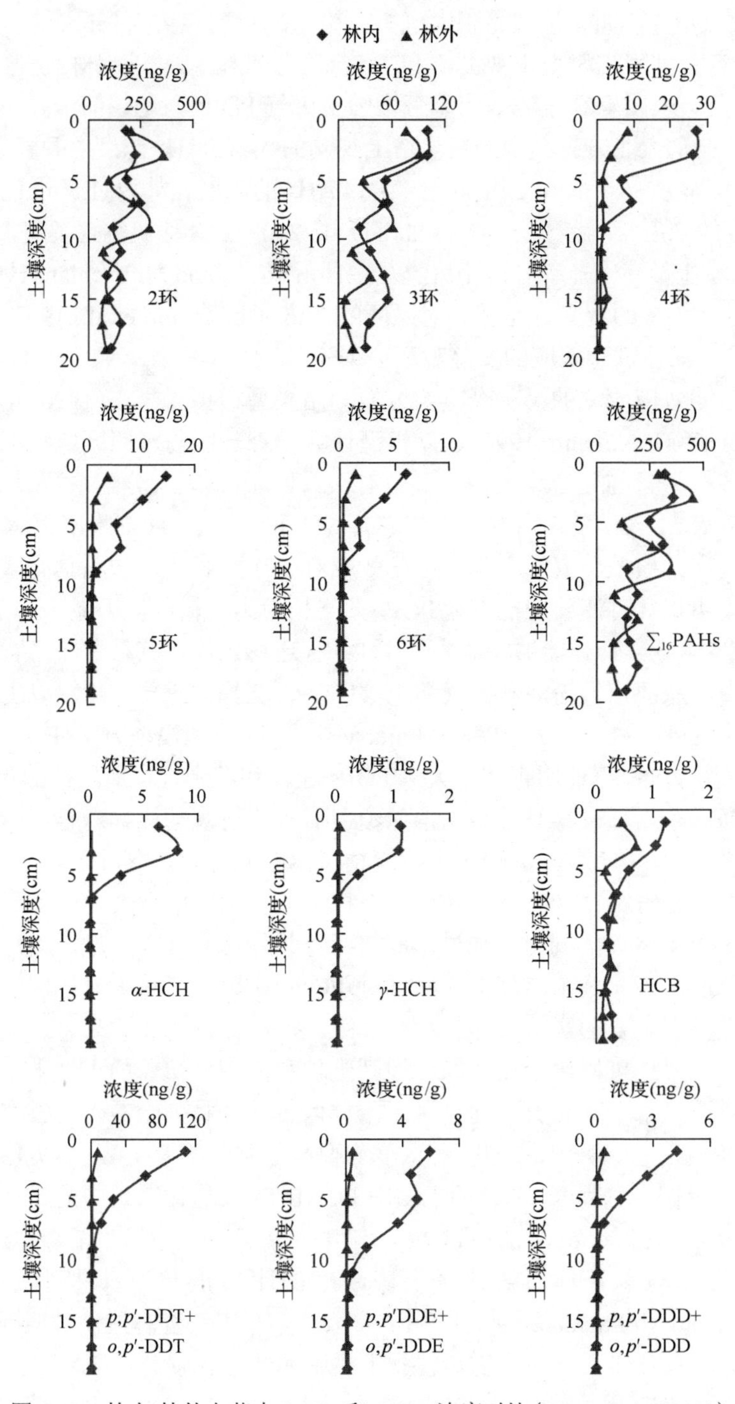

图 7-13 林内/林外土芯中 PAHs 和 OCPs 浓度对比(Yang et al., 2013b)

疏水性的增加而增强(图 7-14)。相类似，研究发现不同森林的净沉降量与其 $\lg K_{oa}$ 在 8.5～10.5 间具有显著的正相关关系(Nizzetto et al., 2006)；通过研究森林树冠上方的大气和对照地区大气的 F/C，发现 F/C 随着 $\lg K_{oa}$ 的增大而降低，表明 $\lg K_{oa}$ 越大，森林过滤大气 POPs 的能力越弱(Jaward et al., 2005)。

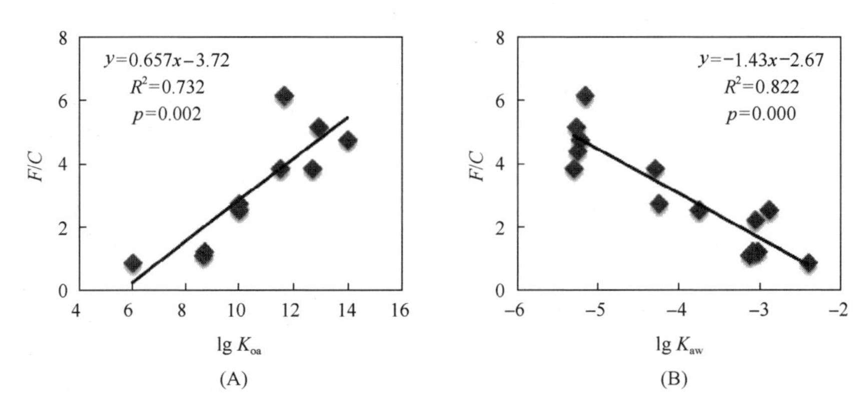

图 7-14　PAHs 林内与林外浓度的比值(F/C)与 $\lg K_{oa}$ 和 $\lg K_{aw}$ 的关系(Yang et al., 2013b)

研究者对四川巴郎山表层土壤中 PCBs 和 PBDEs 的分布特征进行研究，结果显示森林林线下两类化合物的浓度要高于林线以上的浓度，这也归因于森林过滤效应对 POPs 沉降的影响。另外，林线以上分子量较小化合物土壤浓度随海拔的升高而减小，而分子量较大化合物浓度随海拔升高而增大(Zheng et al., 2012)。在藏东南色季拉山大气 POPs 研究中，结果显示除 HBCD 和狄氏剂外，其他化合物在森林内的浓度水平均要低于其在周边森林外的浓度(图 7-15)，表明色季拉山地区森林对大气 POPs 的过滤效应。在海拔低于 3300 m 以落叶针叶林为主的地区，大部分目标化合物(除 HBCD、PBDE 和狄氏剂外)夏季的林内/林外浓度比值在 1～2 之间，而冬季的比值则接近于 1 或小于 1，可能原因是相比于冬季，落叶针叶林在夏季拥有较大的叶面积，从而具有较高的大气-植被交换通量(Zhu et al., 2014)。

综上所述，森林作为连接大气和土壤 POPs 传输过程的重要纽带，能够显著增强大气 POPs 向土壤的转运，而且对疏水性强的 POPs，森林过滤效应更加显著。此外，这些物质挥发性相对较弱，一旦沉降到土壤便很难再挥发到大气，因此森林土壤成为较难挥发 POPs 的蓄积库(Weiss, 2000; Nizzetto and Perlinger, 2012)，对 POPs 的全球分配和生态系统的影响起着至关重要的作用。

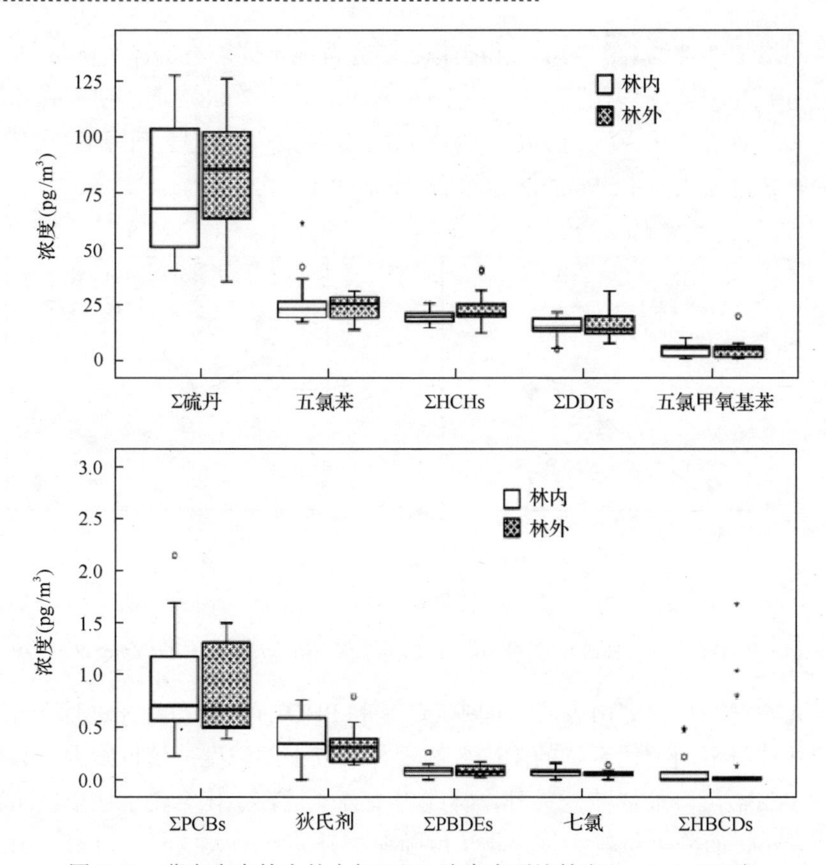

图 7-15 藏东南森林内外大气 POPs 浓度水平比较(Zhu et al., 2014)

参 考 文 献

杜军, 马鹏飞, 刘远明, 周刊社. 2009. 西藏色齐拉山地区立体气候特征初步分析. 高原山地气象研究, 29(1): 14-18.

李全莲, 王宁练, 武小波, 贺建桥, 蒋熹. 2008. 祁连山七一冰川流域各类环境介质中多环芳烃的分布特征与来源研究. 冰川冻土, 30(6): 991-997.

罗东霞, 张淑娟, 杨瑞强. 2016. 藏东南色季拉山土壤中有机氯农药和多环芳烃的浓度分布及来源解析. 环境科学, 37(7): 2745-2755.

王传飞. 2015. 青藏高原高寒草地持久性有机污染物的气-地交换研究. 中国科学院大学博士学位论文.

王宁练, 武小波, 蒲健辰,贺建桥, 张春文. 2010. 青藏高原冰川雪冰中多环芳烃的分布特征及其来源研究. 中国科学: 地球科学, 40(10): 1399-1409.

谢婷, 张淑娟, 杨瑞强. 2014. 青藏高原湖泊流域土壤与牧草中多环芳烃和有机氯农药的污染特征与来源解析. 环境科学, 35(7): 2680-2690.

张淑娟. 2014. 藏东南植被和土壤中典型持久性有机污染物的分布特征. 中国科学院大学硕士学位论文.

张伟玲, 祁士华, 彭平安. 2003. 西藏错那湖和羊卓雍湖水体及沉积物中有机氯农药的初步研究. 地球化学, 32(4): 363-367.

朱娜丽. 2013. 青藏高原等地区持久性有机污染物和新型污染物的环境行为研究. 中国科学院大学博士学位论文.

Augusto S, Maguas C, Branquinho C. 2013. Guidelines for biomonitoring persistent organic pollutants (POPs), using lichens and aquatic mosses - A review. Environmental Pollution, 180: 330-338.

Backe C, Cousins I T, Larsson P. 2004. PCB in soils and estimated soil-air exchange fluxes of selected PCB congeners in the south of Sweden. Environmental Pollution, 128(1-2): 59-72.

Backe C, Larsson P, Okla L. 2000. Polychlorinated biphenyls in the air of southern Sweden - spatial and temporal variation. Atmospheric Environment, 34(9): 1481-1486.

Barra R, Cisternas M, Urrutia R, Pozo K, Pacheco P, Parra O, Focardi S. 2001. First report on chlorinated pesticide deposition in a sediment core from a small lake in central Chile. Chemosphere, 45(6-7): 749-757.

Barra R, Popp P, Quiroz R, Treutler H C, Araneda A, Bauer C, Urrutia R. 2006. Polycyclic aromatic hydrocarbons fluxes during the past 50 years observed in dated sediment cores from Andean mountain lakes in central south Chile. Ecotoxicology and Environmental Safety, 63(1): 52-60.

Bettinetti R, Galassi S, Guilizzoni P, Quadroni S. 2011. Sediment analysis to support the recent glacial origin of DDT pollution in Lake Iseo (Northern Italy). Chemosphere, 85(2): 163-169.

Bi X, Luo W, Gao J, Xu L, Guo J, Zhang Q, Romesh K Y, Giesy J P, Kang S, de Boer J. 2016. Polycyclic aromatic hydrocarbons in soils from the Central-Himalaya region: Distribution, sources, and risks to humans and wildlife. Science of the Total Environment, 556: 12-22.

Blais J M, Schindler D W, Muir D C G, Kimpe L E, Donald D B, Rosenberg B. 1998. Accumulation of persistent organochlorine compounds in mountains of western Canada. Nature, 395(6702): 585-588.

Blasco M, Domeno C, Lopez P, Nerin C. 2011. Behaviour of different lichen species as biomonitors of air pollution by PAHs in natural ecosystems. Journal of Environmental Monitoring, 13(9): 2588-2596.

Bucheli T D, Blum F, Desaules A, Gustafsson O. 2004. Polycyclic aromatic hydrocarbons, black carbon, and molecular markers in soils of Switzerland. Chemosphere, 56(11): 1061-1076.

Calamari D, Morosini M, Vighi M, Bacci E, Focardi S, Gaggi C. 1991. Role of plant biomass in the global environmental partitioning of chlorinated hydrocarbons. Environmental Science & Technology, 25(8): 1489-1495.

Carrera G, Fernández P, Grimalt J O, Ventura M, Camarero L, Catalan J, Nickus U, Thies H, Psenner R. 2002. Atmospheric deposition of organochlorine compounds to remote high mountain lakes of Europe. Environmental Science & Technology, 36(12): 2581-2588.

Chen D Z, Liu W J, Liu X D, Westgate J N, Wania F. 2008. Cold-trapping of persistent organic pollutants in the mountain soils of western Sichuan, China. Environmental Science & Technology, 42(24): 9086-9091.

Cheng H R, Lin T, Zhang G, Liu G Q, Zhang W L, Qi S H, Jones K C, Zhang X W. 2014. DDTs and HCHs in sediment cores from the Tibetan Plateau. Chemosphere, 94: 183-189.

Choi S D, Shunthirasingham C, Daly G L, Xiao H, Lei Y D, Wania F. 2009. Levels of polycyclic aromatic hydrocarbons in Canadian mountain air and soil are controlled by proximity to roads. Environmental Pollution, 157(12): 3199-3206.

Choi S D, Staebler R M, Li H, Su Y, Gevao B, Harner T, Wania F. 2008. Depletion of gaseous polycyclic aromatic hydrocarbons by a forest canopy. Atmospheric Chemistry and Physics, 8(14): 4105-4113.

Daly G L, Lei Y D, Castillo L E, Muir D C G, Wania F. 2007a. Polycyclic aromatic hydrocarbons in Costa Rican air and soil: A tropical/temperate comparison. Atmospheric Environment, 41(34): 7339-7350.

Daly G L, Lei Y D, Teixeira C, Muir D C, Wania F. 2007b. Pesticides in western Canadian mountain air and soil. Environmental Science & Technology, 41(17): 6020-6025.

Daly G L, Wania F. 2005. Organic contaminants in Mountains. Environmental Science & Technology, 39(2): 385-398.

Davidson D A, Wilkinson A C, Blais J M, Kimpe L E, McDonald K M, Schindler D W. 2003. Orographic cold-trapping of persistent organic pollutants by vegetation in mountains of western Canada. Environmental Science & Technology, 37(2): 209-215.

de Wit C A, Herzke D, Vorkamp K. 2010. Brominated flame retardants in the Arctic environment—trends and new candidates. Science of the Total Environment, 408(15): 2885-2918.

Demers M J, Kelly E N, Blais J M, Pick F R, St Louis V L, Schindler D W. 2007. Organochlorine compounds in trout from lakes over a 1600 meter elevation gradient in the Canadian Rocky Mountains. Environmental Science & Technology, 41(8): 2723-2729.

Devi N L, Yadav I C, Qi S H, Dan Y, Zhang G, Raha P. 2016. Environmental carcinogenic polycyclic aromatic hydrocarbons in soil from Himalayas, India: Implications for spatial distribution, sources apportionment and risk assessment. Chemosphere, 144: 493-502.

Donald D B, Stern G A, Muir D C, Fowler B R, Miskimmin B M, Bailey R. 1998. Chlorobornanes in water, sediment, and fish from toxaphene treated and untreated lakes in western Canada. Environmental Science & Technology, 32(10): 1391-1397.

Evenset A, Christensen G N, Carroll J, Zaborska A, Berger U, Herzke D, Gregor D. 2007. Historical trends in persistent organic pollutants and metals recorded in sediment from Lake Ellasjoen, Bjornoya, Norwegian Arctic. Environmental Pollution, 146(1): 196-205.

Fernandez P, Vilanova R M, Martinez C, Appleby P, Grimalt J O. 2000. The historical record of atmospheric pyrolytic pollution over Europe registered in the sedimentary PAH from remote mountain lakes. Environmental Science & Technology, 34(10): 1906-1913.

Fu S, Chu S, Xu X. 2001. Organochlorine pesticide residue in soils from Tibet, China. Bulletin of Environmental Contamination and Toxicology, 66(2): 171-177.

Gai N, Pan J, Tang H, Tan K Y, Chen D Z, Zhu X H, Lu G H, Chen S, Huang Y, Yang Y L. 2014. Selected organochlorine pesticides and polychlorinated biphenyls in atmosphere at Ruoergai high altitude prairie in eastern edge of Qinghai-Tibet Plateau and their source identifications. Atmospheric Environment, 95: 89-95.

Gallego E, Grimalt J O, Bartrons M, Lopez J F, Camarero L, Catalan J, Stuchlik E, Battarbee R. 2007. Altitudinal gradients of PBDEs and PCBs in fish from European high mountain lakes. Environmental Science & Technology, 41(7): 2196-2202.

Gong P, Wang X P, Sheng J J, Yao T D. 2010. Variations of organochlorine pesticides and polychlorinated biphenyls in atmosphere of the Tibetan Plateau: Role of the monsoon system. Atmospheric Environment, 44(21-22): 2518-2523.

Gong P, Wang X P, Xue Y G, Sheng J J, Gao S P, Tian L D, Yao T D. 2015. Influence of atmospheric circulation on the long-range transport of organochlorine pesticides to the western Tibetan Plateau. Atmospheric Research, 166: 157-164.

Gong P, Wang X P, Yao T D. 2011. Ambient distribution of particulate- and gas-phase n-alkanes and polycyclic aromatic hydrocarbons in the Tibetan Plateau. Environmental Earth Sciences, 64(7): 1703-1711.

Gouin T, Thomas G O, Cousins I, Barber J, Mackay D, Jones K C. 2002. Air-surface exchange of polybrominated biphenyl ethers and polychlorinated biphenyls. Environmental Science & Technology, 36(7): 1426-1434.

Grimalt J O, Borghini F, Sanchez-Hernandez J C, Barra R, Torres García C J, Focardi S. 2004a. Temperature dependence of the distribution of organochlorine compounds in the mosses of the Andean mountains. Environmental Science & Technology, 38(20): 5386-5392.

Grimalt J O, Fernandez P, Berdie L, Vilanova R M, Catalan J, Psenner R, Hofer R, Appleby P G, Rosseland B O, Lien L. 2001. Selective trapping of organochlorine compounds in mountain lakes of temperate areas. Environmental Science & Technology, 35(13): 2690-2697.

Grimalt J O, van Drooge B L, Ribes A, Fernandez P, Appleby P. 2004. Polycyclic aromatic hydrocarbon composition in soils and sediments of high altitude lakes. Environmental Pollution, 131(1): 13-24.

Grimalt J O, Van Drooge B L, Ribes A, Vilanova R M, Fernandez P, Appleby P. 2004b. Persistent organochlorine compounds in soils and sediments of European high altitude mountain lakes. Chemosphere, 54(10): 1549-1561.

Guo J Y, Wu F C, Luo X J, Liang Z, Liao H Q, Zhang R Y, Li W, Zhao X L, Chen S J, Mai B X. 2010. Anthropogenic input of polycyclic aromatic hydrocarbons into five lakes in Western China. Environmental Pollution, 158(6): 2175-2180.

Guzzella L, Poma G, De Paolis A, Roscioli C, Viviano G. 2011. Organic persistent toxic substances in soils, waters and sediments along an altitudinal gradient at Mt. Sagarmatha, Himalayas, Nepal. Environmental Pollution, 159(10): 2552-2564.

Han Y M, Wei C, Bandowe B A M, Wilcke W, Cao J J, Xu B Q, Gao S P, Tie X X, Li G H, Jin Z D, An Z S. 2015. Elemental carbon and polycyclic aromatic compounds in a 150-year sediment core from Lake Qinghai, Tibetan Plateau, China: Influence of regional and local sources and transport pathways. Environmental Science & Technology, 49(7): 4176-4183.

Harrison R M, Smith D J T, Luhana L. 1996. Source apportionment of atmospheric polycyclic aromatic hydrocarbons collected from an urban location in Birmingham, UK. Environmental Science & Technology, 30(3): 825-832.

Hassanin A, Johnston A E, Thomas G O, Jones K C. 2005a. Time trends of atmospheric PBDEs inferred from archived UK herbage. Environmental Science & Technology, 39(8): 2436-2441.

Hassanin A, Lee R G M, Steinnes E, Jones K C. 2005b. PCDD/Fs in Norwegian and UK soils: Implications for sources and environmental cycling. Environmental Science & Technology, 39(13): 4784-4792.

He Q S, Zhang G X, Yan Y L, Zhang Y Q, Chen L G, Lin K. 2015. Effect of input pathways and altitudes on spatial distribution of polycyclic aromatic hydrocarbons in background soils, the Tibetan Plateau. Environmental Science and Pollution Research, 22(14): 10890-10901.

Hippelein M, McLachlan M S. 1998. Soil/air partitioning of semivolatile organic compounds. 1. Method development and influence of physical-chemical properties. Environmental Science & Technology, 32(2): 310-316.

Hofer R, Lackner R, Kargl J, Thaler B, Tait D, Bonetti L, Vistocco R, Flaim G. 2001. Organochlorine and metal accumulation in fish (Phoxinus phoxinus) along a north-south transect in the Alps. Water, Air, & Soil Pollution, 125(1): 189-200.

Horstmann M, Bopp U, McLachlan M S. 1997. Comparison of the bulk deposition of PCDD/F in a spruce forest and an adjacent clearing. Chemosphere, 34(5-7): 1245-1254.

Horstmann M, McLachlan M S. 1998. Atmospheric deposition of semivolatile organic compounds to two forest canopies. Atmospheric Environment, 32(10): 1799-1809.

Janak K, Covaci A, Voorspoels S, Becher G. 2005. Hexabromocyclododecane in marine species from the Western Scheldt Estuary: Diastereoisomer- and enantiomer-specific accumulation. Environmental Science & Technology, 39(7): 1987-1994.

Jantunen L M, Bidleman T. 1996. Air-water gas exchange of hexachlorocyclohexanes (HCHs) and the enantiomers of alpha-HCH in arctic regions. Journal of Geophysical Research-Atmospheres, 101(D22): 28837-28846.

Jaward F M, Di Guardo A, Nizzetto L, Cassani C, Raffaele F, Ferretti R, Jones K C. 2005. PCBs and selected organochlorine compounds in Italian mountain air: the influence of altitude and forest ecosystem type. Environmental Science & Technology, 39(10): 3455-3463.

Jiao L P, Zheng G J, Minh T B, Richardson B, Chen L Q, Zhang Y H, Yeung L W, Lam J C W, Yang X L, Lam P K S, Wong M H. 2009. Persistent toxic substances in remote lake and coastal sediments from Svalbard, Norwegian Arctic: Levels, sources and fluxes. Environmental Pollution, 157(4): 1342-1351.

Kakimoto K, Nagayoshi H, Yoshida J, Akutsu K, Konishi Y, Toriba A, Hayakawa K. 2012. Detection of Dechlorane Plus and brominated flame retardants in marketed fish in Japan. Chemosphere, 89(4): 416-419.

Kang S, Mayewski P A, Qin D, Yan Y, Hou S, Zhang D, Ren J, Kruetz K. 2002. Glaciochemical records from a Mt. Everest ice core: relationship to atmospheric circulation over Asia. Atmospheric Environment, 36(21): 3351-3361.

Klanova J, Matykiewiczova N, Macka Z, Prosek P, Laska K, Klan P. 2008. Persistent organic pollutants in soils and sediments from James ROSS Island, Antarctica. Environmental Pollution, 152(2): 416-423.

Lavin K S, Hageman K J. 2013. Contributions of long-range and regional atmospheric transport on pesticide concentrations along a transect crossing a Mountain Divide. Environmental Science & Technology, 47(3): 1390-1398.

Li J, Yuan G L, Li P, Sun Y, Yu H H, Wang G H. 2017. The emerging source of polycyclic aromatic hydrocarbons from mining in the Tibetan Plateau: Distributions and contributions in background soils. The Science of the Total Environment, 584-585: 64-71.

Li J, Yuan G L, Wu M Z, Sun Y, Han P, Wang G H. 2017b. Evidence for persistent organic pollutants released from melting glacier in the central Tibetan Plateau, China. Environmental Pollution, 220: 178-185.

Li J, Zhu T, Wang F, Qiu X, Lin W. 2006. Observation of organochlorine pesticides in the air of the Mt. Everest region. Ecotoxicology and Environmental Safety, 63 (1): 33-41.

Li Q X, Lu Y, Jin J, Li G Y, Li P, He C, Wang Y. 2016. Comparison of using polyurethane foam passive samplers and tree bark samples from Western China to determine atmospheric organochlorine pesticide. Journal of Environmental Sciences, 41: 90-98.

Lin T, Nizzetto L, Guo Z, Li Y, Li J, Zhang G. 2016. DDTs and HCHs in sediment cores from the coastal East China Sea. Science of the Total Environment, 539: 388-394.

Liu X, Zhang G, Jones K C, Li X, Peng X, Qi S. 2005. Compositional fractionation of polycyclic aromatic hydrocarbons (PAHs) in mosses (Hypnum plumaeformae WILS.) from the northern slope of Nanling Mountains, South China. Atmospheric Environment, 39 (30): 5490-5499.

Luo W, Gao J J, Bi X, Xu L, Guo J M, Zhang Q G, Romesh K Y, Giesy J P, Kang S C. 2016. Identification of sources of polycyclic aromatic hydrocarbons based on concentrations in soils from two sides of the Himalayas between China and Nepal. Environmental Pollution, 212: 424-432.

Mai B X, Qi S H, Zeng E Y, Yang Q S, Zhang G, Fu J M, Sheng G Y, Peng P N, Wang Z S. 2003. Distribution of polycyclic aromatic hydrocarbons in the coastal region off Macao, China: Assessment of input sources and transport pathways using compositional analysis. Environmental Science & Technology, 37 (21): 4855-4863.

Martins C C, Bícego M C, Taniguchi S, et al. 2004. Aliphatic and polycyclic aromatic hydrocarbons in surface sediments in Admiralty Bay, King George Island, Antarctica. Antarctic Science, 16 (2): 117-122.

Meijer S, Steinnes E, Ockenden W, Jones K C. 2002. Influence of environmental variables on the spatial distribution of PCBs in Norwegian and UK soils: implications for global cycling. Environmental Science & Technology, 36 (10): 2146-2153.

Moeckel C, Nizzetto L, Strandberg B, Lindroth A, Jones K C. 2009. Air–Boreal Forest Transfer and Processing of Polychlorinated Biphenyls. Environmental Science & Technology, 43 (14): 5282-5289.

Muir D C G, Omelchenko A, Grift N P, Savoie D A, Lockhart W L, Wilkinson P, Brunskill G J. 1996. Spatial trends and historical deposition of polychlorinated biphenyls in Canadian midlatitude and Arctic lake sediments. Environmental Science & Technology, 30 (12): 3609-3617.

Nam J J, Gustafsson O, Kurt-Karakus P, Breivik K, Steinnes E, Jones K C. 2008a. Relationships between organic matter, black carbon and persistent organic pollutants in European background soils: Implications for sources and environmental fate. Environmental Pollution, 156 (3): 809-817.

Nam J J, Thomas G O, Jaward F M, Steinnes E, Gustafsson O, Jones K C. 2008b. PAHs in background soils from Western Europe: influence of atmospheric deposition and soil organic matter. Chemosphere, 70 (9): 1596-1602.

Nizzetto L, Cassani C, Di Guardo A. 2006. Deposition of PCBs in mountains: The forest filter effect of different forest ecosystem types. Ecotoxicology and Environmental Safety, 63 (1): 75-83.

Nizzetto L, Perlinger J A. 2012. Climatic, biological, and land cover controls on the exchange of gas-phase semivolatile chemical pollutants between forest canopies and the atmosphere. Environmental Science & Technology, 46 (5): 2699-2707.

Ockenden W A, Steinnes E, Parker C, Jones K C. 1998. Observations on persistent organic pollutants in plants: Implications for their use as passive air samplers and for POP cycling. Environmental Science & Technology, 32(18): 2721-2726.

Odabasi M, Falay E O, Tuna G, Altiok H, Kara M, Dumanoglu Y, Bayram A, Tolunay D, Elbir T. 2015. Biomonitoring the spatial and historical variations of persistent organic pollutants (POPs) in an industrial region. Environmental Science & Technology, 49(4): 2105-2114.

Qiu X, Marvin C H, Hites R A. 2007. Dechlorane plus and other flame retardants in a sediment core from Lake Ontario. Environmental Science & Technology, 41(17): 6014-6019.

Ren J, Wang X P, Wang C F, Gong P, Yao T D. 2017. Atmospheric processes of organic pollutants over a remote lake on the central Tibetan Plateau: implications for regional cycling. Atmospheric Chemistry and Physics, 17(2): 1401-1415.

Rose N L, Rippey B. 2002. The historical record of PAH, PCB, trace metal and fly-ash particle deposition at a remote lake in north-west Scotland. Environmental Pollution, 117(1): 121-132.

Schrlau J E, Geiser L, Hageman K J, Landers D H, Simonich S M. 2011. Comparison of lichen, conifer needles, passive air sampling devices, and snowpack as passive sampling media to measure semi-volatile organic compounds in remote atmospheres. Environmental Science & Technology, 45(24): 10354-10361.

Shen L, Wania F, Lei Y D, Teixeira C, Muir D C G, Bidleman T F. 2005. Atmospheric distribution and long-range transport behavior of organochlorine pesticides in North America. Environmental Science & Technology, 39(2): 409-420.

Sheng J J, Wang X P, Gong P, Joswiak D R, Tian L D, Yao T D, Jones K C. 2013. Monsoon-driven transport of organochlorine pesticides and polychlorinated biphenyls to the Tibetan Plateau: three year atmospheric monitoring study. Environmental Science & Technology, 47(7): 3199-3208.

Simcik M F, Eisenreich S J, Golden K A, Liu S P, Lipiatou E, Swackhamer D L, Long D T. 1996. Atmospheric loading of polycyclic aromatic hydrocarbons to Lake Michigan as recorded in the sediments. Environmental Science & Technology, 30(10): 3039-3046.

Simonich S L, Hites R A. 1994. Improtance of vegetation in removing polycyclic aromatic hydrocarbons from the atmosphere. Nature, 370(6484): 49-51.

Su Y S, Wania F. 2005. Does the forest filter effect prevent semivolatile organic compounds from reaching the Arctic? Environmental Science & Technology, 39(18): 7185-7193.

Sun Y, Yuan G L, Li J, Li J C, Wang G H. 2015. Polybrominated diphenyl ethers in surface soils near the Changwengluozha Glacier of Central Tibetan Plateau, China. Science of the Total Environment, 511: 399-406.

Sweetman A J, Dalla Valle M, Prevedouros K, Jones K C. 2005. The role of soil organic carbon in the global cycling of persistent organic pollutants (POPs): Interpreting and modelling field data. Chemosphere, 60(7): 959-972.

Tao S, Wang W T, Liu W X, Zuo Q A, Wang X L, Wang R, Wang B, Shen G F, Yang Y H, He J S. 2011. Polycyclic aromatic hydrocarbons and organochlorine pesticides in surface soils from the Qinghai-Tibetan plateau. Journal of Environmental Monitoring, 13(1): 175-181.

Tomashuk T A, Truong T M, Mantha M, McGowin A E. 2012. Atmospheric polycyclic aromatic hydrocarbon profiles and sources in pine needles and particulate matter in Dayton, Ohio, USA. Atmospheric Environment, 51: 196-202.

Tomy G T, Budakowski W, Halldorson T, Whittle D M, Keir M J, Marvin C, Macinnis G, Alaee M. 2004. Biomagnification of alpha- and gamma-hexabromocyclododecane isomers in a Lake Ontario food web. Environmental Science & Technology, 38(8): 2298-2303.

Tomy G T, Pleskach K, Ferguson S H, Hare J, Stern G, Macinnis G, Marvin C H, Loseto L. 2009. Trophodynamics of some PFCs and BFRs in a western Canadian Arctic marine food web. Environmental Science & Technology, 43(11): 4076-4081.

Tremolada P, Burnett V, Calamari D, Jones K C. 1996. Spatial distribution of PAHs in the UK atmosphere using pine needles. Environmental Science & Technology, 30(12): 3570-3577.

Usenko S, Landers D H, Appleby P G, Simonich S L. 2007. Current and historical deposition of PBDEs, pesticides, PCBs, and PAHs to rocky mountain national park. Environmental Science & Technology, 41(21): 7235-7241.

van Drooge B L, López J, Fernández P, et al. 2011. Polycyclic aromatic hydrocarbons in lake sediments from the High Tatras. Environmental Pollution, 159(5): 1234-1240.

Villa S, Finizio A, Diaz Diaz R, Vighi M. 2003. Distribution of organochlorine pesticides in pine needles of an oceanic island: the case of Tenerife (Canary Islands, Spain). Water, Air, & Soil Pollution, 146(1): 335-349.

Vives I, Grimalt J O, Catalan J, Rosseland B O, Battarbee R W. 2004a. Influence of altitude and age in the accumulation of organochlorine compounds in fish from high mountain lakes. Environmental Science & Technology, 38(3): 690-698.

Vives I, Grimalt J O, Lacorte S, Guillamon M, Barcelo D, Rosseland B O. 2004b. Polyhromodiphenyl ether flame retardants in fish from lakes in European high mountains and Greenland. Environmental Science & Technology, 38(8): 2338-2344.

Wang C, Wang X, Gong P, Yao T. 2014. Polycyclic aromatic hydrocarbons in surface soil across the Tibetan Plateau: Spatial distribution, source and air-soil exchange. Environmental Pollution, 184: 138-144.

Wang C F, Wang X P, Yuan X H, Ren J, Gong P. 2015. Organochlorine pesticides and polychlorinated biphenyls in air, grass and yak butter from Namco in the central Tibetan Plateau. Environmental Pollution, 201: 50-57.

Wang F, Zhu T, Xu B, Kang S. 2007. Organochlorine pesticides in fresh-fallen snow on East Rongbuk Glacier of Mt. Qomolangma (Everest). Science in China Series D: Earth Science, 50(7): 1097-1102.

Wang P, Zhang Q, Wang Y, Wang T, Li X, Li Y, Ding L, Jiang G. 2009. Altitude dependence of polychlorinated biphenyls (PCBs) and polybrominated diphenyl ethers (PBDEs) in surface soil from Tibetan Plateau, China. Chemosphere, 76(11): 1498-1504.

Wang S, Ni H G, Sun J L, Jing X, He J S, Zeng H. 2013a. Polycyclic aromatic hydrocarbons in soils from the Tibetan Plateau, China: Distribution and influence of environmental factors. Environmental Science: Processes & Impacts, 15(3): 661-667.

Wang X P, Gong P, Wang C F, Ren J, Yao T D. 2016. A review of current knowledge and future prospects regarding persistent organic pollutants over the Tibetan Plateau. Science of the Total Environment, 573: 139-154.

Wang X P, Gong P, Yao T D, Jones K C. 2010a. Passive air sampling of organochlorine pesticides, polychlorinated biphenyls, and polybrominated diphenyl ethers across the Tibetan Plateau. Environmental Science & Technology, 44(8): 2988-2993.

Wang X P, Sheng J J, Gong P, Xue Y G, Yao T D, Jones K C. 2012. Persistent organic pollutants in the Tibetan surface soil: Spatial distribution, air-soil exchange and implications for global cycling. Environmental Pollution, 170: 145-151.

Wang X P, Xu B Q, Kang S C, Cong Z Y, Yao T D. 2008a. The historical residue trends of DDT, hexachlorocyclohexanes and polycyclic aromatic hydrocarbons in an ice core from Mt. Everest, central Himalayas, China. Atmospheric Environment, 42(27): 6699-6709.

Wang X P, Yang H D, Gong P, Zhao X, Wu G J, Turner S, Yao T D. 2010b. One century sedimentary records of polycyclic aromatic hydrocarbons, mercury and trace elements in the Qinghai Lake, Tibetan Plateau. Environmental Pollution, 158(10): 3065-3070.

Wang X P, Yao T D, Cong Z Y, Yan X L, Kang S C, Zhang Y. 2006. Gradient distribution of persistent organic contaminants along northern slope of central-Himalayas, China. Science of the Total Environment, 372(1): 193-202.

Wang X P, Yao T D, Wang P L, Yang W, Tian L D. 2008b. The recent deposition of persistent organic pollutants and mercury to the Dasuopu glacier, Mt. Xixiabangma, central Himalayas. Science of the Total Environment, 394(1): 134-143.

Wang X, Halsall C, Codling G, Xie Z, Xu B, Zhao Z, Xue Y, Ebinghaus R, Jones K C. 2013b. Accumulation of perfluoroalkyl compounds in tibetan mountain snow: temporal patterns from 1980 to 2010. Environmental Science & Technology, 48(1): 173-181.

Wang Y W, Yang R Q, Wang T, Zhang Q H, Li Y M, Jiang G B. 2010c. Assessment of polychlorinated biphenyls and polybrominated diphenyl ethers in Tibetan butter. Chemosphere, 78(6): 772-777.

Wania F, Mackay D. 1993. Global fractionantion and cold condensation of low volatility organochlorine compounds in polar-regions. Ambio, 22(1): 10-18.

Wania F, Shen L, Lei Y D, Teixeira C, Muir D C G. 2003. Development and calibration of a resin-based passive sampling system for monitoring persistent organic pollutants in the atmosphere. Environmental Science & Technology, 37(7): 1352-1359.

Wania F, Westgate J N. 2008. On the mechanism of mountain cold-trapping of organic chemicals. Environmental Science & Technology, 42(24): 9092-9098.

Weiss P. 2000. Vegetation/soil distribution of semivolatile organic compounds in relation to their physicochemical properties. Environmental Science & Technology, 34(9): 1707-1714.

Weiss P, Lorbeer G, Scharf S. 2000. Regional aspects and statistical characterisation of the load with semivolatile organic compounds at remote Austrian forest sites. Chemosphere, 40(9): 1159-1171.

Wilkinson A C, Kimpe L E, Blais J M. 2005. Air-water gas exchange of chlorinated pesticides in four lakes spanning a 1,205 meter elevation range in the Canadian Rocky Mountains. Environmental Toxicology and Chemistry, 24(1): 61-69.

Xia C H, Lam J C W, Wu X G, Sun L G, Xie Z Q, Lam P K S. 2011. Hexabromocyclododecanes (HBCDs) in marine fishes along the Chinese coastline. Chemosphere, 82(11): 1662-1668.

Xian Q M, Ramu K, Isobe T, Sudaryanto A, Liu X H, Gao Z S, Takahashi S, Yu H X, Tanabe S. 2008. Levels and body distribution of polybrominated diphenyl ethers (PBDEs) and hexabromocyclododecanes (HBCDs) in freshwater fishes from the Yangtze River, China. Chemosphere, 71(2): 268-276.

Xiao H, Kang S, Zhang Q, Han W, Loewen M, Wong F, Hung H, Lei Y D, Wania F. 2010. Transport of semivolatile organic compounds to the Tibetan Plateau: Monthly resolved air concentrations at Nam Co. Journal of Geophysical Research: Atmospheres, 115 (D16).

Xing X L, Qi S H, Zhang Y A, Yang D, Odhiambo J O. 2010. Organochlorine pesticides (OCPs) in soils along the eastern slope of the Tibetan Plateau. Pedosphere, 20 (5): 607-615.

Xu B, Cao J, Hansen J, Yao T, Joswia D R, Wang N, Wu G, Wang M, Zhao H, Yang W, Liu X, He J. 2009. Black soot and the survival of Tibetan glaciers. Proceedings of the National Academy of Sciences of the United States of America, 106 (52): 22114-22118.

Yang R Q, Jing C Y, Zhang Q H, Jiang G B. 2013a. Identifying semi-volatile contaminants in fish from Niyang River, Tibetan Plateau. Environmental Earth Sciences, 68 (4): 1065-1072.

Yang R Q, Jing C Y, Zhang Q H, Wang Z H, Wang Y W, Li Y M, Jiang G B. 2011. Polybrominated diphenyl ethers (PBDEs) and mercury in fish from lakes of the Tibetan Plateau. Chemosphere, 83 (6): 862-867.

Yang R Q, Wang Y W, Li A, Zhang Q H, Jing C Y, Wang T, Wang P, Li Y M, Jiang G B. 2010. Organochlorine pesticides and PCBs in fish from lakes of the Tibetan Plateau and the implications. Environmental Pollution, 158 (6): 2310-2316.

Yang R Q, Xie T, Yang H D, Turner S, Wu G J. 2018. Historical trends of organochlorine pesticides (OCPs) recorded in sediments across the Tibetan Plateau. Environmental Geochemistry and Health, 40:303-312.

Yang R Q, Zhang S J, Li A, Jiang G B, Jing C Y. 2013b. Altitudinal and spatial signature of persistent organic pollutants in soil, lichen, conifer needles, and bark of the southeast Tibetan Plateau: implications for sources and environmental cycling. Environmental Science & Technology, 47 (22): 12736-12743.

Yang R Q, Zhang S J, Li X H, Luo D X, Jing C Y. 2016a. Dechloranes in lichens from the southeast Tibetan Plateau: Evidence of long-range atmospheric transport. Chemosphere, 144: 446-451.

Yang R, Wei H, Guo J, Li A. 2012. Emerging brominated flame retardants in the sediment of the Great Lakes. Environmental Science & Technology, 46 (6): 3119-3126.

Yang R, Xie T, Li A, Yang H, Turner S, Wu G, Jing C. 2016b. Sedimentary records of polycyclic aromatic hydrocarbons (PAHs) in remote lakes across the Tibetan Plateau. Environmental Pollution, 214: 1-7.

Yang R, Yao T, Xu B, Jiang G, Xin X. 2007. Accumulation features of organochlorine pesticides and heavy metals in fish from high mountain lakes and Lhasa River in the Tibetan Plateau. Environment International, 33 (2): 151-156.

Yang R, Yao T, Xu B, Jiang G, Zheng X. 2008. Distribution of organochlorine pesticides (OCPs) in conifer needles in the southeast Tibetan Plateau. Environmental Pollution, 153 (1): 92-100.

Yang R, Zhou R, Xie T, Jing C. 2017. Historical record of anthropogenic polycyclic aromatic hydrocarbons in a lake sediment from the southern Tibetan Plateau. Environmental Geochemistry and Health DOI: 10.1007/S10653-017-9956-z.

Yuan G L, Qin J X, Lang X X, Li J, Wang G H. 2014. Factors influencing the accumulation of organochlorine pesticides in the surface soil across the Central Tibetan Plateau, China. Environmental Science Processes and Impacts, 16 (5): 1022-1028.

Yuan G L, Sun Y, Li J, Han P, Wang G H. 2015a. Polychlorinated biphenyls in surface soils of the Central Tibetan Plateau: Altitudinal and chiral signatures. Environmental Pollution, 196: 134-140.

Yuan G L, Wu L J, Sun Y, Li J, Li J C, Wang G H. 2015b. Polycyclic aromatic hydrocarbons in soils of the central Tibetan Plateau, China: Distribution, sources, transport and contribution in global cycling. Environmental Pollution, 203: 137-144.

Zhang Q H, Chen Z J, Li Y M, Wang P, Zhu C F, Gao G J, Xiao K, Sun H Z, Zheng S C, Liang Y, Jiang G B. 2015. Occurrence of organochlorine pesticides in the environmental matrices from King George Island, west Antarctica. Environmental Pollution, 206: 142-149.

Zhang X L, Yang F X, Luo C H, Wen S, Zhang X, Xu Y. 2009. Bioaccumulative characteristics of hexabromocyclododecanes in freshwater species from an electronic waste recycling area in China. Chemosphere, 76(11): 1572-1578.

Zheng X Y, Liu X D, Jiang G B, Wang Y W, Zhang Q H, Cai Y Q, Cong Z Y. 2012. Distribution of PCBs and PBDEs in soils along the altitudinal gradients of Balang Mountain, the east edge of the Tibetan Plateau. Environmental Pollution, 161: 101-106.

Zhu L, Hites R A. 2006. Brominated flame retardants in tree bark from North America. Environmental Science & Technology, 40(12): 3711-3716.

Zhu N, Fu J, Gao Y, Ssebugere P, Wang Y, Jiang G. 2013. Hexabromocyclododecane in alpine fish from the Tibetan Plateau, China. Environmental Pollution, 181: 7-13.

Zhu N, Schramm K W, Wang T, Henkelmann B, Fu J, Gao Y, Wang Y, Jiang G. 2015. Lichen, moss and soil in resolving the occurrence of semi-volatile organic compounds on the southeastern Tibetan Plateau, China. Science of the Total Environment, 518: 328-336.

Zhu N L, Schramm K W, Wang T, Henkelmann B, Zheng X Y, Fu J J, Gao Y, Wang Y W, Jiang G B. 2014. Environmental fate and behavior of persistent organic pollutants in Shergyla Mountain, southeast of the Tibetan Plateau of China. Environmental Pollution, 191: 166-174.

附录　缩略语(英汉对照)

AAS　active air sampler 主动空气采样
AMAP　Arctic monitoring and assessment programme 北极监测和评估项目
APCI　atmospheric pressure chemical ionization 大气压化学电离子源
APPI　atmospheric pressure photo ionization 大气压光电离
ASE　accelerated solvent extraction 加速溶剂萃取
BCF　bioconcentration factors 生物富集因子
BFRs　brominated flame retardants 溴代阻燃剂
CCME　Canadian council of ministers of the environment 加拿大环保部环境部长理事会
CFRs　chlorinated flame retardants 氯代阻燃剂
CID　collision induced dissociation 碰撞诱导解离
CPs　chlorinated paraffins 氯化石蜡
CUP　current use pesticides 目前使用的农药
DBDPE　decabromodiphenyl ethane 十溴二苯基乙烷
DDD　dichlorodiphenyldichloroethane 滴滴滴
DDE　dichlorodiphenyldichloroethylene 滴滴伊
DDT　dichlorodiphenyltrichoroethane 滴滴涕
DPs　dechloraneplus 得克隆
ERM　effects range median 风险评价中值
ESI　electrospray ionization 电喷雾电离
FASA/FASE　perfluo sulfonamides and sulfonamide ethanols 全氟磺酰胺/全氟磺酰胺基乙醇
FBSA　perfluorobutane sulfonic acid 全氟丁烷磺酰胺
FBSE　perfluorobutanesulfonamidoethanol 全氟丁烷磺酰胺基乙醇
FOSA　perfluorooctane sulfonamide 全氟辛烷磺酰胺
FOSE　perfluorooctanesulfonamidoethanol 全氟辛烷磺酰胺基乙醇
FPD　flame photometric detector 火焰光度检测器
FTOHs　fluorotelomer Alcohols 氟调聚醇
GC-ECD　gas chromatography-electron capture detector 气相色谱-电子捕获检测器

GC-MS	gas chromatography-mass spectrometer 气相色谱-质谱
GPC	gel permeation chromatography 凝胶渗透色谱法
HBB	hexabromobenzene 六溴苯
HBCD	hexabromocyclododecanes 六溴环十二烷
HCB	hexachlorobenzene 六氯苯
HCH	hexachlorocyclohexane 六氯环己烷
HFRs	halogenated flame retardants 卤代阻燃剂
HPLC	high performance liquid chromatography 高效液相色谱
HRGC/HRMS	high resolution gas chromatography/high resolution mass spectrometer 高分辨气相色谱/高分辨质谱
ISP	ion-spray ionization 离子喷雾电离
IUPAC	International Union of Pure and Applied Chemistry 国际纯粹与应用化学联合会
LCCPs	long-chain chlorinated paraffins 长链氯化石蜡
LC-MS	liquid chromatograph-mass spectrometer 液相色谱-质谱
LLE	liquid-liquid extraction 液-液萃取法
LRAT	long-range atmospheric transport 大气长距离传输
MAE	microwave-assisted extraction 微波辅助萃取
MCCPs	medium-chain chlorinated paraffins 中链氯化石蜡
MDLs	method detection limits 方法检出限
MeFBSA	*N*-methyl perfluorobutane sulfonamide *N*-甲基全氟丁基磺酰胺
MeFBSE	*N*-methyl perfluorobutanesulfonamido ethanol *N*-甲基全氟丁基磺酰氨基乙酯
MeO-PBDEs	methoxylatedpolybrominated diphenyl ethers 甲氧基多溴二苯醚
MQLs	method quantitative limits 方法定量限
MRM	multiple reaction monitoring 多重反应监测模式
MSPDE	matrix solid phase dispersion extraction 基质固相分散萃取技术
MWCNTs	multi-walled nanotubes 多壁碳纳米管
NBFRs	novel brominated flame retardants 新型溴代阻燃剂
N-Et-FBSA	*N*-ethyl perfluorobutane sulfonamide *N*-乙基全氟丁烷磺酰胺
N-Et-FOSA	*N*-ethyl perfluorooctane sulfonamide *N*-乙基全氟辛烷磺酰胺
NPD	nitrogen-phosphorus detecter 氮磷检测器
OCPs	organochlorine pesticides 有机氯农药
OH-PBDEs	hydroxylated polybrominated diphenyl ethers 羟基多溴二苯醚
OPFRs	organophosphorus flame retardants 有机磷阻燃剂

PA　polyacrylate 聚丙烯酸酯类
PAHs　polycyclic aromatic hydrocarbon 多环芳烃
PAS　passive airsampler 被动空气采样
PBDEs　polybrominated diphenyl ethers 多溴二苯醚
PBEB　pentabromoethylbenzene 五溴乙苯
PBT　pentabromotoluene 五溴甲苯
PCAs　polychlorinated *n*-alkanes 多氯代烷烃
PCBs　polychlorinated biphenyls 多氯联苯
PCDD/Fs　polychlorinateddibenzo-*p*-dioxins/dibenzofurans 多氯代二苯并二噁英/呋喃
PCNs　polychlorinated naphthalenes 多氯萘
PDMS　polydimethylsiloxane 聚二甲基氧硅烷
PFASs　perfluoroalkylandpolyfluoroalkyl substances 全氟化合物
PFBA　perfluorobutanoic acid 全氟丁基羧酸
PFBS　perfluorobutane sulfonate 全氟丁基磺酸
PFCAs　perfluorinated carboxylic Acids 全氟羧酸
PFDA　perfluorodecanoic acid 全氟癸基羧酸
PFDA　perfluoroundecanoic acid 全氟十一羧酸
PFDoA　perfluorododecanoic acid 全氟十二羧酸
PFDS　perfluorodecane sulfonate 全氟癸基磺酸
PFE　pressure fluid extraction 压力流体萃取
PFHpA　perfluoroheptanoic acid 全氟庚基羧酸
PFHpS　perfluoroheptane sulfonate 全氟庚基磺酸
PFHxA　perfluorohexanoic acid 全氟已基羧酸
PFHxS　perfluorohexane sulfonate 全氟已基磺酸
PFNA　perfluorononanoic acid 全氟壬基羧酸
PFNS　perfluorononane sulfonate 全氟壬基磺酸
PFOA　perfluorooctanoic acid 全氟辛基羧酸
PFOS　perfluorooctane sulfonate 全氟辛基磺酸
PFPA　perfluoropentadecanoic acid 全氟十五羧酸
PFPeA　perfluoropentanoic acid 全氟戊基羧酸
PFSAs　perfluorinatedsulfonate acids 全氟磺酸
PFTA　perfluorotetradecanoic acid 全氟十四羧酸
PFTrA　perfluorotridecanoic acid 全氟十三羧酸

PLE pressure liquid extraction 压力液体萃取

POPs persistent organic pollutants 持久性有机污染物

PUF polyurethane foam 聚氨酯泡沫

SAT surface air temperature 平均表层气温

SBSE stir-bar sorptive extraction 搅拌子吸附

SCCPs short-chain chlorinated paraffins 短链氯化石蜡

SE soxhlet extraction 索氏萃取

SFE supercritical fluid extraction 超临界流体萃取

SPE solid phase extraction 固相萃取

SPMD semi-permeable membrane device 半透膜被动采样装置

SPME solid-phase microextraction 固相微萃取

SWNT single-walled carbon nanotubes 单壁碳纳米管

TL trophic level 营养级

TMF trophic magnification factor 营养级放大因子

UAE ultrasonic-assisted extraction 超声辅助萃取

BTBPE 1,2-*Bis*(2,4,6-tribromophenoxy)ethane 1,2-二(2,4,6-三溴苯氧基)乙烷

TBB 2-Ethylhexyl-2,3,4,5-tetrabromobenzoate 2-乙基己基-四溴苯甲酸

TBECH (1,2-dibromo-4-(1, 2-dibromoethyl) cyclohexane) 1,2-二溴-4-(1,2-二溴乙基)环己烷

TBPH *Bis*(2-ethylhexyl) 2,3,4,5-tetrabro-mophthalate 2,3,4,5-四溴-苯二羧酸双(2-乙基己基)酯

TBX 2,3,5,6-tetrabromo-p-xylene 2,3,5,6-四溴对二甲苯

6∶2FTOH 1*H*,1*H*,2*H*,2*H*-perfluoroocthanol 6∶2 氟调醇

8∶2FTOH 1*H*,1*H*,2*H*,2*H*-perfluoroocthanol 8∶2 氟调醇

10∶2FTOH 1*H*,1*H*,2*H*,2*H*-perfluoroocthanol 10∶2 氟调醇

索　　引

彩　　图

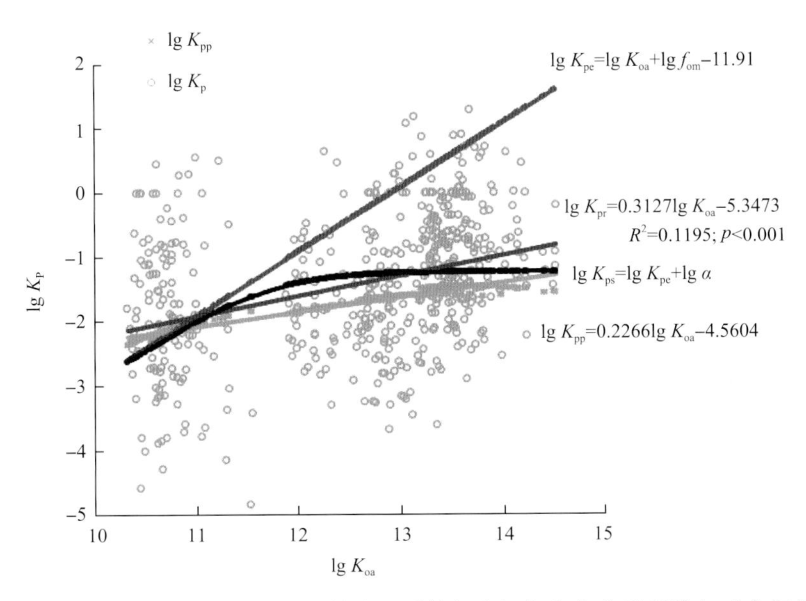

图 4-6　南极长城站大气中 PBDEs 气粒分配系数(K_p)与辛醇-气分配系数(K_{oa})之间关系图

lgK_{pr}(蓝色实线)表示实际检测结果与 lgK_{oa}之间的回归曲线；lgK_{pp}(绿色实线)表示经验预测结果与 lgK_{oa}之间的回归曲线；lgK_{pe}(红色实线)表示平衡分配理论预测结果；lgK_{ps}(黑色实线)表示基于稳态分配模型的预测结果

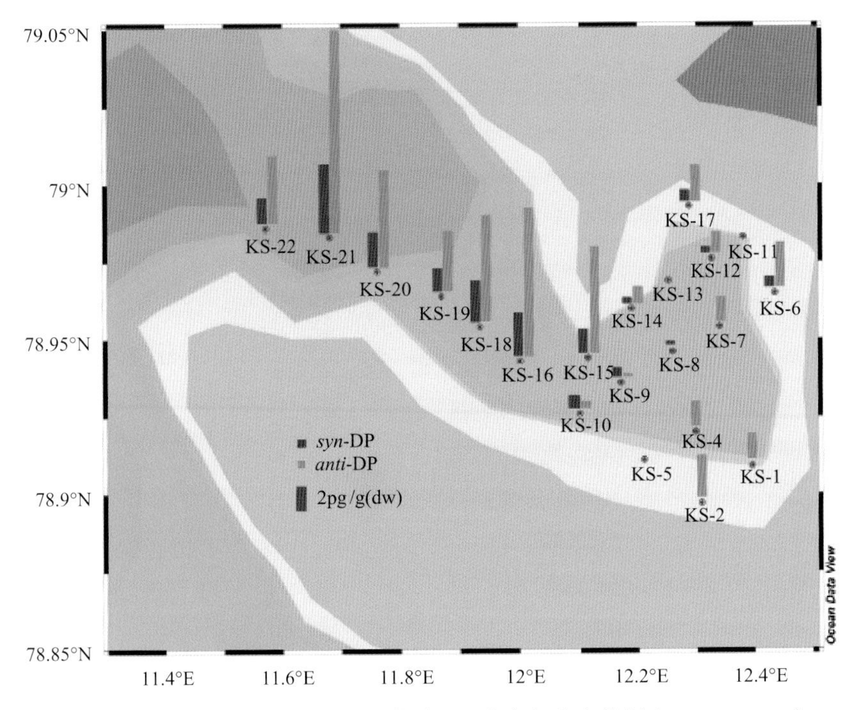

图 4-13　北极新奥尔松地区沉积物中 DP 的空间分布特征(Na et al., 2015)

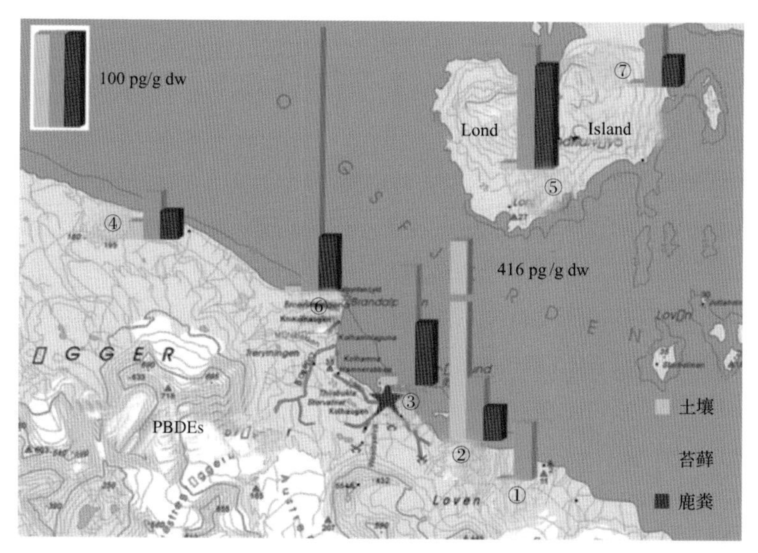

图 4-14 北极新奥尔松地区土壤、苔藓、鹿粪中 PBDEs 分布特征(Zhu et al., 2015)

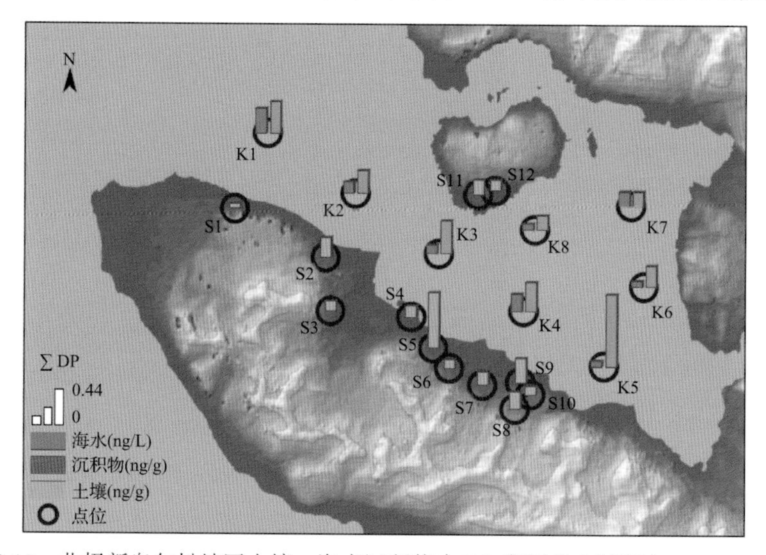

图 4-15 北极新奥尔松地区土壤、海水沉积物中 DP 空间分布特征(Na et al., 2015)

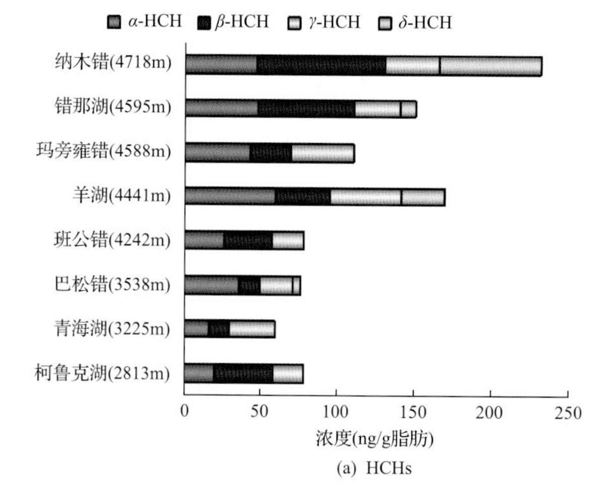

(a) HCHs

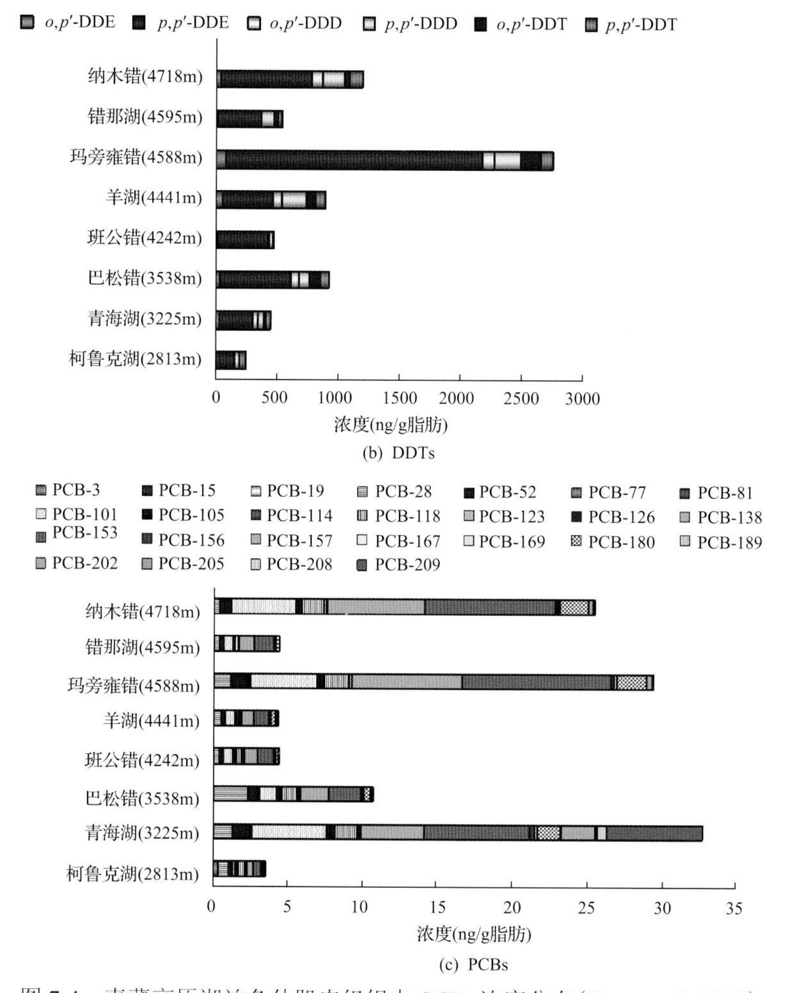

(b) DDTs

(c) PCBs

图 7-4 青藏高原湖泊鱼体肌肉组织中 OCPs 浓度分布(Yang et al., 2010)

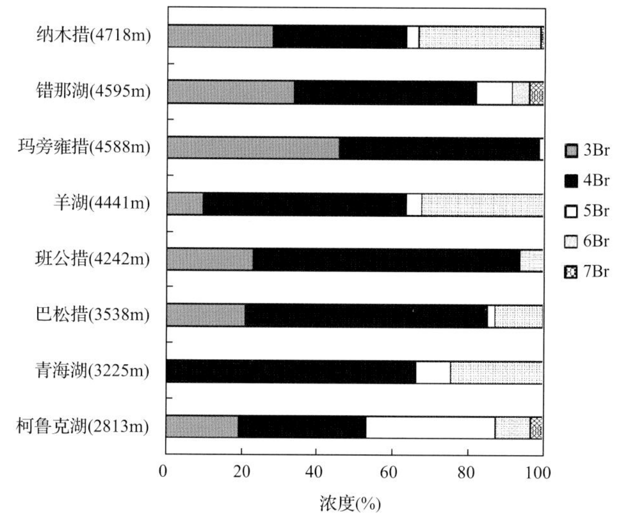

图 7-5 青藏高原湖泊鱼体肌肉中 PBDEs 浓度分布(Yang et al., 2011)

PBDEs 按照溴原子数目分组，其中 3Br 包括 BDEs17、BDEs28；4Br 包括 BDEs47、BDEs66、BDEs77；5Br 包括 BDEs85、BDEs99、BDEs100；6Br 包括 BDEs138、BDEs153、BDEs154；7Br 包括 BDEs183、BDEs190

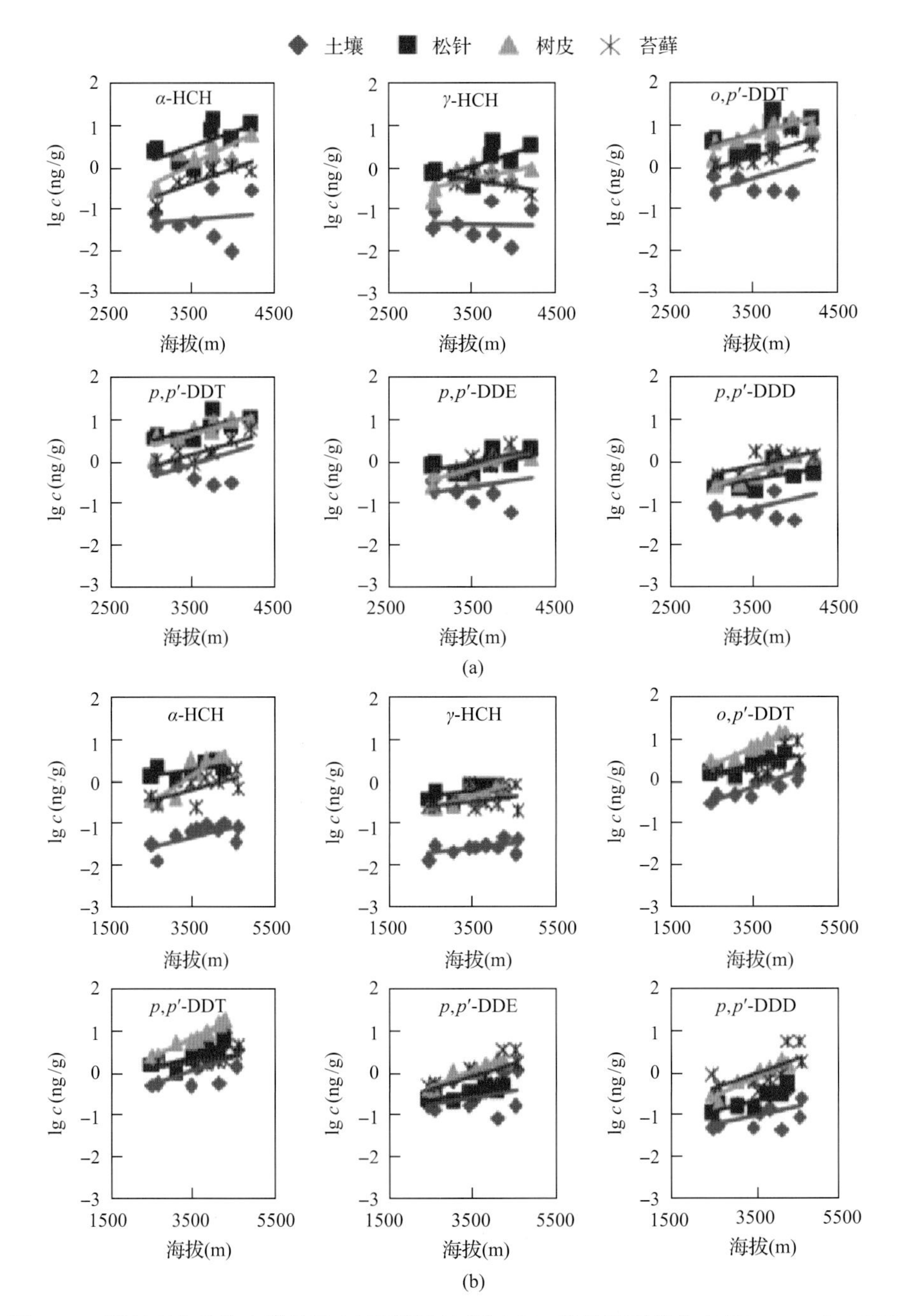

图 7-11　藏东南色季拉山背风坡(a)和迎风坡(b)OCPs 的浓度海拔分布(Yang et al., 2013b)